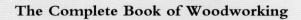

The Complete Book of Woodworking

木工DIY全书

美国北美亲和俱乐部◎著　刘　超◎译

U0240935

北京科学技术出版社

免责声明：

由于木工操作过程本身存在受伤的风险，因此本书无法保证书中的技术对每个人来说都是安全的。如果你对任何操作心存疑虑，请不要尝试。出版商和作者不对本书内容或读者为了使用书中的技术、使用相应工具造成的任何伤害或损失承担任何责任。出版商和作者敦促所有操作者遵守木工操作的安全指南。

Original English Language edition Copyright © 2001 North American Affinity Clubs
Fox Chapel Publishing Inc. All rights reserved.
Simplified Chinese Copyright © 2021 by Beijing Science and Technology Publishing Co., Ltd.

著作权合同登记号　图字 01-2018-9100 号

图书在版编目（CIP）数据

木工 DIY 全书 / 美国北美亲和俱乐部著；刘超译. —北京：北京科学技术出版社，2021.10
书名原文：The Complete Book of Woodworking
ISBN 978-7-5714-1442-9

Ⅰ．①木…　Ⅱ．①美…　②刘…　Ⅲ．①木工—基本知识　Ⅳ．① TU759.1

中国版本图书馆 CIP 数据核字（2021）第 078665 号

策划编辑：刘　超
责任编辑：刘　超
责任校对：贾　荣
营销编辑：葛冬燕
图文制作：天露霖文化
封面设计：异一设计
责任印制：李　茗
出 版 人：曾庆宇
出版发行：北京科学技术出版社
社　　址：北京西直门南大街 16 号
ISBN 978-7-5714-1442-9

邮政编码：100035
电话传真：0086-10-66135495（总编室）
　　　　　0086-10-66113227（发行部）
网　　址：www.bkydw.cn
印　　刷：北京利丰雅高长城印刷有限公司
开　　本：889 mm × 1194 mm　1/16
字　　数：600 千字
印　　张：29
版　　次：2021 年 10 月第 1 版
印　　次：2021 年 10 月第 1 次印刷

定价：149.00 元

引言

对富有创造力并乐于动手的人来说，木工是一种非常有益并能让你终生保持激情的爱好。木工不仅仅是一种将木头变成家具及其配件的方式，更是一种能够锻炼坚韧毅力的艺术实现形式，是消除生活压力的避风港。木工可以制作出漂亮的物品，为生活增添乐趣。木工还为你创造了体验满足感的机会，一种源于自我创造力的满足感。

一旦开始接触木工，你会发现，其实木工的门类很多。你可能会痴迷于制作精美的家具，也可能选择制作一些可以送人的玩具或小礼品。你可能会喜欢上木工作品的设计过程，将大部分时间投入到设计草图和绘图的过程中，也可能会热衷于打造自己的工房，毕竟对很多木工爱好者来说，真正的乐趣在于建立一个自己专属的私人空间，并在其中惬意地消磨时光。你的选择可以说是无限的。

本书既是不可或缺的参考书，也是创作灵感的源泉。在第一部分，会通过图片和大量的说明性文字，向你精确展示掌握木工技能的必要步骤。无论你是初学者还是经验丰富的老手，都可以从中学到丰富的技巧，使你的技艺更上一层楼。

第1章是"设计工作室"，为你提供了一些经验丰富的木匠设置和装饰工房的经验。第2章"设计木工作品"，介绍了从最原始的想法出发，直到完成整件作品的过程。第3章"了解木材"揭秘了木材的特性，提供了大量选择适合木工作品的木材的实用建议，以及一些能够帮助你找到适合自己的木材的业内信息。第4章"整平、标记和切割木料"提供了全方位的操作指南，介绍了如何准备木坯料，如何画线，以及如何将木工制品的部件切割成指定的大小和形状，同时介绍了加工木料会用到的基本工具及其使用方法。

第5章"制作接合件和组装作品"详细讲解了接合方式的选择和接合技术，以及必需的夹紧和接合技术。最后，在第6章"表面处理"部分，你会学习木料表面的预处理以及为木料染色和上漆的知识。

本书不仅仅是一本关于木工技术的综合参考书，一本脱离作品的纯技术指导如何能给大家带来乐趣呢？本书的第二部分展示了40款原创木工作品，并提供了详细的制作计划、制作图纸、切割清单、说明文字和步骤照片，使你可以将第一部分的知识和技术付诸实践。这些作品涵盖了各种难度等级，适合从初学者到高级木匠的不同技能水平的人群，并配有详细的家具细节、配件清单和制作用时，令人难以抗拒。无论你的品位或需求如何，都可以从中找到喜欢的作品。

第7章"家居饰品"包括各种精美作品的设计方案，可以为你提供更具吸引力、更实用、更真实的装饰效果，包括传教士风格的衣架、乡村风格的壁橱、长凳、宝箱和相框等作品。第8章的"室内家具"部分讲解了书柜、长凳、梳妆台、华丽的摇椅和几款不同造型的桌子的制作。所有作品都是独一无二的、精致的并且可以上手制作的。

第9章的"户外家具"是本书最受欢迎的部分，包括户外座椅、用餐和休闲作品等一系列令人惊叹的设计，可以装点你的院子或者阳台。这些作品大多使用的是规格材和简单的接合方式，非常适合初学者，但也不乏一些具有挑战性的设计。最后的第10章，包括一对锯木架在内，"工房用品"提供了5款适合工房的家具和配件的设计方案，为你带来更具功能性和愉快的体验。

本书既是木工技能的全面指导，也是丰富的作品设计方案库，读到最后你会发现，为什么我们一直强调，这本书不仅仅是一本技能参考书。

编者按

本书内容分为两大部分。第一部分为木工基础，介绍基本的木材知识、木工工具和木工操作技术，帮助读者建立基本的木工知识体系；第二部分为木工作品，介绍了 40 款木工作品的制作流程，并配有详细的解构图以及切割清单、购物清单、制作时长等信息供读者参考。

需要注意，在书中的文字部分，英制单位后面直接给出了对应的公制换算数值，而在作品的购物清单和切割清单部分，为了便于读者清晰、轻松地读取数据，并保证数据的准确性，只保留了原有的英制尺寸，未添加对应的公制换算数值。同时为了便于读者换算，在每件作品的购物清单和切割清单的最后给出了换算关系，方便读者自行计算。

此外，一些数字格式具有特定的含义，需要加以说明。书中的 $4/4$、$6/4$、$8/4$ 表示的是木板的厚度规格，单位为英寸，为了形式上方便理解和阅读，换算时可以将其等同于 1 in、$1\frac{1}{2}$ in 和 2 in，但要注意，其所代表的木板的实际厚度往往小于上述数值。2×4、2×6 也用来表示实木板的规格，即木板横截面的宽度和高度（对应木板厚度），单位为英寸。不过，对人造板材来说，类似的表示方法指示的是木板的宽度和长度，单位为英尺，例如 4×8 的胶合板，是指长 8 英尺、宽 4 英尺的整张胶合板。这种情况文中会提供额外的信息加以说明，比如注明单位为英尺，因此也无须担心。$\#8\times\frac{1}{2}$ in，表示长度为 $\frac{1}{2}$ in 的 8 号螺丝，因此只标注了 $\frac{1}{2}$ in 对应的公制单位数值。

最后，提醒大家，木工操作具有一定的危险性，尤其是在使用电动工具的时候，因此请务必严格按照木工操作的安全流程和工具使用说明进行操作。

预祝大家玩得开心，收获满满。

目　录

第一部分
木工基础

第1章　设计工作室

工作室是一个自定义的空间，连同其中的一切，为你提供探索木工的平台。即使仍停留在着手学习木工技能的初级阶段，你很可能已经考虑过如何拥有自己的独立空间，以及如何布置它以满足自己的需求。

由于电动工具和原材料体积较大，因此木工操作需要独立的空间。每一次制作木制品时，不可避免地会产生一些边角料或是剩余五金件，你很可能舍不得扔掉。大多数木制品加工的时间会持续几天、几周、几个月，有些甚至需要几年时间才能完成，它们也需要固定的空间来存放。我们也要考虑其他因素，例如

工具的噪声及其使用过程中产生的大量粉尘可能会对左邻右舍造成影响。我们需要考虑，如何将混乱和噪声限制在特定区域内，以确保不会打扰周围的人。

设置和改装工作室并没有所谓的"正确"顺序。当然，在开始拆除墙壁、安装新的线路或购入大批工具之前，一定要认真思考并合理规划。在工作室规划未形成之前不要轻举妄动。在规划时应认真考虑，哪些才是你和你的家庭所需要的，并反复确认。

操作环境越舒适，你愿意投身其中的时间就会越多，完成的作品也会越多。

> **操作环境越舒适，你愿意投身其中的时间就会越多。**

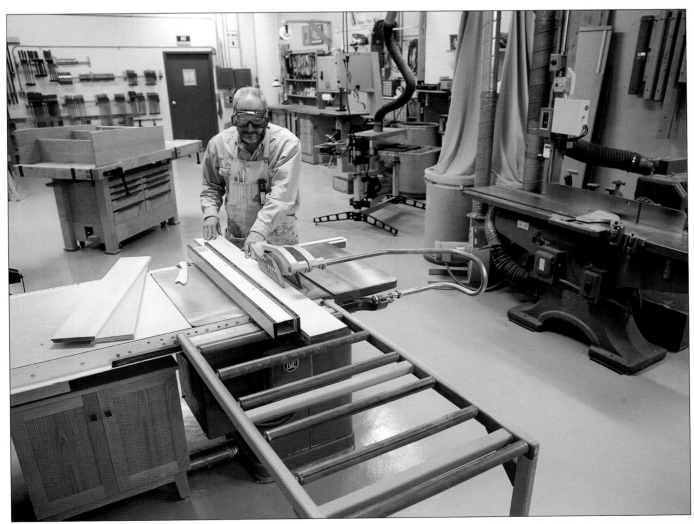

拥有这样的工房是很多木工爱好者的梦想，然而对大多数人来说，这并不是可行的选择。在购买工具时做出恰当的选择并有效利用有限的空间，可以轻松地将部分居家空间改造为迷你工作室，打造一个放松心灵的空间。

地下室工作室。

地下室改造的工作室有许多优势，包括与房屋的其他部分分隔开、房屋的基本管线系统在其附近等。缺点是高度不足、无法利用自然光、水泥地面以及整体较为潮湿和通风不良。

车库工作室。

车库，特别是与房屋相连的车库，提供了更多便利，缺点也更少。高架门的存在使通道更宽敞、高度更合理，并保障了较低的湿度和较好的通风条件。车库的主要缺点是，一般存放有一辆或多辆汽车，以及许多户外物品。一个合理的解决方案是，为原本需要固定的工具安装脚轮，以便将它们推开，腾出空间放置其他物品。

选择地点

毫无疑问，最理想的工作室建立在一个大型的独立建筑内，并拥有独立管道和加热装置。它通常包含一个与大门相连的存储区、一个中央工作区和一个需要通过墙壁与其他区域分隔开的、通风良好的表面处理室。显然，建立和维护这样一个工作室（实际上已经是一个颇具规模的工房）需要投入大量金钱和空间，这对大多数爱好者来说并不现实，因此我们需要寻找更为可行的替代方案。

工作室常常设置在地下室或车库。有的工作室会设置在阁楼，甚至是封闭的门廊中。在评估可用的工作室区域，以及考虑升级或改造当前的工作室时，请考虑以下因素。

空间需求。要有足够的空间来操作 8 ft（2.4 m）或更长的全尺寸人造板材。这需要操作区域足够大，在将大块板材送入固定式机器处理时，进料侧和出料侧都留有足够的空间。

通道。你需要一个可以出入工作室的通道，以便于将材料运进，将完成的作品运出。

电力。不建议同时运行多个机器（一件工具和真空吸尘器或除尘器的组合除外）。几个插座是必需的。

光线。充足的光线对于精细、舒适、准确和安全的木工操作至关重要。你需要良好的整体光线（自然光和人造光源组合的效果最佳）以及一些可移动的任务照明灯。

通风和环境控制。为了排出灰尘和烟雾，你需要配备通风口和集尘装置。根据居住地区的差异，全年工作室可能需要配备加热和制冷设备，并维持稳定的环境湿度。

隔离。将噪声和污垢尽量隔离在生活区域之外，避免影响生活环境。

对于需要同时使用多个电动工具的木工桌、组装台或工作站，可在其基座部位安装插座。可伸缩电线非常有用，在不使用时可以悬挂在天花板上，避免碍手碍脚。

铰接式台灯用来提供针对性的任务照明，并可在工作室中轻松移动。白光灯通常是最佳选择。

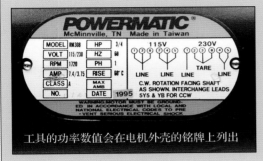

工具的功率数值会在电机外壳的铭牌上列出

计算电力负荷

将电路上的每个工具的功率（电流强度乘以电压）加在一起。请注意，需要使用白炽灯泡上列出的瓦数，如果是荧光灯的瓦数，需要增加20%才能与镇流器的负载匹配。通常情况下，使用14号或12号线的15 A电路的最大负载应低于1500 W，20 A、12号线的电路负载不应超过2000 W。这个数值应包括电路中所有工具的用电功率，无论你是否打算同时运行它们。如果总功率超过了供电电路的额定功率，你需要额外增加一个或两个电路。

电力和照明

几乎每个潜在的工作室空间都需要改进电路。虽然没有必要像专业工作室那样为每个工具配备一个专用电路，但也要尽量避免把较大的固定式机器（特别是集尘器）安排在共用电路上。许多大型固定式机器额定电压为220伏，如果你已经更新了电线，那么我们建议你运行220伏电路以备将来使用。

一个电路可以加载的插座或工具的数量是有限制的。经验法则是，每个电路可以加载8~10个灯口或插口。美国国家电气规程（National Electrical Code，简称NEC）列出了规则和规定，但你还应查阅当地的城市法规。除非你有安装电线的经验，否则建议聘请有执照资格的电工完成工作。

工作室的最佳照明是自然光与人造光的平衡，以及整体光线与工作光线的平衡。但实际上，自然光很难获得，尤其是很多工作室根本没有窗户。补偿光线不足的一种简单方法是，做一些基本的清理，布置一些浅色的绘画。墙壁和天花板是主要的反光面，不过，覆盖磁漆瓷砖或乙烯基瓷砖的地板，其反光效果也会有很大的不同。

整个工作室的照明强度至少应达到 20 ft（6.1 m）烛光水平的地板照明，相当于在地板高度上，每平方英尺的工作空间需要布置至少半瓦的荧光灯或 2 W 的白炽灯（荧光灯的光效通常比白炽灯高出 4~6 倍，且投射更均匀，没有阴影）。此外，你还需要配备任务照明设备。

接线提示

■ 将照明电路与插座电路分开。如果因为使用电动工具断路跳闸，你肯定不希望置身于黑暗之中。

■ 通过落地式插座或悬挂在天花板上的可伸缩电线为位于中央的工作台提供全部电力。

■ 交替使用不同电路的插座。或者可以将双工插座的每个插座与不同的电路连接。这样可以将一个电动工具插入一个插座，将真空吸尘器插入另一个插座，然后同时运行，从而从两个电路，而不是一个电路获取电力。

■ 车库、未完工的地下室、室外和靠近水的位置都需要安装接地故障断路器（Ground-Fault Circuit Interrupters，简称 GFCIs）。

通风、集尘和温湿度控制

通风。在任何工作室，通风都可能存在问题。空气中很快会充满细小的锯末颗粒或表面处理产品形成的烟雾。空气流通只需一扇窗户或一台换气扇，这可以帮助你清新空气。但如果携带灰尘和污染气体的空气进入生活区域，或是将冷空气吸入到加热区域，则很难补救。通过过滤器循环空气的环境空气过滤系统可能是最佳解决方案。

集尘。木屑的堆积是木工的最大隐患。堆积的木屑会隐藏切割线、堵塞工具，并给你带来安全隐患。这就是需要设置一个系统，以尽可能地从源头上清除木屑的原因。

温湿度控制。室内温度对于工作室至为重要，温暖的室内环境不仅仅是为了个人舒适，一些木工操作，例如胶合和表面处理，对温度极为敏感。有多种加热系统可供选择，例如中央系统、辐射板、嵌入式壁挂加热器，以及以石油、天然气、丙烷、煤油，甚至是煤和木材为燃料的便携式加热器。应避免使用开路线圈电加热器、煤油加热器和任何类型的明火加热器，因为它们会点燃细小的锯末、刨花或者易燃的表面处理产品。此外，我们建议使用除湿机和加湿器来控制工作室的温度和湿度。

湿度计可用于监控工作室的湿度水平，以确保你可以根据需要运行加湿器和除湿器，以求在作品制作期间保持恒定的环境湿度。如果可能，可以尝试将基本湿度水平控制在与作品制作结束时房间内的平均湿度大致相同的水平。

精心设计的除尘系统是一个工作室是否严谨的标志。在这样的工作室中，每个固定式工具都有专用的软管和端口，可以连接到中央真空管道系统中。

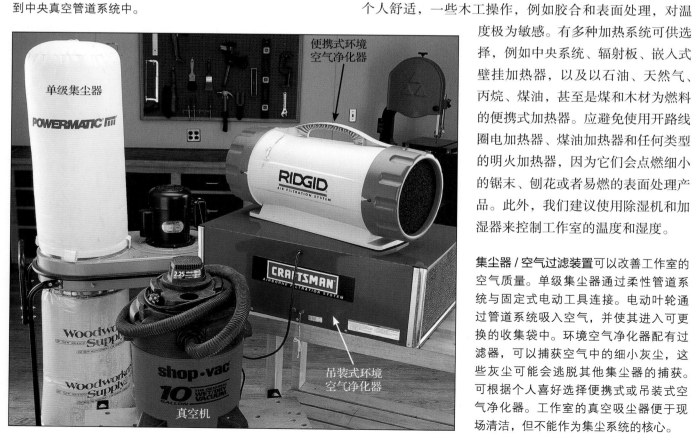

集尘器 / 空气过滤装置可以改善工作室的空气质量。单级集尘器通过柔性管道系统与固定式电动工具连接。电动叶轮通过管道系统吸入空气，并使其进入可更换的收集袋中。环境空气净化器配有过滤器，可以捕获空气中的细小灰尘，这些灰尘可能会逃脱其他集尘器的捕获。可根据个人喜好选择便携式或吊装式空气净化器。工作室的真空吸尘器便于现场清洁，但不能作为集尘系统的核心。

工作室家具的选择

一个工作室需要平坦坚固的工作台面和充足的存储空间，这些需求都需要选择合适的工作室家具。

木工桌。 一流的木工桌很昂贵，但在这里我们并不需要如此高端的木工桌。来自普通家居中心的廉价杂物工作台实际上更适合你的需求。你也可以自制木工桌。简单的木工桌并不难制作，你最终可以得到需要的理想设计。你甚至可以使用一些预制材料（比如橱柜和台面）来加快速度。木工桌的尺寸因用途而异，一个优质的通用木工桌通常高 34 in（863.6 mm），宽 30 in（762.0 mm），长 60 in（1524.0 mm）。

无论如何设计，你的木工桌都要坚固厚重。第一步是组装支架。一个商用的木工桌通常包含一个通过榫卯方式接合在一起的支架式底座——由硬枫木或山毛榉木，也可能是橡木制成。制作这样一个巨大的刚性结构，只用 2×4 规格的方木、胶水和干壁螺丝就可以。这样制成的木工桌可能看起来不像成品木工桌那么漂亮，但它很牢固而且足够厚重。加固木工桌的传统做法是安装一块厚顶板。获得质地优良的木工桌顶板需要购买一定长度的砧板台面，在其正面胶合 2×4 规格的、长度足够的道格拉斯冷杉方木，然后铺上几层胶合板、刨花板或中密度纤维板（MDF）。涂抹两层或三层渗透油，比如桐油或丹麦油，是台面的最佳表面处理方式。不要对台面进行染色或上漆，因为颜色会损坏部件外观。

台钳和限位块。 台钳有力且易于操作，通常包括钳口在内，台钳是全金属的（可以在钳口处加入木质垫片以保护作品）。可活动钳口中的滑动限位块与台面上的限

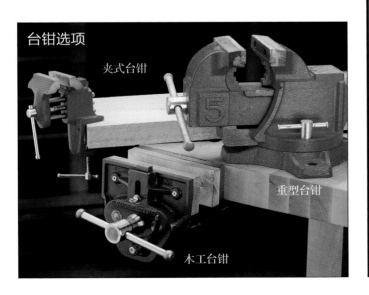

台钳选项

夹式台钳

重型台钳

木工台钳

木工桌选项

木工桌（购买或自制的）一般会配备厚重的硬木台面、一个或两个木工台钳和若干限位块。木工桌是木工工作室的核心设施。

外形粗犷的自制木工桌主要使用实木和人造板材制作，经济实惠且易于制作，并能满足大多数木工操作的需要。

落地低柜改装的木工桌也很好用。购买便宜或者二手的落地低柜，然后为其安装一个台面，就可以创建一个可用于短期存储或是木工操作的工作台面。

木料存储

（左图）对于车库或地下室暴露在外的墙壁框架构件（或天花板托梁），可以横跨框架结构安装用废木料制作的栏杆，将木板保持在适当位置，从而将这种边角空间转换成简单的木材存储点。

（右图）典型的木料存储架是用廉价的木料制成的，一般包含几个用于水平存放木料的架子，以及一个位于边缘用于存放全尺寸板材的垂直小隔间。垂直支架应该同时固定在地板和天花板上。

位块配合使用，可以方便地在工作台表面夹紧任何部件。值得一提的是，台钳上的快速操作杆非常方便，用它可以避开烦琐的曲柄操作，直接移动前钳口。

木工桌上应至少安装一个台钳，并用螺栓将其固定在木工桌下表面，这样钳口的上边缘可以与木工桌的上表面保持齐平。限位块扩展了台

钳的使用。制作一排与台钳上的限位块对齐的限位孔，孔间距约 4 in（101.6 mm）。

木工桌的存储空间。可以在木工桌下方适当设置存储空间。最直接的方式是设置一个工具和耗材的简单存放架。虽然带有抽屉和门的内置柜可以更好地规划空间并保持环境清洁，但不可避免地会妨碍将部件夹在木工桌上的操作。最好的折中方案是在木工桌的桌腿之间安装一个柜子，并使其位于台面下方 8 in（203.2 mm）左右的位置。

储物家具。木工操作涉及大量的工具、设备、配件、耗材和木料，因此精心设计的储物空间必不可少。

可移动的木料推车可以方便地将木料运送到操作区域，但它的最大特点是可以根据需要移开，以便为小工作室释放工作空间。

这两页上的照片可以为你提供一些应对杂乱的好主意。

工作室布局建议

木工桌是工作室的核心设施，其放置位置至少要求留出两个侧面（最好是四个侧面）的通道。在空间紧张的情况下，应将木工桌放在台锯的出料端。这样可以省去单独的出料台，让木工桌承担双重任务。

将横切锯放置在壁挂式木料架的下方，并尽可能避免处理全长木料。在横切锯的两侧安装带有靠山的扩展台面，可以使横切更快速、更简单、更安全。储存工具、耗材和五金件的空间可以设置在横切锯对面的墙上。此外，还需要建造一个从地板到天花板的存储单元，使其深度不会超过容纳最大的手持式/台式工具所需的深度。将台式工具存放在台面高度，这样不必弯腰就能将其提起。

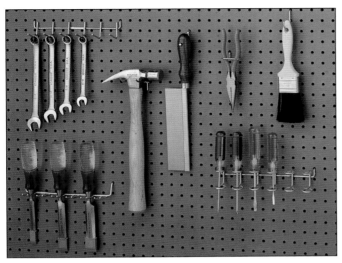

穿孔硬质纤维板（配挂板）是工作室富有组织性的标志。除了一般的挂板挂钩，你还可以购买多种尺寸和配置的整套悬挂设备。使用钢化硬质纤维板并将其固定在坚固的框架上，可以为挂钩后面的部分留出空间。

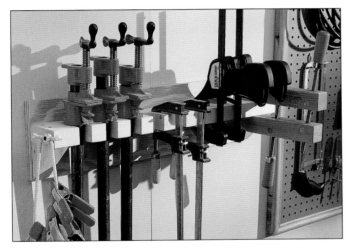

壁挂式夹具架可以保护夹具，并使其井井有条、易于取放。只需一些较长的废木料和足够的创意，你就可以设计出自己的夹具存储架。切割出适当尺寸的缺口以固定较重的杆夹和管夹。较小的夹具可以简单地拧紧到支架上或者悬挂在绳子上。

无论工作室大小如何，可移动的废料箱都很方便。如果将废料箱的边缘设置到合适的高度，甚至可以将其作为延伸的出料"台面"使用。在制作作品的过程中，先把切下的边角料储存在废料箱中，待作品完成，可以对边角料进行分类，根据需要保存或丢弃。可以为废料箱上漆，以免将其与垃圾桶混淆。

带锁的储存柜非常适合存放贵重的手工工具和手持式电动工具。它不仅可以防盗，还可以防止儿童或未经授权的人接触工具。你可以用几块胶合板自制一个基础结构的柜子。为了最大限度地提高空间利用率，首先要测量工具的高度和深度，然后为每件工具安排合理的空间。

这个像机械零件柜一样的可移动橱柜值得借鉴，对于锯片、钻头、五金件、手动工具和其他一些需要保持得井井有条的小工具，它很好用。通过将橱柜移动到工作区域，你可以节省很多往返取放工具或配件的路程和时间。

一个带有紧闭门锁的金属柜不仅适合存放表面处理产品和其他化学品，也是大多数工作室或者工房的防火法规所要求的。二手的办公家具是金属柜的良好来源。请在柜门上绘制清晰的警告标志。

部件的支撑

　　工作室还应配备一些便利（最好是可移动的）的操作支架。充分的部件支撑对于进行准确、安全的切割至关重要。大多数木匠会在工作室配备几种不同类型的操作支架，从工厂制造的、可调节的出料支架到锯台扩展支架等。几对坚固的锯木架也能派上用场。此外，你可以为木工桌或其他固定工具安装带脚轮的基座，并将顶部操作面设置成相同的高度。

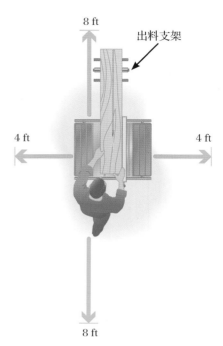

带有辅助工作台和靠山的**电动斜切锯工作站**无须安装额外的支撑装置就可以支撑并切割较长的木料。尽可能地将手持式电动工具放在一个位置，这样也可以防止它们不慎掉落。

请为锯切腾出空间。台锯两侧应分别留出 4 ft（1.2 m）的净空间，前后应分别留出 8~10 ft（2.4~3.0 m）的空间，这样操作空间才是足够的。在切割大尺寸板材时，一定要提供足够的出料支撑。

"坚固"和"可移动"是优质操作支架的两个最重要的特征。理论上，脚轮可以将工作室的任何家具改造成有用的操作支架（上图）。但实际上，一个工作室不应出现太多的锯木架或可移动工作站（右图）。

工作室的安全建议

保护听力。
可以使用耳罩（A）、可膨胀泡沫耳塞（B）或有绳耳塞（C）。

防灰尘和烟雾。
口罩（A）可用于一般操作环境，防尘面罩（B）可更换过滤器，呼吸器（C）配备有可更换的过滤器和滤芯。

保护眼睛。
面罩（A）用于有一定危险性的操作。安全护目镜（B）和带防碎镜片的眼镜（C）适用于常规切割和操作。

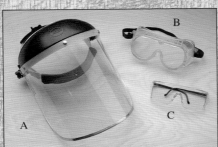

急救箱。
急救箱应至少包含大量纱布和绷带，以及抗菌急救软膏、乳胶手套、冷敷袋、酒精棉签、碘酒等一般急救物品和急救指南。

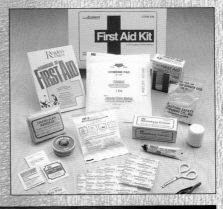

灭火器等级

灭火器是根据其扑灭各种原因的火灾的能力进行评级的。A级灭火器可有效扑灭垃圾木材和纸张的起火。B级灭火器可以熄灭易燃液体和油脂的起火。C级灭火器可用于扑灭电气火灾。对于木工工作室，请根据需求按等级选择化学干粉灭火器。

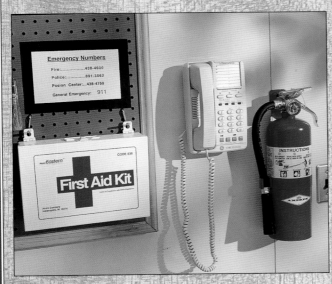

创建应急区域。
工作室可能是家中最容易发生事故的区域。重物、锋利的刀片、危险化学品和易燃材料都会增加事故的发生风险。即使你的生活管理很有条理，你尊重工具的安全使用准则并具备相应的常识，可以大大降低事故风险，但仍有必要为突发事故做好应急准备。将工作室的指定区域划为应急区域，配备充足的急救箱和灭火器，并配备急救电话，附上紧急号码。

集中注意力。
身体或精神疲劳导致的注意力下降是大多数事故发生的根本原因。一些简单的预防措施，例如在脚下铺上一块软地板垫，可以帮助减轻身体疲劳。如果你刚刚服用了药物或饮酒，那你必须充分休息以保持精神饱满，且不要在此期间进行任何操作。

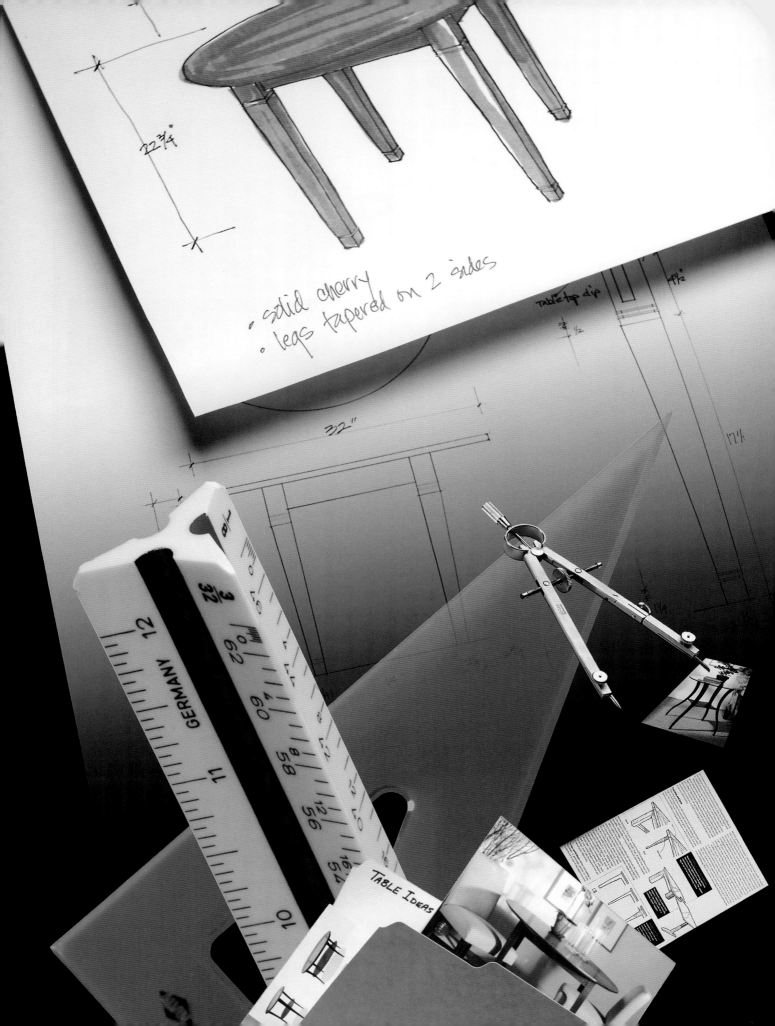

第 2 章　设计木工作品

决定，抉择，决策！这就是设计木工作品的全部内容。无论你使用现有的木工作品设计方案、修改现有的设计方案还是自己制定新的设计方案，在开始制作作品之前，完成设计过程都是必不可少的步骤，且是你首先要做的。

大多数人认为，作品设计的目的只是决定其外观，但实际上，设计包含的内容远不止此。这是一个引导你在各个方面开发最佳创意的过程，然后你要从中找出能以木工作品的形式呈现这些创意的最佳组合方式。作品设计过程还可以帮助你进行全面规划，以便你的作品可以发挥预期的功能。在完成设计的过程中，不应遗漏任何决定。

从本质上讲，在真正进入制作阶段之前，你就应该使用图纸、原型部件和大量可预见的问题进行作品构建。要对整个设计进行通盘深入的思考。虽然你可以在制作过程中解决一些细节问题，但最好可以提前预见并解决这些问题，而不是在制作过程中回溯问题根源，甚至重新构建你已经完成的部分。

在设计过程中，你需要考虑一些具体的目标。比如，创作出具有整体吸引力的外观并与周围环境完美匹配的作品；制作属于自己风格的，比例、用料、装饰线、五金件、表面处理和其他细节浑然一体的作品；确保作品可以正常使用。具体来说，如果是一把椅子，它的舒适度如何？如果是一个储物柜，其所提供的空间是否适合待放物品？你还需要考虑制作作品所需的工具和技术，以及是否存在更好的方法，可以更有效地获得预期的结果。

作品设计过程虽然看起来很艰难，但大多数木匠会告诉你，它很重要，而且你在设计过程中的投入度越高，你对设计要素越熟悉，收获和回报就会越多，作品的制作过程也会变得越容易。虽然不一定要按照后续章节中给出的顺序安排设计过程，但我们仍然建议你在一定程度上遵循这些顺序。你可能会发现，自己一直在一些步骤之间跳来跳去。不用担心，只要一步步做下去，你就可以掌握整个过程。养成使用基础设计方案的习惯，这样你就可以更好地完成作品，并且完成的作品会更加令人满意。

本章将指导你完成设计过程，并做出更好的设计决策。该过程会向你展示如何分析各种选项，并解释最终选择某个选项的原因。最终目标是帮助你设计出令人满意的作品。本章的最后部分内容会介绍不同类型图纸的绘制，以帮助你实现自己的想法，以及构建原型部件的过程，从而帮助你在三维尺度上快速完成细节的设计。

> 作品设计是一个引导你全方位开发最佳创意的过程，然后以最佳方式通过木工作品的形式将这些创意付诸实践。

木工设计

一件成功的木工作品始于精心的设计。你可以基于熟悉的家具制订最初的设计方案（比如右边的摇椅），也可以根据自身需要提出全新的设计方案（比如左边的游戏桌和小椅子）。

我应该制作什么？

决定想要制作什么是所有设计过程的起点。

大多数情况下，制作物品的愿望源于特定的需求。也许是更换破旧家具的需求，或者制作一件新的家具补充现有家具的需求。也许你需要一个娱乐中心，用来整理和存储音频和视频设备以及配件，也许你需要一个书架来存放所有书籍。可能你的目标只是制作一些东西，也可能你想通过尝试不同的方法或学习新东西来挑战你的木工技能，甚至可能只是一个想要突破固有风格的想法促成了你制作某些东西的想法。

我最近为自己制作了一张新桌子。因为我的旧桌子太小了，无法存放手边的所有物品，桌面也被电脑设备挤满，使我无法舒适地工作。而且我的办公室足够大，完全可以容纳更大的办公桌。所以这个过程是：首先有切实的需求，然后在物质条件允许的情况下，决定设计和制作一张新桌子。结果非常令我满意，主要是因为我投入了很多时间进行设计。

决定制作对象可能是设计过程中最简单的部分。你需要的只是一点想象力和一些规划。请记住，探索新技术的愿望使木工成为一种有趣的业余爱好，而不是苦差事。

——布鲁斯·基弗（Bruce Kieffer）

木工作品的设计过程

木工作品的设计过程始于一个简单的想法，或者基于特定的需求。最初的想法可能会被抛弃，可能经过仔细思考后与其他想法融合，或是与现有的家具和设计风格进行比较，并从中借鉴某些元素，然后逐渐以草图的形式呈现粗略的设计框架。可以通过制作更多草图或模型，以及简单的原型部件来验证设计理念，解决一些设计问题。最后，按照准确的尺寸绘制图纸，并附上切割清单、材料购置清单和接合部件的制作细节提示。最终会形成一个严谨的计划，为制作木工作品提供路线图。

木工作品的创意

关于木工作品的创意，并没有所谓的最好的提炼方法。但是，可以通过一些方式帮助你完善基本的思路。其中一种方式是观察家具实物，无论是自己家的、朋友家的还是家具店里的。置身于鲜活的木工作品和家居陈设中，你可以仔细品味不同作品的设计理念和设计风格，了解各个部件的组装方式，分析制作细节以及作品的整体比例，并评估不同家具的功能。

另一种帮助提炼创意的好方法是与其他木工爱好者进行讨论。木工爱好者通常都非常乐意与任何愿意倾听的人聊聊他们的想法和对木工的理解（参阅第 16 页提示框内容）。

图书馆或者你自己阅读的书籍和杂志同样可以帮助你获得作品设计的灵感。你甚至可能从书中发现一套完整的作品制作方案，包括图纸、切割清单、材料购置清单、操作说明和步骤照片等，刚好可以满足你的需求。如果方案中的作品与你要设计的作品很接近，但并不完全符合需求，那么你可以根据自己的需要对其进行修改。在现有设计方案的基础上做修改可以节省大量的设计时间。我们只需提前解决现有方案中你不熟悉的方面。

只要你足够用心，电视和电影也可以成

木工作品的进化

1. 构思

这一步并不像听起来那么简单，但对许多木匠来说，这可能是最令人欣慰（即使并不有趣）的阶段。在这个过程中，你将从一个原始的想法形成一个严谨的设计方案。

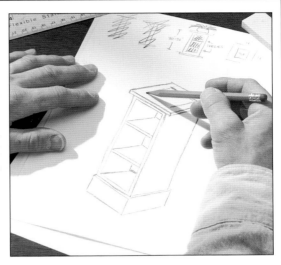

2. 制作原型部件

并非所有人都会通过构建比例模型或者制作简单的原型部件来检验他们的设计方案，但这是在正式开始制作作品之前发现问题并进行改进的最佳方法。制作原型部件通常在严谨的计划完成之前进行。

3. 制作作品

你在设计阶段投入的时间越多，作品的制作过程就会越顺利。虽然你可能仍然会做一些"即时设计或修改"，但如果设计方案严谨可靠，出现重大问题的可能性会大大降低。

古董店、旧货市场和家具店都能提供丰富的创意可能性。探索这些地方，注意观察家具的形状和比例，以及使用的木工接合技术。如果看到自己喜欢的东西，那么很有可能你会提出一个自己的制作方案。

为优秀创意的来源。这可能听起来有点奇怪。事实上，电视和电影造型师往往会投入大量时间和精力来选择道具，并且他们对作品的风格和设计趋势颇为敏感，因此能够为大多数致力于寻找新想法的专业木匠和设计师提供借鉴。

实际上，可以帮助你提炼创意的事物无处不在，只要用心，你就会发现它们。

创建概念草图。一旦有了对作品的粗略构想，就要把它写在纸上。最初的图纸也称为"概念草图"，不需要花哨，甚至可以不按比例绘制。但是，将它们写在纸上是你改进设计的触发器。这是一个好主意，因为你已经有了可以坚持的想法，有了可以进行完善的对象。

当你绘制草图时，可以开始考虑一些更具体的设计问题，例如，你是否喜欢某种特定的风格（参阅第18~19页）？你究竟需要多大的尺寸？多大比例合适（参阅第24~25页）？简而言之，尽可能地尝试不同的设计外观，直至找到你喜欢的。

实际考虑。一旦绘制好了详细的概念草图，并且明确了作品的修改方向，你就可以将注意力转到一些更为实际的细节上。

除了大致的尺寸和比例，你需要做出的第一个"实

分享想法

作品创意的最佳来源之一是与其他木匠进行交流。作为有共同爱好的群体，木匠们喜欢谈论木工。你可能已经认识了很多木匠，即使没有也不用担心，因为他们很容易找到。你可以向当地的专业木匠寻求帮助，但不要只关注专业人士。打电话询问也是一种方式，看看哪些木匠有时间指导你，为你提供一些建议。

你也可以在当地的木工房或木工网站寻找木匠。木工房可以是专业的，也可以是面向爱好者的，或者兼具两种功能。从事木工制作的大多数人是业余爱好者，他们经常通过网络来获取关于木工的知识和信息。你还可以访问供应木工产品的商店，看看能不能遇到投缘的人。大多数木匠都非常渴望相互切磋，并发表一些个人见解。

在一次典型的明尼苏达州的木工行业交流会上，其中一位嘉宾正在演示一种新的、备受欢迎的技术

可以在酝酿作品创意时浏览已有的作品设计方案。如果运气好，你甚至可能找到适合你的现成设计方案，从而节省大量时间和精力。而且大多数已发布的设计方案都经过了实践验证，上面的信息可以认为是准确无误的（但在阅读设计方案时仍需仔细核对）。

际"决定，是使用哪种木材。大多数情况下，你选择的家具风格会决定可以使用的最佳木材种类。如果你的目标是精确复制某种风格的作品，那就不是任何木材都可以。例如使命派风格（Mission style）的家具作品几乎都是用径切白橡木制作的。使用带有节疤的松木制作使命派风格的作品不仅很不专业，而且成品外观会与该风格格格不入。同样地，使用柚木制作一件乡村风格的作品也是有问题的。对专业设计师而言，用一两种不常用的木材制作风格较为传统的作品虽然并非闻所未闻，但如果轻易尝试，你很可能会对结果感到失望。

作品的功能和预算与作品风格一样，对木材种类的选择具有重要影响。例如，户外家具必须使用耐腐木材制作，否则成品的耐候性会很差，除非你愿意花钱购买柚木或者桃花心木，否则白橡木、红杉木、雪松木和柏木是你主要的选择（不包括经过压力处理的松木，这种木材非常适合制作不是很精细的作品）。同样地，使用软木木材制作木工桌也是不可取的。因为软木台面很快就会磨损，接合件也会因为受压变形而松脱。在制作任何类型的承重部件时，你同样需要考虑所选木材的强度。软木很容易受压变形，在反复受压的情况下，接合件会迅速损坏并失效。

至于预算，我们当然应该把它考虑在内。用斑马木制作调料架的话，你的材料成本是 100 美元，如果用枫木则只需 20 美元，你要问问自己，这种额外的花费是否值得。此外，一定要考虑木材种类对作品寿命的影响（如果有的话）。如果斑马木调料架可以使用 50 年，而枫木调料架只能用 3 年，那么哪一种更便宜呢？旧工

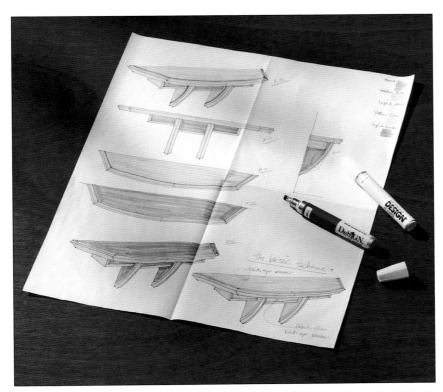

绘制概念草图。 它们不需要像上面显示的概念草图那样漂亮，但绘制能够提示作品要点的图纸可以使整个设计方案更为顺利地推进。

美式庄园风格	乡村风格	安妮女王风格
典型特征：精心设计的带有浮雕的"压制"靠背，带有大量珠边造型的旋切支撑腿和支杆结构，以及藤条编织的座面。	典型特征：整体外观质朴（虽然通常制作方法较为复杂）。	典型特征：狮爪式椅子腿、软垫座面、带有装饰性中央背板的弯曲后腿，以及轴车削的横档。

风格要素

对于木工，"风格"是一把双刃剑。借鉴特定的家具风格是确保作品设计成功的好方法，但过多关注某个时期的作品会限制你的创造力，甚至会导致你忘记最基本的目标：为你的家制作一件漂亮的家具。当你开始制定作品的设计方案，思考一系列需要解决的基本问题时，家具风格的选择仍然十分必要——尤其是在你制作的新作品需要与其他既定风格的家具协调匹配时。

考虑设计风格的另一个理由是，它可以帮助你在刚开始尝试设计作品时确定相应的难度。例如，如果你是一名初学者，应该考虑诸如使命派风格、沙克风格、乡村风格以及当代和现代风格的设计。这些风格的作品倾向于采用简单的造型和不太复杂的构造技术，并且更多地依靠相对比例，而不是复杂的细节，来实现其外观呈现。这并不是说，这些风格不适合高级木匠，因为上述风格的某些作品也是非常复杂的，只是可以使用现代木工技术简化其制作过程，从而避开了相当一部分复杂的接合工艺。较为复杂和细腻的设计风格，例如早期的美式风格、维多利亚风格、古典风格、传统风格、安妮女王风格和哥特式等风格，不会在开始设计时就把复杂的技术和工艺排除在外。制作这些风格的作品都具有一定的

挑战性，同时也非常有益。

这两页的照片很好地展现了这些风格的家具的外观效果。通过对比这9款椅子的特征，你可以清楚地了解，每种风格都是由哪些特征定义的。虽然有些元素是椅子共有的，但每种风格的椅子还是有其细节的。如果你有兴趣制作这些既定风格的木工作品，可以以这些信息为起点，对你喜欢的风格进行深入研究。

折叠椅

典型特征：铰接式椅腿和可折叠的、通常为板条式结构的座面，技术上不属于任何设计"风格"。

丹麦现代风格

典型特征：方正、开放式的设计，优雅的曲线和硬朗的水平线条，通常用柚木制作，并饰以深色的非木质材料。

现代风格

典型特征：活泼而不规则的形状，由层压板制作的部件，没有华丽的细节。

温莎风格

典型特征：由轴车削件构成的拱形靠背框架，勺形的内凹座面，由轴车削横档连接的外张的椅子腿。

沙克风格

典型特征：高高的靠背，圆柱形或锥形的椅子腿，编织的座面，简洁优雅的外观。

使命派风格

典型特征：简单方正的榫卯接合，细窄的板条和横档，通常使用径切橡木板制作。

木材形变

在我早期制作的作品中，有一件我为兄嫂制作的橡木咖啡桌。那时候我还是一个新手，对木材形变知之甚少。我在夏季采用了一种有违木材形变规律的设计方案制作了这件作品，并送给了他们，他们很高兴。6个月后，冬季来了，我接到了兄长的电话。他对我说："昨晚发生了一件奇怪的事情，我们听到了一声爆响。发现是你制作的咖啡桌散架了，碎片散落了一地。"在那之后，我再没有犯过这种错误。

——布鲁斯·基弗

具买家常说的"购买你能负担得起的最好的工具"，这句话也非常适用于木材的选择。

另一个会影响木材种类选择的因素是，你希望计划制作的作品与现有的其他家具使用的木材匹配，并放在同一房间内使用。在买齐所有木料之前，你应先获取一块木料样本，了解木料完成表面处理后的样子，将其与想要匹配的木材进行比较。

实木板、胶合板或贴面板？该如何选择？ 是只使用实木，还是实木与硬木胶合板组合使用，抑或是自己制作贴面板？重申一次，这个决定通常取决于你选择的风格。现代风格的时尚作品几乎都是用经过封边处理的胶合板制作的。这是因为我们必须考虑木材的形变。现代风格家具上使用的门和抽屉都是平板结构，部件之间留

户外用品需要耐腐的木材，例如图中用来制作花盆的雪松木。你选择的木材种类会影响到作品的使用寿命。

有很小的间隙。即使你长年住在湿度相对恒定的地方，使用实木制作这些部件也不是一个好主意。

选择五金件和表面处理产品。 作为设计过程的一部分，你需要决定，是基于功能性的考虑使用隐藏式五金件（例如隐藏式铰链、抽屉滑轨和紧固件），还是出于装饰需要使用外露的五金件（例如对接铰链、门和抽屉把手）。如果尝试使用某些不熟悉的功能性五金件，你不太了解它们的工作原理，那么你需要制作一个简单的原型部件。我们以抽屉滑轨为例进行讲解。假设你选择了一种之前从未用过的新式抽屉滑轨，我们首先需要将四块木板组装起来模拟橱柜，将另外四块木板组装起来模仿抽屉（像原型一样复杂）。安装滑轨，检验抽屉是否可以如你所想的那样运行。这样做还可以帮助你了解安装的公差容忍度。这一点很重要，因为它可能要求你以比以往更高的准确度进行制作。

由于选择范围太广，选择装饰五

贴面板

自制贴面板是替代胶合板的绝佳选择。可以以刨花板作为芯板，用较薄的实木封边条对其进行封边处理，然后将木皮贴在木板的正面，制成贴面板。由于木皮和封边条的效果，贴面板具有实木板的外观，同时具有类似胶合板的稳定结构。此外，使用贴面板为你提供了多种匹配方式，使你可以更好地发挥创意。如果你是一位经验较为丰富的木匠，并且希望完全

具有异国情调的独特木皮类型包括：（A）斑马木；（B）雀眼枫木；（C）非洲紫檀（朱红色）；（D）玛都那树瘤；（E）枫树树瘤；（F）紫心苏木。已全部上油。

掌控作品的外观，那你可以考虑使用这种材料。如果你不熟悉制作贴面板的技术也无须担心，有许多途径可以获得制作贴面板的方法。通过贴木皮制作贴面板，你可以定制自己的个性化木板，从而区别于市场上的大路货。

金件可能会更加困难。查看五金件目录是一个很好的开始，但是你应该根据现存的装饰性五金件来做最终决定。

表面处理产品的选择也要在设计过程中考虑，而不能等到作品制作完成之后。你需要提前了解表面处理产品的外观效果以及如何涂抹。除非你对计划使用的表面处理产品非常熟悉，否则你应首先在与作品所用木料相同的大块废木料上进行测试。

如果打算为木料染色，你需要制作更多的测试样本。你需要在设计阶段就确定样本的颜色效果，并了解染色操作的难易程度。有些染色剂涂抹的难度会更大。凝胶染色剂和其他黏稠的染色剂往往难以涂抹，油性染色剂相比之下则更容易涂抹。如果你计划使用难以涂抹的染色剂，请首先制作出内角接合部位的样品，因为内角部位的染色必须横向于纹理擦拭，会对那里的染色外观产生很大影响。要完成样品染色，还应涂抹你选好的面漆产品，因为大多数情况下，面漆会改变染色的外观效果。

使用人造板制作的橱柜。当代橱柜通常在门和箱体之间留有可见的门侧，很容易导致即便是微小的翘曲也会非常容易看出来。由于胶合板和其他人造板产品比实木板稳定得多，因此使用它们不太可能发生翘曲。

测试五金件。在原型部件上测试五金件的安装十分必要，尤其是在你缺乏某种类型五金件的使用经验的情况下。特别是抽屉滑轨，其安装方法和可接受的公差变化很大，会影响抽屉开口的设计尺寸。

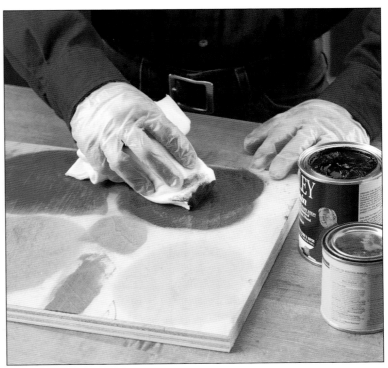

测试表面处理产品。使用与作品所用木料种类相同的废木料测试表面处理产品。选定表面处理产品后，你需要在尺寸更大的废木料板上重新测试，以更准确地了解做好的部件完成表面处理后的外观。

制作原型部件

在设计作品的过程中，你应该考虑制作一件原型作品。大多数情况下，原型作品可以粗略并且快速完成。制作原型部件的目的，是制作出在脑海中难以想象或在图纸上难以体现的构造部分的全尺寸模型。需要制作多少原型部件取决于你正在制作的作品。这里提供了一些示例。假设你打算制作一件大型橱柜，并且你想知道它的具体尺寸，可以切下面板、顶板和侧板对应的大块纸板，然后将它们粘在一起，这样你就可以清楚地看到家具的实际尺寸。再比如，假设你计划制作一张边缘经过铣削的桌子，却不知道要使用哪种铣削轮廓，此时你可以制作一系列的大型测试件进行铣削，然后对比外观效果。随着选择范围的缩小，添加木料以模拟桌子的横档和望板。

建立比例模型。虽然对于测试质量或接合效果意义不大，但该模型可以为你提供作品的三维视觉体验，以及对于部件比例的直观感觉

原型接合部件。按照全尺寸从廉价木料上切取木坯料并制作接合部件。除了其他的优点，原型部件还可以帮助你确定切割实际接合部件需要使用的最佳工具。

制作任何类型的座椅都必须先制作原型作品。首先试坐各种椅子或沙发，并进行测量，然后开始设计原型作品。我选用 2×4 规格的刨花板制作这件原型作品。如果通过原型作品，你意识到椅子有点矮，可以轻松添加更多刨花板来抬高和测试更高的

标准家具尺寸

餐桌
桌面高度：29~30 in（736.6~762.0 mm）
餐具有效放置宽度：不小于 24 in（609.6 mm），最佳 30 in（762.0 mm）
桌子边缘到轴架底座的距离：不小于 14 in（355.6 mm）
横档与地面的最小距离：23½ in（596.9 mm）

多功能桌
咖啡桌：高 12~18 in（304.8~457.2 mm）
茶几：高 18~24 in（457.2~609.6 mm）

椅子
座面高度：15~18 in（381.0~457.2 mm）
座面宽度：17~20 in（431.8~508.0 mm）
座面深度：15~18 in（381.0~457.2 mm）
扶手距座面的高度：8~10 in（203.2~254.0 mm）

卧室家具
梳妆台：深 18~24 in（457.2~609.6 mm）
高度不低于 30 in（762.0 mm）
床头柜：高 18~22 in（457.2~558.8 mm）
床垫距地面高度：18~22 in（457.2~558.8 mm）

书桌
深度：30 in（762.0 mm）
书写高度：29~30 in（736.6~762.0 mm）
计算机键盘高度：25~27 in（635.0~685.8 mm）

构建完整的原型作品。你不必使用作品选定的木料去制作原型作品，你甚至不需要精确地制作部件，只需使用廉价材料制造一件全尺寸的、可用的原型作品就好，特别是对于座椅类作品。

制作纸板原型作品。为了了解大型作品的实际占地面积和质量，可用硬纸板切割部件，并组装出大致形状和尺寸的作品，然后将作品放置在实际需要的位置。

座面。在真正制作椅子之前，你必须获得舒适的体验，否则椅子真正做出来也不可能会有很高的舒适感。如果你的座椅计划安装垫子，那么垫子的厚度也要体现在原型作品中。你需要的元素都要体现在原型作品中，并应快速完成原型作品的制作，以便你可以继续绘制图纸，然后制作作品。

废木料、刨花板、纸板、石膏板和纸张都是制作原型部件的廉价而优质的材料。热胶、干壁钉、钉书钉、钉子、强力胶布、遮蔽胶带、接触性黏合剂和喷胶都是适合组装原型部件的紧固材料。

除了原型部件，许多设计师还喜欢为作品建立比例模型。这些模型主要用于视觉目的，因为测试 1/10 尺寸的接合部件实际意义不大。比例模型可以用各种材料制作，包括纸板、轻木、泡沫芯板，甚至彩色美术纸。或者，你可以将准备用于作品制作的部分木料锯切成细木条，用来构建比例模型。比例模型的主要作用是三维地呈现作品，从而让你更好地感觉作品的相对比例。

标准家具尺寸

书柜
深度：12 in（304.8 mm）
高度：最大 76 in（1930.4 mm）
搁板宽度：厚 ¾ in（19.1 mm）的胶合板搁板，最大宽度 24 in（609.6 mm）；厚 ¾ in（19.1 mm）的实木搁板，最大宽度为 36 in（914.4 mm）。

休息室座椅
椅子高度：14~17 in（355.6~431.8 mm）
座面宽度：单人最少 24 in（609.6 mm）
座面深度：15~18 in（381.0~457.2 mm）
扶手距离座面的高度：8~10 in（203.2~254.0 mm）
座面后倾角度：3°~5°
靠背倾斜角度：95°~105°

绘制平面图

为了提炼诸如整体比例和相对比例这样的细节，并使其得到更为直观的展示，你需要制作"比例"工作图。比例图基本上是按比例缩小的绘图，可以显示作品的详细信息和尺寸。如果以 1:4 的比例绘图，则图纸上的 1 in（25.4 mm）相当于实际中的 4 in（101.6 mm）。"工作"一词在这里的意思是，在制作作品时你要严格参考这些图纸，并通过它们来确定部件的切割尺寸。

为了制作专业水准的比例工作图，你需要使用建筑师比例尺、绘图桌、T 形直角尺、45°角度尺、30°×60° 的三角尺以及绘图圆规。曲线板可用于绘制曲线形状，其他更专业的绘图工具可以在平面设计商店购买。

建筑师比例尺。虽然有多种绘图比例尺可以选择，但大多数木匠会使用建筑师比例尺。建筑师比例尺包含 6 个侧面。虽然建筑师用其以英尺为单位进行绘图，但木匠通常是以英寸为单位进行绘图的，这样比较方便。左端标有数字 16 的侧面是全尺寸标尺，绘图尺寸与实际尺寸等同。16 表示每英寸被分为 16 份。其余侧面均标有两种不同的刻度。一种比例从左向右读取，另一种比例从右向左读取。要了解如何使用建筑师比例尺，首先查看左端标有 ³/₃₂ 的侧面。使用该侧面从左向右绘图，表示图上每 ³/₃₂ in（2.4 mm）对应实际 1 in（25.4 mm）。使用该比例，尺上的 12 in（304.8 mm）对应实际的 128 in（3251.2 mm），其数值通过该侧面上排的数字读取。在同一侧面的右端，标有 ³/₁₆，使用该侧面的下排数字从右向左绘制，每 ³/₁₆ in（4.8 mm）对

准确、详细的平面图不仅可以为你创建木工作品的蓝图，还可以帮助你确定部件尺寸，更好地了解成品的外观。各种各样的绘图工具使绘制比例图变得更加容易。图中展示了三角尺、圆形模板和建筑师比例尺。为了获得精确的指导，需要从几个不同的角度绘图。

用于绘制作品平面图的工具包括平整的绘图桌（图中展示的是一张便携式绘图桌）、各种标记笔和铅笔（包括自动铅笔）、建筑师比例尺、圆规、一两个三角尺以及一个或多个曲线板。

建筑师比例尺对于制作木工作品比例图是不可或缺的。六面标尺经过了校准，可以在几种不同的比例下自由转换，从而节省了大量的计算工作。

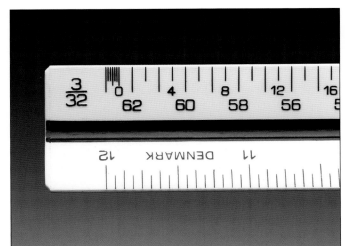
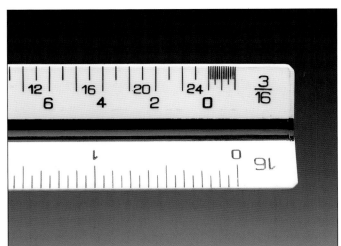

解读建筑师比例尺。为了了解建筑师比例尺的使用方法，首先查看左端标有 ³/₃₂ 的侧面。使用该侧面从左向右绘图，每 ³/₃₂ in（2.4 mm）对应实际的 1 in（25.4 mm）。使用这个比例，12 in（304.8 mm）图上距离对应实际的 128 in（3251.2 mm），并通过该侧面的上排数字读取。在同一侧面的右端写着 ³/₁₆，从右向左绘图，使用该侧面的下排数字，即可提供图上 ³/₁₆ in（4.8 mm）对应实际 1 in（25.4 mm）的比例尺。

应实际 1 in（25.4 mm）。其他侧面的分数刻度使用方式相同。末端标有 1、1½ 和 3 的侧面分别表示"1 in（25.4 mm）对应 12 in（304.8 mm）"，"1½ in（38.1 mm）对应 12 in（304.8 mm）"和"3 in（76.2 mm）对应 12 in（304.8 mm）"的比例。

　　绘制比例平面图。使用建筑师比例尺绘图时，请选择可以在纸张上绘制最大尺寸比例图的比例。这更有利于你随时中断绘制过程并查看部件细节和比例，因为图样足够大。找到最佳绘图比例需要你从绘制最大尺寸的比例图开始。如果你的作品长度明显超过了高度和深度，那么长度就是确定比例尺的决定因素。以此为基础选择与纸张大小匹配的比例尺，可以在一张纸上完成所有视图的绘制。使用 T 形直角尺绘制水平线，使用三角尺绘制垂直线和角度线，使用圆规绘制圆形。

　　首先绘制二维平面图和立面图。平面视图可以是俯视图或仰视图，立面图可以是正视图、右视图、左视图或后视图。绘制这些图纸有助于了解作品的整体比例，并帮助你调整不太合适的比例。对于要制作的大多数部件，你都要绘制正视图、俯视图和一个侧视图。对于具有不同侧面的作品，你需要绘制另一个侧视图。也可以绘制后视图和底视图，但它们并不常用，因为它们提供的细节通常不那么重要。

　　正确绘图，每个视图都会将其尺寸投影到其他视图上。你可以从视图之间的浅色线条看到这种关联。典型的三视图包括正视图、俯视图和右视图。首先绘制正视图。然后将其宽度尺寸向上投影到俯视图上，将深度尺寸添加到俯视图中，之后将正视图的高度尺寸投影到右视图，将俯视图的深度尺寸投影到右视图。绘图可以展示作品的整体造型，通过绘制更大比例、更接近实际尺寸的图纸，还可以展示更多细节。

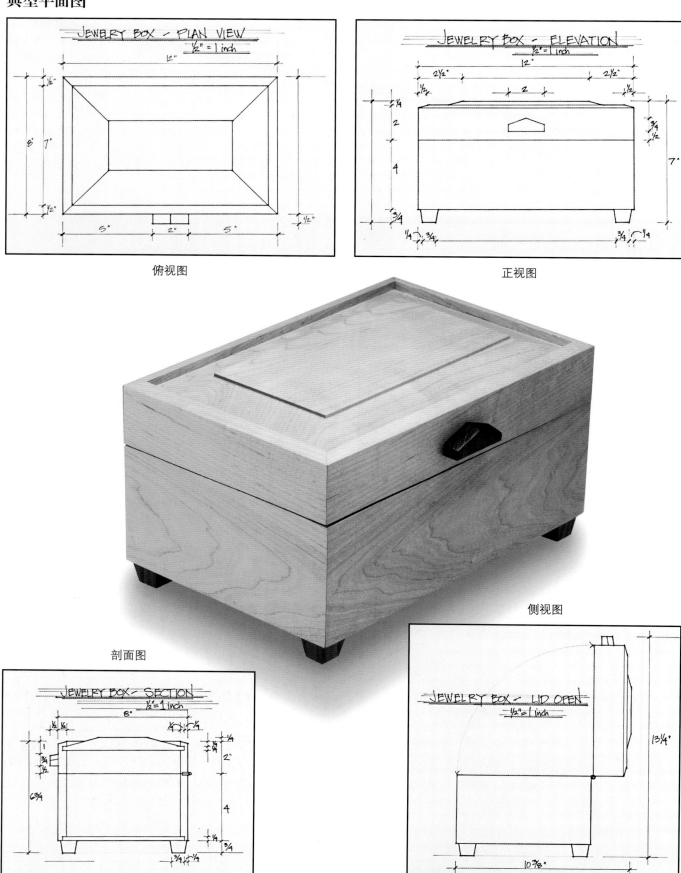

俯视图

正视图

剖面图

侧视图

等轴测图和透视图。三维绘图是一种很好的方式，可以在不实际制作作品的情况下查看其外观，并帮助你更好地解读二维图纸。

等轴测图是一种易于创建的三维视图，可将二维视图合并为一个图形。用于绘制等轴测图的尺寸直接来自二维视图，因此一切都保持"原有比例"绘制并可从等轴测图中测量。等轴测图在尺寸上是正确的，但在视觉上存在问题，因为等轴测图没有透视效果，不能带来深度视觉。等轴测图最重要的部分通常是作品的前角。垂直于图纸长边绘制其边缘线，与正视图上显示的高度相同。正面/顶面和正面/底面的边缘线绘制在该线左侧，并与图纸长边成30°角，边缘线的长度与它们在平面视图上的尺寸相同。在前角右侧绘制右侧线条，同样使其与图纸长边成30°角。通过以30°角将外侧上角线彼此投影填充顶部来完成绘图。

透视图是一种三维视图，它以模仿大脑看待物体的方式营造出一种具有深度感的视觉效果。换句话说，绘

绘制平面图

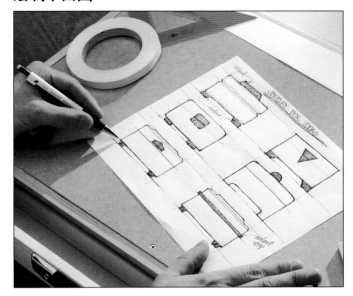

制作垂直线。以固定在绘图桌上平行于图纸长边的直尺为靠山，将三角尺靠在上面绘制垂直线。自动铅笔可以画出真实、准确的线条。右侧照片中正在绘制正视图。大多数制图工作都是从绘制正视图开始的。

概念草图通常用于帮助你将脑海中的不同想法和处理方式呈现出来。虽然概念草图不属于最终设计方案的一部分，但可以使用绘图工具轻松绘制，并有助于随后比例图的绘制。

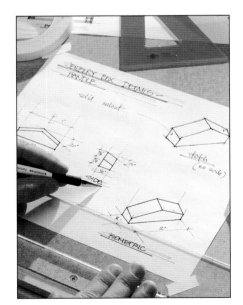

绘制细节图便于展示和设计木工作品中较为复杂的接合部件和整体外形。

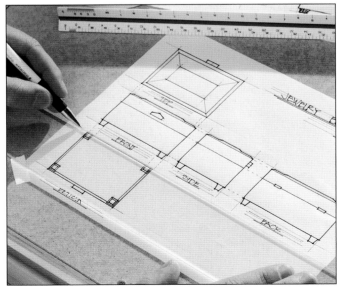

绘制多个视图以展示作品完整的外观。最好将所有有用的视图放在同一页面上，以创建作品的整体"快照"。在此处，围绕正视图添加了俯视图、侧视图、后视图和底视图。

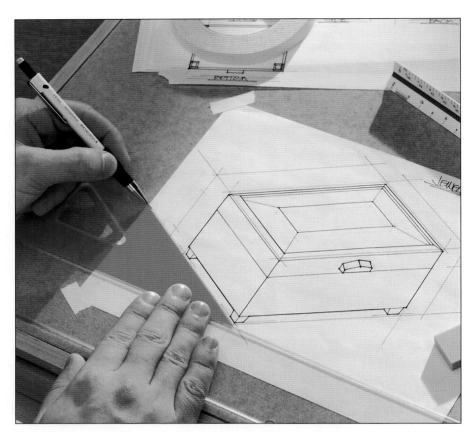

等轴测图是一种三维草图，所有平面均以相同比例绘制。使用等轴测图计算部件尺寸非常方便，但其传达作品实际外观的效果不如透视图（下图）。

透视图是通过将从垂直线上引出的水平线向着"消失点"延伸来制作的，因此绘图具有深度感。它们可以最大限度地呈现作品的实际外观效果。

制对象看起来就像你在现实中看到的那样。使用消失点创建透视图。消失点是位于远端的虚拟点，透视图上的两条平行线汇聚的位置，感觉上就像你的眼睛可以看到它们。想象一下长长的走廊：当你向前看时，感觉所有的线汇聚一处。那就是消失点。可以使用绘图工具制作比例精确的"技术"透视图，但过程非常复杂。相比最终的结果，这样的投入并不值得，也没有必要。如果你想学习这种绘图技术，可以去图书馆找到讲解绘制技术透视图的书籍。一般来说，绘制透视草图足够了。它们更容易绘制，只是不那么精确。

使用两点透视，意味着在绘制透视草图时有两个消失点。即左右两侧各有一个消失点。图中所有的垂直线都与水平面成90°角，所有水平线均从垂直线出发向外绘制（可延伸至消失点）。稍加练习，你会发现绘制这种草图非常简单。

切割清单和材料购买清单。完成平面图的绘制之后，你可以轻松制定切割清单和材料购买清单。最后这两项工作可以完善你的制作方案，并能使你在开始正式制作前掌握所需的所有信息。

切割清单是需要制作的所有部件的名单，应包括每个部件的名称、所需数量、相应尺寸（厚度 × 宽度 × 长度）以及所用材料。切割部件时应以切割清单作为指导，并根据切割部件的实际尺寸进行检查，以防出现错误。

对于木工作品，材料购买清单不太好制作。这是因为很多木材是以随机的宽度和长度出售的。即使你计算出了确切的木材用量（参阅第39页），可能也无法找到不会造成任何浪费的、制作部件所需的精确木板组合。

修改平面图。 使用计算器和建筑师比例尺，根据实际需要修改绘制完成的平面图。重新绘图是很有帮助的，你可以清楚地知道哪里需要修改。

不过，只要知道每种材料的大致需求，可以进行合理的成本估算。使用人造板时，绘制切割图可以计算需要的板材数量，并帮助你确定切割方式，以最大限度地减少浪费。

电脑制图

CAD 是计算机辅助设计的简称，是制作木工作品的有力工具。对我来说，这是我现在绘制工作图和透视图的最佳选择，也是唯一方式。10 多年前我就卖掉了我的绘图桌！许多 CAD 软件可以在个人电脑上使用。然而，制作带有透视图的三维绘图所需的优质 CAD 软件仍然相当昂贵。你可以买到便宜的软件，但只能用来进行平面绘图，这是一种可行的选择。使用这些软件可以轻松绘制比例图并随时更改比例。大多数软件也带有尺寸标注工具，可以轻松地为图纸添加尺寸线和数值。

CAD 制图快速、准确且易于修改。如果你有条件安装可以制作三维透视图的高端软件，还可以旋转透视图并从任何视点查看作品。真正复杂的软件甚至支持添加木纹和其他纹理，以创建如照片般逼真的效果。

——布鲁斯·基弗

第3章　了解木材

为作品选择木材与制作过程中的其他步骤一样，也是木工制作的一部分。实木价格昂贵，因此在购买之前你需要首先选对木材。因为有时候，经济型木材具有与实木等同的效果。

此外，每种木材都具有影响加工特性、外观和耐久性的自然特性。在使用之前了解这些影响因素非常重要。硬木和软木木材是根据无节疤木板在所有木板中所占的百分比，以及木板是经过机械刨平还是保留粗锯状态划分工业等级，并按该等级出售的。你需要根据作品需求确定合适的木材等级，以及可用的工具和作品预算，然后仔细筛选板材——同一等级的木板在颜色、纹理和瑕疵方面可能有很大差异。

那么，要选择使用哪种实木板以及如何购买木板呢？在某种程度上，正确选择木材只能靠经验。你只有在使用不同种类和等级的木材制作不同的作品后，才能真正了解适合不同用途作品的最佳木材种类。熟悉本章内容是明智购买木材的第一步。

接下来，我们会带你熟悉硬木、软木和人造板材之间的区别，并了解它们的不同用途，了解木材的纹理和瑕疵，了解工厂如何将原木切割成木板，以及木材对环境湿度变化的反应等。我们还会介绍实木板的尺寸和销售方式，并对标准化实木分级系统进行概述。最后，本章结尾总结了一些经过时间检验的指导原则，让你可以像专业人士一样，指导从哪里购买以及如何购买实木。

在学习了本章并计算出你的作品所需的木板数量，了解了作品对木板质量的要求后，你就可以自信地去木材厂挑选木板了，这种方式通常可以为你节省一些费用。

木工智慧

怀俄明州的一名木匠曾经发给我一些他根据我的设计制作的雪茄盒的照片。这是一个内部带有黄铜镶嵌物的洪都拉斯桃花心木盒子，是他送给岳父用来盛放其收藏的细长条雪茄的礼物。信中说道，他为自己用雪松设计制作的衬里感到特别自豪。但当我看到照片时，我心情沉重。因为他的雪茄盒内衬选用的是香松木而不是西班牙雪松木。如果使用他送的雪茄盒，那么他的岳父收集的雪茄会被强烈的气味毁掉。这样的实例说明，为作品选择木材的重要性：在制作之前一定要考虑所选木材的特性，因为它可以决定一件作品的成功与否。

——约翰·英格里斯
（John English）

木工作品

这个工具箱的一个显著特点就是融合了对比鲜明的木材种类。这件作品的主体是用白橡木制作的，抽屉拉手和盖子的前缘则选用了胡桃木。通常最具吸引力的方法是将浅色木材和深色木材配对，并将具有对比效果的木材限制在两种。

树的解剖学

树的正中央区域是一种柔软的组织，称为髓心。其周围有许多年轮的环，这部分组织已经死了，形成了树木的结构组分，用于为树木提供支撑。这部分就是心材，是木工最喜欢的木材部分，因为其密度和纹理均匀。心材之外是一圈较薄的、仍然具有生长能力的年轮层，被称为边材，其中包含从根部延伸到叶片的导管，用于运输可溶性的矿物盐。边材的外圈是形成层，这是活树中的分生区域。随着时间的推移，形成层可以增加树干的周长，因为形成层可以每年增加一层新的边材。在形成层和树皮保护层之间还有另一个薄层区域，被称为韧皮部，其中包含将有机营养（通过光合作用在叶片中合成）运输到根部的筛管。

大多数木材工厂会去除原木的所有外层部分（包括树皮、韧皮部、形成层和边材），然后再将其裁切成木板或者规格尺寸的木方，比如 2×4 规格的木方。大部分的树皮和边材被磨碎，用作庭园的覆盖物，或者用于造纸、燃料，甚至用于制作动物休息用的垫草。偶尔你也可以在木材厂碰到包含边材的木板。深色纹理的树木，例如胡桃木和樱桃木，其边材表现为一条靠近边缘并沿木板的长边纵向延伸的浅色软材。体现在木工作品中，边材在经过表面处理后与心材的色差会变得更加明显，只有染色才能使其与木板其他部分的颜色相匹配。因此，边材很少用于家具制作。

这个中国榆树横截面样本展示了树木所有主要的区域：树皮、韧皮部、形成层、边材、心材和髓心。这棵树的横截面有两个髓心，可能是其树干分裂形成两个主要分支的结果。还要留意较暗的区域，这是树木经历了一段时间的受伤或疾病的迹象。

森林管理

软材树木（也称针叶树）的生长速度几乎总是快于硬材树木，这一事实有助于解释，供求关系如何影响软木和硬木的价格。软材树木的快速生长允许其频繁地补种和采伐，有时只需 15 年即可采伐，而大多数常见的硬材树木至少需要 75 年才能采伐。较短的生长周期有助于保持软木供应量的稳定，使其成本低于硬木，从而有利于建筑行业和木材加工行业的软木供应。

因为软材树木是裸子植物，通过垂直落下的球果而不是花朵或坚果进行繁殖，所以种子经常落在母树附近。这种自然形成的适应性使软材树木可以彼此靠近生长，这对木材厂而言十分有利，因为每英亩可以种植更多的树木。每棵树都会努力寻求其相邻的树木树冠上方的阳光，所以它们往往会长得笔直而挺拔。伐木工人长期利用软材树木的这种生长模式，在紧密排列的位置重新种植针叶树，从而轻松获得挺拔的原木。

将软材树木的树苗（右图）紧密地成行种植，然后以较宽的行距（顶部照片）进行移栽，直至它们生长到适合采伐的程度。注意高大挺拔的树干，这是软材树木的栽培特征。

硬木与软木的界定

从植物学的角度讲，树木可以分为硬材树木和软材树木。区分两者的简单方法：硬材树木属于落叶树（阔叶树），通常会在深秋失去叶子，并通过花和果实或坚果繁殖；软材树木通常是针叶树，可以保留针状叶子度过冬天，并通过球果的开裂散播其种子。术语"软木"和"硬木"与木材的实际硬度并无直接关联。

所有树木每年都会有两次快速生长。春季生长并在年轮之间形成的浅色木材被称为早材。夏末和秋季生长形成的较为致密的木材被称为晚材，由其形成的深色的环便是可以确定树龄的年轮。

软材树木的生长速度比硬材树木更快，并且与大多数生长缓慢的硬材树木相比，它们的早材部分更宽。软材树木早材中的细胞也要比硬材树木中的细胞更大且密度更小。这便很容易解释，为什么相比纹理较为致密的橡木板，钉子更容易钉入纹理相对稀

颜色、图案和纹理样式

硬木和软木

在分类上，硬材树木和软材树木之间的区别在于叶片类型而不是木材硬度。橡木是一种硬木，其树木的叶子会在秋天掉落；松树是一种针叶树，针叶可以保留一整个冬天。

疏的松木板中，因为松木属于软木，其细胞密度较小，更容易穿透。

另一个值得注意的特性是，硬材树木的树枝可以在任何时间向任何方向生长，以最大限度地将叶子暴露在阳光下。这些向外伸展的枝条会由于自身重量产生内部应力，在木材中形成有趣的图案和纹理样式（见下方左图）。不过，美丽是要付出代价的：随着内部应力的释放，用这种纹理高度复杂的木材切出的木板要比那些纹理平直的木板更容易变形。

3个世纪以前，殖民地的伐木工人通过砍伐大片的原始针叶林获取木材。宽度在 2 ft（0.6 m）、3 ft（0.9 m）甚至 4 ft（1.2 m）左右的，并且没有节疤或者其他缺陷的白松木板并不少见。殖民者早期的大部分家具也是用软木制作的。而用今天重新种植的松树裁切得到的木板，沿其长度方向，每 12~18 in（0.30~0.46 m）就会出现一处节疤——对应树木 1 年的生长量。而且由于在采伐时，树木的周长较小，木板中常会出现大量边材。

现在，软木的最大价值体现在人

木工制作的部分吸引力来自与颜色、图案和纹理样式存在巨大差异的木材亲密接触的机会。木材的颜色是单宁、树胶和树脂暴露在空气中发生反应的产物。通常，随着时间的推移，木材的颜色会持续变暗，甚至改变色系，形成层次丰富的光泽。木板表面的图案是多种自然原因共同作用的结果，这些原因包括干旱、冰冻、季节风、衰老以及病虫害等。纹理的显现取决于木纤维相对于树干中心排列的方向和规则性，以及从原木裁切木板的方式。

大型锯木锯片能够快速将原木裁切成湿材。裁切后，工人会对这些木板进行分级、堆叠和干燥，并在出售前对木板表面和边缘进行刨平处理。

典型的锯木方式

为了最大限度地增加产量，或者控制木材的纹理方向和避免木材缺陷，有多种不同的方式可以将原木裁切为木板。弦切板是围绕原木髓心，以四分之一圈的增量旋转原木裁切得到的板材。径切是一种对于最大限度地提高产量不太有效的裁切方式，但生产出来的木板尺寸更加稳定。径切橡木板具有清晰可见的髓射线，而弦切橡木板则无法看出髓射线。第三种裁切方式是从上到下锯切（图中未展示），即将原木从上向下依次切板，得到的木板是弦切板和径切板的混合物。

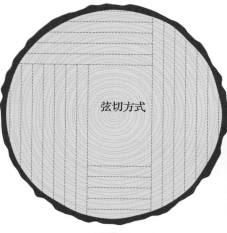

弦切方式

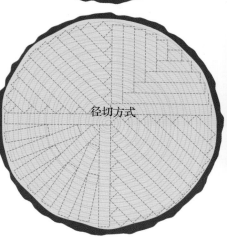

径切方式

们对纹理平直的、较便宜的木材的大量需求。软材树木被大量切割成建筑用木材，用于建造墙壁、地板和屋顶，或者被加工成胶合板、刨花板和定向刨花板用于建筑装修。当然，这种木材也被大量应用于木工领域。值得注意的是，优质软木的价格可以与硬木相媲美。

硬木通常更坚硬、更致密，并具有更漂亮的图案和丰富的颜色，相比软木更具吸引力，因此成为制作家具和装饰品的优先选择，但硬木因为树木资源稀少而价格昂贵。这也可以解释，为什么硬木的标称尺寸与用于建筑目的的软木不同。

木板的裁切

木材厂会根据木板的预期用途以及原木的种类和质量，采用多种方式锯切木板。最常见的锯切方式是弦切和径切。弦切（也称为平切）是一种可以最大限度地利用和锯切原木，且不包含髓心的锯切方式，通过旋转原木围绕髓心进行连续切割。对工厂来说，弦切是最经济的裁板方式。弦切板适用于大多数的建筑和木材加工用途，但由于锯切方向与年轮相切——木材形变最显著的方向，因此相比径切板，弦切板更容易发生形变（有关木材形变的更多信息，请参阅第 36 页）。

径切需要首先沿原木的长度方向将其锯切为四块楔形大料。然后对每块大料进行纵切，这样得到的端面年轮一定程度上都是垂直于（径向于）木板大面并在其上

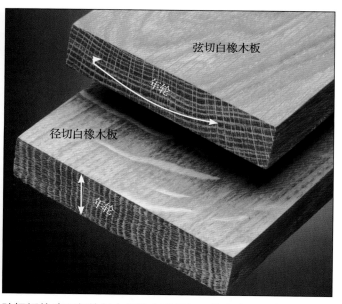

弦切板的端面年轮与木板的大面相切，并在大面上产生较宽的波状纹理图案。径切板的年轮在木板的大面上径向延伸，形成更为整齐的平行纹理图案。

木板的干燥方法

风干。在堆叠的每层木板之间插入较短的间隔木，使空气可以在木板周围流通。由间隔木分隔形成的间隙会使堆叠的木板完全暴露在空气中。将堆叠木板遮盖或存放在露天的棚屋中，每次数月甚至数年。如果没有间隔木，木材的干燥会不均匀，甚至会长霉菌并慢慢分解。

窑干。将经过间隔木分隔堆叠的木板放入窑中，关闭干燥窑并均匀加热数周，直至木板内部水分降至可接受的水平。干燥时间取决于木材种类和木材等级。窑干是生产通用木材的一种较为快捷的方法，窑干材也很容易买到。

延伸的。径切板具有紧密排列的直纹。在一些硬木，例如橡木的径切板中，还显露出美丽且半透明的髓射线，这种外观效果一直是木匠们梦寐以求的。径切的缺点是，与弦切相比，每根原木裁切得到的木板数量较少，因此径切板的价格较高。一般来说，径切硬木板比径切软木板更为常见。

干燥木材的方法

刚从原木上裁切下来的木板被称为湿材，表示其含水率很高，必须进行干燥才能使用。商用木材通常有两种干燥方式——风干和窑干。风干是将木板堆叠起来，使空气可以通过每层木板之间的缝隙流通风干。用于分隔每层木板的小块木料被称为间隔木，以相同的间距插入木板之间。风干木板耗时很长，有时甚至需要几年的时间，直到木板水分蒸发到可接受的水平。使用风干方法时，可能需要根据某些外部因素的变化进行调整，例如用塑料布或帆布遮盖顶层木板，将堆叠木板的侧面转到盛行风向，以反向堆叠的方式定期拆除和重建堆叠木板，以更好地控制干燥过程。如果木材干燥不当，可能

会开始发霉，导致出现被称为剥落的缺陷（参阅第 37 页）。

窑干在燃气、电力或太阳能烤炉中进行。窑干的成本很高，但它们可以提供精确可控的干燥环境。一些工厂可能倾向于加快窑干速度以节省成本。但是，干燥过快会导致多种缺陷，例如木板的表面出现硬化（参阅第 37 页）。

从木工生产的角度来看，风干木材便宜得多，但不是很常见。大多数木板都是窑干制成的，因为窑干木板的生产周期更短。窑干相比风干的可控性也更好，特别是在生产大量木材的情况下。

什么是湿材？美国市材标准委员会（American Lumber Standards Committee）将湿材界定为含水率在 20% 以上的市材，将干燥市材界定为含水率 19% 或更低的市材。市材的含水率是以重量而非体积来计算的。

水分和木材形变

木板从原木上锯切下来之后，无论是风干还是窑干，木材本身都会处于持续寻求平衡水含量（Equilibrium Moisture Content，简称 EMC）的状态：它会吸收水分或继续失水变干，直到木板中的水含量与周围空气中的相对湿度取得平衡。窑干木板永远不会吸收像最初的湿材那样多的水分，但即使进行表面处理，也无法改变木材与空气进行水分交换的特性。

木材厂的木板含水量以百分比表示，其范围从 6% 到 20% 不等。购买时应注意，框架木材的含水量应小于 18%（14% 左右最为理想），而用于家具制作的木板，其含水量应下降到 6%~8% 的范围。含水量的百分比是根据水的重量与木材重量的关系，而不是根据体积关系来计算的。

检查木材含水量是否符合要求的唯一正确方法是，使用湿度计测量（参阅下面的"测量含水量"部分）。湿度计是一种带有两根尖针的小型电子工具，将尖针插入木料的新鲜切口处（旧切口干燥得很快，容易造成读数错误，所以新鲜切口是必不可少的）。大多数优质硬木的

测量含水量

湿度计可以快速读取木板的含水量。示例中的红色指示灯表示木板的含水量为 10%，对于切割和木工作品制作来说，这是一个可以接受的水平。经过校准的湿度计并不便宜，但是，如果你打算制作细木工家具，或者你的工作室环境湿度波动很大，那你需要购买一台。如果你打算直接从木材厂购买风干木材，测量其含水量是非常必要的。确保在木板端面或侧面的新鲜切口处进行测量，旧切口由于水分散失得很快，无法提供准确的读数。

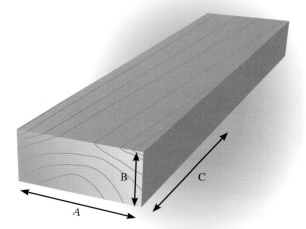

木材会随着环境湿度和温度的变化而膨胀和收缩。切向形变（A）发生在与年轮平行的方向，而径向形变（B）发生在横向于年轮的方向。木材沿其长度方向（C）的形变非常小。一般来说，木板的切向形变大概是其径向形变的 2 倍。

供应商会在你购买之前为你提供湿度计来检测他们的木材，或者你可以要求他们当面检测。

木材从空气中吸收水分时会膨胀，在水分散失进入空气时会收缩。你会惊讶地发现，木材形变主要发生在与年轮平行的方向（切向）和横向于年轮的方向（径向），沿长度方向（纵向）的形变微乎其微。因此，对于标准的弦切板（见第 34 页），膨胀或收缩主要发生在两个方向：宽度方向和厚度方向。宽度方向的形变通常是厚度方向的 2 倍。木板的含水量越高，其形变的量就会越大。在设计和制作木工作品时，把木材的膨胀和收缩力量对作品的影响考虑在内是至关重要的，因为木材的膨胀和收缩运动是不能完全消除的。

木材形变和木材缺陷

木材通常不会均匀地膨胀和收缩，这会导致木材扭曲变形。由于窑干不当引起的四种形变分别是瓦形形变、边弯、弓形形变和扭曲。

瓦形形变是木板的两个小侧面同时向一个大面运动，同时大面中间部分仍保持平整的形变。瓦形形变的木板，其横截面类似于字母 C。解决这个问题的唯一方法是，在木板与周围环境达到水分平衡后，将其纵切成几块窄木板，然后交替变换排列端面纹理，以拼板接合的方式将木板的纵切面对齐，涂抹胶水重新接合在一起（参阅第 124 页）。

边弯是指一块木板的大面仍然平整，但是一个小侧面向另一个小侧面的方向弯曲。这个问题很容易解决：在木板与周围环境达到水分平衡后，只需刨平木板的一个

小侧面，然后纵切木板另一侧，使两个小侧面保持平行（参阅第54页）。解决瓦形形变和边弯的问题都会造成一定程度的浪费。

弓形形变是一个较难处理的问题。在这种情况下，木板沿其长度方向发生类似瓦形形变的弯曲，看上去就像一个非常宽的摇椅摇板。唯一的解决方案是，将木板凸面朝上放置，支撑木板端部的同时在其中心压上重物。在某些情况下，当木板与周围环境达到水分平衡后，木板就会变平。

扭曲是木板的两个端面向相反的方向形变的结果。这种形变很难解决，但是对于较厚的木板，可以将其多次推过平刨使大面重新变得平整（参阅第52页）。

在购买木材之前，只需瞄一下每块木板的边缘和大面，就可以轻松发现形变问题。如果仔细观察，很容易发现树脂孔、剥落或疏松节等缺陷。对于这样的木板，可以切除问题区域加以挽救。还有一种缺陷，要纵切木板之后才能发现，这种缺陷被称为**表面硬化**。当木板的外表面快速干燥，同时中心区域保持湿润时，就会产生明显的内部应力，发生表面硬化。表面硬化会出现龟裂（小裂缝）、环裂（大裂缝，通常横向于纹理从中心向外辐射），以及蜂巢状裂纹等问题。蜂巢状裂纹是指，当木板被纵向锯开时，切面看起来就像蜂巢的内部，到处都是小蜂窝。为了防止表面硬化，我们需要仔细检查木板的侧面和端面，密切注意蜂巢状裂纹的问题，因为这是最糟糕的表面硬化情况。如果一堆木板中发现了一块有问题的木板，那么同一批次的木板中可能出现几块存在相同缺陷的木板。

让木材适应环境

在为木工作品选购木材之后，你需要先让木材在新环境下适应几周。如果你的操作环境特别潮湿，那么请在每块木板之间插入间隔木，以便空气可以在木板的表面均匀地流通。或者，可以将木板完全包裹在厚度为6密耳（mil）的塑料薄膜中，直到需要时才将其取出，然后立即进行加工并完成表面处理。

常见的木材形变

由于木板在加工过程中释放内部压力的方式不同，以及吸收和释放水分的位置不同，木板存在四种主要的形变。水分导致的形变可以在很大程度上衡量木材的干燥方式。弓形形变的木板在其宽度方向上仍是平整的，但是木板沿纵向发生了弯曲。一块发生边弯的木板，其大面仍然平整，但是木板的小侧面向一侧发生了弯曲，看上去就像摇椅上的摇杆。当木板边缘仍然平整，沿宽度方向发生弯曲时，会发生瓦形形变。扭曲是指木板的一个或两个端面发生形变，因此木板的大面不能继续保持平整的情况。

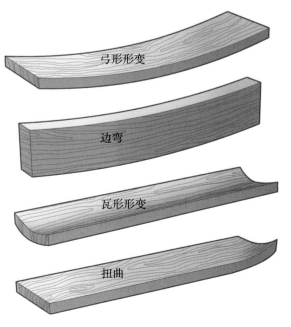

弓形形变

边弯

瓦形形变

扭曲

常见的木材缺陷

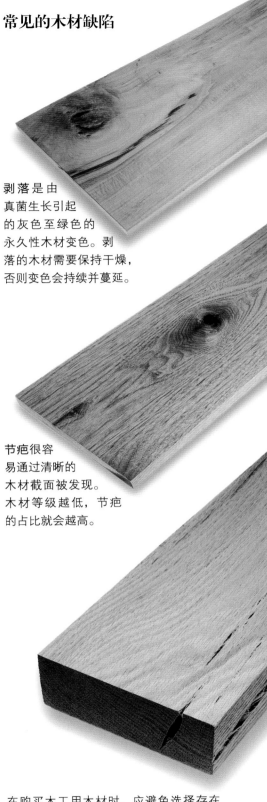

剥落是由真菌生长引起的灰色至绿色的永久性木材变色。剥落的木材需要保持干燥，否则变色会持续并蔓延。

节疤很容易通过清晰的木材截面被发现。木材等级越低，节疤的占比就会越高。

在购买木工用木材时，应避免选择存在**表面硬化**的木板。表面硬化是高温下窑干不充分和干燥过快造成的。木板的外表面干燥过快，而木板内部仍较为湿润，产生的内部应力会撕裂木板加以释放，直至达到平衡。

读懂软木木材等级标记

在美国销售的所有建筑木材都带有行业分级标记，例如上面显示的西部木制品协会WWP（Western Wood Products Association）标记。标称软木木材的分级与之类似，但通常没有印章标记。以下是对等级标记的解读。

12	确定工厂，可以用字母或数字表示。
1&BTR	表示木材等级，在本示例中，表示1级优质，是极高的家具用木板等级。
WWP	评级协会，在本示例中为西部木制品协会。
S-DRY	干燥时木板表面的情况，在本示例中，表示风干后的木材含水量低于19%。如果印章标记为KD-15，表示窑干后的木材含水量最高为15%。加盖S-GRN的产品是指含水量超过19%的未干燥湿材。
DOUG FIR-L	表示木材种类，在这个示例中，木材种类是花旗松。

软木木材尺寸

用卷尺测量2×4规格——厚度为2 in（50.8 mm）、宽度为4 in（101.6 mm）的木板，你会发现，实际尺寸与上述规格尺寸存在差别。事实上，木板的厚度和宽度各自减少了½ in（12.7 mm）。在最初被锯切成木板时，其规格确实是2×4的，但在干燥后，木板会小幅收缩，然后，在所有四个侧面经过刨削修整后，木板尺寸又小了一点。

当你购买标准的软木木板时，成品木板的价格中已经包含了所有表面经过刨削和其他处理损失的部分，但供应商仍会以标称尺寸——木板经过处理前的尺寸来描述它。

标称厚度为1 in（25.4 mm）的软木木材通常被称为板材，标称厚度为2 in（50.8 mm）的软木木材被称为框架料（例如立柱、托梁和椽子）或规格木材。下方的表格列出了常用规格木材的标称尺寸和实际尺寸。

软木木材根据其强度、外观以及水含量进行分级。对于木工加工，三种常见等级分别是特选级、优质级和普通级（参阅左下表）。普通级板材一般有一些瑕疵和节疤，精选级和优质级的木材几乎没有缺陷。但请注意，任何等级的木板都可能存在一定程度的自然形变（瓦形形变、弓形形变和扭曲等）。因此，在购买前仔细检查每块木板的长度和宽度非常重要。

软木木材等级

特选B级及以上	最高品质的木材，几乎没有缺陷或瑕疵。标称尺寸的规格有限。
特选C级	存在一些允许范围内的小缺陷或小瑕疵，但品质仍然很高。
特选D级	通常木板的一面是没有缺陷的。
极品优质级	最高等级的优质木材，只有少许缺陷。
首选优质级	高品质木材，有一些缺陷和瑕疵。
普通1级	最高等级的带节疤木材；通常需要特别订购。
普通2级	有明显的节疤和较大的瑕疵。

木板的标称尺寸和实际尺寸（单位in）

标称尺寸	实际尺寸
1×2	¾ × 1½
1×3	¾ × 2½
1×4	¾ × 3½
1×6	¾ × 5½
1×8	¾ × 7¼
1×10	¾ × 9¼
1×12	¾ × 11¼
规格木材尺寸	
2×2	1½ × 1½
2×3	1½ × 2½
2×4	1½ × 3½
2×6	1½ × 5½
2×8	1½ × 7¼
2×10	1½ × 9¼
2×12	1½ × 11¼

硬木木材尺寸

虽然标称尺寸被广泛用于软木的销售，但一些零售商也把这种做法扩展到了硬木板领域。在美国，常见的几种硬木木板有橡木板、枫木板和樱桃木板。这些木板一般被刨削到 ¾ in（19.1 mm）厚，侧面平整，并锯切到标准宽度和长度。在木材加工业中，这种木材被归类为"S4S"（Surfaced Four Sides），表示木板的四个侧面均经过刨削处理。所有刨削处理都会导致木板价格升高，但如果你没有压刨或平刨，不能自己将木板处理到所需厚度，那么购买 S4S 级别的木板可能才是最明智的。

要找到有特色的或较厚的硬木板材，你需要在传统的木材厂挑选。一个好的木材厂可以提供各种宽度和厚度，以及不同等级的硬木供选择（参阅下方的硬木木材等级表）。除了 S4S，你还可以找到 S2S 级别的木材（两个大面已刨光，两个小侧面较粗糙），以及从原木上切下来、仅仅经过干燥处理的粗锯木板。

由于用途多样，硬木木板的厚度相比标准的 1× 或 2× 规格的软木木板要大得多。这导致硬木木板的厚度使用的是 ¼ in（6.4 mm）的增量系统，你可以从 ¼ in（6.4 mm）的厚度起始，购买任何以 ¼ in（6.4 mm）为增量的木板，常见的硬木木板厚度数值包括 ¾、⁴⁄₄、⁵⁄₄、⁶⁄₄、⁸⁄₄、¹⁰⁄₄ 和 ¹²⁄₄ 等。这些尺寸对应的粗锯木板的厚度尺寸数值分别是 ¾ in（19.1 mm），1 in（25.4 mm），1¼ in（31.8 mm），1½ in（38.1 mm），2 in（50.8 mm），2½ in（63.5 mm）和 3 in（76.2 mm）。

粗锯木板　　　　S2S　　　　　　S4S

硬木表面加工等级。如果你对硬木的需求非常偶然，那么可以从木材场直接购买 S4S 木板。S4S 木板的两个大面已经刨光，两个小侧面也被刨削平整，可用于拼接，可直接用于切割作品部件。如果你有平刨可用，那么可以考虑购买 S2S 木板，这种木板两个大面已经刨光，只有两个小侧面保持粗糙。最经济的硬木板材是木材厂的粗锯木板，需要你自己完成所有的表面加工。如果你没有平刨和压刨，一些木材厂可以提供刨削服务，但要以标称尺寸的价格收费。

计算板英尺（BF）

在大多数木材厂，硬木木板是以板英尺计量并出售的，这可能与你计算出的木材量有点差别。例如，下面的三块木板体积都是 2 BF，尽管它们的外形尺寸完全不同。1 BF 实际上是 ¹⁄₁₂ ft³ 或 144 in³（0.34 m³）的粗木料，相当于一块 12 in（0.3 m）宽、12 in（0.3 m）长、1 in（25.4 mm）厚的木料的体积。任何相乘后的最终体积为 144 in³ 的木板都可以折合 1 BF。

要计算一块木板的板英尺数，用其厚度乘以宽度再乘以长度（全部以英寸为单位），最后除以 144 即可。如果木板尺寸更容易以英尺为单位计算，只需除以 12。在计算板英尺时，不要忘记在制作预算中增加一些富余量。当购买 S2S 木板时，专业人士通常会增加近 30% 的富余量，而使用粗锯木材则需要增加约 40% 的富余量（因为在刨削之前看不到缺陷）。

1 in × 6 in × 48 in
2 in × 6 in × 24 in
4 in × 4 in × 18 in

硬木木材等级

硬木木材的分级系统与软木的不同。硬木的等级是基于在木板的缺陷（节疤、裂缝、树脂孔等）周围形成的平整切面的百分比来划分的。从最高等级（最平整）到最低等级（允许存在的缺陷数达到最大），等级的划分见下表。

等级	平整百分比
1 级 –2 级	83.3 %
特选	83.3%
普通 2 级	66.7%
普通 2A 级和 2B 级	50%
普通 3A 级	33.3%
普通 3B 级	25.0%

选择最适合作品部件和预算要求的木材等级。可能普通级的木材就能满足你对无节疤木材的需求，而且相比 1 级 –2 级的木材可以节省大量预算。

大型的木材零售店和家装商店使购买木材变得容易。你会发现，大部分的木材都已经完成了前期处理，可以直接买来使用。一些较大的家装商店甚至会把木材存放在温暖干燥的地方。这些商店的缺点是，可选择的木材种类有限，特别是硬木木材。

购买木材

了解在哪里购买所需的木材非常重要。很多家装连锁店可以提供基本的框架木材和标称软木，但硬木木材很少。它们所提供的木材的价格通常低于专业木材厂，但等级和可选尺寸非常有限。以下是其他几种可以考虑的选项。

建材厂。 制作框架和装饰件的木匠会从这里购买材料，这里可选择的木材种类更多，包括各种木制品和定制的成型装饰类产品。这里有很多普通的家装连锁店根本无法提供的特别订单材料，木材的质量也更好，价格则与其质量对应。

专业木材厂。 大多数大都市区都有专业的木材厂，它们只出售硬木木材和贴面板材，其主要客户是商业橱柜制造商、建筑木制品商店和专业家具制造商。虽然这里的销售人员习惯于与专业人士打交道，但他们也很愿意花几分钟时间向感兴趣的业余爱好者做进一步的介绍。然而，对这些人来说，时间就是金钱，所以他们不会在小额的销售订单上花费太多时间。这里出售的木材通常是 S2S 木板或粗锯木板，所以你需要一台平刨进一步处理木材。需要注意的是，在购买粗锯木材时，只有在其

回收木材

近年来，关于回收木材的讨论很多。大多数回收木材都来自旧建筑的梁柱等大料，有些则是从五大湖深处的寒冷地带回收的（这种木材是从存放了 1 个世纪或更久的原始森林中挑选出来的，具有非常平直和清晰的纹理）。这种木材风干得很彻底，只有较大的温度或湿度波动才会影响它。回收木材的品质通常不错，有很多厂商在互联网上做广告进行推销。不过，回收材的价格可能很高，特别是优质等级和经过精细裁切的木料。

购买回收木材绝不是获得它的唯一途径。将要被丢弃的旧家具或旧木板，以及改造大型木制品时裁下的部分，都可以用来制作新的木工作品。很多时候，这些木材只需经过剥离、打磨或是平刨处理就可以再次使用。在用锯或是电木铣处理之前仔细检查回收木材，或者用金属探测器进行检测，以确保没有钉子等隐藏的金属紧固件。

不要忽视"淘宝"：这些桃花心木木板就是从废弃的沙发中整理出来的，经过平刨处理后，成为制作木工作品的绝好材料。

可以考虑从当地的锯市厂购买市材。你可以在那里找到各种各样的市材，而且大多数锯市厂会以低于市材厂的价格出售市料。

经过刨刀刨削后，你才能确定木板的颜色、纹理和质量。

在专业木材厂寻找木材完全没有问题，但要确保在找到它们之后重新堆叠木板。通常，较长较宽的木板放在架子的背侧。不要将来自不同分隔区的木板搞混。乍看之下，来自不同分隔区的两种木板很像，但它们的等级可能不同。检查木板的端面，看看木材厂是否涂了不同的颜色——不同颜色代表不同等级。

选购木材的基础知识

无论是从连锁店、专业商店或建材厂购买木材，还是通过邮购的方式购买木材，你都要牢记一些基本的经验法则。

1. 根据需要制订购物清单。这份清单应基于对常见木材的比例和等级的清晰认识制订（有关常见木材尺寸和等级的更多信息，请参阅第38~39页）。在决定购买之前，你应该首先获取足够的信息，比如去附近的伐木场获取商品目录，以确认需要的木材尺寸和种类。提前做足功课，这样可以在所需尺寸或种类的木材刚好缺货的情况下，及时对切割清单和购物清单进行调整。

2. 考虑为作品的隐藏部件选择较便宜的木材，比如杨木或松木。几个世纪以来，木匠一直在高级家具和橱柜制作中使用"2级"木材，从而将优质木材节省下来，用于面框、门、抽屉面板和桌面等重要部件的制作。不要低估胶合板和刨花板等板材产品相比实木板所具有的多功能性、经济性和结构上的优势（参阅第42~43页）。

3. 增加30%左右的余量。随着你在估算方面的经验越来越丰富，你可以降低这一比例。如果你刚开始做木工，一定要购买比作品实际所需更多的木材。可以保存收据，并在作品完成后退回多余的木材。即便是制定好的计划偶尔也会在购物和切割清单中出现错误，这也需要你在手头准备更多木材。如果购买的是粗锯木材，你可能要在刨削之后才能发现难看的瑕疵或树脂孔，这也会导致可用的木材减少。诚实对待自己的估计能力。如果伐木场周日没有开放，那么在周六下午的一次错误计算就可能结束你的周末作业。

4. 货比三家。一旦确定了作品对木材的要求，请自

邮购木材

如果附近没有专业的木材厂，或者你的作品需要其他特定树种的木材，可以邮购木材。这种方式提供的可选木材种类相当多，价格也很有竞争力。大多数木工杂志的背面都有许多邮购供应商可供选择。邮购的缺点是无法在第一时间检查木材。因此，为保险起见，你的第一笔订单应该小一些，以便于检查木材质量。不要忘记询问水含量，这样就可能在收到产品后立即将其投入使用，无须干燥。

己对比不同供应商的价格差异。伐木场可能会对轻微损坏的木板或积压库存提供折扣，特别是在有库存的时候。

5. 规划如何安全地将大型材料（尤其是板材）运送到家中。如果伐木场提供送货服务，请充分加以利用，特别是在你自己只能选择将几块非常大的胶合板绑在车顶上才能运回家的时候。有些伐木场会免费或是收取少许费用，帮助你将选购的木材切割成更易驾驭的大小。如果你选择这种方式，请仔细检查你的切割清单，以便在不影响部件需求的情况下提前确定可以裁切的尺寸。

人造板材

橱柜的基本结构组件是某种形式的板材，其中最常见的是胶合板。其他常用板材包括刨花板、纤维板、三聚氰胺板和硬质纤维板。当你需要铺设一块比较宽大且没有经过拼接的作品台面时，这些材料可以派上用场。与实木板材的价格相比，人造板材的价格稳定（没有实质性的木材纹理及其引起的形变问题）且相对便宜。对

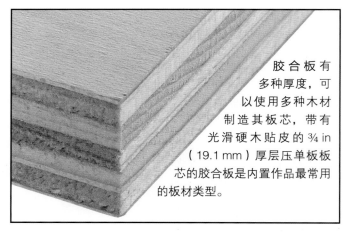

胶合板有多种厚度，可以使用多种木材制造其板芯，带有光滑硬木贴皮的 ¾ in（19.1 mm）厚层压单板板芯的胶合板是内置作品最常用的板材类型。

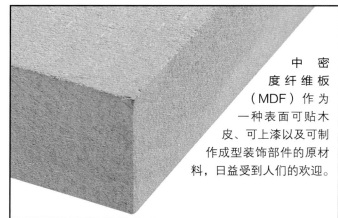

中密度纤维板（MDF）作为一种表面可贴木皮、可上漆以及可制作成型装饰部件的原材料，日益受到人们的欢迎。

刨花板几乎专门用作塑料层压板或贴木皮的基材，特别适合制作台面。刨花板很便宜，但缺乏足够的强度，不能用来制作支架或结构构件。

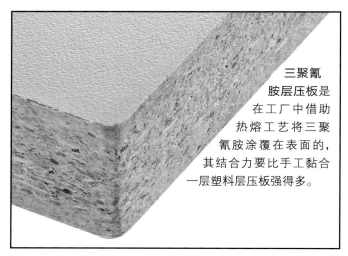

三聚氰胺层压板是在工厂中借助热熔工艺将三聚氰胺涂覆在表面的，其结合力要比手工黏合一层塑料层压板强得多。

于不同的用途，人造板材有很多用武之地。以下是大多数家装中心和木材厂所售人造板材的情况概述。

胶合板。胶合板由薄单板制成，材质主要是松木和冷杉。通过定向排列每层单板的纹理，使相邻单板的纹理彼此垂直，胶合板能够承受比相同厚度的建筑木材更大的压力。因此，胶合板的性能和尺寸很稳定。

大多数木材场可以提供多种厚度的家具等级的胶合板和装饰木皮供选择（松木、红橡木、桦木和枫木是最常见的装饰木皮来源）。木材场还可以订购胶合板，并搭配有多种其他材质的木皮供选择。

为你的木工作品选择合适的胶合板很重要。除了芯材种类、厚度和木皮类型，你还需要决定使用何种等级的胶合板。现今被广泛使用的分级系统有两种，其中最为人熟知的是美国工程木材协会（Engineered Wood Association）的分级系统。工程木材协会的前身是美国胶合板协会（American Plywood Association，简称 APA），因此该分级系统也被称为 APA 系统，其等级印记的标记常见于砂光胶合板、包板和结构面板（通常为性能级）上。除了通过字母（A~D）或用途对胶合板的每个面进行分级标注，APA 的性能评级印记还包含其他信息，比如暴露等级、最大允许跨度、用于制作单板的木材类型和用于面板生产的铣削识别号。许多硬木饰面砂光胶合板是由硬木胶合板和贴面板协会（Hardwood Plywood and Veneer Association，简称 HPVA）分级的。HPVA 的等级编号与 APA 相似，分为面板级（从 A~E）和背板级（从 1~4）。因此具有优质面板（A）和普通背板（3）的胶合板在 HPVA 系统中被称为 A-3，在 APA 系统中被称为 AC。

刨花板：刨花板具有多种独特的品质，使其成为内置型作品的理想选择，特别是包含柜台或桌面的作品。

> **注意**
> 刨花板和中密度纤维板通常都含有脲醛树脂，在树脂固化后，低浓度的甲醛气体至少会持续释放 6 个月。对化学烟雾敏感的人应限制一次添加到房间内的复合板的数量。在切割或为这些产品塑形时，应始终根据需要佩戴防颗粒口罩或呼吸面罩，并提供足够的集尘和通风容量。

刨花板尺寸非常稳定（不会膨胀、收缩或翘曲）；它具有一个相对光滑的表面，可以作为制作层压板的基材；它具有多种厚度和面板尺寸，而且价格便宜。刨花板也存在一些缺点，例如缺乏刚性和抗剪切力的强度、螺丝固定能力差、暴露在潮湿环境中会降解，以及核心材质过于粗糙无法有效塑形、自身过于沉重等。

中密度纤维板（MDF）： 中密度纤维板在结构上类似于刨花板，但密度更大，板子更重。中密度纤维板的光滑度和密度使其成为制作贴面板的良好基材，相比之下，刨花板板面较为粗糙，大多数胶合板不能与薄木皮完全贴合。中密度纤维板甚至可以进行层压处理，以创建可进行贴面或涂漆的结构组件。用中密度纤维板制作的装饰成型材料也越来越受欢迎。

三聚氰胺板： 三聚氰胺板是以刨花板作为板芯，在表面覆盖一层或两层塑料层压板制成的，其厚度范围为 ¼~¾ in（6.4~19.1 mm）。木材场和建材中心的三聚氰胺板颜色通常为白色、灰色、杏仁色，有时还有黑色。面板的实际尺寸比标称尺寸大 1 in（25.4 mm），例如一块 4×8 规格（单位为 ft）的三聚氰胺板，其实际尺寸为 49 in×97 in（1.24 m×2.46 m）。这是因为脆性的三聚氰胺板在运输过程中边缘易于碎裂，需要重新裁切。

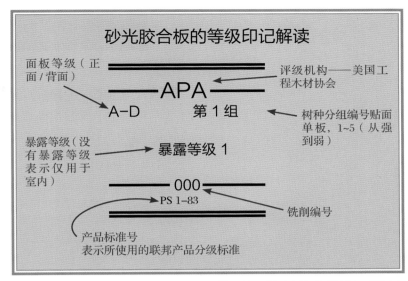

每张胶合板都印有等级印记。对于较低等级的面板（例如外模板），可以在正反面的多个位置找到印记。对于正面等级较高的面板，其印记只存在于背面，如果面板的正反两面等级均较高，印记只能压在边缘

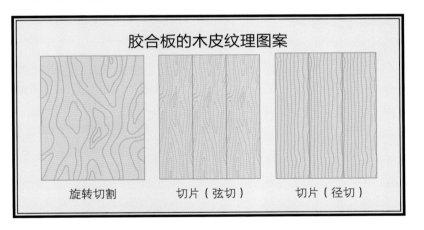

面板正面的等级描述

N	表面光滑的"天然优质"木皮。精选，"全心材"或"全边材"。无明显表面缺陷。每块 4×8 规格板允许不超过 6 次的修缮（仅可以使用木头），要求修复部分的纹理与原有纹理平行，且纹理和颜色匹配良好。
A	光滑，可上漆。允许不超过 18 次整齐的修补，修补区域为船形、雪橇形或电木铣形，修复部分的纹理应与原有纹理平行。要求较低时可用作天然优质木皮。允许使用合成材料进行修缮。
B	实木表面。填隙片、圆木塞和紧致节最大可至 1 in（25.4 mm）。可横向于纹理修补。允许存在一些小裂痕。允许使用合成材料进行修缮。
C 有填补	改进型 C 类木皮，裂口宽度不超过 ⅛ in（3.2 mm），节孔和钻孔的大小限制在 ¼ in×½ in（6.4 mm×12.7 mm）的范围。允许存在一些断开的纹理。允许使用合成材料进行修缮。
C	紧致节的宽度不超过 1½ in（38.1 mm），横穿纹理的节孔的宽度不超过 1 in（25.4 mm），如果节疤和节孔的总宽度没有超出规定范围，节孔宽度可以达到 1½ in（38.1 mm）。可以使用合成材料或木材进行修缮。允许存在不影响板材强度的褪色和打磨缺陷。允许存在有限的裂缝。允许缝合。
D	横穿纹理的节疤和节孔宽度不超过 2½ in（63.5 mm），如果节疤和节孔的总宽度没有超出规定范围，允许的宽度尺寸可以增加 ½ in（12.7 mm）。允许存在有限的裂缝。允许缝合。仅限于室内使用和暴露级别 1 或 2 的面板。

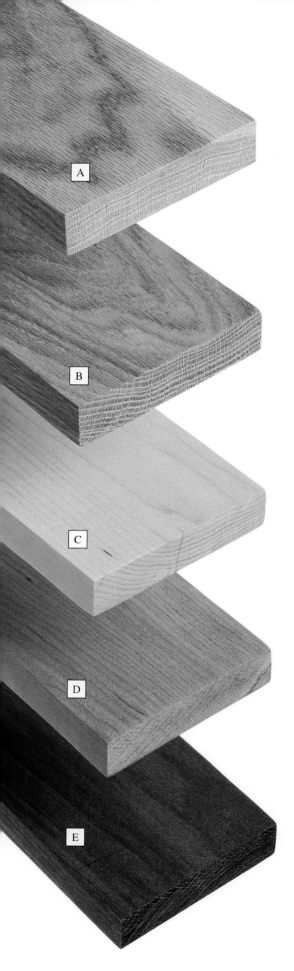

A. 红橡木（Red Oak）

用途：制作室内家具、装饰件、地板、胶合板和木皮。

来源：美国和加拿大。

特征：直纹，纹理粗大且间距较宽。木材棕黄色至粉红色。径切板上可以看到细窄的髓射线。

可加工性：易于使用锋利的钢质或硬质合金刀片和钻头进行加工。加工时不易出现灼痕。使用钉子或螺丝时应首先钻取引导孔。

表面处理：染色和使用透明表面处理产品处理的效果好，但经过处理孔隙会显露出来，需要提前填充孔隙。

价格：中等。

B. 白橡木（White Oak）

用途：制作室内和室外家具、装饰件、地板、胶合板和木皮。

来源：美国和加拿大。

特征：直纹，纹理间距较宽，木材棕黄色，带有乳白色至黄色条纹。径切板上可以看到大量髓射线。对紫外线、昆虫侵袭和水分具有天然抗性。

可加工性：易于使用锋利的钢质或硬质合金刀片和钻头进行加工。加工时不易出现灼痕。使用钉子或螺丝时应首先钻取引导孔。

表面处理：染色和使用透明表面处理产品处理的效果类似于红橡木，但白橡木的孔隙较为细小，减少了填充工作量。

价格：中等至昂贵。

C. 硬枫木（Hard Maple）

用途：制作室内家具、装饰件、地板、砧板、仪器、胶合板和木皮。

来源：美国和加拿大。

特征：直纹，纹理间距较宽，偶尔杂有鸟眼或小提琴图案。心材金黄色。

可加工性：必须使用硬质合金刀片和钻头，否则很难加工。钝刀片会留下灼痕。

表面处理：使用透明表面处理产品处理的效果好，染色可能会产生斑点。

价格：中等至昂贵，取决于纹理样式。

D. 樱桃木（Cherry）

用途：制作室内家具（含橱柜）、雕刻件、木旋件、胶合板和木皮。

来源：美国和加拿大。

特征：纹理细腻，质地光滑。随着时间的推移和暴露在阳光下，木材颜色会持续变深。

可加工性：易于使用锋利的钢质或硬质合金刀片加工，但很容易在加工过程中留下灼痕。

表面处理：染色和使用透明表面处理产品处理的效果好。

价格：中等。

E. 胡桃木（Walnut）

用途：制作室内家具（含橱柜）、乐器、钟表、雕刻件和造船。

来源：美国东部和加拿大。

特征：直纹，纹理细腻。密度中等。颜色范围从深棕色到紫色或黑色。

可加工性：易于使用锋利的工具切削和钻孔，加工过程中不会产生灼痕。

表面处理：使用天然的表面处理产品可以得到非常漂亮的处理效果。

价格：中等。

F. 桦木（Birch）

用途： 制作厨房用具、玩具、圆木榫、装饰件、胶合板和木皮。

来源： 美国和加拿大。

特征： 直纹，质地细腻，孔隙细小紧致。密度中等以上。

可加工性： 易于使用锋利的钢质或硬质合金刀片和钻头加工。具有良好的弯曲性能。使用钉子或螺丝时应首先钻取引导孔。

表面处理： 表面处理效果很好，但渗透型的染色剂可能会产生斑点。

价格： 廉价到中等。

G. 山胡桃木（Hickory）

用途： 制作运动器材、打击工具手柄、家具、胶合板和木皮。

来源： 美国东南部。

特征： 直纹和波浪形纹理，质地粗糙。具有优异的抗冲击性。

可加工性： 木材硬度较大，会使钢质刀片和钻头快速钝化，弯曲性能良好。加工过程中不会产生灼痕。

表面处理： 染色和使用透明表面处理产品处理的效果好。

价格： 产区附近价格便宜。

H. 美洲颤杨木（Aspen）

用途： 次生木材，用于制作抽屉盒、防滑钉、滑轨和其他隐藏的家具结构部件和手工艺品。

来源： 美国和加拿大。

特征： 纹理细密，且不明显。

可加工性： 易于使用锋利的钢质或硬质合金刀片和钻头加工。适合铣削轮廓型材。

表面处理： 更适合上漆而不是染色。细密的纹理提供了适合上漆的光滑表面。

价格： 便宜。

I. 白蜡木（White Ash）

用途： 制作家具、船桨、棒球棒、打击工具手柄、台球杆和木皮。

来源： 美国和加拿大。

特征： 直纹，纹理间距较宽，质地粗糙且坚硬，密度较大，具有出色的抗冲击性。

可加工性： 易于使用锋利的钢质或硬质合金刀片和钻头加工。使用钉子或螺丝时应首先钻取引导孔。湿材经常用于蒸汽弯曲。

表面处理： 染色和使用透明表面处理产品处理的效果好。

价格： 便宜。

J. 白杨木（Poplar）

用途： 次生木材，用于制作家具（含橱柜），类似于美洲颤杨木，也用于制作雕刻件、胶合板和纸浆。

来源： 美国。

特征： 直纹，纹理间距较宽，质地细腻。木材棕黄色到灰色或绿色。

可加工性： 易于使用锋利的钢质或硬质合金刀片和钻头加工。加工过程中不易产生灼痕。使用钉子或螺丝时应首先钻取引导孔。

表面处理： 更适合上漆而不是染色。细密的纹理提供了适合上漆的光滑表面。

价格： 便宜。

A. 白松木（White Pine）

用途：制作室内家具、胶合板、木皮和装饰件、建筑木材。

来源：美国和加拿大。

特征：直纹，质地均匀，孔隙细小紧致。

可加工性：易于使用锋利的钢质或硬质合金刀片和钻头加工。加工过程中不易留下灼痕。树脂含量低于其他松树，因此刃口部分的清洁周期较长。

表面处理：在不使用染色控制剂的情况下，染色很可能出现斑点。使用透明表面处理产品和油漆处理的效果好。

价格：便宜。

B. 西部红雪松木（Western Red Cedar）

用途：制作户外家具、室外木制品、室内和室外壁板。

来源：美国和加拿大。

特征：直纹，纹理样式多变，质地粗糙。密度较低。锯末和打磨产生的粉尘颗粒对呼吸道有刺激作用。对紫外线、昆虫侵袭和水分具有天然抗性。

可加工性：材质较软，易于加工，但端面纹理易于破碎和撕裂。

表面处理：染色和使用透明表面处理产品处理的效果好，不过需要首先涂抹底漆，否则木材中的油会渗透到涂层中。

价格：产区附近价格处于中低水平。

C. 香松木（Aromatic Cedar）

用途：松木中的天然油脂可以驱除飞蛾，因此这种木材常用于制作衣柜和箱子衬里，也用于制作木皮和户外家具。

来源：美国东部和加拿大。

特征：直纹、波浪形纹理，质地细腻。木材红色至棕褐色，带有明显的黄色和乳白色条纹。加工时会散发出明显的香气，粉尘可能会刺激呼吸道。

可加工性：与西部红雪松木相近。

表面处理：染色和使用透明表面处理产品处理的效果好。

价格：便宜。

D. 北美红杉木（Redwood）

用途：制作户外家具、甲板、围栏和壁板。

来源：美国西海岸。

特征：纹理直而细，节疤或瑕疵很少。密度较小。心材红棕色，边材乳黄色。对紫外线、昆虫侵袭和水分具有天然抗性。

可加工性：易于加工和打磨。

表面处理：染色和使用透明表面处理产品处理的效果好。

价格：中等以上，常见规格并未涵盖所有标称尺寸。

E. 丝柏木（Cypress）

用途：制作外墙板和造船，制作室内和室外装饰件、横梁、地板、橱柜和镶板。

来源：美国密西西比三角洲地区。

特征：纹理直且分布均匀。树脂含量低。对紫外线、昆虫侵袭和水分具有天然抗性。

可加工性：易于加工和打磨。

表面处理：染色和使用透明表面处理产品处理的效果好。

价格：产区附近价格便宜。

外来树种举例

A. 非洲紫檀木（African Padauk）

用途：制作室内家具（含橱柜）、地板、木旋件和木皮。

来源：西非。

特征：纹理直且排列紧密，质地粗糙。

可加工性：易于使用锋利的钢质或硬质合金刀片和钻头加工。

表面处理：染色和使用透明表面处理产品处理的效果好。

价格：中等以上。

B. 斑马木（Zebrawood）

用途：制作木旋件、镶嵌件、装饰性木皮和家具（含橱柜）。

来源：西非。

特征：纹理直且排列紧密，深浅交替排列。

可加工性：加工难度大，只能使用硬质合金刀片和钻头。

表面处理：难以均匀染色。

价格：昂贵。

C. 鸡翅木（Wenge）

用途：制作镶嵌件、木旋件和装饰性木皮。

来源：赤道非洲。

特征：纹理直且致密，质地粗糙。木材坚硬，密度大。

可加工性：建议使用硬质合金刀具和钻头。使用钉子和螺丝时应首先钻取引导孔。

表面处理：表面处理之前应首先填充孔隙。

价格：中等。

D. 洪都拉斯桃花心木（Honduras Mahogany）

用途：制作室内和室外家具、木皮、装饰件和造船。

来源：中美洲和南美洲。

特征：纹理直且致密。木材尺寸稳定。

可加工性：可用硬质合金刀片和钻头正常加工。

表面处理：染色和使用透明表面处理产品处理的效果好。

价格：中等。

E. 紫心苏木（Purpleheart）

用途：制作台球杆、装饰性镶嵌件、木皮、室内和室外家具。

来源：中美洲和南美洲。

特征：直纹，质地粗糙。

可加工性：木材中沉积的树胶使其难以加工，切削刃会快速钝化。

表面处理：染色和使用透明表面处理产品处理的效果好。

价格：中等。

F. 柚木（Teak）

用途：制作室内外家具、木皮、地板和造船。

来源：东南亚、非洲、加勒比海沿岸。

特征：直纹，油性较大。木材坚硬，密度大。

可加工性：二氧化硅含量高，钢质刀片和钻头会快速钝化。黏合前需要先用油漆溶剂油去除表面的油。

表面处理：用油处理的效果好。

价格：昂贵。

G. 花梨木（Rosewood）

用途：制作镶嵌件、木旋件、木皮、家具（含橱柜）和乐器。

来源：印度南部。

特征：直纹，排列紧密，质地中等至粗糙。

可加工性：密度很大，切削刃会快速钝化。

表面处理：染色和使用透明表面处理产品处理的效果好。

价格：昂贵。

第4章 整平、标记和切割木料

制作木工作品部件需要三步。第一步，需要将木料加工方正并获得所需厚度。第二步，根据设计图在木料上画出切割线和进行标记。最后一步，使用各种木工工具将木料切割成型。

在开始制作部件之前，需要做一些规划。如果使用已有的设计图制作作品，要仔细阅读图纸；如果作品为原创设计，可以利用这个机会制订详细的分步计划，买齐所有必需的材料，把所有需要的工具准备到位，避免关键时刻掉链子。

参照切割清单安排操作至关重要。如果你还没有，请创建一份。清单上正确标注着所有部件的尺寸，并可以防止遗漏掉小部件。制作一份详细的尺寸图指导操作（不要求有多美观，你自己可以读懂即可），并制作一份简单的草图。计算如何最大限度地减少浪费、最高效地使用原材料制作出所有部件。如果有成角度的、弯曲的或锥形的部件，需要构思一个平面设计图，使部件可以相互嵌套，这样要比端对端拼接更为节省长度方向的板材。至于胶合板部件，可以通过多种方式从整张或半块

板材上切割。绘制胶合板切割图（与4×8规格的胶合板长宽比例相同的矩形图），并绘制部件图。记住，切割图的部件尺寸要略大一些，为锯缝和可能出现的切割错误留出充足的余量。

在规划和设计部件时，木材纹理方向是一个需要应对的因素。木纤维的方向性使木料在一个方向上比另一方向强度更高。部件应沿长纹理方向设计，也就是说，只要有可能，木材的纹理方向应与部件长度方向一致。对于细窄的部件，如果纹理沿部件的宽度方向延伸，则被称为短纹理。这样的部位很脆弱，容易沿纹理方向断裂。因此，对于弯曲部件，应尽量避免出现短纹理。这就是传统三脚架底座上的弯曲腿如果弯曲幅度过大经常断裂的原因，以及相比蒸汽弯曲或层压处理的薄木条，直接从宽板上裁切得到的温莎椅靠背木条不能持续靠压10分钟的原因。

简而言之，在切割第一件作品的部件时，获得的感觉以及对兴奋感的控制非常重要。在这一关键步骤，如果考虑周到并采取合理的方法，就可以更有效地利用材料，并获得更好的结果。

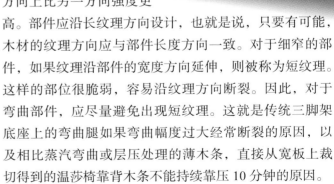

木工智慧

在使用手工工具或机器加工木板之前，务必仔细检查是否有钉子或螺丝存在其中。除了会明显损坏切削刃，潜在的危险还可能会威胁操作安全。突出的倒钩还可能严重割伤你的手指（伤痕很难痊愈）。

我在第一份木工工作中就得到了教训。

我的老板为他的新工房采购了一批最先进的德国木工机器。他正在为一位老客户做家具维修，要求我重新刨削拆卸下来的部件。我一点也不知道这是什么部件，以及它是如何组装在一起的，但我确实喜欢使用那台带有按钮式自动升降装置和LED数字显示器的36 in（914.4 mm）平刨进行操作。但我没有注意到从木板底部伸出的、4根隐藏的10号螺丝，直到它们引发了巨大的震动，犁入了平刨经过精密铣削的台面中。

不用说，那是一个糟糕的开始。

——甘加·法里（Kam Ghaffari）

整平木料

　　整平，或将木料各面刨削平整，是将一块实木板加工成作品部件的第一步，也是重要的一步。这个过程包括将一块实木板加工到适当的厚度、宽度和长度，并将各面处理得方正平直。在这部分内容中，我们会带你了解这个加工过程。

　　几乎所有实木板都存在某种类型的翘曲，无论是瓦形、弓形、扭曲，还是边弯。如果购买的木板只经过了粗切处理，那么它的所有尺寸都会明显偏大，并保留了粗糙的锯切痕迹。即使你购买的是两面经过刨削处理的木板，它们仍然可能存在弓弯或扭曲。木板各面必须被处理得平整方正，否则会遇到各种问题——无论是机械加工层面的还是视觉层面的。

　　木板的整平通常需要使用电动的平刨、压刨和台锯完成。平刨和压刨比较昂贵，但如果你是把木工视为一个重要的爱好，特别是还要经常制作一些精美的家具，那你可以考虑购买一台 12 in（305 mm）便携式压刨和一台至少可用于修整木料边缘的小型平刨。现在，随着机械制造的进步，它们不再遥不可及，一台优质的全新产品只需几百美元，而且有组合式的平压刨产品可供选择。此外，也可以使用传统的手工刨将木料刨削得平整方正，我们稍后会介绍这些方法。

　　整平木料和将其加工到指定尺寸的步骤实际包含 6 步（下面是整平木料的 4 步）。

整平木料的 4 步

1. 将木板粗切到近似尺寸。
2. 将一个大面刨削平整。
3. 将一个小侧面刨削方正，并与平整大面垂直。
4. 将木板刨削到所需厚度。

　　1. 粗略刨削。 无论使用何种方法，都要首先将木板切割到接近最终尺寸的程度，也就是比最终尺寸略大。通常需要在宽度方向多留出 ¼~½ in（6.4~12.7 mm），在长度方向至少多留出 1 in（25.4 mm）。这也为应对潜在的错误或者消除边弯，以及去除在铣削过程中出现的意外切痕、损坏或磨圆的边角提供了足够的余量。如果你的压刨存在拖尾问题，那么每边需要额外留出 2 in（50.8 mm）的余量，以便在之后切掉拖尾的部分。在刨削粗切木板时，通常会损失 ⅛~¼ in（3.2~6.4 mm）的厚度，也就是 4/4 in（25.4 mm）厚的木板经过处理后厚度

边缘刨削选项

电动平刨（顶部照片）可快速准确地完成刨削木板小侧面的任务。但是它们价格昂贵，所以你可以从使用手工刨（底部照片）开始，然后在适当的时候升级设备。

处理缺陷。 在投入很多时间刨削木板之前，应先把存在裂缝或龟裂的木板端面部分切掉。确保切口至少超过缺陷区域边缘 1~2 in（25.4~50.8 mm）。对于木节，可以环绕其进行裁切，得到较短的可用木板。

大面刨削选项

电动压刨（顶部照片）可以快速处理大量木材，并且台式机型也不算贵。手工刨削是一种不可忽略的选择，台刨（底部照片）作为手工刨削工具已经应用了几个世纪。

为了让出路径，刀片护罩被移开。

处理缺陷。保持凹面朝上，在台锯上纵切发生瓦形形变的木板。在瓦形形变严重的情况下，比如照片中的这块木板，应将木板锯切成较小的平整坯件。锯切时不要让木板左右摇摆，以尽可能地减少回抛。

会变为¾ in（19.1 mm）。很长的或者形变严重的木板可能需要留出更多的余量才能满足加工要求。仔细检查木板端面是否存在裂缝，将端部存在明显裂缝的部分切掉。这样有时会损失相当一部分的木料。关于存在缺陷的木板的挽救技巧，请参阅本页最下方的照片。

2.刨平大面（参考面）。为了获得尺寸准确的矩形坯件，必须首先将木板的一个大面刨削平整。这一步的本质是使用各种工具逐步刨平木板表面的凸起，获得平整的表面。电动压刨是大多数人会在第一时间想到的工具，但并不是理想的选择。因为电动压刨在使用时，木板在台面上滑动，而刀刃却是作用于对侧面。因此，如果贴靠台面的大面不平整，刨削面也就不会平整。而平刨可以整平木板的大面。当然，也可以选择用手工刨刨平凸起的部分。如果你有一台平刨，并且木板的宽度小于刀刃的宽度，那么可以使用平刨完成最初的刨平。

使用电动平刨整平大面（参阅第52页的分步介绍）。电动平刨可以很好地刨平木板的一个侧面，只要木板宽度在刀刃的切割范围之内——最常见的家用平刨刀刃宽度为6 in（152.4 mm）。如果刨削硬木，需要将刨刀的切削深度设置为每次不超过¹⁄₁₆ in（1.6 mm）。如果你的平刨没有配备深度计，那你可以手动设置刨削深度：断开电源，用一根木棒转动刀盘，使所有刀片低于进料台和出料台的高度。将一块平整的木板或一把直尺放在出料台上，其末端凸出于进料台上方。木板底面与进料台之间的间隙就是当前的刨削深度。调整进料台的高度，直到间隙尺寸与需要的刨削深度相同。

在使用电动平刨之前，请阅读第54页的安全提示。这里有一些更实用的提示，需要在使用平刨时牢记。

• 不要担心是否会剩下一些小块的粗糙表面。当木板通过压刨时，它们会被清理干净。

• 每次刨削移除尽可能少的木料。否则最终得到的木

自己整平市板是一个很好的选择，也是许多专业人士都在做的事情。一些大型工房配有厚度砂光机，通常被称为"砂霸"（Timesavers），它们可以像平刨一样工作，但不会切断纹理图案。这些机器价格昂贵，因此工房会接受外部的打磨业务以节省成本。你自己的话，也可以累计满1小时的工作量使用一次设备。

1 将木板平放在进料台的台面上。如果木板存在弓弯或瓦形形变，应保持凹面向下，木板才不会晃动。较高的边角或端面会首先接触刀片得到刨削。对于硬木木板，每次的刨削深度不应超过 1/16 in（1.6 mm）；对于软木木板，初次刨削可以将刨削深度设置得大一些，如果需要的话。推送木板，使刀片顺纹理刨削。

2 左手扶住木板前端，右手握住推料板的把手压住木板后端，保持木板紧靠进料台台面。在进料时不要过于用力下压，除非你想压平一块薄板，否则木板自身的重量足够了。

3 均匀用力，推动木板沿机器的一侧缓慢进料。如果木板很长，应使用双手进料，并在木板后端靠近刀片时抬起推料板。如果木板很窄，在其通过刀片时，千万不要把手放在刀片附近的木板上，而要抬起左手，并向前越过刀片，然后按在木料已经通过刀片的部分。

哪种方式是顺纹理的呢？

顺纹理刨削木板是木工操作的常识。但是确定纹理的实际走向并不像听起来那么容易。有时可以通过观察木板边缘的纹理直接确定纹理方向。但这并不是万无一失的。不过，在木板第一次通过平刨或压刨后，你就会知道正确的进料方向。如果进料方向与纹理走向相反，你会听到刀刃撕裂出小木块的声音，然后，只需以相反的方向进料（一到两次后木板表面就会变得平滑）。

表面毛糙的粗切木料是衡量平刨刨平效果的理想材料。设置较浅的刨削深度处理木板，直到整个刨削面暴露出新鲜木料。即使存在少许粗糙也没有关系，可以用手工刨或电动压刨将其去除。

板可能会很薄。

• 对于一块中等扭曲的木板，第一次刨削时刨削深度要大一些，之后在最后一次或两次刨削时将刨削深度调小，专注于将木料表面处理平滑。

• 刨削存在扭曲的木板很棘手。平衡木板，使扭曲沿木板长度方向均匀分布。尝试在第一次或前两次刨削时，保持整块木板由相同的两个或三个支点提供支撑，直到获得一个稳定平整的表面。

用手工刨刨平。手工刨削是一种愉快的体验，一点

也不难。关键是要选用一把刀片锋利且调整到位的手工刨。对于为木板刨平面，刨身较长的台刨（5 号或 6 号）效果最好，因为它们刨身较长，可以在刨削表面时直接跨越凹陷操作。通常更容易将木板凸起的一面整平。

第 53 页照片中显示的基本刨削技术适用于所有表面的刨削，包括整平。以下

是一些提示。

- 如果木板不平整并左右晃动，可在其下方垫上垫片。

- 将刀片设置在较浅的刨削深度，保持刀刃可以稳稳切入木料，同时刨削较为轻松的状态。

- 首先削平任何明显的高点，然后专注于整个表面均匀刨削。

- 沿对角线方向，通过彼此重叠的行程推进操作。当刨削到达木板的末端时，沿另一个方向的对角线继续操作。

- 用一把直尺定期检查横向分布在木板表面的几个点，从两个端面分别向下目测木板的大面，检查是否存在扭曲。

- 随着木板表面变得平整，切换到刨身沿木板长度方向顺纹理刨削的状态，注意保持手工刨的底座与长边成小角度，可使剪切操作更为顺畅。

3. 刨平小侧面。一旦将一个大面刨削平整，选择情况最佳的小侧面进行修整，使其方正平直，并与大面成直角。这个方正的小侧面被称为参考边，其整平过程被称为刨边，传统上

木工刨通常在其名称中有一个数字前缀：刨子越小，数字越小。整平可以使用 4 号或 5 号台刨（也称为粗刨）。对于刨边，可以使用 6 号粗刨或 7 号长刨。

如何使用手工刨

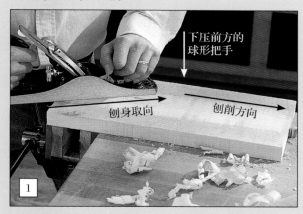

下压前方的球形把手
刨身取向
刨削方向

1

下压把手

2

调整木板的放置方向，以便可以顺纹理刨削。利用限位块或夹紧块将部件夹紧，以保证刨子的运动不受阻碍。转动刨身，使其取向沿对角线方向。通过下压前方的球形手柄起始刨削（见左边照片 1）。然后，随着刨削接近木板末端，逐渐减小施加在球形手柄上的压力，转而增加对刨子后部的把手施加的向下的力（见左边照片 2），直到刨削完成。

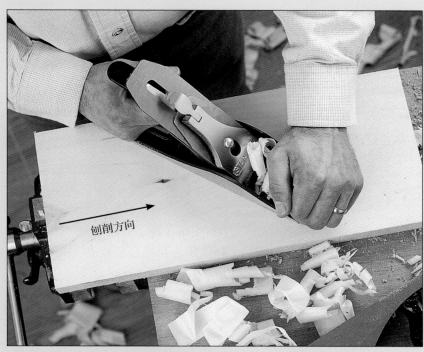

刨削方向

用手工刨整平木料。使用上面介绍的操作技术完成对木料表面的最终整平。为了获得最佳效果，请使用 4 号刨或更小的细刨。确保顺纹理方向刨削，同时保持刨身取向沿对角线方向。

粗切市材的表面非常毛糙，经常嵌有砂砾和碎石，这会对刀片造成严重破坏。在用平刨和压刨处理市材时，手边准备一把钢丝刷，在开始刨削之前，先用力刷一遍市板的表面和边缘。

如何为木板刨边

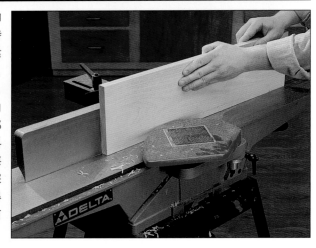

使用平刨。将木板略凹的侧面放在进料台上，保持已经整平的参考面紧贴靠山。随着木板推过刀片，双手扶住木板顶紧靠山，同时向进料台施加竖直向下的力。随着木板的大部分通过刀片，转而向出料台施加竖直向下的力。每次都应保持较小的刨削深度，直到将参考边刨削得平整、光滑，并与参考面垂直。

使用长刨。用台钳将部件牢牢固定在木工桌上，注意台钳的钳口要为操作留出足够的空间。从木板的中心开始刨削，然后修整两端，使其与侧面其余部分齐平。在刨削开始时，主要在刨子的前端施加向下的力，在刨削的后半段，应逐渐将压力转到刨子的后部。用直尺和直角尺定期检查操作。

是用一个大型手工刨完成，但现在，更多是使用固定式的电动平刨完成。如果木板厚度小于 1½ in（38.1 mm），也可以使用电木铣搭配修边铣头干净利落地完成参考边的刨削。

使用平刨刨边。刨边是使用平刨完成的最常见的任务。设置靠山，使其垂直于进料台和出料台的台面（用直角尺进行检查）。为刨刀设置

较小的刨削深度——不超过 ¹⁄₁₆ in（1.6 mm），以免撕裂木料。你的目标是在去除尽可能少的木料的同时，获得一个平直方正的侧面。提示：如果进料方向错误导致撕裂过多，可以将未经整平的大面通过压刨进行处理，然后翻转木板，用平刨为另一个小侧面刨边。

使用手工刨刨边。如果选择用手平刨，因其常被用于将需要边对边拼接的木板侧面处理平整而得名。在实践中，你可能主要使用它将粗切木板刨削平整

常见的刨削问题

拖尾发生在压刨的进料台和出料台台面没有精确对齐的情况下（见左图）。通常只需确保两个台面对齐就没有问题了，但如果问题不是很严重，可以选用足够长的木料，在刨削完成后切掉拖尾区域。

撕裂（见右图）是木板的进料方向与纹理方向相背，或者刨削深度过大造成的。如果改变进料方向并削减刨削深度仍不能避免撕裂，那么可能是因为木材中的纹理方向在不断变化。这种情况下只能使用手工刨刨削，以便根据纹理走向随时调整刨削方向。

工刨进行刨边操作，可以选择 6 号粗刨，刨身较长的 7 号长刨效果更佳，还可以选择 24 in（609.6 mm）长的 8 号长刨，但现在使用这些手工刨的人已经非常少了。设置较小的刨削深度，并确保刀片安装方正（刃口与刨身底面平行）。虽然刨削出平直的侧面并不困难，但需要格外小心，以确保参考边与参考面成直角。你可以弯曲手指扶在刨子的底座下方，用刨子紧贴木料表面以帮助稳定刨身，并全程保持恒定的角度进行刨削。

4. 刨削到所需厚度。对于这步操作，压刨可谓是天赐之物。它不仅可以将木板处理到所需厚度，并使第二个大面与参考面完全平行，而且可以根据需要将一系列木板加工到完全相同的尺寸——这对于将家具部件正确地组装在一起是至关重要的。为了一次性刨削所有家具部件以获得相同的尺寸，可以将这些部件堆放在靠近压刨的桌子或锯木架上，使部件未经刨削的面朝上，并保持正确的纹理方向和进料方向以避免撕裂。然后，只需每次放入一个部件依次处理，无须考虑其他。

注意：不要将长度小于 12 in（304.8 mm）的木料投入压刨——它无法到达出料辊，会在持续的刨削中被绞成碎屑，或者被退回到进料口。

为了将木料刨削到精确的厚度，你应在木料厚度接近准确尺寸时停止刨削。投入废木料并调整刨刀设置，直到将废木料刨削到正确厚度，然后投入部件完成最后的铣削。

如何操作电动压刨

1 设置台面高度（继而确定刨削深度），使最厚木板的最厚部分可以紧贴进料辊下方进料。然后移动木板，并通过台面高度曲柄稍微升起台面，升高大约 1/16 in（1.6 mm）。

2 站在进料侧，用双手将木板直接送入压刨。一旦进料辊"抓住"木板，就可以将其紧紧下压在台面上，所以，不要把手指伸到木板和台面之间。随着木板穿过压刨，你要走到出料侧，并为悬空的木料提供支撑，帮助其离开机器。如果需要去除大量木料，应首先以较大的切入深度刨削，最后以精细刨削的方式收尾，以获得较好的最终效果。在顶面刨削平整后，翻转木板，对参考面至少进行一次轻薄的切削。如果需要移除大量木料，交替刨削木板的两面可以保证去料均匀，避免木板翘曲。

仔细规划和设计作品部件有助于获得令人满意的专业效果，还可以帮助你更有效地利用板材。

便捷，携带方便。它们的柔性使其也可以沿曲面进行测量。钢直尺相比卷尺测量结果更为准确。一些 1~2 ft（304.8~609.6 mm）长的钢直尺可以与头部配件组装成组合角尺，从而大幅拓展了其功能范围。在需要获得准确读数的紧急情况下，或者卷尺的尖端出现损坏，可以从 1 in（25.4 mm）处起始测量，但要记得，在末端的读数中减掉 1 in（25.4 mm）。

标记工具。 对于一般的草图绘制、书写和标记，普通的 2 号铅笔是必不可少的。这种铅笔的铅芯很软，可以留下粗黑的线条，同时不会划伤木料。在绘制设计线时，0.5 mm 或 0.3 mm 的自动铅笔很方便，可以始终保持尖端的尖细，无须每隔几分钟就要削尖一次。当然，这些铅笔都不适合在胡桃木或者硬质纤维板这样的深色板材上画线。此时，应使用软铅芯白铅笔。

刀具在木工操作中用途广泛，使用方便。一把锋利的刀具不仅可以作为标记工具，为接合件画出精确的切割线，而且可以在精确的位置留下切口，引导凿子精确地进行切割。任何类型的刀具都可以使用（小折刀、美工刀、精细工艺刀或木工专用划线刀），只要它足够锋利且用起来顺手。

设计作品部件

　　无论是基于一套平面图，还是自己的设计构思，工艺质量取决于准确地将部件的尺寸、线条、形状和角度转移到木料上。精确的测量和标记可以为锯切、钻孔和成型操作提供引导。为了防止出现严重问题，切割前务必仔细检查并复查每个测量值。

　　测量。 虽然一些工人和木匠仍然喜欢使用传统的折尺，但如今测量的主要工具是卷尺和钢直尺。卷尺测量

木工设计工具包括：（A）钢尺，校准至 1/16 in（1.6 mm）或更高精度；（B）可滑动斜角规（也称为 T 形角度尺），用于测量和转移角度；（C）钢卷尺；（D）划线规；（E）圆规，用于绘制圆和圆弧；（F）组合角尺；（G）标记铅笔，包括用于标记坯料的木材用铅笔、普通的 2 号铅笔（图中未显示）和用于标记较深木料的白铅笔；（H）木工直角尺；（I）用于标记薄木板的粉笔线。

绘制设计线。

• 直线。可以用钢直尺或平尺在任何位置画直线。

平行线。绘制平行于木板边缘的线有很多技巧。一个高效的方法是使用组合角尺：一只手握住铅笔抵在组合角尺的刀片末端，另一只手将头部配件紧紧抵住木料边缘，然后沿木板边缘同时滑动头部配件和铅笔。划线规和切割规是精细的木工工具，可以让你用一只手画出平行线。它们可以在多个部件上精确地复制相同的接合件尺寸。

• 垂直线。成功的木工操作取决于精确地绘制和准确地切割90°角（直角）。木工直角尺是绘制相关线条并测试切割精度必不可少的工具。木工直角尺的质量不一。廉价的塑料直角尺可用于粗略的作业和木工操作，但无法满足家具制作等精细木工操作对精度的需要。高品质的木工直角

平行线

在精度要求不高的情况下快速绘制平行线，可以尝试这种"徒手画线"技巧：正常握住铅笔，沿木板画一条朝向你的线，同时保持一根或多根拖后的手指抵在木板边缘随铅笔一起滑动。如果这些提供引导的手指可以始终保持在相对恒定的位置，你会得到相当完美的直线。

尺（包含一个钢制刀片和一个金属镶边的硬木靠山或全木质靠山）和全钢材质的工程师直角尺是设置锯片角度和平刨靠山的理想工具，除了设计画线，还有许多其他用途。但功能最为多样的工具是组合角尺，它的刀片是一个可拆卸的、带有刻度的钢直尺。组合角尺同时具有90°面和45°面（用于斜接画线）。刀片可以在头部配件中滑动，并可锁定在任何位置，因此也可用于检查小尺寸半边槽的方正

程度以及测量深度和高度。

• 斜线。当两个部件以90°角相交时，通常采用对接接合的方式进行连接。但是对于更精细的部件，如果想要获得优雅、对称的接合外观，可以以末端45°斜接的方式组装部件。为了精确地设计斜接件，并检查切割后的角度，你需要一个斜角尺。这可以是任何一个刀片永久固定在45°的斜角尺，可以同时获得45°和与其互补的135°角；也可以由组合角尺提供相应功能。对于90°和45°之外的角度，你需要一个斜角规。斜角规本质上是一个可调节的直角尺，可以设置任何角度并锁定。可以使用量角器提供引导来设置斜角规的刀片，或调整斜角规匹配现有角度，并将该角度转移到另一个部件上。

要环绕木板画一圈直线，例如绘制榫肩线或者四边形的切割线，请借助木板的参考边起始绘制标记线。用直角尺的靠山紧紧抵住参考边，将刀片平贴在参考面的指定位置。沿刀片用铅笔或划线刀画线。然后，从参考面出发，穿过每个小侧面画直线。最后，再次用直角尺的靠山抵住参考边，在参考面的对侧面上画直线，把两侧的面线连接起来。

用划线规在部件表面画线时，应伸出拇指，使其支撑在刀片后方。稍稍前倾划线规，通过将其前推完成画线。拇指提供向前的力，同时其他手指向下推，提供针尖或刀尖切入木料所需的力。

绘制曲线和圆

准确绘制曲线或圆弧的切割线，关键在于根据曲线的形状和大小选择最佳的画线引导物或画线技术。

曲线和圆弧。 为了使曲线在视觉上令人愉悦，它必须是平滑的，一气呵成的，并且没有任何不规则波动或平直部分。绘制小尺寸到中等尺寸的平滑而匀称的曲线，通常可以使用绘图员常用的塑料材质法国曲线模板，自制模板请参阅第59页。对于尺寸过大，无法使用法国曲线模板制作的曲线或圆弧，可以使用柔性的绘图引导工具绘制。在绘图用品商店，可以找到分段的柔性曲线样条，其长度从 14 in（355.6 mm）到 48 in（1219.2 mm）

画弧线。
不需要花哨的夹具，只需一块硬质纤维板和一些钉子，就可以画出平滑的弧线。在圆弧的两端分别钉一根钉子，并在圆弧的顶点位置钉入第三根钉子。用硬质纤维板切割一条比圆弧长度长几英寸的细木条。弯曲钉子之间的木条，并沿其内边缘画线。

不等。通过一系列标绘点，可以将柔性钢尺甚至薄木条弯曲成需要的曲线样式（见右上图）。一般的圆弧可以使用圆规绘制（见右中图）。

圆形。 绘制完美圆形的最佳方法取决于圆的大小。对于直径相同的小圆，一套基本的塑料圆模板可以保证准确，且易于使用；对于最大直径不超过 12 in（304.8 mm）的圆，圆规足以胜任；对于直径更大的圆，可以使用木工椭圆规绘制。木工椭圆规是一根包含两个尖端部件的木条。其中一个尖端部件装有一个笔架，另一个尖端部件实际上是一个金属销，用作转轴。测量并设置转轴与铅笔之间的距离，使其等于圆的半径。或者，你可以用一块任何长度的窄木条自制简易的圆规（见右下图）。

无限可调的圆规。
普通圆规可用于绘制指定半径的圆弧和圆角，以及最大直径约 12 in（304.8 mm）的圆。

简易圆规。
自制圆规可围绕中心点（通常是一根无头钉）旋转，其自由端可装配用于画线的铅笔。只需将钉子穿过圆规木条的一端，然后从钉子出发，向自由端测量出等于圆的半径的数值，标记一个中心点，并围绕该点钻取一个直径 ⅜ in（9.5 mm）的铅笔引导孔。将钉子钉在部件中心，将铅笔插入引导孔中，然后用铅笔围绕钉子旋转一圈即可。

法国曲线

法国曲线主要用于绘制和设计没有特定半径尺寸要求的作品的比例图。法国曲线板通常由亚克力制成并成套出售，可以用来绘制多种不同形状的弧线。还有一种被称为"船形曲线板"的类似设计工具，其使用方式与法国曲线板相同，只是形状更为简单。

当然，对于绘制要求不高的曲线和圆，木匠总是可以利用手头上的任何东西进行绘制——易拉罐、胶带、咖啡杯……几乎任何东西都可以用。

制作和使用模板

对于具有复杂形状的作品部件，制作计划通常包括用于将部件轮廓转移到木料表面或制作模板的图样。如果图案是实际尺寸，可以使用复写纸或转印纸直接将线条转印到部件上。不过，更常见的情况是，图样是按一定比例缩小的，因此使用时需要放大。通常，图样打印在按比例缩放的网格正方形上，并注明全尺寸

对于对称图案，只需在纸上绘制出一半图形，然后沿中心线将纸张对折，直接剪切即可。或者，可以制作半边图形的模板，然后灵活使用。

正方形的大小。放大网格图有几种方法。可以直接在部件表面或模板材料上绘制网格图案，请确保使用与图样标注相同的比例，例如，如果比例为 1:4，原图样的网格边长为 ¼ in（6.4 mm），则应使用网格边长为 1 in（25.4 mm）的网格纸打印。画好网格图样后，以打印的图样作为参考，绘制部件的形状。在某些情况下，可以在复印机上将图案放大到全尺寸。例如，当比例为 1:4 时，需要将打印图案放大400%。另一种选择是，使用投影仪将图案投射到较大的纸张上。大型的或非常复杂的部件，其图案可以在任何设计图商店放大到实际尺寸。

如果需要制作大小和形状相同的多个部件，最好可以制作一个模板（参阅右栏"如何制作和使用模板"部分）。模板可以使用任何材料制作，包括硬纸板和普通纸。厚度为 ⅛ in（3.2 mm）或 ¼ in（6.4 mm）的硬质纤维板以及薄的中密度纤维板（MDF）和优质单板芯胶合板效果都很不错。

利用网格绘图

在部件或模板材料上绘制比例网格图案，然后以打印的图样作为参考重新绘图。你可能会发现，使用圆规或柔性尺对绘制曲线很有帮助。

如何制作和使用模板

1 将全尺寸图形绘制到模板材料上（这里使用的是硬质纤维板），然后用线锯或钢丝锯将其切下。用砂纸或木工锉将模板边缘打磨光滑，放在木料表面描绘部件轮廓。

2 切割部件，注意在轮廓线外切割。然后用木锉或砂纸打磨边缘，清除废木料至切割线。

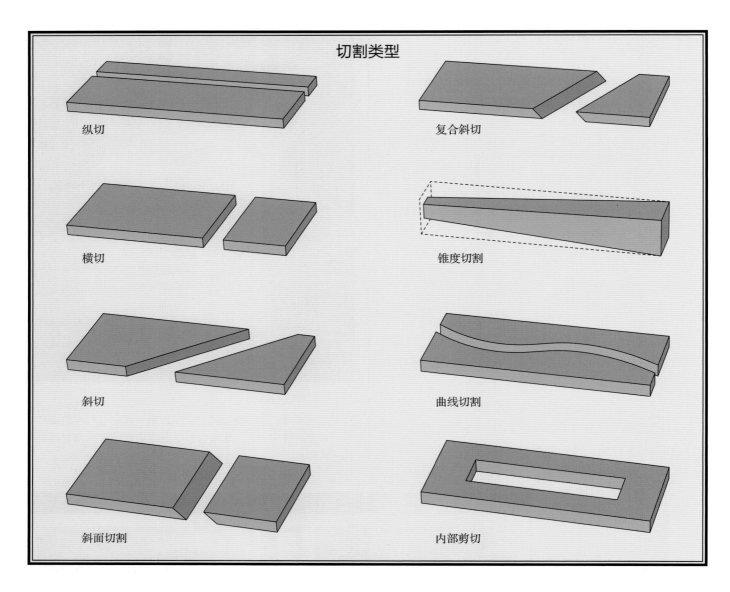

切割类型

纵切

复合斜切

横切

锥度切割

斜切

曲线切割

斜面切割

内部剪切

切割作品部件

将部件切割到指定尺寸通常涉及使用多种工具进行多种类型的切割。在本节中，我们会介绍木工操作中可能遇到的大多数标准切割操作。对于每一种操作，我们给出了我们认为最好的方法，如果你没有最适合的工具，我们还给出了一些足以保证操作质量的替代方法。

最基本的两种切割操作是纵切（得到指定宽度）和横切（得到指定长度）。

每种切割机器都有一些性能突出的方面，使其可以比其他机器更轻松、更安全、更准确地完成某些操作。基于切割任务选择最适合的工具，才能获得最佳效果。

随着你的技艺的进步和能够完成的作品的复杂性不断增加，你还需要进行斜切和斜面切割、锥度切割、曲线切割，以及图案内部切割、部件边缘轮廓切割和木板厚度的重新锯切。

所有这些切割操作都可以使用便携式电动工具和手工工具完成。但是，使用固定式切割工具通常可以更快完成操作，同时获得更准确的结果。其中，台锯和电动斜切锯用途最广，带锯和线锯也是很有益的补充。

切割工具

多功能竖锯（也称为刀锯）能够进行任何切割。它擅长切割曲线和制作部件内部切口。

电圆锯搭配直边切割导轨可用于横切、纵切、斜切和斜面切割。

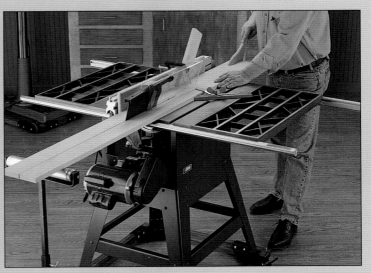

电动斜切锯非常适合进行重复的横切，包括斜切或斜面切割（斜面切割需要使用复合斜切锯）。

台锯是大多数木工房使用频率最高的工具，可以完成任何直线切割，包括锯切斜面和斜角。

电木铣用于制作榫槽、半边槽以及边缘轮廓。若配合专用的铣头和配件，还可用于模切等多种切割作业。

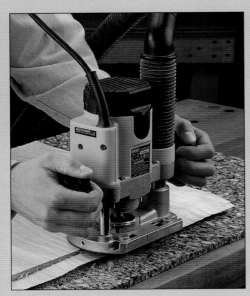

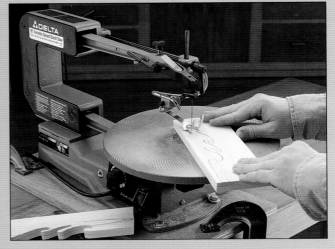

线锯是切割复杂曲线和图案的最佳工具，虽然功能单一，但操作方便。

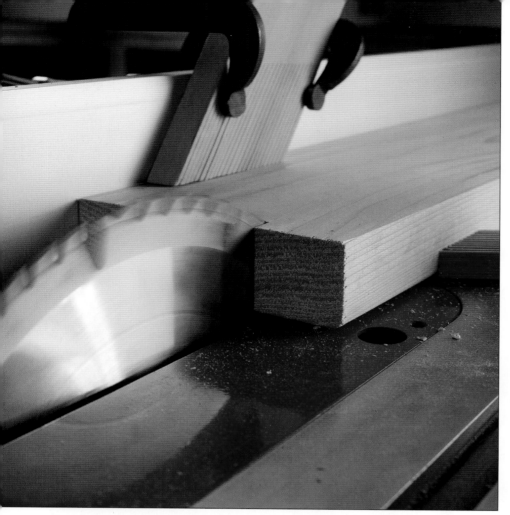

纵切

纵切过程通常是一个平行于纹理或顺纹理切割的过程。当然，这是对实木来说的，因为纵切胶合板经常是在横向于其表面纹理进行的。因此，确切的理解是，纵切是一个得到指定木板宽度的过程。

使用台锯纵切

台锯无疑是纵切实木板和人造板材准确性最高、使用最方便的机器。确保将靠山调整到与锯片平行、与台面成直角的状态。有些台锯配备的靠山薄而脆弱，调整对正会很棘手。因此在购买台锯前，你需要认真考虑，以购买一台牢固、可调节、准确可靠，并能提供售后校准服务的台锯为目标。现在，许多新型台锯配备了更为高端的纵切靠山。

台锯还配备了许多安全功能的配件，以降低纵切的风险。除了锯片护罩，位于锯片后面的、带有防回抛棘爪的分料刀可有效防止纵切木板时发

在一个小侧面被处理得平整方正后（参阅上一节内容），就可以纵切木板得到所需的宽度了，可以将平正的侧面抵住靠山锯切，或者由平尺提供引导，使用手持工具进行锯切。

如何使用台锯纵切

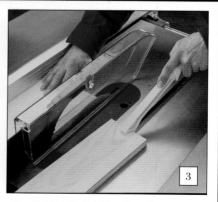

1 双脚前后分开站立，左脚抵住台锯底座的一侧边角，准备开始纵切。用右手送料，用左手保持部件紧贴纵切靠山。使用推料板进料，特别是在需要你的手与锯片的距离小于 6 in（152.4 mm）的时候。

2 当木板的前端靠近台面前缘时，继续用右手推动部件通过锯片。始终将左手放在锯片的进料侧。

3 当锯片将木板切成两半时，继续用右手将部件推过锯片，直到部件完全离开锯片到达出料侧。用左手或推料板将切断的部分滑离锯片，使其与锯片脱离接触。

生回抛。

进行纵切。（参阅第 62 页照片）设置纵切靠山，使其内侧面与锯齿之间的距离等于所需部件宽度。使用钢直尺来设置距离，而不是依靠台面前方的校准标记。一旦锯片正确定位，通过锁定手柄将靠山锁定到位。设置锯片高度，使其高出部件表面的部分不超过 ½ in（12.7 mm）。站在锯片稍微偏一侧的位置，而不是正对锯片，以免万一木板回抛，来不及躲避而受伤。用右手推动木板进料，用左手引导木板牢牢抵住靠山。全程保持对部件的稳步控制，直到部件全部通过锯片。然后关闭电源，走到机器的出料侧取回部件。在正式锯切部件之前，务必首先用废木料进行测试，以确保设定的宽度准确无误。

需要记住的是，永远不要让手指与锯片的距离小于 6 in（152.4 mm），永远不要把手放在锯片正后方，以免木板发生回抛时把手卷入锯片。

纵切一块窄木板，需要使用推料板，而不是直接用手进料。夹在台面上的羽毛板可以保持木板抵紧靠山，从而使左手远离锯片。可以把锚固件夹在纵切靠山上，防止木板通过锯片时弹跳或晃动。还要注意，不要让羽毛板和锚固件将木板挤得过紧。

锯切长木板

纵切长木板，需要将木板后缘稍向上倾斜，使其略高于台面。这样可以保证木板的前缘牢牢贴靠在台面上。随着切割的进行，逐渐降低木板后缘的高度。

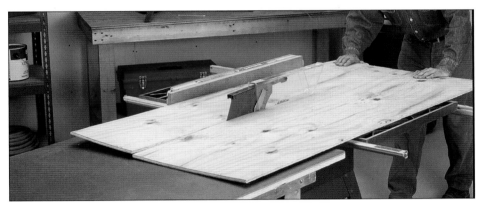

纵切人造板

如果可以在台锯的出料侧放置一张稳固的桌子，其桌面与台锯表面平齐或略低，就可以用台锯有效纵切整张的胶合板、刨花板以及其他人造板材。但是，很多木匠更喜欢用电圆锯或裁板锯对人造板进行初切。

纵切单个部件

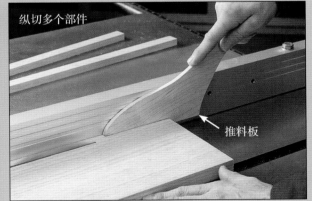

纵切多个部件

推料板

纵切窄部件

当用较宽的木板纵切单个窄部件时，窄木条应位于锯片远离靠山的一侧（见左图）。这样可以使木板较宽的部分留在锯片与靠山之间，从而为右手或推料板留出更多空间。如果要锯切一系列的窄部件，则需要将锯片和靠山之间的距离设置为部件的预期宽度，并使用扁窄推料板沿靠山引导进料（见右图）。

用平尺引导纵切

由一把优质的平尺提供辅助，可以使用电圆锯进行纵切，其切割精度几乎与台锯相同。你可以购买成品平尺，如图中所示的挤压铝材型号，或者选择一块平直方正且边缘均匀光滑的木条（例如刨花板木条）自制平尺。

用电圆锯纵切

　　虽然赶不上台锯精确而干净的切割效果，但是装配正确锯片的电圆锯可以很好地完成许多非关键性切割。它的便携性使其成为现场操作的理想选择。

　　使用电圆锯纵切直线需要使用切割引导器。大多数电圆锯都配有一个可调节式靠山，固定在底板上，可用来纵切平行于边缘的、相当细窄的木条，特别是过于细窄，无法用平尺引导进行纵切的木条。可调节式靠山的精度可以通过在

最好的电圆锯锯片较薄，锯齿较少、较大，因此可以减少材料的损耗。对于 7¼ in（184.2 mm）规格的电圆锯，可以使用 16 齿的防回抛锯片；对于 10 in（254.0 mm）规格的台锯，应使用 18~24 齿的锯片。

可调式纵切靠山

大多数电圆锯都配有一个可调节的纵切靠山，固定在底板上。靠山可以沿木板边缘滑动，以引导锯片，锯切出与木板边缘平行的线。这些配件非常适合不需要高精度锯切的场景。

其上拧上一根木条扩展其支撑面得到提高。引导锯片纵切的最佳方式是，将平尺导轨夹在部件上，并将电圆锯的底板边缘抵靠住部件。平尺导轨可以在商店购买，也可以定制，但必须足够长，两端都要超出部件的长度。

> 便携式电圆锯是一种方便的工具，可以将人造板材和较大的实木板锯切到方便使用的宽度，但不适合进行精细的木工切割。

　　接下来要确定偏移量。电圆锯的"偏移量"是指从抵靠平尺的底板边缘到锯片内缘之间的距离。使用带平尺导轨的电圆锯，你需要知道这个距离。为了确定这个距离，只需将平尺导轨夹在一块废木料上，沿平尺进行切割，然后测量从锯缝边缘到平尺内缘的距离，即用夹子固定平尺时其与部件上的切割线之间的距离。或者，你可以制作一个将偏移量内置的导轨组件（参阅第 65 页底部照片）。

　　小贴士：如果纵切距离很长，要定期停止切割，并将木垫片滑入锯缝中。这样可以防止锯缝闭合，将锯片夹在切口中（一旦锯片卡住，会导致部件回抛）。

用带锯或竖锯切割

竖锯和带锯都能够切割直线，但你不能指望用它们完成最终的切割。对于表面只需稍加打磨的木料，台锯可以留下非常精确平整的切口，但竖锯或带锯的切口存在起伏，且锯片存在晃动的倾向。因此，如果你打算使用这两种工具进行纵切和横切，之后必须使用手工刨或者带有导向平切铣头的电木铣清理锯切面。

与台锯不同，竖锯和带锯的纵切可以沿画线徒手完成。在不需要纵切边缘精确平行于木板边缘，甚至允许切口存在轻微弯曲时，这可能是一个巨大的优势。当然，如果你愿意，也可以使用平尺导轨搭配竖锯，或者使用导轨或靠山搭配带锯，进行直线纵切。一些竖锯配有可调节的侧向靠山（类似于电圆锯的配件），可以切出与边缘平行的窄切口。

使用竖锯纵切时，应选择较厚的（不易弯曲）、齿数较少的锯片。带锯应配备较宽的跳齿锯片，锯片宽度不能小于 ½ in（12.7 mm）。

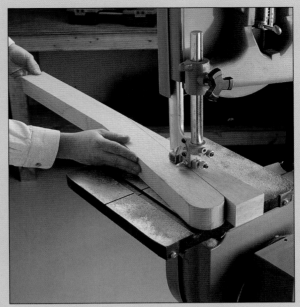

用带锯纵切

与竖锯类似，带锯可以顺纹理纵切，但切口也不一定是直的或平行于木板边缘的。大多数带锯装配有靠山，可以完成相对平直的纵切。当然，即便如此，其切割边缘也无法与台锯的切口相比。

用竖锯纵切

使用竖锯进行纵切的一个优点是，在允许切口与木板边缘不平行的情况下，可以轻松设置平尺导轨并完成切割。按照底板和锯片之间的偏移量设置导轨。

偏置切割导轨

可以使用两块废木料自制偏置量内置的长平尺导轨组件。你需要一块硬质纤维板或胶合板，其宽度至少为 12 in（304.8 mm），长度最好达到 8 ft（2.4 m），厚度 ¼ in（6.4 mm）最佳。然后将一块平直的废木料板——2×4 规格板或 ¾ in（19.1 mm）厚的胶合板窄条——钉在硬质纤维板上，使废木料板与硬质纤维板保持平行，或者与其一条边对齐。调整废木料板和硬质纤维板的方向，使偏移量略大于从底板边缘到锯片内缘的距离。然后，简单修齐硬质纤维板的边缘，使底板抵靠在靠山上。将导轨组件夹在部件上，使修齐的纤维板边缘与切割线对齐。

靠山

偏置量

切割线

修齐的硬质纤维板边缘

横切

　　横切或横向于纹理切割，用于将部件切割到指定长度。通常，横切意味着在木板或作品部件的末端进行90°切割，但从技术角度讲，横切也可以是其他角度的切割。

　　许多木工工具可以精确地进行横切，其中包括电动斜切锯、台锯、电圆锯和摇臂锯。锋利的横切手锯同样可以快速平直地将木板锯切到指定长度，但一般手工锯切只适用于粗加工。

使用电动斜切锯进行横切

　　电动斜切锯（俗称裁断锯）配件齐全，可以快速、准确地进行横切。使用电动斜切锯或复合斜切锯进行横切，需要用一只手将部件牢牢贴靠在台面和靠山上，用

设置一个裁断工作站

自制的台面和靠山极大地扩展了电动斜切锯的可用性。台面部分应与锯台平齐，靠山应连接在台面上并与其垂直。允许在靠山的适当位置夹紧一块限位块，以便于重复切割。

另一只手缓慢操控电机和旋转的锯片向下摆动进行切割。

　　理论上讲，可以从斜切锯的任何一侧切割，但除非你的双手都非常灵巧，否则会因为操作不协调造成尴尬。

有时候，将部件夹在靠山或台面上会有帮助。如果部件太短，则经常需要这样做，并且需要将手靠近锯片进行切割。在切割之前，应让锯片达到全速；在移动部件之前，应等待锯片完全停止旋转。在使用滑动式复合斜切锯锯切时，应在开启电源之前将锯片和电机拉向你，然后像使用摇臂锯那样，将锯片前推切过部件。

使用电动斜切锯进行横切的主要限制是锯的容量。由于这些机器最初是设计用来切割 2×4 规格的木料和模制部件的，因此能够处理的部件尺寸有限。不过，现在已经有价格合理且配备了较大直径——可达 14 in（355.6 mm）或 16 in（406.4 mm）——锯片的型号供选择了。更大的锯片意味着更大的锯切容量。

在设置切割木料之前，应首先使用一块废木料对锯片进行测试，以确保其垂直于台面。

此外，电动斜切锯的声音很大，因此建议在使用或在其附近操作时戴上耳塞。并且与其他电动工具一样，还应佩戴护目镜。

可以使用胶合板垫板抬高部件，使部件更靠近锯片后方的宽阔空间，以此来增加电动斜切锯的切割容量。

摆正锯片

直线切割应使用直刃锯片，或者，如果使用电动斜切锯，可以将锯切角度设置为 0°，使锯片垂直于台面。要检查锯片是否垂直于台面，可以将直角尺的靠山放在台面上，将直角尺的刀片靠在锯片的主体上（确保直角尺刀片紧贴锯片侧面，而不会碰到任何锯齿）。手动转动锯片，选择几个点进行检查。

下压旋钮

底板

固定斜切锯，夹紧部件

电动斜切锯在设计上便于移动，因此它们重量较轻，在使用时容易出现滑动或弹跳的情况。为了防止斜切锯在切割时移动，可以将一块底板连接到斜切锯的底座上——大多数底座的四角已经预先钻好了孔，可以容纳螺栓。确保螺栓头部埋入孔中。然后，只需将底板固定在正在使用的任何台面上。为了增加稳定性，可以使用连接在斜切锯靠山上的压紧装置向部件施加向下的压力。

使用台锯进行横切

台锯可以横切木板，并得到非常方正和平滑的表面。事实上，如果使用锋利的优质锯片，锯切后甚至无须打磨端面。

使用台锯进行横切，需要使用定角规配件或者横切滑板来引导木料。定角规具有一个斜切槽引导杆，通常置于台面上锯片两侧的其中一个槽中滑动。定角规头部的平整表面相当小，但可以将硬木辅助靠山连接到该表面区域，以此提高操作的可控性和精度。这同样有助于为部件提供支撑，防止其在通过锯片时被撕裂。

如果部件过短，无法用双手将其紧靠在定角规上，则可以将其夹在靠山上。提示：在使用定角规时，旋转的锯片倾向于将木料拉向它。为了防止部件滑动，可以使用喷胶将中等粒度的砂纸粘在辅助靠山的表面。

由于定角规很小，只能沿一个槽滑动，因此它可以摆动，并且实际上只适合切割较小的部件。一些昂贵的台锯配有优质的滚珠轴承可滑动台面，且台面上配有长横切靠山和可以向下摆动的限位块。自制一个简单的横切滑板，同样可以实现类似的便捷性、准确性和安全性（参阅下方内容）。如果精心制作，这个配件可以彻底改善横切操作，因此大量的小型

使用台锯进行横切的技巧

斜切槽引导杆

定角规辅助靠山

限位块

顶部左图：使用直角尺检查台锯定角规的头部，它应与斜切槽引导杆成直角。

顶部右图：将辅助靠山连接到定角规上，以形成更大的支撑表面，引导部件通过锯片。

底图：将纤维块夹在纵切靠山或辅助靠山上，与待横切的木板对齐。注意，限位块应位于锯片的后面。

专业工房和业余工房都会自制横切滑板。有了它，你不仅可以锯切宽面板、长木板以及短部件，而且可以轻松地上下移动锯片。

你可以使用限位块简化多个相同

长度部件的切割。限位块通常是一个方正的木块，被夹在定角规的辅助靠山上，也可以连接到横切滑板的前靠山或辅助靠山上。为了借助限位块完成重复切割，应先将每块木料的一端锯方正。然后，依次进行测量、标记和切割操作，得到指定长度的部件。使用该部件设置锯片的限位距离。一旦将限位块固定到位，只需将木板靠住限位块，就可以切割出相同长度的部件。

注意：有时候很容易把纵切靠山作为限位块使用，但这样做非常危险，因为它可能导致部件夹住锯片发生回抛。

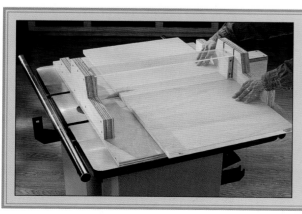

横切滑板

由于底部轨道在斜切槽中滑动，横切滑板可以支撑部件，因此当你将部件推过锯片时，滑板不会转动或移动。你可以购买成品横切滑板，也可以用胶合板和丙烯酸树脂自制滑板，如图所示。

上图：在较窄的木料上进行横切时，可以使用三角直角尺引导圆锯片。将直角尺平贴在木板表面，使其靠山的下缘紧贴木板边缘，将锯片对齐切割线锯切。

左图：在横切更宽的木板时，可以制作一个"T形直角导轨"。确保横向的靠山部件（顶在部件边缘）与引导部件成直角。首次使用时，锯片会裁切靠山，使其边缘与切割线对齐。

用电圆锯横切

　　电圆锯并不总是第一个被想到的电动木工工具。除了在木工房，电圆锯在工地上的用途也很广泛。电圆锯是特别好用的横切工具。如果需要将较大的木坯料切割到粗略的长度，那么使用电圆形锯切要比把厚重的木板放到台锯上进行锯切容易得多。使用切割导轨（如上图所示）可以获得最佳锯切效果。

如何使用手锯进行横切

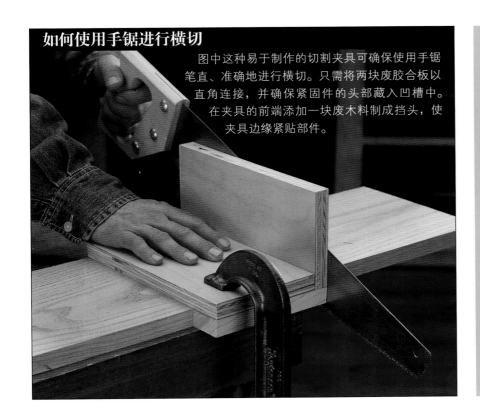

图中这种易于制作的切割夹具可确保使用手锯笔直、准确地进行横切。只需将两块废胶合板以直角连接，并确保紧固件的头部藏入凹槽中。在夹具的前端添加一块废木料制成挡头，使夹具边缘紧贴部件。

摇臂锯

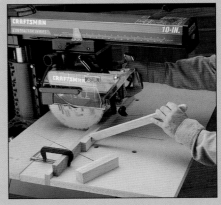

　　曾经被认为是最好的横切机器，摇臂锯如今已经失去了"更便宜、更安全"的电动斜切锯的桂冠。尽管如此，仍有很多人在使用摇臂锯，它们的横切效果依然非常出色。安全使用摇臂锯的关键是，牢牢固定部件，或者最好将其夹紧在靠山上。

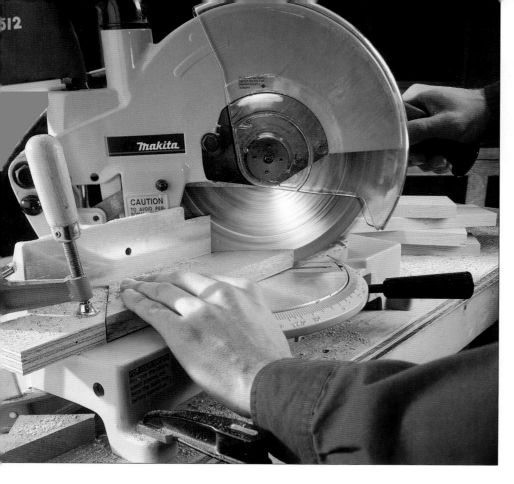

复合斜切可以同时切出斜角和斜面。使用复合斜切锯，可以将切割斜面和斜角的步骤合并，从而使操作更轻松。

合件的角数，然后再除以 2，得出每个部件的切割角度。

使用电动斜切锯切割斜角。 电动斜切锯是一种方便且锯切精确的工具，可以切割出合适的斜角。大多数的斜切锯在锯切 45° 斜角时不是略小就是略大。有些高端型号的斜切锯切割容量较大，并配有一个 45° 的正向限位块，但你仍需检查切口，以确保角度正确。为锯片安装一个长台面和一个靠山（见第 66 页），可以使锯切更加容易，并为限位块提供了可固定的位置，便于重复切割。

如果切割两端均为斜角的多个部件，需要首先把每个部件的一端切割方正。在距锯片适当的距离处固定限位块，并将每个部件的方正端与限位块的直角边对接，斜切一端。然后翻转限位块，以其 45° 边与刚刚切出

进行成角度切割

任何中等以上难度的木工作品都需要成角度切割，因此花些时间学习正确的成角度切割方式是值得的。基本的成角度切割方式有两种：斜角斜切和斜面斜切。

斜角斜切

斜接实际上是将要组装的两个部件切割出相同角度（通常为 45°）的接头进行组装的方式。斜接常被用于相框、桌面封边、面框和线脚等作品部件的制作。其切割方法也可用于任何成角度部件的成型加工。

除非精确无误，否则一个斜接件在功能上没有任何价值。它的侧面必须平直，与表面成直角，并形成正确的角度。如果角度稍有偏差，即便部件可以完全匹配，也不会形成 90°角。不过，正确完成斜接并不难，你

只需要一点耐心和一些尝试。你要牢记一点，所需的切割角度是接合件角度的一半，因此，90° 的接合件需要两个具有 45° 切口的接头。如果需要确定用于制作多边形（比如六边形）的切割角度，请用 360° 除以接

复合斜切锯已成为快速、准确斜切的首选木工工具。这里展示的滑动式复合斜切锯要比普通的复合斜切锯或简单的电动斜切锯贵一些，但是可滑动的锯片大大扩展了锯切切割容量，在某些情况下，甚至可以锯切宽达 12 in（304.8 mm）的木板。

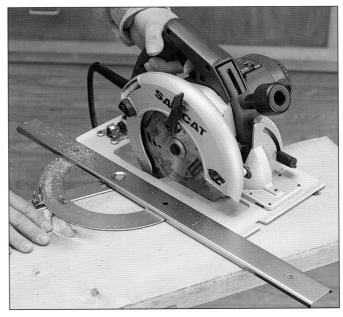

用台锯斜切斜角

将辅助靠山连接到定角规上，使支撑部件直接靠住锯片。为了在斜切时获得最佳控制，请设置好锯切路径，通过前端的切口引导部件的其余部分通过台面，如图所示。

用电圆锯斜切斜角

在使用电圆锯斜切斜角时，量角器型切割导轨可确保切割的准确性和一致性。

的斜角对接，在相同的设置下斜切另一端。

用台锯斜切斜面。与其他类型的直线切割一样，台锯同样可以提供非常好的斜切效果。使用台锯进行斜角斜切通常需要定角规的辅助。请注意，当定角规与锯片成角度时，部件会由于锯片的作用被推动或拉动（取决于成角度的方式），可能会发生蠕变。斜切面还会导致部件转动脱离定角规的前缘。为了抵消这些力，应在定角规上连接更长的辅助靠山，并将砂纸粘在靠山上（增加摩擦力以防止部件滑动）；如果空间允许，一个或两个夹子会使操作更为安全。缓慢匀速进料。在需要一次切割多个部件时，可以将限位块连接到靠山上。

借助定角规在台锯上斜切斜角存在一些固有的问题。首先，每次使用定角规都需要精确设置并进行测试。对于方正平整的木料，可以通过翻转部件完成其两端的斜角斜切，但缺少支撑的木料下表面容易撕裂。对于异形部件，由于不能简单地翻转，需要改变定角规的设置以配合切割，因此左右两端的斜角很难完全匹配。

使用电圆锯斜切斜面。只需将底座靠在

一个斜角导轨上，就可以使用电圆锯进行斜角斜切。斜角导轨可以是按设定角度夹在部件上的标准平尺，也可以是调节到所需角度并锁定到位的成品量角器型切割导轨。电圆锯不能为关键部件供精确的斜角斜切，但是非

检查锯片的角度设置

检查台锯上的锯片角度设置是十分必要的，因为刻度盘上指示的角度可能与实际角度存在偏差。

步骤1：要检查实际切割角度，应首先将锯片倾斜角度设置为45°。在一块废木料的一面做标记，然后将其贴靠在定角规上进行横切，得到长短两个部件。

步骤2：翻转短部件，将其与长部件拼接成斜接的边角。理论上这个角度为90°，如果存在偏差，请使用T型角度尺将锯片倾斜角度设置为45°，然后将表盘刻度重置为45°。重新测试。

斜切斜面的技巧

用竖锯切割

使用竖锯切割斜面主要是因为它很容易控制，而且相比其他便携式锯，竖锯还可以更好地观察锯片和切割线。如果竖锯配有可倾斜底座，可将底座设置为所需的切割角度，并用废木料进行测试（如果竖锯的底部不能倾斜，请选择其他工具）。使用平尺导轨进行切割。

用复合斜切锯切割

复合斜切锯的锯片可以倾斜，用以切割最大角度 45° 的斜面。虽然大多数机器型号在常规斜切设置中配有正向限位块，但仍需首先进行测试，并用 T 形角度尺或量角器测量角度。

用台锯切割

在纵切斜面时，设置锯片向远离纵切靠山的方向倾斜。这样可以防止部件卡在靠山和锯片之间。如果木板较大，需要夹紧羽毛板并用力下压木板。

常适合为托梁、椽子等宽大的结构部件进行角度和切口切割。

斜面斜切

斜面是指与木板正面所成角度小于 90° 角的侧面。斜面通常用于装饰目的，也有一些具有结构功能。可以在箱子或盒子的侧面切割 45° 斜面，通过方栓或饼干接合在一起，形成长的斜接组件。组装三棱形、八边形或其他多边形作品也需要多个精确切割的斜面。精确性对于斜面斜接非常重要：即便每个斜面的误差不大，但在乘以 16（以八边形为例）之后，最后一个部件很可能会因为缝隙过大无法正常拼接。倒角操作与斜切斜面类似，且可以局部处理，而不只是贯通切割。

使用台锯斜切斜面。 只需倾斜锯片，就可以在台锯上切割任何角度的斜面。在斜角规上设置切割角度，将其放在台面上设置锯片的倾斜角度。可以使用纵切靠山引导部件顺纹理切割斜面。与 90° 横切一样，可以使用定角规或切割滑板进行横向于纹理的斜面切割（参阅第 71 页内容）。有些木匠会坚持使用独立的滑板斜切斜面，因为倾斜的锯片会加宽滑板中的锯缝，使其无法继续支撑直线切割。

使用电圆锯斜切斜面。 要用电圆锯切割斜面，需要松开旋钮并调整底座的角度。然后拧紧旋钮，将底座抵靠在平尺导轨上运行，按照标准操作进行切割。除非你的电圆锯在切割 45° 斜面时具有第二个可视角度，否则你需要在底座上做一个新标记用于与切割线对齐。

用电动斜切锯斜切斜面。 复合斜切锯可以制作切口光滑的横切斜面。这种机器通常是锯片向左倾斜，也有一些型号可以左右任意倾斜。斜切时建议使用辅助胶合板靠山，并始终夹紧部件。如果同时设置斜切角度和锯片角度，就可以同时在两个平面中进行角度切割，完成复合斜切。

用带锯或竖锯斜切斜面。 用带锯切割斜面，只需倾斜台面并由靠山提供引导；使用竖锯的话，需要倾斜底座，并使用平尺导轨引导切割。

使用竖锯切割曲面的技巧

使用滚动模式。在竖锯的手柄顶部有一个锯片角度调节旋钮。通过旋转旋钮，可以改变锯片方向，而无须转动锯身。

将压力保持在锯片上方。无论是如图所示的顶部手柄锯，还是桶式手柄锯，都要握住工具将手前移，使其直接位于锯片区域上方。不要过于用力，否则锯片会从切割线处断裂或偏转。

顶部手柄（也称为"D型手柄"）竖锯，是迄今为止最常见的竖锯类型。它易于操作，一只手即可握持，并有很多型号可以选择。

直桶手柄竖锯与顶部手柄竖锯相比，更容易在连续紧凑的曲线切割过程中移动。而且一些木匠更喜欢由位于手柄底部的开 / 关触发器提供的强大控制力。

锯片柄脚类型

为竖锯购买锯片时，请注意与竖锯搭配的柄脚类型。常见的柄脚样式包括通用型柄脚（A）、钩形柄脚（B）和刺刀式柄脚（C）。

选择合适的锯片

■对于木材的快速粗切，使用 4 in（101.6 mm）长的 6 tpi* 锯片。

■对于常规切割，使用 4 in 长（101.6 mm）的 8 tpi 锯片。

■为了平滑要求更高的最终切割，使用 3 in（76.2 mm）或 4 in（101.6 mm）长的 10~14 tpi 锯片。

*tpi，全称 tooth per inch，每英寸齿数

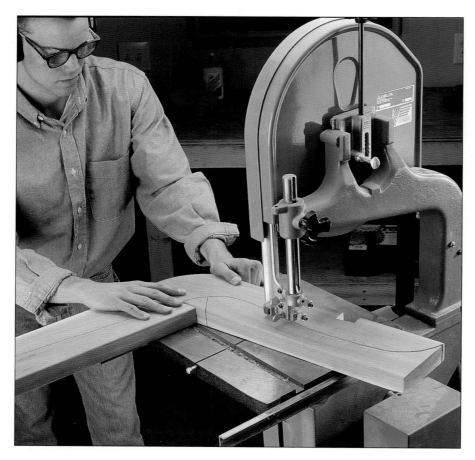

带锯在切割平滑曲面方面非常出色，部件通常不大，可以轻松处理和移动。

锯片可以锯切曲率较大的曲线，如果曲率过大，释放性切割可以防止锯片卡顿。不同厚度锯片的最小切割半径见第 77 页图表。

• 在靠近边缘的凸面上，可以简单地将切口延伸到部件边缘（穿过废木料区域），然后以更柔和的角度重新开始锯切。

• 如果需要将锯片从切口中退出，请先关闭电源，然后通过移动木料使锯片退出锯缝。

• 始终用双手握住部件。

• 每次切割完成后，确保双手远离锯片。此时，从锯片的另一侧将部件从切口的末端拉出通常会有帮助。

• 在带锯上设置锯片引导装置，使其距离部件顶部约 ¼ in（6.4 mm）。如果间隙过大，锯片更容易弯曲和偏移，在某些情况下甚至可能断裂。

使用带锯切割圆和其他曲面。虽然带锯不像竖锯那样便携，也不能进行内部切割，但由于操作便利，性能稳定，且切割容量和切割速度出色，仍被广泛用于较小部件的曲线切割。

带锯巨大的深度容量意味着可以用其切割非常厚的部件。也可以通过双面地毯胶带将多个坯件堆叠在一起，一次性完成切割，得到多个相同的部件。在切割较厚的木料时，应缓慢送料，以免锯片过热或发生偏移。

可以（而且经常是）徒手在带锯上切割圆。因为工具很容易控制，所以可以将部件沿切割线外锯切，然后再打磨到切割线处。如果需要更精确的切割或者需要一次锯切几个圆，你可以制作一个辅助的锯圆台来匹配带锯的台面（见第 77 页）。

下面是一些在带锯上切割圆和其他曲面的要点。

• 曲面通常是徒手切割到画线处。与竖锯一样，较窄的

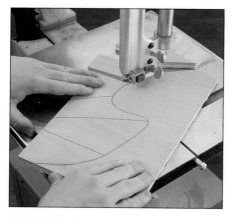

释放性切割

在切割复杂的形状时，可以在废木料区域和切割线之间进行一些释放性切割。这会使部件的切割更易于控制，并能减少锯片的卡顿。

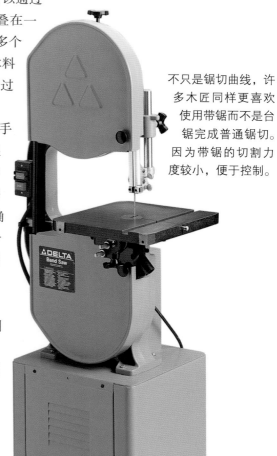

不只是锯切曲线，许多木匠同样更喜欢使用带锯而不是台锯完成普通锯切。因为带锯的切割力度较小，便于控制。

如何制作和使用匹配带锯的锯圆台

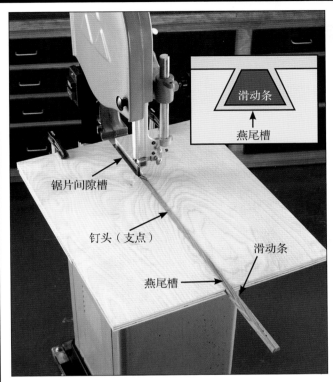

滑动条
燕尾槽

锯片间隙槽
钉头（支点）
滑动条
燕尾槽

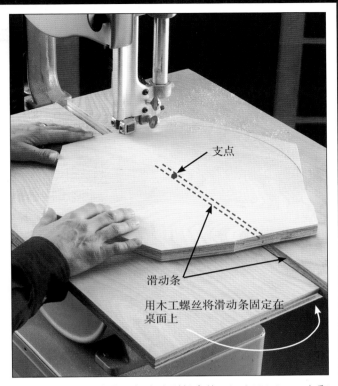

支点
滑动条
用木工螺丝将滑动条固定在桌面上

　　辅助锯圆台可以搭配带锯切割出边缘平滑的圆。首先锯切一块比带锯的台面宽度和长度分别长出约 8 in（203.2 mm）和 10 in（254.0 mm）的 ¾ in（19.1 mm）厚胶合板。使用电木铣和燕尾形铣头在胶合板顶部居中铣削一个 ⅜ in（9.5 mm）深的燕尾槽。将一块 ⅜ in（9.5 mm）厚的硬木废木料纵切斜面，得到与燕尾槽轮廓匹配、长度大致相同的滑动条（见左上图）。将滑动条插入燕尾槽中，使其紧贴燕尾槽，同时仍能顺利滑动。在锯圆台的一端切取一个长度和宽度足够的槽，当锯圆台被夹在带锯台面上时，它可以为带锯锯片留出间隙。也可以将防滑木条固定在锯圆台夹具的底部，为带锯台面建立一个凹槽。将锯圆台夹到带锯台面上，然后插入滑动条，直到其端部接触锯片。用一个小螺丝穿过燕尾槽底部向上拧入滑动条，将其固定到位。现在，在滑动条上距离锯片一个圆半径的位置居中钻取一个引导孔，并钉入一根 ½ in（12.7 mm）或 ⅝ in（15.9 mm）长的钢丝钉，注意保留部分钉头露在外面。在部件中心钻一个小起始孔，然后将其对准钉头（支点），将部件放在锯圆台上。可能需要先进行初始切割，用锯片切到切割线的边缘。然后打开电源，围绕锯片慢慢转动部件，切割需要的圆。你会发现，提前把部件周边的废木料切掉是很有帮助的。

最小锯切半径

锯片宽度 in	最小锯切半径 in
⅛	3/16
3/16	⅜
¼	5/8
⅜	1¼
½	3
¾	5
1	8

可选的优质带锯配件和锯片包括：（A）砂带；（B）⅛ in 宽，12 tpi 锯片；（C）¼ in 宽，6 tpi 锯片；（D）⅜ in 宽，4 tpi 锯片；（E）½ in 宽，18 tpi 切割金属锯片；（F）¾ in 宽，4 tpi 的钩齿锯片。

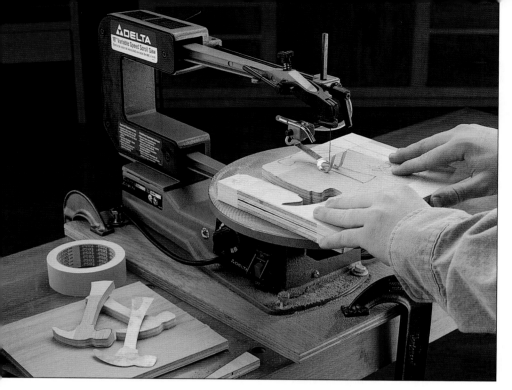

三明治法切割薄材料

薄材料，无论是木材、有机玻璃、有色金属（如图所示）还是其他材料，如果没有某种支撑板，很难切割得干净平整。为了获得最好的效果，在切割前应将原料夹在两块废料之间。如果要切割金属，应安装一个珠宝师锯片，并将线锯速度设定为约600spm（冲程/分），然后进行切割。

始终沿画线的废木料侧锯切。不要强行进料，要让锯片来主导这项工作。线锯锯片形成的锯缝非常窄，锯切得到的正向和反向形状可以很好地嵌套在一起，因此线锯非常适合制作拼图作品。

如果你想添置一台新线锯，应该考虑多花点钱买一台无级变速线锯。便宜的线锯通常只有一种操作速度，大约每分钟1700冲程。质量较好的无级变速线锯可以在400~1800 spm的范围内调整操作速度。这样你就可以设置较慢的速度，用来加工较硬的木料。

用线锯锯切曲面。线锯或竖锯是继承了钢丝锯的特性被专门设计出来的电动版本的工具，通过上下运动的方式进行切割。这种机器的使用方法与带锯相近，只是配备了更窄细的锯片，可以完成非常复杂的切割。事实上，配备一些超细锯片甚至可以将锯身旋转近90°进行操作。而且相比带锯锯片，线锯锯片可以很容易地释放，并穿过部件上的孔进行内部切割。

线锯不仅可以加工薄木作品，借助更宽、更坚固的锯片，它甚至可以切割厚达2 in（50.8 mm）的木料。线锯锯片种类繁多，包括各种用于切割金属、塑料等其他材料的锯片。你甚至可以像带锯（见第77页）那样，为线锯安装一个可以旋转的夹具，锯切出真正的圆。

线锯的锯片，特别是细窄的锯片，非常脆弱，如果受力或发生扭曲很容易折断。锯片必须适当张紧，以防止使用时弯曲。大多数线锯还配有一个下压装置，用于防止部件受到来自锯片的力上下跳动。用两只手扶持和引导部件，必要时可以转动部件，

框锯

框锯包括常见的竖锯以及更为传统的手动线锯和弓锯。手动框锯与电动线锯一样，非常适合制作内部切口。首先，在废木料区域钻取一个引导孔。卸下锯片并将其穿过引导孔，然后重新安装好锯片进行切割，可以根据需要在框架范围内转动锯片，使框架让开路径，不会影响锯切。

切割内部曲线

使用线锯进行内部切割，需要首先在废木料区域钻取一个起始孔，然后卸下锯片并将其穿过起始孔。重新将锯片连接到机器上，就可以开始操作了。

锯切一种图案

没有工具可以像线锯这样，快速而精确地切割出紧凑的图案和精致的镂空。将图样粘在部件表面，或者直接在部件上绘制图案。安装细窄的跳齿锯片，并以较低的速度沿画线进行切割，并在必要时切割新的切口。

线锯锯片

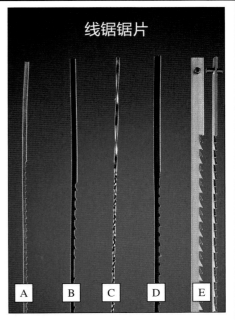

可选的线锯锯片包括：（A）7号，12 tpi 的线锯锯片；（B）7号，11.5 tpi 的反向齿细锯片；（C）2号，41 tpi 的螺旋齿锯片；（D）9号，11.5 tpi 的细锯片；（E）5号，15 tpi 的固定式线锯锯片（含侧视图和正视图）。

锯片购买提示

寻找精密研磨锯片。最便宜的线锯锯片是用冲压钢制作的。冲压钢锯片的主要缺点是，其一侧通常比另一侧更为粗糙，从而导致锯片在切割时可能被拉向粗糙的一侧。精密研磨的线锯锯片经过机械加工，可以产生光滑度相同的两面，因此不太可能挂住部件，而且它们的使用寿命也更长。

遵循以下准则可防止锯片过早损坏。
● 密切关注锯片张力——锯片安装得过松或过紧是其损坏的主要原因。
● 使用最适合当前任务的锯片完成所需操作。
● 不要试图切割比锯片允许的最大曲率值曲率更大的曲线。
● 如果出现木料抵制切割的情况，请降低锯片的锯切速度。
● 不要强制进料。
● 在不使用线锯时，释放锯片张力。

使用电木铣圆规切割边缘光滑的圆形

电木铣圆规是一种可以直接连接在电木铣底座上的配件。可调中心销用于设置切割半径。对于固定底座的电木铣，需要首先为铣头钻取一个起始孔。使用直边铣头或螺旋上切铣头进行锯切。对较硬的木料来说，单槽直边铣头比标准的双槽直边铣头的锯切效果更好。

用电木铣切圆

大多数人认为，电木铣主要是用来切割成型的装饰性部件的工具，或者偶尔用来切割横向槽或半边槽。但它实际上是一种功能非常强大的工具，可以把木料切割成一定的大小和形状。使用合适的铣头搭配正确的技术，电木铣可以制作出非常干净整齐的边缘，通常不需要打磨。电木铣的功能是如此强大，以至于你几乎可以只用这一种工具来经营一家工房。

没有其他工具可以比功能多样的电木铣切割出切口更干净、更整齐的圆形和曲线。

可以用其进行切割、铣削、整形、钻孔，以及镶嵌部件和接合部件切割等多种操作。虽然某些任务使用其他工具完成起来会更方便，但电木铣的确可以胜任很多操作，切割平滑的曲面就是其中之一。电木铣很难徒手使用，需要借助一些切割导轨才能完成操作，以获得高精度的结果，例如，比任何锯切切口都要光滑的表面。

可以借助一个切圆夹具切割出准确的圆和圆弧。市面上有几种类型的夹具，也可以自制优质的夹具。如果需要将部件切割成圆形，电木铣圆规是一种很好的工具配件。只需将电木铣的底座固定到圆规的宽端，将可调中心销设置为所需的半径，并固定在圆的中心。为了获得最佳效果，你需要以逐渐增加深度的方式分几次进行切割。可以使用单槽直边铣头或螺旋上切铣头轻松去除切割区域的大量废木料。你需要在下方垫上一块胶合板废料，以防止铣头划伤台面，并在木料下方粘上双面胶带或热胶加以固定，确保圆形从木料上被切下后的安全。如果使用椭圆规在木料上标记圆周，并用带锯锯切到切割线外围 1/16~1/8 in（1.6~3.2 mm）的范围，实际上会更快，产生的粉尘也更少。最后使用电木铣沿切割线清理一遍切口即可。

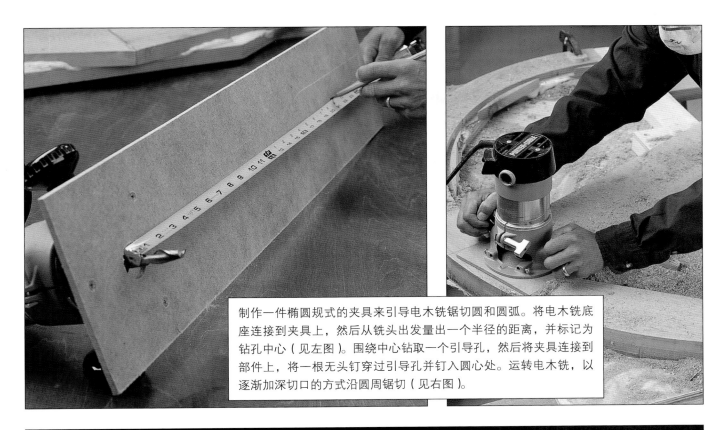

制作一件椭圆规式的夹具来引导电木铣锯切圆和圆弧。将电木铣底座连接到夹具上，然后从铣头出发量出一个半径的距离，并标记为钻孔中心（见左图）。围绕中心钻取一个引导孔，然后将夹具连接到部件上，将一根无头钉穿过引导孔并钉入圆心处。运转电木铣，以逐渐加深切口的方式沿圆周锯切（见右图）。

电木铣购买指南

½ in 筒夹

¼ in 筒夹

筒夹扳手

压入式电木铣。这种电木铣可以沿其两侧钢柱下放切入部件，使你可以马上开始切割或调整切割深度，无须钻取起始孔或更改电木铣的设置。

筒夹尺寸。功能更强大的电木铣通常配有尺寸更大的筒夹，可以固定直径达到½ in（12.7 mm）的柄脚。在需要使用直径较小的铣头时，可以将 ½ in（12.7 mm）直径的筒夹从主轴上取下，装上 ¼ in（6.4 mm）直径的筒夹。

变速。较大的电木铣可以驱动重型成型铣头。但是，重型铣头通常需要较低的转速（大约12000转/分），因此变速能力非常重要。

如何制作和使用电木铣模板

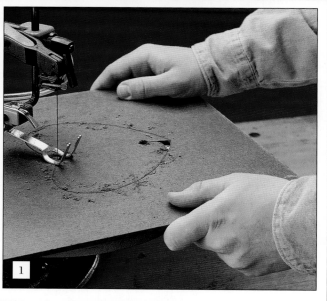

1 在一块薄的硬质纤维板或亚克力板上绘制或转印图案，然后将模板切下（图案尺寸包含电木铣衬套的厚度）。使用线锯切割图案模板，然后用锉刀把不平整的边缘修平。

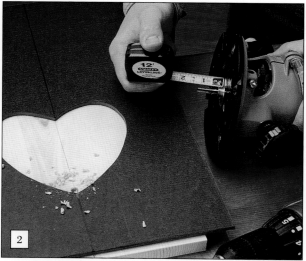

2 安装深度尺寸与模板厚度尺寸相同的衬套（见第83页顶部照片）。将模板夹紧或固定在部件上。将电木铣的切割深度设置为模板和部件的厚度之和。如果使用较硬的木料，需要将切割深度设置得稍小一些，并以逐渐加深的方式分次铣削。

3 将部件和模板固定到台面上，注意在下面放一块废木料作为垫板。确保为电木铣底座留出了足够的空间，使其不会妨碍夹具。在废木料区域钻取一个起始孔（如果使用固定式底座的话），然后沿模板边缘进行铣削。

废木料垫板

模板引导的铣削

对于经常制作包含曲面形状作品的木匠，用模板引导铣削可能是电木铣最有价值的功能。如果需要制作多个某种形状的部件，或者即使只需要制作一个部件，但要求其必须边缘齐整光滑，可以制作模板，用其引导电木铣进行铣削。

模板应使用廉价且坚固的材料制作，比如硬质纤维板或中密度纤维板（MDF）。也可以选择侧面平整的优质胶合板制作，但价格会稍高一些。模板材料的厚度应至少达到 ¼ in（6.4 mm），以提供足够的支承面，但没有必要超过 ⅜ in（9.5 mm），因为较薄的材料更易切割、锉削、打磨和成型。即使侧面与上下面没有完全垂直也不需要过于担心，因为电木铣可以在加工最终部件的过程中纠正这个问题。

可以在基座上安装模板引导衬套，搭配直边铣头，跟随模板进行铣削。在这种情况下，衬套紧贴在模板边缘，通过其内部的较小直径的铣头进行切割。因此，模板的尺寸要比实际部件稍大，以补偿衬套与铣头的直径差异。由于这种尺寸差异，你可能会发现，在铣头上方或下方安装具有导向轴承的直边铣头更容易操作。这样你就可以制作一个与作品部件的大小和形状相同的模板。

用电木铣铣削凹槽需要搭配某种类型的切割导轨。在铣削模板时，只需将用于铣削横向槽的直边切割导轨替换为与待制作部件的大小和形状相匹配的样式。

无论是使用引导衬套还是导向铣头，都需要将模板通过夹具或双面胶带（使用底部轴承铣头，将模板连接到部件底面）固定到部件上，使电木铣抵靠模板完成复制过程。

提示：如果在连接模板之前，使用带锯或竖锯切除部件上的多余废木料，则可以减少混乱和铣削时间。注意留出 ⅛ in（3.2 mm）的富余量。

某些形状会包含无法用圆铣头铣削的尖角。因此，在切割出模板形状后，要用锋利的木工凿将这些尖角处理到位。模板不只用于制作装饰性的物品和部件。使用模板的最佳时机是在需要制作多个相同的结构组件时。

衬套

底板螺丝

电木铣底板

衬套保护模板与导向铣头

通用的模板引导衬套通过一个大垫圈固定在电木铣底板的顶面上，垫圈则通过底板螺丝加以固定。衬套都是成套出售的，请根据铣头直径和模板厚度选择正确的衬套。

安装在电木铣倒装台上的导向式平切铣头，无须引导衬套就可以跟随模板进行铣削。这种方法最大的优点是，你可以直接将模板做成与部件完全相同的尺寸和形状，而不需要为了补偿衬套的外壳厚度加大木板的尺寸。记得在铣削完成后，用凿子将锐利的内角凿切到位。

这张躺椅的椅子腿和扶手是用电木铣搭配模板制作的（见左图）

塑形

在制作作品部件时，通常需要使用装饰型模具（例如倒角模具或圆角模具）对部件边缘进行整形。使用电木铣可以快速、准确、可靠地完成这项工作。手动工具也可用于某些边缘的处理，比如小幅的倒角，因为这样的操作不值得花费时间和精力去设置电木铣。打磨块或手持式电木铣可以立即制作出平直且均匀的倒角。同样地，非常细微的尖棱或尖角倒角（称为去边角或倒边）通常用砂纸完成。一些较为费力的徒手整形操作可以用粗锉刀和细锉刀完成，对于只需目测判断，无须严格控制表面均一程度的不规则轮廓部件的塑形，这些方式更为有效。

电木铣在直线、成角度或圆边铣

圆角铣头。 这种导向铣头用于消除尖锐的边角。可选尺寸包括 1/16 in（1.6 mm）、1/8 in（3.2 mm）、3/16 in（4.8 mm）、1/4 in（6.4 mm）、3/8 in（9.5 mm）、1/2 in（12.7 mm）；其中柄脚直径为 1/2 in（12.7 mm）的铣头只有 5/8 in（15.9 mm）、3/4 in（19.1 mm）、7/8 in（22.2 mm）、1 in（25.4 mm）、1 1/8 in（28.6 mm）、1 1/4 in（31.8 mm）等规格。

罗马双弯铣头。 用于铣削装饰性的边缘轮廓，并制作装饰嵌条。可选尺寸包括 5/32 in（4.0 mm）和 1/4 in（6.4 mm）。

常见塑形铣头

木工操作中常见的边缘造型可以使用四种形状的塑形铣头完成，它们分别是圆角铣头、双弯铣头、倒棱铣头和开槽铣头。某些铣头类型至少需要几种不同的型号。一套优质的入门套装应该包括：1/8 in（3.2 mm）和 3/8 in（9.5 mm）的圆角铣头各一个；45° 倒棱铣头一个；3/8 in（9.5 mm）和 3/4 in（19.1 mm）开槽铣头——你的电木铣要能够接受柄脚直径 1/2 in（12.7 mm）的 3/4 in（19.1 mm）铣头；一个或两个双弯铣头（一个罗马双弯铣头和一个双曲线铣头搭配使用可以提供多种边缘造型）。

倒棱铣头。 导向铣头可以消除锋利的边缘，铣削出平滑、干净的斜切面。无论是直径 1/4 in（6.4 mm）的柄脚，还是直径 1/2 in（12.7 mm）的柄脚，得到的绝大多数斜面倾角都是 45°。有斜面倾角 15°、22 1/2° 和 30° 的铣头供选择。

开槽铣头。 在不需要直尺或其他导轨的情况下，铣削半边槽、榫槽和搭接接头。可选尺寸（根据铣削深度划分）包括 1/4 in（6.4 mm）、3/8 in（9.5 mm）、1/2 in（12.7 mm）；其中柄脚直径 1/2 in（12.7 mm）的铣头只有 3/4 in（19.1 mm）一种规格。也可以购买具有可更换轴承导向器的开槽铣头，铣削出不同深度的槽。

削以及内部或外部的曲面铣削方面都是可预测的。一台电木铣可以完成包括成型、开槽、制作榫头和刮削木料在内的主要木工操作，以及许多其他工具无法完成的操作。电木铣可快速完成设置，并且得益于电机的高转速（大多数电木铣的转速在22000~25000转/分的范围），可以获得专业级的表面。一些电木铣具有变速控制，可以从8000转/分的低速开始向上无限调整。不同的材料和技术需要匹配不同的速度。尽管以最大转速加工普通木材和塑料层压板可以得到最佳表面，但相比较慢的转速也更容易灼烧木材。

电木铣铣头。 铣头的形状和样式之繁多令人惊叹。修边铣头的末端通常有一个导向器，用于靠在部件边缘

进刀方向

电木铣的进刀方式是非常重要但总是被忘记的细节之一，必须牢记。引导工具推进的关键是，在移动电木铣的同时保持铣头切入木料中。否则，电木铣会沿木料边缘拉动自身。如果铣削部件外缘，应逆时针方向移动电木铣；如果铣削部件的内侧边缘，则应顺时针移动电木铣。总之，在操作时要向着身体方向拉动电木铣。

不要让开槽铣头转弯

压板

部件

边缘导轨（废木料）

初学者在使用导向塑形铣头时最常犯的错误之一是，无法保护木板的端面。如果没有用废木料顶住木板端面，铣头会由于惯性随边角转弯，导致切入端面过深。为了防止这种情况发生，只需在木板两端分别夹紧一块与其厚度相同的废木料板。确保废木料板的边缘与部件齐平。

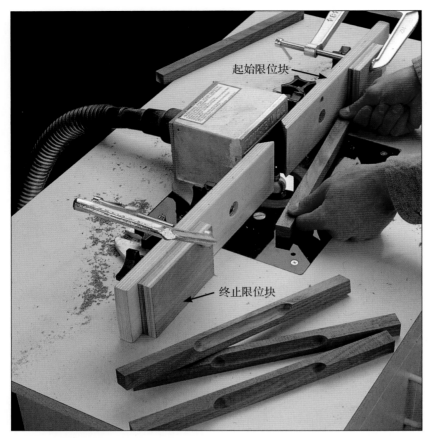

引导铣头前进，这与在部件内部铣削凹槽和接头的开槽铣头正好相反。较便宜的铣头具有一体式的导向尖端，产生的摩擦力足够大，可以灼烧部件的边缘并留下黑色的灼痕。这些铣头通常是实心高速钢整体加工成型的。如果你的预算不足，或者只需切割一次某个特定的造型，且铣头的寿命无关紧要，那么购买这样的铣头是值得的。之后将产生的灼痕刨削、刮削或用砂纸打磨掉即可。

对于常见形状的一般边缘铣削，需要反复使用铣头（修平、倒棱、倒圆、开槽），最好购买带滚珠轴承导向器的硬质合金铣头。高速钢会很快变钝，并会因为过热丧失性能，变得太软而无法使用（如果刃口变蓝，铣头就会丧失性能）。碳化物合金铣头很容易穿透坚硬的材料，并且可以长时间保持锋利，尤其是在加工刨花板和塑料层压板时。当合金铣头变钝时，可以直接更换，也可以进行专业研磨处理。在处理特别精细的表面（比如表面光滑的层压材料或坚硬的表面材料）时，你需要购买耐磨的、带有工业级塑料衬套的滚珠轴承铣头。

使用电木铣倒装台搭配限位块可以轻松铣削部件。这些手柄中的手指切口是将起始限位块和终止限位块固定在工作台靠山上，然后将每个部件放在限位块之间，通过拱形铣头铣削得到的。

自制装饰件

通过将一块木料的边缘铣削成所需的样式（左图），然后用台锯将其纵切下来（右图），制作自定义的装饰件。使用罗马双弯铣头可以制作出漂亮的装饰性边缘（用作搁板边缘）或装饰嵌条。也可以使用其他铣头制作各种装饰件。可供选择的铣头种类繁多。甚至可以组合使用不同铣头以获得造型更为复杂的装饰件。

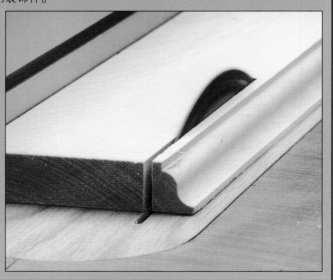

不同类型的铣头包含不同数量的切削刃或凹槽。单槽铣头的间隙很大，可以轻松移除木屑。它们适用于软木和进行较深的铣削（比如制作圆形切口），或者任何快速切割比获得光滑的边缘更重要的时候。双槽铣头是通用铣头，可以铣削多种材料并得到光滑的表面。三槽铣头可用于铣削脆性材料并且需要获得超光滑表面的特殊场景。

应始终使用可以选择的最短铣头。切削刃越长，潜在的破坏性震动和偏转就会越大。尽量使用电木铣可以容纳的柄脚直径最大的铣头，也是基于类似的稳定性原因。用于制作打槽入板面板或为很厚的材料塑形的大直径铣头需要较慢的转速，并且通常标记有最大推荐转速，其转速有时会低至10000转/分。在高速状态下，这些铣头可能导致危险的反冲，并且它们会承受巨大的压力，可能出现破损。如果铣头出现一点断裂，它就会被巨大的力量抛飞。为了减少应力，并使用较大的铣头获得较好的表面，应先使用较小直径的铣头进行倒角，或者通过多次较浅的铣削去除尽可能多的废木料。

铣削技术。通常情况下，只要你不会一次性去除所有废木料，都可以获得较好的铣削结果。分几次进行铣削，每次增加一点铣削深度，并以非常浅的铣削完成收尾，以确保部件表面光滑。注意：切勿通过调整筒夹中的柄脚固定深度来改变铣削深度，应始终通过调整底座来设置铣削深度（压入式电木铣相对容易调节）。

操作时的进刀方向非常重要。电木铣的推进方向应始终与铣头的旋转方向相反（参阅第85页），并应始终用双手牢牢抓住电木铣以保持控制。将部件牢牢地夹在工作台面上，或者使用橡胶电木铣垫固定部件（参阅第85页）。

将电木铣倒置安装在倒装台中，不仅可以保留电木铣的多功能性，而且可以拓展其用途。此时的电木铣变成了一台固定式机器，一个小的整形器，可以配合各种靠山、压板和限位块执行操作。你可以像操作台锯一样，使用羽毛板安全地将类似成型木条这样的窄木料推过铣头，完成加工。在制作精细部件或进行细木工操作时，限位块可以精确地限制铣削范围。前面提到的大直径铣头徒手使用是不安全的，但固定在电木铣倒装台中的话，则可以极大地拓展细木工操作和成型加工的范围。

打磨外部轮廓

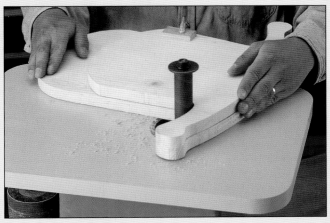

摆动轴砂光机可用来整平部件的外部轮廓。将部件堆叠在一起处理，可以确保部件外形完全匹配，如上图所示。

砂带盘砂光机可用于小部件的边缘塑形。在上面的照片中，胡桃木部件的末端正在逐渐变细，作为小盒子的支脚得到修整。

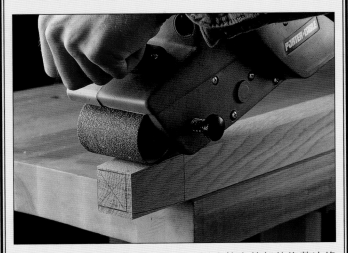

带式砂光机是一种很好的工具，可以为较大的部件修整边缘或整体塑形，比如上图中的衣帽架立柱，正在进行顶端的锥度塑形。

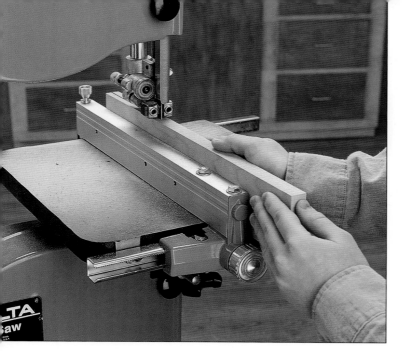

带锯是将较厚的木料再锯切成较薄木板的最有效的工具。较大的喉部尺寸可以锯切非常厚的木料。大多数带锯都配有一个连接在锯台上的靠山，用来为纵切和木料的重新锯切提供引导。靠山使用方便，并能得到相当不错的结果。但是靠山无法补偿锯片的漂移和纹理走向的变化，不过枢轴夹具可以做到这一点，详见本页下方内容。

木料的再锯切

如果你只有 ¾ in（19.1 mm）的木料，却需要制作 ¼ in（6.4 mm）厚的部件，你该怎么做？使用平刨切掉 ½ in（12.7 mm）的部分不仅浪费，而且费时费力。可行的方案是再锯切，即把一块厚木板纵切成两块薄木板。再锯切通常在带锯上进行。再锯切的木料仍然需要刨削平整，以获得光滑的表面，并加工到精确的厚度。

最好的情况是，待锯切的木板具有平整且相互平行

的两个大面，但更重要的是，木板必须有一个平整且垂直于大面的小侧面，这样木板才会有一个稳固的基础，不会倾斜到锯片上。在切割过程中，部件的这个小侧面就是紧贴台面的木料下表面。作为参考，使用组合角尺或划线规沿着对侧侧面的中线标记一条切割线。

最好的再锯切锯片应该很宽大，锯齿较粗并且有足够的偏置量。宽度在 ¾ in（19.1 mm）和 1½ in（38.1 mm）之间的锯片既具刚性，又能很好地沿直线进行锯切。有些较新的机器型号能够使用 3 in（76.2 mm）宽的锯片进行完美的直线锯切，你甚至可以用其自行锯切单板。如果因为不值得为了一次锯切更换锯片，而使用标准的 ½ in（12.7 mm）宽的锯片进行锯切，请注意，务必减慢锯切速度，因为较窄的锯片在较厚的木料中更易弯曲和偏转。

常规的再锯切通常是徒手完成的。两只手分别扶住一侧大面并进料。慢慢进料，让锯片按自己的节奏锯入木料中。在接近木板的末端时，用推料板将木料推过锯片，同时从锯片的背面将完成切割的一端拉出。

如何用带锯和枢轴夹具重新锯切

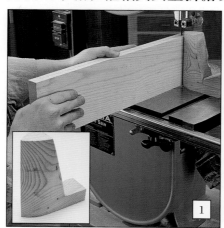

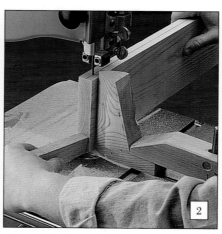

1 制作一个枢轴夹具（见小照片）并将其夹在锯台上，使其锋利的边缘垂直于锯片正面。从夹具到锯片的距离应略大于再锯切木板的厚度。进料，引导部件贴靠枢轴点，沿切割线进行锯切。

2 继续以稳定的速度推动部件通过锯片。不要担心锯片会小幅摇摆，因为无论如何，都需要重新将木板刨平。在接近木板的末端时，用推料板把木板推过锯片。用手扶住出料侧的木板，保持木板稳定。

3 设置刨削厚度，用平刨刨平部件的两个大面，以去除带锯锯切的痕迹。以较浅的刨削深度连续刨削。不时地测量厚度，继续刨削，直到部件厚度刨削到位。

减少撕裂的提示

撕裂或碎裂可能是切割和成型部件时最常遇到的问题。当木纤维在锯片或铣头的作用下被撕开，留下带有空隙的粗糙边缘时，这种情况就会发生。在使用电动锯（或手锯）锯切时，请养成合理摆放部件的习惯，使移动的锯齿从较好的面进入，并从较差的面（不太明显）退出。撕裂就发生在锯片退出的位置，特别是在横切的时候。如果你使用的是台锯、裁断锯、带锯、线锯、手锯或钻头，请将较好的面（正面）朝上放置。电圆锯和竖锯的切割是在上行程中完成的，因此较好的面应该朝下放置。选择较细锯齿的锯片并保持其锋利状态，可以最大限度地减少撕裂。此外，进料过快会增加撕裂的风险。

整平轨道。当你使用竖锯沿轨道执行切割操作时，锯片的路径实际上是一条短弧线，这会提高切割速度，但也会增加撕裂的风险。为了获得最干净利落的切割效果，请为锯片设置最平坦的操作平面。

锯片轨道选择控制杆

锯片轨道引导器

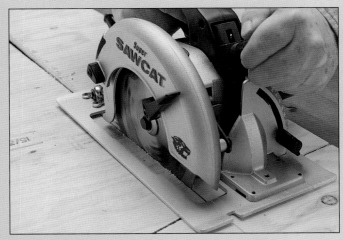

从较好的面切入。撕裂大多发生在锯片退出木料的位置，因此在固定部件时，应使锯片先切入较好的一面。在使用电圆锯时，应保持较差的面朝上，在使用台锯时，则应保持较差的面朝下。

零间隙喉板。为了最大限度地减少直接在锯台上横向于纹理锯切胶合板时产生撕裂，应使用定制的胶合板替换间隙较大的工厂喉板。在边角插入小号的平头螺丝，调整其进出程度，以垫高或压低木板，使其与台面齐平。然后将纵切靠山放在喉板上（远离锯切路径），并升起旋转的锯片，锯切出一条没有额外间隙的切口。

用胶带粘住切割线。覆盖有一层薄单板、三聚氰胺板或层压材料的人造板材容易在喉板的锯片槽口周围发生撕裂和碎裂。为了避免出现这个问题，可以在切割之前，沿面板底部的切割线粘上一条胶带。胶带可以防止单板、三聚氰胺板或层压板出现破裂或碎裂。此外，还可以安装锋利的三刃锯片、横切锯片或胶合板用锯片替换普通锯片。在使用台锯锯切时，应保持面板较好（没有粘胶带）的一面朝上。

第 5 章　制作接合件和组装作品

如果你曾经和其他木匠交谈，你会听到很多故事，大多数都是关于一些木工狂热爱好者因为犯了难以置信的错误，最后不得不从头开始制作作品的。其中有个家伙在地下室制作了一条木船，最后因为无法通过楼梯转角将其搬出去，只能拆掉。可能还是那个可怜的家伙，被漂亮的硬木地板搞得神魂颠倒，最后因为上漆把自己堵在了某个角落。你能想象这样的画面吧。

事实上，作品的制作会偏离轨道，特别是在我们没有合理规划的时候。没有比制作接合件和完成组装过程更需要合理规划的地方了。从一个堆满部件的工作台到一件完整的家具呈现出来，这一步是巨大的飞跃。但是，精细的接合件制作、合理的组装方法和适当的黏合可以使整个过程顺利进行。

当你把所有的部件都切割到指定尺寸时，你应该已经知道需要使用的接合件类型、它们的尺寸以及需要制作的数量。如果你还没有想好如何切割接合件，现在就该做决定了。有很多方式可以完成大多数木工接合件的切割。电动工具通常是我们首先想到的，因为对大多数人来说，电动工具比手动工具切割更准确、更快速。此外，

在完成了部件的制作和接合件的切割后，你就可以准备直面木工操作过程中最可怕的，也是最令人兴奋的部分：胶合。

如果我们投入了大量的资金购买台锯和电木铣，我们也希望尽可能抓住机会使用它们。事实上，在做这样的决定时，你首先需要问自己一个问题，"我能用现有的工具完成制作吗？"如果可以，我想大多数人会选择使用现有的工具。接下来，我们会介绍切割最常见的木工接合件的几种不同选择。如果没有台锯，我们会介绍使用电木铣为榫卯接合件切割榫头的方法；如果没有饼干榫，我们会介绍使用圆木榫和便宜的圆木榫夹具加固对接接头的方式；甚至会介绍斜孔螺丝和普通木工螺丝的使用方法。

在你完成了部件的制作和接合件的切割后，你就可以准备面对木工操作过程中最可怕的，也是最令人兴奋的部分：胶合。我们会帮助你选择最合适的胶水和夹具，并为你顺利完成这一过程提供一些宝贵的建议。作为精细木工操作的一部分，这个过程被称为"橡胶与道路的相遇"。一旦完成了这一步，除了最后的表面处理，就没有什么要做的了。

木工作品

准确切割并精心选择的接合件对作品制作的成功有很大影响。一旦接合件切割完成，你会很快发现，你可以在组装作品时做到何种程度。尤其是对于一件复杂的作品，比如这里展示的门廊长椅，在实际胶合之前，你应该做好计划，对所有部件进行干接测试。

接合示例与家具制作

细木工主要是指家具（含箱式家具）制作，并通过所用材料、所选结构和美学特点进行界定。在你尝试为自己的作品确定使用的接合类型时，把箱式家具与其他家具区分开来会有所帮助。

通常会选择人造板材制作箱式家具（箱子和橱柜）。使用螺丝、饼干榫、圆木榫、方栓或斜孔螺丝加固的对接接头最为常用，不过半边槽接合和横向槽接合也很方便。制作家具时，如果需要兼顾结构强度和美观性，制作者会使用硬木以及小巧合适的接合结构（例如燕尾榫、榫卯接合和半搭接接合）进行制作。

螺丝接合

圆木榫接合

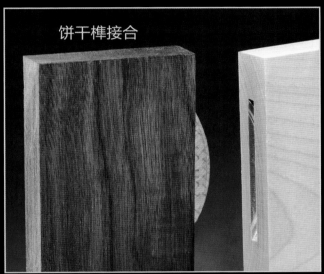

饼干榫接合

半边槽接合

横向槽接合

箱式家具接合

企口接合

榫卯接合

搭接接合

指接榫接合

半透燕尾榫接合

燕尾榫接合

其他家具的接合

设计和切割接合件

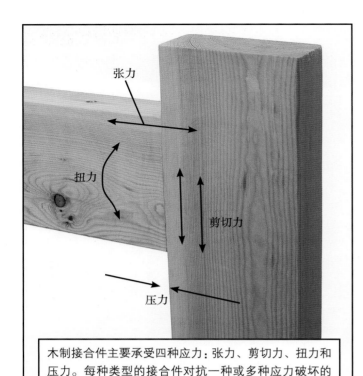

木制接合件主要承受四种应力：张力、剪切力、扭力和压力。每种类型的接合件对抗一种或多种应力破坏的能力是不同的。

张力

扭力

剪切力

压力

成功的木工作品依赖于接合件的精确设计和切割。如果接合件的设计和画线不正确，就不可能正确地切割，最终导致作品无法正常组装。在木工操作中，公差是指在将两个部件组装在一起后留下的活动余地。大多数情况下，部件应该能够较好地匹配，只需用一点力就可以使其紧密接合在一起，通常不需要使用铁锤或木槌。

在正确的位置用铅笔画线（也可以使用划线刀画线）就是设计工作的全部。有一句古老的木工格言说道："在任何需要使用直角尺的场合，都要使用它。"例如，如果你在距离木板末端 6 in（152.4 mm）处画一条线，那么不要假设木板的末端已经被切割得平整方正。如果你没有注意这种细节，最初的错误会随着制作的深入变得越发严重。因此，检查木板各面是否平整方正是设计任何接合件的第一步。

为每一次切割画出切割线同样很重要。即使使用靠山为锯片或刀头设置了正确的距离，可以在相同的部件上完成类似的切割，你仍然需要在每个部件上画出切割线。这样，如果部件的进料方向不对，你可以得到足够的警示，避免在错误的表面上进行切割。此外，如果切割偏离了画线，你也可以及时知道工具的设置存在问题。

还要注意，始终在切割线的废木料侧进行切割。如果可能，可以尝试分段切割。但是永远不要在切割线内切割，否则部件会因为偏移量较大而超出接合件的公差范围，无法正常组装。

市场上有许多测量工具，可以帮助你在接合件的设计过程中精确画线（参阅第 56~57 页）。其中最受欢迎的画线工具是划线规。它们已经存在了几个世纪，非常适合刻画平行于木板边缘的线条（比如榫头的切割线）。大多数传统的划线规使用钢针或黄铜针来画线，但划线笔是更好的选择，因为其容错性更好。

制作接合件的注意事项

■ 在标记切割线之前，请确保木板各面方正平直，且相对面是平行的（参阅第 50~55 页）。

■ 正确标定每个接合部件的尺寸。一个设计合理的接合部件应该足够大，能够完成画线工作，但不宜过大，以免影响作品的美感。并没有用来确定接合要素尺寸的硬性公式。关于每种类型的接合件，其接合要素之间比例关系的设计准则，请参阅后面的相关内容。

■ 在设计接合结构时，不要忘记考虑木材的形变（参阅第 36 页）。

■ 即使可以精确设置工具完成切割，也要先用精确的画线工具为所有接合部件画出切割线。如果切割工具没有在正确的位置切割，切割线可以立即给出提示。

短纹理区域断裂

■ 要注意木料的纹理方向。对于榫头这样的高应力部件，"短纹理"会导致接合失败，如图所示。

好

不好

■ 需要移除废木料的区域不要超过木板厚度的一半（比如切割榫眼时）。

木制部件的接合方式

　　木工件有三种主要的接合方式，所有部件都可以通过台锯和开槽锯片或者电木铣搭配几种铣头完成切割。一些木板可以通过面对面、端对端或边对边的方式进行拼接，并用胶水或机械紧固件（比如钉子和螺丝）完成接合。有些接合件则被做成互锁结构，然后通过胶水强化部件之间的接合。第三种方式是，在接合部位插入圆木榫或木销钉，将部件锁定在一起。为作品选择何种接合方式在很大程度上取决于你对外观和接合强度的要求以及你拥有的工具类型。

台锯可用于切割多种最为常用的木制接合件，特别是在配备可调节开槽锯片组的情况下。

电木铣，特别是图中这样的压入式电木铣，可以铣削出你需要的任何接合件。直边铣头搭配切割导轨，可以切割横向槽、半边槽、榫眼、榫头等各种接合构造。导向开槽铣头无须设置切割导轨就可以完成切割。特殊铣头也可用于切割较为复杂的接头，比如燕尾榫接头和指接榫接头。

强化接合

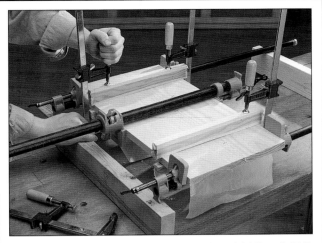

某些情况下需要单独使用胶水，比如边对边拼接以获得较宽的面板时。

机械式连接的部件需要切割互锁接头进行接合。有时还需要使用钉子或螺丝加固接合部位。

圆木榫或木销钉加固，比如此处展示的榫卯接合件，可以使用圆木榫、方栓或者木楔穿过配对部件将其锁定在一起。

对接接合

对接接头是最易于设计和切割的木工接头。在正确使用的情况下,它们可以快速组装并且足够牢固。当两个部件面对面、端对端、边对边进行拼接,或者需要任意组合这些表面进行接合时,都可以制作对接接头。与其他类型的接合件不同,对接接头的配对表面是平整光滑的,无须任何额外的加工。由于配对部件不会互锁,所以相比其他接合类型的强度,对接接合的强度偏弱,因此对接接合只适用于那些不需要移动或支撑大重量的部件。

现代木工胶具有令人难以置信的接合效果——对于制作正确的接合件,其胶合区域周围的木纤维往往会先于胶水的失效而断裂,由此可见一斑。不过,只靠胶水进行加固的对接接合件无法承受过大的扭力、拉力或剪切力。如果选择使用对接接合件,最好用钉子、螺

对接接合几乎可用于任何木工部件。如果对接接合件需要承受应力,可以用紧固件(比如螺丝)加固胶合的接头。

加固选项。(左图)木工螺钉是加固对接接头的常用紧固件。应为其制作沉孔或埋头引导孔。

加固选项。饰面钉是用于加固对接接头的便捷紧固件。在钉钉子之前,要为每个钉子钻一个引导孔。选择尺寸合适的钉子,并将钉头敲入木料表面。

如何塞住沉孔

1 使用平底扩孔钻头沿引导孔钻孔。3⁄8 in(9.5 mm)是标准的平底扩孔钻头直径。

加固选项。可以将三棱木块粘在对接接头的接合线上,以提供额外的支撑。这些木块只能用胶水胶合。可根据需要决定是否搭配使用其他紧固件。

丝或饼干榫加固接合件承受张力或扭力的部位。钉子、圆木榫、方栓、螺丝或螺栓都可以用来强化对接接头，防止其因剪切力的存在而失效。近年来，斜孔螺丝和机械式可拆卸紧固件已成为流行的加固选项。

对接接头常用于较窄木板的边对边拼接，以制作较宽的面板，比如桌面、工作台和砧板。边对边拼接相比其他对接接合结构更牢固，因为木板是顺纹理纵向连接的（胶合面为长纹理面）。长纹理面能够为胶合提供足够的表面积，并且由于木材孔隙与部件的长边平行而不是横向分布，因此随着环境温度和湿度的变化，木板可以在横向于纹理的方向上均匀地膨胀和收缩。此外，长纹理面只需吸收足够的胶水，就可以维持接合强度。

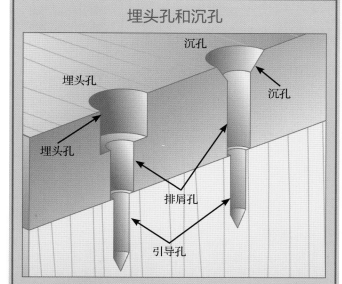

埋头孔和沉孔

沉孔的顶部是圆柱形的，用于安装木塞；埋头孔的顶部具有锥度，其深度刚好将螺丝头埋入，至于螺丝头顶部的凹口，可以用木粉腻子填充。

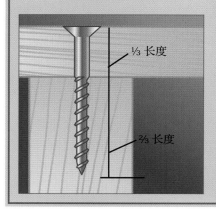

遵循三分之二规则。应尽可能使螺丝先穿过较薄的部件。在螺丝被拧入后，螺丝下面的三分之二部分应位于下面的部件中。

平底扩孔钻头可以同时钻取引导孔、柄脚孔和沉孔。

埋头钻钻头通过其斜面完成引导孔的顶部扩孔，从而将螺丝头埋入其中。

2 拧入螺丝，然后在木塞末端涂上胶水，插入沉孔中。

3 用凿子、平切锯或粗锉刀修剪木塞，然后用砂纸打磨，直到木塞与周围表面齐平。

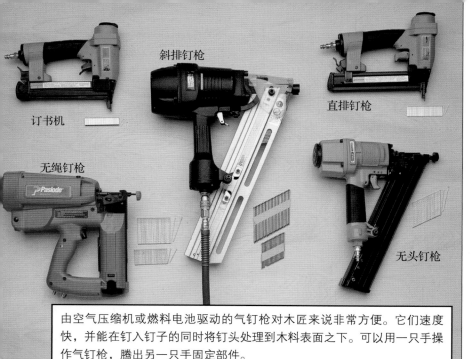

斜排钉枪

直排钉枪

订书机

无绳钉枪

无头钉枪

由空气压缩机或燃料电池驱动的气钉枪对木匠来说非常方便。它们速度快，并能在钉入钉子的同时将钉头处理到木料表面之下。可以用一只手操作气钉枪，腾出另一只手固定部件。

螺丝和钉子

粗螺纹的干壁螺丝

镀锌甲板螺丝

不锈钢甲板螺丝

亮面平头木工螺丝

镀黄铜平头木工螺丝

普通亮面钉（箱子用）

普通镀锌钉（箱子用）

亮面无头钉

镀锌无头钉

圆头钉（布拉德头）

使用螺丝和钉子

现在，随着饼干榫、斜孔螺丝和精美的欧式可拆卸紧固件的普及，人们很容易忽略最古老的紧固装置：传统的钉子和木工螺丝。但是请不要忽视它们。它们价格低廉，易于获取，且易于使用。

木工螺丝。 许多木工制作都需要"平头木工螺丝"。它们本质上只不过是在普通的盒子和箱子上使用的老式金属螺丝。对于大多数木工作品，这种螺丝是你需要的（某些情况下可以使用镀黄铜螺丝用于装饰效果，但应避免使用实心黄铜螺丝，因为它们强度较差，更容易变形）。干壁螺丝和匣板螺丝也在木工制作中占有一席之地，特别是在使用人造板材和软木材料（比如松木或雪松木）时。由于螺丝柄较细，所以它们的强度较低，不过其较粗的螺纹额外增加了一些咬合力。钉入时通常需要钻取引导孔。

钉子。 在木工制作中，钉子主要用来固定装饰物或连接装饰性五金件，很少直接用于加固接合部件，主要是因为它们不能把配对部件拉紧在一起，而钉入所需的重击还会破坏作品。钉子多用于装饰的主要原因是，它们需要的引导孔较小，且在使用气钉枪等工具钉入螺丝后，很容易用木粉腻子隐藏钉孔。最常用的钉子是亮面寸细钉和圆头钉。

面对面胶合

也许最简单的对接接合形式并不是我们通常认为的那样。但是，根据定义，木板的面对面胶合属于对接接合，并且是每个木工都会用到的一种接合方式。这种方式也被称为"层压"，是在制作桌腿、桌面和立柱等部件时，将木板连接以获取较厚木坯料的常用方法。在胶合木板之前，需要用平刨或压刨处理板面，以确保胶合面平整。

如何使用斜孔夹具开孔

深度限位
器颈环

斜孔夹具

1

1 将已经钻好螺丝起始孔的部件（通常是面框上的横向部件，如上图所示）夹在斜孔夹具中。夹具中心轴应与部件中心线对齐。将夹具配套的阶梯钻头安装到手持式电钻上，然后穿过引导衬套钻入部件，直到深度限位器与衬套口接触。

安装斜孔螺丝

将斜孔螺丝拧入对接接头的过程有点类似于斜钉法，只是用螺丝代替了钉子。斜孔夹具可以帮助你快速准确地钻出斜孔，通过斜孔螺丝加固对接接头。为了获得最佳效果，请使用与斜孔夹具配套出售的专用钻头、驱动器和螺丝。在为橱柜等家具制作面框时，斜孔螺丝特别方便。

2

斜孔螺丝

2 将含有起始孔的部件与配对部件对齐，然后将斜孔螺丝穿过起始孔拧入配对部件中。斜孔螺丝通常按小包出售。它们比普通的木工螺丝更细，可以防止拧入时撕裂部件。大多数斜孔螺丝都是方头的。注意不要过度拧紧螺丝。

机械式可拆卸紧固件

迷你安装（Minifix）品牌的配件使用的是双组分紧固系统，与规模化生产的组合式家具所用系统非常相似。凸轮组件安装在水平部件的 15 mm 孔中，螺丝组件则安装在垂直部件的 8 mm 孔中。将螺丝头插入凸轮中，拧紧凸轮中的定位螺丝，以扭转凸轮将两个组件拉在一起。最后，把一个装饰盖卡入凸轮开口处。

螺丝组件

凸轮

在需要端对端连接两块人造板（比如制作工作台面）时，蒂特连接（Tite Joint）品牌的紧固件尤其有用。紧固件的头部被插入两块待接合面板的榫眼中，两个榫眼通过一个凹槽或一个引导孔（用来容纳带有螺纹的杆部）连接。球体（见左侧）上包含紧固用孔，因此可以用划线锥或小的内六角扳手旋转以拧紧接头。

百隆（Blum）品牌的桶形双组分紧固件主要用于固定箱体内的搁板。将带有螺纹的尼龙管安装在橱柜一侧的 25 mm 的孔中，然后将带有颈环的螺丝拧入搁板的端部，使双联头伸出。将头部装入尼龙管中，并通过旋转螺丝激活的金属夹板将螺丝拧紧。

十字销紧固件可用于加固直角边角并支撑搁板。将带有螺纹的钢销钉拧入一个筒形凸轮中，该凸轮被固定在水平部件的榫眼中。借助十字销，可反复紧固和松开接头，无须拆开螺丝引导孔。

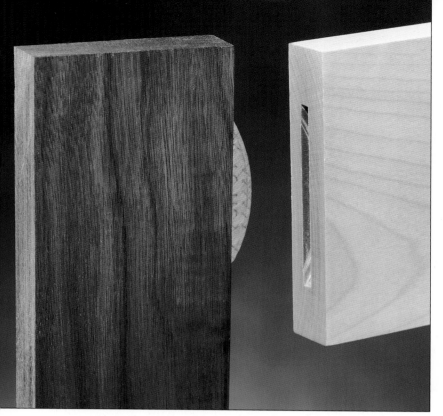

饼干榫是一种对接接合的加固配件，主要用于框体结构。饼干榫制作起来既快又容易。除了加强面框中的对接接合件，在将较窄的木板边对边胶合在一起或者将人造板材对接起来制作框架时，它们还常被用来辅助对齐和加固接合。

使用饼干榫加固对接接合件

饼干榫用途单一，其设计出来只为做一件事：切割配对的半圆槽容纳橄榄球形的饼干，以加固对接接头。总的来说，使用饼干榫加固的对接接合件要比用圆木榫或其他传统的紧固件加固的对接接合件更牢固。除了加固接合件，饼干榫还提供了一种近乎万无一失的对齐配对部件的方法。

用于将接合部件锁定在一起的饼干榫是由压缩木材制成的橄榄球形的薄片。它们与水基胶水接触后会吸水膨胀，充满整个插槽，从而收紧接头。饼干榫有几种标准尺寸：0 号，$3/8$ in × $1\frac{1}{4}$ in（9.5 mm × 31.8 mm）；10 号，$3/4$ in × $2\frac{1}{8}$ in（19.1 mm × 54.0 mm）；20 号，1 in × $2\frac{3}{8}$ in（25.4 mm × 60.3 mm），可以满足基本的接合需要。

在为饼干切割插槽之前，请确保已将部件牢牢固定在工作台上。为了防止工具本身滑动，它们大多都配有防滑装置（橡胶或金属末端），以保持对木料的夹持力。

如何使用饼干榫接合机切割配对插槽

标准饼干尺寸
（显示实际尺寸）

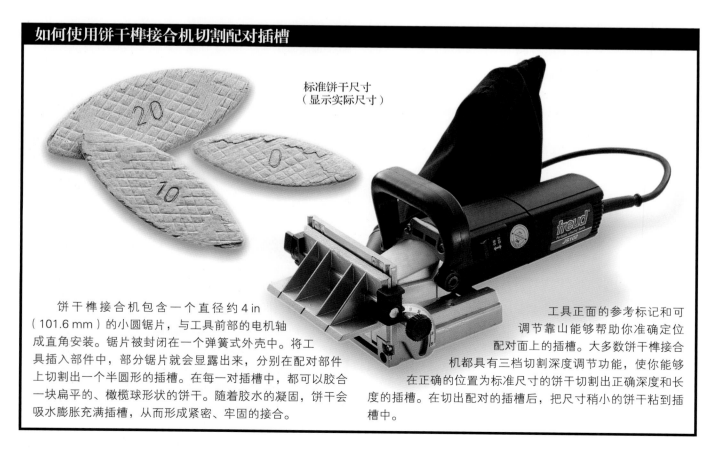

饼干榫接合机包含一个直径约 4 in（101.6 mm）的小圆锯片，与工具前部的电机轴成直角安装。锯片被封闭在一个弹簧式外壳中。将工具插入部件中，部分锯片就会显露出来，分别在配对部件上切割出一个半圆形的插槽。在每一对插槽中，都可以胶合一块扁平的、橄榄球形状的饼干。随着胶水的凝固，饼干会吸水膨胀充满插槽，从而形成紧密、牢固的接合。

工具正面的参考标记和可调节靠山能够帮助你准确定位配对面上的插槽。大多数饼干榫接合机都具有三档切割深度调节功能，使你能够在正确的位置为标准尺寸的饼干切割出正确深度和长度的插槽。在切出配对的插槽后，把尺寸稍小的饼干粘到插槽中。

如何使用饼干榫边对边拼接面板

交替排列年轮方向

1 将待拼接的木板排列在一起，以获得最令人满意的纹理图案搭配方式。这可能需要一些尝试。提示：可以交替排列木板端面的纹理方向。这有助于防止瓦形形变。当你把所有木板排列到位后，跨越所有接缝在木板表面画一个 V 字。在胶合面板时，利用 V 字保持木板对齐。

2 排列好木板并做好标记后，将每块木板放置到位，标记出饼干的位置。使用直角尺标记所有配对边缘，以确保插槽对齐。饼干间距应为 8~10 in（203.2~254.0 mm）。此外，两端的饼干距离端面 2 in（50.8 mm）。完成饼干位置的标记后，将标记线与饼干榫接合器上的永久标记对齐，切割插槽。

3 将胶水涂在每块待接合木板的一侧边缘，然后将胶水压入槽中。商业涂胶器可以直接把胶水涂抹到槽内，你也可以简单地用一个普通的胶水瓶把胶水挤进槽内，然后用一根细木棒把胶水涂开。把饼干插入一块木板的插槽中。接下来，需要将组件夹紧。

如何使用饼干榫加固直角对接接合件

1 使用直角尺画出两个配对部件的位置（注意是否需要标记部件的顶部或底部）。将配对部件对准标记。在两个部件上每个需要开槽的位置绘制垂直参考线。将两个部件夹在一起并固定在台面上，将饼干榫接合器与参考线对齐，并在一个部件上切割插槽。

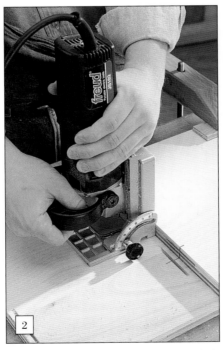

2 仍然将两个部件夹在一起，通过参考线对齐饼干榫接合器，为另一个部件切割匹配的插槽。

3 切割出所有插槽，同时在一侧插槽中及其配对表面涂抹胶水。将所有饼干插入一个部件的插槽中，然后将配对部件滑动到位，使两个部件整齐地对接在一起。将组件夹紧，检查彼此是否成直角，并根据需要调整夹具。

在组装面框或制作家具时，可以使用隐藏式圆木榫来加固对接接合件。圆木榫可以加固接头，并帮助你对齐部件。为了获得最佳效果，可以使用圆木榫定位夹具或圆木榫定位器为钻取圆木榫孔提供引导。

使用圆木榫加固对接接合件

圆木榫也是一种加固对接接合的配件，经常用于边对边拼接和框架制作——特别是橱柜结构使用的面框。它们能够增加接合强度，如果小心使用，还有助于对齐配对部件。现在，由于饼干榫接合器的出现，圆木榫的使用不像过去那样普遍了。但对那些没有饼干榫接合器的木匠来说，圆木榫在木工接合领域仍然占有一席之地。与饼干榫不同，即便是在接合部件完成组装后，仍然可以添加圆木榫。

如下图所示，商业生产的圆木榫定位夹具被设计用于制作高度精确的隐藏式圆木榫接合件，以加固对接接合件或边对边的拼接。可以使用圆木榫定位器（匹配圆木榫孔的带尖刺金属圆柱）将圆木榫孔中心点的精确位置转移到配对部件上。因为对齐非常重要，所以应尽量使用台钻操作。如果使用手持式电钻，则需要搭配直角钻孔支架。

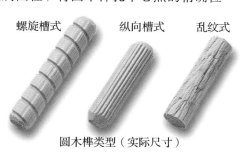

螺旋槽式　　纵向槽式　　乱纹式

圆木榫类型（实际尺寸）

钻取圆木榫孔的工具

使用圆木榫定位夹具可以轻松钻取准确的圆木榫定位孔。将夹具设置为与部件厚度匹配的尺寸，然后单独安装在每个部件上，以引导钻头并获得准确对齐的圆木榫孔。具体操作请参阅第105页的分步说明。

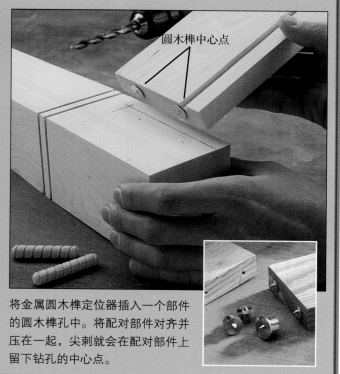

圆木榫中心点

将金属圆木榫定位器插入一个部件的圆木榫孔中。将配对部件对齐并压在一起，尖刺就会在配对部件上留下钻孔的中心点。

如何使用定位夹具完成圆木榫接合

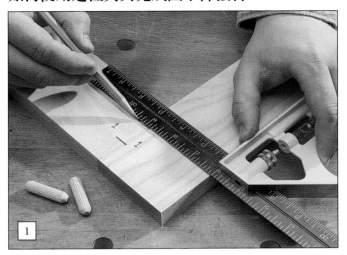

1 在为圆木榫画线时，需要将配对部件对接在一起，并确保接合面齐平。横跨接缝画线，标记出每个圆木榫孔的位置。为了获得最佳效果，每个接合处至少应安排两个圆木榫。

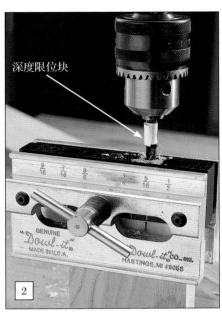

深度限位块

2 将圆木榫定位夹具夹在每个部件的边缘。将夹具上相应直径圆孔的标记与圆木榫的画线对齐。在每个画线处钻一个与圆木榫直径相同的孔——使用深度限位环来保持钻孔深度一致（如果没有深度限位环，用遮蔽胶带提供深度指示也是可以的）。

3 钻完所有孔后，在每个孔中涂抹少量胶水。还要在配对部件的对接表面涂抹胶水。将圆木榫滑入孔中完成接合。

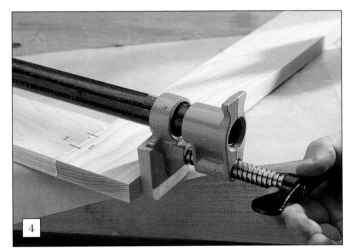

4 完成所有接合，然后用管夹或杆夹夹紧组件。务必在木料与钳口之间使用夹钳垫，以免钳口损坏木料表面，同时注意不要过度拧紧夹子。

贯通圆木榫

强化对接接合件或榫卯接合件的最简单方法之一是使用贯通圆木榫。

在接合件组装完成且胶水完全凝固之后，使用台钻或带有钻孔引导器的手持式电钻钻取贯通接合件的圆木榫孔。然后，将胶水涂抹在圆木榫的末端，用木槌将圆木榫钉入。提示：应首先用砂纸为每个圆木榫的前端倒角。圆木榫留在木料表面的凸出部分长度为 ⅛~¼ in（3.2~6.4 mm），然后用平切锯或锉刀修齐两端，并用砂纸打磨光滑。

为了获得装饰效果，应使用与主体颜色对比鲜明的木材制成的圆木榫。

横向槽接合

半边槽接合

横向槽/半边槽
组合接合

横向槽和半边槽接合件具有互锁结构，可以增加接合强度和胶合表面。这类接合件形式多样，包括横向槽接合、半边槽接合和横向槽/半边槽组合接合。

横向槽和半边槽接合

　　横向槽和半边槽接合件是可用于各种木工制品的互锁型接合结构。横向槽是一个横向于部件纹理方向切割的方形凹槽；半边槽是沿部件边缘切割的方形凹槽；在部件的内部平整区域顺纹理切割的凹槽则被称为沟槽。组合使用这些凹槽，可以制作多种类型的互锁接合件，包括横向槽接合件、半边槽接合件和横向槽/半边槽组合接合件。

　　横向槽接合件。横向槽接合件几乎是专门用于将水平面板或木板（通常是搁板）连接到垂直面板或木板（通常是箱体侧板）上。互锁结构以及胶合表面的增加使横向槽接合件非常牢固。可以使用电木铣搭配直边铣头和切割导轨，也可以使用台锯搭配标准锯片或横向槽锯片（见第107页）切割横向槽。

　　半边槽接合件。对于制作箱体和框架而言，半边槽接合比对接接合的效果更好，因为半边槽接合件是部分互锁的。半边槽接合，或者基于半边槽接合的变式很常见，经常用于在书架结构中隐藏背板和顶板的端面和边缘。根据接合件的排列方式，大部分端面纹理都可以被隐藏起来。为背板、顶板或玻璃面板插入件开槽属于制作半边槽接合件的一部分。可以使用电木铣搭配直边铣头和切割导轨切割半边槽，或者可以用一个导向半边槽铣头沿部件边缘徒手切割半边槽。另一种选择是，使用配有标准锯片或横向槽锯片的台锯切割半边槽。

使用电木铣铣削横向槽

使用直边铣头和切割导轨。需要搭配一个切割导轨和一个直边铣头来制作横向槽或沟槽。最简单的导轨是一块平直的木板，将其夹在部件上，与切割线保持正确的距离即可。

使用电木铣和边缘导轨。对于粗加工，可以使用安装在电木铣底座上的滑动附件作为导轨。选择一个直径等于所需横向槽的宽度尺寸的铣头。分次铣削，逐渐增加铣削深度，同时注意从左向右移动电木铣。

用横向槽锯片切割横向槽

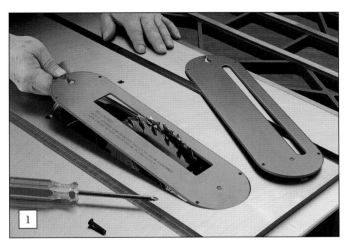

将横向槽锯片组安装在台锯上，调整后可以切割宽度达到 ⅞ in（22.2 mm）的横向槽。锯片组由一对圆形锯片和夹在中间的齿形修整器组成。可插入薄塑料垫片来微调切割宽度。

1 通过在两个锯片之间添加修整器和垫片来设置横向槽锯片的切割宽度。把锯片组安装到台锯上，注意横向槽锯片组需要搭配一个带超宽开口的喉板。

2 按照横向槽的深度尺寸设置切割高度，然后调整靠山，使锯片组从横向槽的肩部起始切入木料。先用废木料进行试切，施加足够的向下的压力将木料缓慢推过锯片。在靠近锯片时应使用推料板进料。测量废木料上的横向槽尺寸，并根据需要调整锯片设置。对于较硬的木料，最好分次锯切，逐渐增加切割深度。

使用台锯切割半边槽

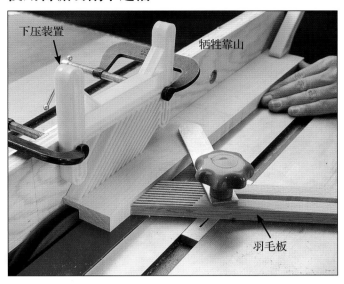

下压装置　　牺牲靠山

零间隙喉板　　羽毛板

使用横向槽锯片组。一组横向槽锯片（见左上角照片）可以一次切割出浅槽。如果槽深超过 ⅜ in（9.5 mm），或者部件使用硬木制作，需要分次锯切。在纵切靠山上安装一个牺牲靠山。设置靠山的位置和切割深度，然后开始锯切。使用下压装置、羽毛板和推料板来引导部件。

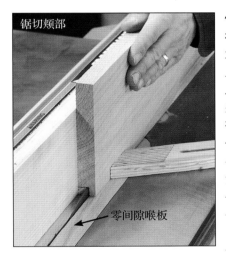

锯切颊部

零间隙喉板

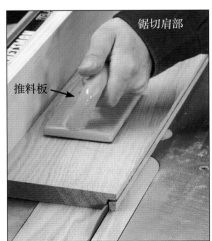

锯切肩部

推料板

使用标准锯片。使用标准锯片切割半边槽涉及两个步骤：首先用锯片锯切颊部，然后在第二步操作中修整肩部。锯切时，要确保木板的废木料侧位于远离靠山的一侧，并使用零间隙喉板（见第 89 页）。要切割颊部，需要将部件的一侧或端面顶在纵切靠山上。为宽大的部件锯切半边槽时，需要安装一个高的辅助靠山。设置从纵切靠山到锯片的距离，使锯片沿颊部切割线进行切割；设置锯片高度，使锯齿刚好接触肩部切割线。先锯切颊部（见顶部照片），然后调整锯片的设置，将木板旋转 90° 锯切肩部（见底部照片），使用推料板压住部件并进料。

使用电木铣铣削半边槽

使用导向开槽铣头在框架内部或任何部件的外边缘铣削半边槽。分几次进行铣削，逐渐增加凹槽深度，然后用凿子把半边槽的棱角修整方正。在处理外边缘时，需要在部件两端夹上废木料块（见第85页）。

使用配有直边铣头的电木铣倒装台为木板边缘铣削半边槽。你需要在台面靠山上安装一个辅助靠山，以便为铣头创建一个凹槽。通过羽毛板把部件牢牢抵靠在靠山上。按照半边槽的深度尺寸设置铣头高度，然后调整靠山设置半边槽的宽度。用推料板或下压装置将部件推过铣头。

横向槽 / 半边槽组合接合件。这种接合件把半边槽增加胶合区域面积与横向槽或沟槽提供互锁结构的特性结合在一起，具有非常强的扭力或剪切力抗性。根据预期用途的不同，横向槽/半边槽组合接合件有两种形式。其中一种形式的特点是，具有一个厚度为部件厚度一半的凸出榫舌，可插入横向槽或沟槽中与之匹配。这种接合件常用于把搁板固定到直立部件上，常见的例子就是书架。通常在搁板的端面制作半边槽，在直立部件上制作横向槽。另一种形式的横向槽 / 半边槽组合接合件不太常见，主要用于框架-面板门的制作：围绕面板的四个边缘切割半边槽，围绕框架的内侧边缘居中开横向槽或沟槽。带有半边槽榫舌的面板朝外，并在框架和面板之间留出装饰性的缝隙。

如何制作横向槽 / 半边槽组合接合件

首先在接合处切割横向槽，使用电木铣和直边铣头，或者台锯和横向槽锯片组操作。测量横向槽，并以测量值为参考切割半边槽，使其凸出部分可以与横向槽精确匹配（在上图中，一块引导块被夹在电木铣的底座上，并用直边铣头切割半边槽）。确保半边槽部件插入横向槽部件的长度不超过其厚度的一半。

进行干接测试，并根据需要修整半边槽凸出部分的厚度。在两个接合面都涂上胶水，然后完成组装并夹紧部件。

企口接合

企口接合件强度很高，易于制作，可用于替代对接接合件或横向槽／半边槽组合接合件。这种榫舌居中的接合件经常被用于各种面板和框体的制作中。企口接合件通常用于制作橱柜的背板，并且部件的组装无须胶水。在边对边拼接面板时，企口有助于对齐木板。切割企口接合件需要三个步骤。首先要沿一个部件的边缘切割沟槽或横向槽，然后沿配对部件的对应边缘切割两个相同的半边槽，以制作出榫舌。先切割凹槽还是先切割榫舌都没有关系。

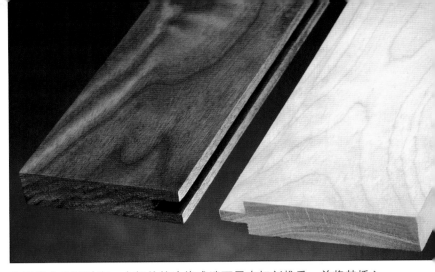

企口接合件通过在一个部件的边缘或端面居中切割榫舌，并将其插入配对部件上居中切割的沟槽或横向槽中制成。因为榫舌和插槽都是居中切割的，因此榫舌两侧的榫肩可以完全隐藏由沟槽或横向槽形成的缝隙——这是隐藏接合件接缝的真正优势。

如何制作企口接合件

1 沿一个配对部件的边缘切割凹槽，可以使用横向槽锯片一次完成切割，也可以使用标准锯片分几次完成切割。槽的宽度应为部件厚度的三分之一。

2 在未切割的配对部件上，清除榫舌一侧的废木料。任何半边槽切割技术都可以与标准锯片或横向槽锯片搭配使用。

3 将部件推过锯片，清除榫舌另一侧的废木料。

4 在凹槽中涂上胶水，然后插入榫舌。榫舌与凹槽应完全匹配。

榫卯接合被许多木匠奉为可以在家具制作中使用的最牢固的接合构造。制作榫卯接合件需要一些耐心和练习，不过最终的结果会让你心满意足。

榫卯接合

榫卯是制作精细木工家具的传统接合方式。随着饼干榫和斜孔螺丝这些现代快速紧固选项越来越受欢迎，现在大多数批量生产的家具，甚至很多单一门类的制品中，已经找不到榫卯的痕迹。不过，在接合强度和抗压能力至关重要，质量是关注重点的情况下，榫卯接合就会派上用场。

榫卯结构充分利用了提高接合强度的那些因素，即大的胶合表面和互锁的部件。榫头包含2~4个颊部和榫肩，它们都能增加胶合表面。根据经验，榫头厚度通常是部件厚度的三分之一，长度最高可达3 in（76.2 mm）。这些比例最大限度地强化了榫头的抗剪切能力，同时不会影响配对部件上榫眼壁的强度。构造合理的榫卯结构在没有胶合时应互锁紧密，同时留有些许缝隙，以便于沿整个胶合表面均匀涂抹一层薄薄的胶水。

如何用钻头和凿子切割榫眼

1 在台钻上安装一个布拉德尖钻头或平翼开孔钻头，其直径等于榫眼的宽度。设置深度限位块，使钻孔深度等于榫眼深度。将钻头与榫眼一端的画线对齐。钻孔，然后移动部件，使下一个孔紧挨第一个孔，或稍微与其重叠。就这样继续钻孔，直至到达榫眼的另一端。每次钻孔之前，都要将部件夹紧。

2 使用锋利的木工凿清除残余的废木料，并将榫眼壁修整方正。为了避免撕裂木料，用一把与榫眼宽度相等的窄凿子起始操作，首先把榫眼的一端修整方正。操作时，注意用凿子的背面抵靠榫眼壁。然后再用较宽的凿子沿榫眼的长度方向凿切清理。保持凿子倾斜一定的角度有助于控制凿切和清除废木料。最后，通过上下直凿到达榫眼底面，完成榫眼壁的修整。对于榫头，用凿子将其端面修整方正。有些木匠喜欢为榫头的端面倒圆角以匹配榫眼。

切割榫卯接合件。有多种切割榫卯接合件的方式可供选择。最常见的（主要是因为它不需要特殊的工具或夹具）方法是用台钻"挖出"榫眼区域的废木料，然后用凿子把榫眼壁修整方正；用简单的自制夹具在台锯上切割榫头。当然，也可以用电木铣，或者更好的选择是，用电木铣倒装台切割榫眼和榫头。还有一些专门为台钻配备的开榫眼附件，以及为专业木匠准备的独立的榫眼机，可以酌情选择。

在台锯上切割榫眼的过程非常简单，并且可以使用标准锯片或横向槽锯片锯切。选择哪一种锯片主要取决于需要切割的榫头的数量和部件的比例。

使用标准锯片可以通过两种方式切割颊部和榫肩。第一种方式，把部件的正面平放在台面上，通过多次并排的浅切割清理出一侧颊部。具体来说，将一个限位块夹在定角规上，首先从榫肩线

如何用电木铣倒装台切割榫眼

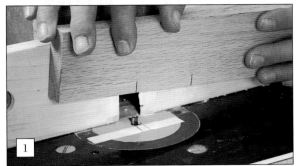

1 为电木铣安装直边铣头。铣头直径应与榫眼的设计厚度匹配。将铣削深度设置为榫眼深度。在部件表面标记榫眼的起点和终点。在电木铣的台面上粘一些胶带，标记铣头的边缘，以便于对齐。

2 将部件靠在靠山上，部件一端接触台面，另一端则悬空在铣头上方。定位部件，使其下放时，铣头在榫眼区域接触部件。开启电源，将部件下放穿过铣头，直到整个侧面平贴在台面上。水平推动进料，直到部件上靠近你的切割线与更靠近你的铣头对准标记对齐。

3 向相反的方向移动部件，直到较为远离你的切割线与对准标记对齐，结束切割。回退部件，使铣头位于榫眼的中央，然后小心地向后倾斜部件，使其脱离铣头。

如何使用压入式电木铣切割榫眼

1 在部件上画出榫眼的切割线。安装直边铣头，然后将一个引导块连接到电木铣底座上，这样当引导块紧靠在部件上时，铣头会居中位于榫眼的正上方。还要在部件两端夹紧限位块。设置铣削深度，使铣头铣削到所需深度。

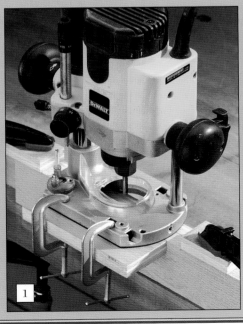

2 固定好部件，将铣头插入木料切割榫眼。完成后关闭电源，待铣头停止转动，再将其从榫眼中取出。

自制的榫头切割夹具

整体尺寸：12 in × 12 in（304.8 mm × 304.8 mm）

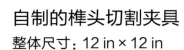

起始切割颊部，得到第一个榫肩，接下来向着部件的端面方向切割，得到每个颊部。然后，将部件翻面，切割第二个榫肩，同时得到第二个颊部。如果榫头有四个颊部和四个榫肩，需要将部件立起靠在定角规上，以切割较窄的颊部。此时可能需要改变锯片的高度，限位块的位置则无须改变。

另一种使用标准锯片切割榫头的方法是，保持部件端面朝下立起靠在榫头切割夹具上，每个颊部切割一次。设置锯片高度，使齿尖切割到榫肩线的位置，并确保在设置切割时考虑到了锯片的厚度。设置锯片，使其沿榫头切割线的废木料侧切割，不能切入榫头内部。如果榫头有四个肩部和四个颊部，则需要将部件端部夹紧到配有高辅助靠山的定角规上来切割窄边。在完成所有颊部的切割后，

夹紧区域

以十字形排列的 5 根木工螺丝可以抽出，以调整夹具匹配较高或较矮的靠山

距离等于台锯靠山的高度

垂直部件

把手

水平部件

这款经典的**榫头切割夹具**适用于台锯。自制夹具的关键是垂直部件和水平部件彼此完全垂直，并确保两个部件底部之间的距离等于台锯靠山的高度。

在台面上滑动的垂直部件底面

在靠山上滑动的水平部件底面

如何用榫头夹具切割榫头

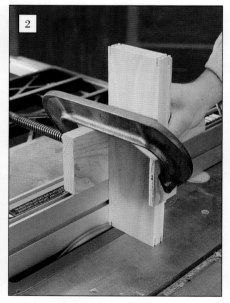

1 首先切割颊部。将部件夹紧在榫头切割夹具上（见上文），使其紧贴垂直部件的正面和水平部件的前缘。设置靠山，使其到锯片外侧的距离等于需要切掉的尺寸。将锯片升高到与榫头长度对应的尺寸。把夹具靠在靠山上，推动部件通过锯片。翻转部件，重新夹紧，切割另一侧的颊部。

2 将部件转动 90° 与夹具成直角，其边缘平贴水平部件，其正面紧贴垂直部件的前缘。如果要切掉的废木料尺寸与第一次切割颊部时不同，则需要重新设置靠山。确保所有部件都牢牢固定到位，引导夹具和部件穿过锯片。翻转并重新夹紧部件，以切割另一侧短颊部。

3 使用定角规提供引导锯切榫肩。将辅助靠山连接到定角规上，并将限位块夹到台锯靠山上提供对齐参考。调整靠山，使部件端面抵靠在限位块上。向前滑动部件，使榫头颊部的底部与锯片接触。把锯片升高到足够高的位置以切割榫肩。切割每一侧榫肩，然后根据需要重新设置锯片高度，切出榫头的端部。

使用横向槽锯片。 将可调节横向槽锯片设置为最大切割宽度，可以快速清除废木料，制作出榫头。锯切技术与在台锯中使用标准锯片的技术非常类似（见第 112 页）。

使用电木铣。 安装一个大的直边铣头，把部件夹在电木铣倒装台的定角规上。根据需要切掉的木料尺寸设置切割高度，然后由靠山提供引导，铣削每个面。重新设置围栏，从榫肩线起始，以略微重叠的方式进行铣削，直到部件末端。

将部件正面朝下或将其一侧边缘靠在定角规上，通过切割榫肩把剩余的废木料切掉。小心地重新设置锯片高度，确保只切割到切割颊部时留下的锯缝位置。将限位块夹在定角规上来引导榫肩的切割。

使用横向槽锯片可以更快地切割出榫头的颊部和榫肩，因为它的每次切割可以去除更多废木料。使用与标准锯片相同的分次切割技术，将部件平放在台面上切割榫头。使用限位块沿榫肩线切出切口，并首先切割榫肩。也可以将部件端面朝下立起，用横向槽锯片一次性切出颊部和榫肩。但如果你在使用 10 in（254.0 mm）标准锯片的台锯上安装直径 8 in（203.2 mm）的横向槽锯片，切割深度可能会受到限制。

加工榫头的提示。 使用锋利的凿子将榫头的颊部修整平直，确保榫头与榫眼能够完全匹配。注意，不要去除过多木料，以免影响榫头与榫眼的紧密匹配。

榫接提示。 不能将方形的榫头插入圆形的榫眼中，因此你只能用凿子修整榫头的末端，而不是试图把榫眼修整方正。每次切削少量木料，反复测试榫头与榫眼的匹配程度。

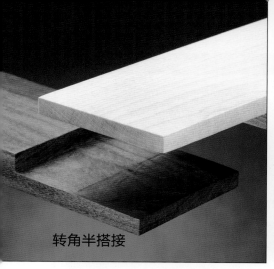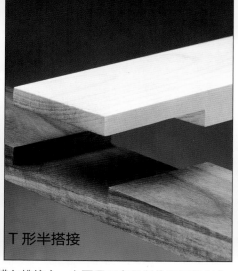

转角半搭接　　　　　　　　　T 形半搭接　　　　　　　　　十字形搭接

搭接接合本质上就是超宽的半边槽接合和横向槽接合，主要用于家具制作和框架制作。坚固的互锁结构与超大的胶合表面组合在一起，大大提高了接合强度。

搭接接合

搭接接合是一类可以通过多种形式把半边槽和横向槽的互锁特性结合起来，用于将两块木板面对面拼接起来的方式。对于框架结构，搭接接合是对接接合的更好的替代选项，因为搭接接合件能够提供更大的胶合区域，而且部件之间能够机械互锁。通常，配对的搭接接合件的接头厚度是相等的，这样两个部件装配在一起的时候，两个面是彼此对齐的。为此，半边槽或横向槽的宽度应与配对部件的宽度相同。

有三种比较常见的搭接接合类型，分别是转角半搭接、T 形半搭接和十字形搭接。转角半搭接由两个在部件端部横向于纹理切割的宽大半边槽部件组成。每个半边槽的颊部与配对部件的接头宽度匹配。T 形半搭接则是在一块木板的端部切割出宽大的半边槽，将其安装到开在另一块木板中间位置的横向槽中构成的。十字形搭接则是由两个在中间位置切割横向槽并相互匹配的部件构成的，两个接头都不在部件的端部。这三种类型的接合件都是通过在每个部件的内部或端部切割一个宽大的横向槽，然后彼此互锁构成的。

切割搭接接合件。除了尺寸较大，构成搭接接合件的半边槽和横向槽的切割与其他半边槽或横向槽的切割相同。无论选择哪种锯片，都需要多次切割才能制成这种半边槽或横向槽。最有效的切割方式当然是使用横向槽锯片，因为这种锯片可以每次去除更多木料。对于较长或笨重的部件，横向槽锯片同样是正确的选择。在这些情况中，可以将部件的切割面朝下，放在台锯的台面上进行多次切割。

搭接接合件的常见用途

椅子和长凳。搭接接合件常被用于将椅子的扶手和横撑连接到椅子腿上。接头的匹配特性可以很好地对抗向下的应力。

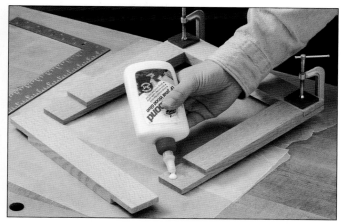

框架。相框、框架-面板中的框架结构，或者任何需要在同一平面内接合部件并希望接合后的表面保持平齐时，搭接接合件都是不错的选择。

切割切口（横向槽）

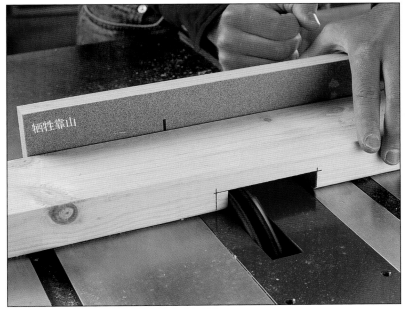

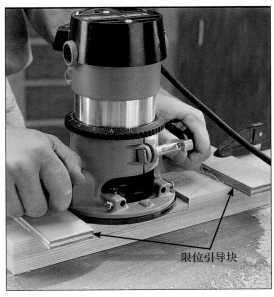

限位引导块

使用横向槽锯片。 在台锯上安装横向槽锯片组（见第 107 页）来锯切搭接接合件的切口是最快的。将横向槽锯片设置为最大切割宽度，并设置切割高度使其等于切口深度。在台锯的定角规上安装一个牺牲靠山。将部件抵紧靠山并牢牢固定，使切口区域远离定角规。进行几次横贯木料的切割，一直切到牺牲靠山上。

使用电木铣。 安装一个直边铣头，并设置切割深度使其等于切口深度。将限位引导块夹在部件的切口两端。引导块与末端切割线的距离应与电木铣的后退距离相等（铣头到底座边缘的距离）。用电木铣在限位引导块之间操作，清除废木料（切口的中心区域需要徒手铣削）。

如何用台锯为半边槽切割槽舌

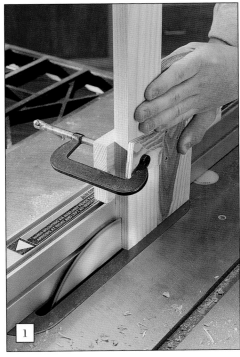

1

安全块

2

1 使用榫头切割夹具（见第 112 页）支撑和引导部件，在台锯上切割搭接接合件的舌部。像切割深半边槽时那样设置台锯，然后竖起部件，开始切割颊部。

2 放平部件，切割榫舌肩部，使用定角规推送部件通过锯片。将安全块夹在靠山上，并测量其位置到锯片的距离，以设置切口。

指形搭接件的美观程度与其强度一样吸引人。借助简单的夹具，可以轻松在台锯上完成部件切割。

指形搭接接合

指形搭接，也称为指接榫或箱式接合，通常是在台锯上使用横向槽锯片组和一个拧在或夹在定角规上的辅助夹具切割得到的。当接合部件的厚度相同时，指形搭接是很好的选择，因为它不仅强度高，而且高效。指形搭接与燕尾榫结构一样，组装完成后非常美观——如果你想炫耀一下自己的手艺，这是可以加分的。与燕尾榫的燕尾头不同的是，指接榫的插头是平直的，因此尽管它的强度不及燕尾榫，但更容易制作。

要制作准确的指形搭接件，首先要将部件纵切和横切到合适的尺寸。用横向槽锯片在废木料中切割一些测试槽，并检查部件与测试槽的实际匹配情况。部件应该与槽壁紧密贴合，同时不能过紧，需要用木槌敲打才能插入。

制作用于切割指形搭接件的夹具

全销

在台锯上安装横向槽锯片组和配套喉板（见第 107 页）。按照销件的厚度设置横向槽锯片的切割宽度。升起锯片，以切割全深度的插头。把一块辅助靠山木板夹在台锯定角规上。木板应宽约 6 in（152.4 mm），长度不小于 18 in（457.2 mm）。将辅助靠山推过锯片（见左图），然后切割一条硬木条当作插头，检查与插槽的匹配情况。把插头粘到靠山的插槽中。将辅助靠山向锯片组外缘方向移动等同于插头厚度的距离，重新设置辅助靠山，然后将其重新夹紧或用螺丝拧紧在定角规上（见右图）。

用台锯制作指形搭接件

1 首先制作一个切割指形搭接件的夹具（见第 116 页）。将插头木条插入靠山插槽中，并将靠山固定到位，然后保持第一个部件的端面朝下，使其侧面紧贴木条，进行第一次锯切。可以用手把部件固定在适当的位置，也可以将其夹紧在靠山上进行切割。待部件和靠山远离锯片，关闭电源，将部件退回。

2 将插头木条插入刚切出的插槽中，重新定位部件，然后进行第二次切割。就这样继续，直到切割出该木板的所有接头。翻转木板，以同样的方式切割木板另一端面的接头。

3 若要切割配对部件的接头，请将插头木条插入第一个部件的最后一个插槽中，然后将配对部件边对边紧靠在第一个部件上，形成一个插槽宽度的偏移量。在配对部件上进行第一次锯切。然后取下第一个部件，将插头木条插入配对部件刚切出的插槽中，进行第二次锯切。如此继续，直到切出木板一端的所有接头，然后翻转木板，以同样的方式切出另一端的接头。

4 在所有接头都切好后，就可以进行组装了。将配对部件胶合并夹紧，接合就完成了。

无论是木匠还是普通人，都很容易认出燕尾榫。它们强度非常高，并且可以为任何作品增加美感。

全透燕尾榫接合

手工切割全透燕尾榫可能是最考验木工技术的操作了。像其他木工技术一样，掌握燕尾榫的制作主要是一个实践问题。不过，直观的参考也能提供帮助。因为对于许多初学者，他们最大的障碍在于，学习并理解燕尾榫接合的原理和方式。

制作燕尾榫接合件需要周密的规划和精确的画线。在为燕尾榫画线时，需要记住一些基本原则。

- 燕尾榫接合件包含两个部分：销件和尾件。燕尾榫接合件的制作都是从切割销件开始的。

- 为了保障接合件的强度和完整性，销件应以半销开始和结束。

- 燕尾头的倾斜角度不应大于80°（对应斜率通常为6）。

- 燕尾头（或全销）之间的距离不需要非常精确：燕尾头的宽度最大可达全销宽度的3倍。事实上，一个接合件内的全销和燕尾头的尺寸都是可以变化的，从而形成有趣的外观，这是手工切割燕尾榫独有的魅力。

手工切割全透燕尾榫接合件

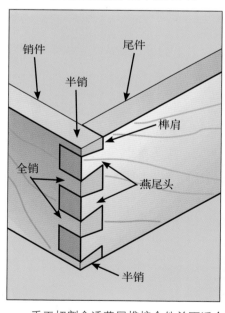

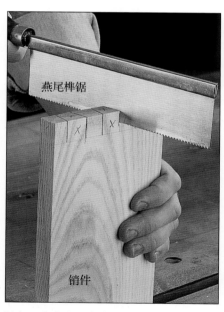

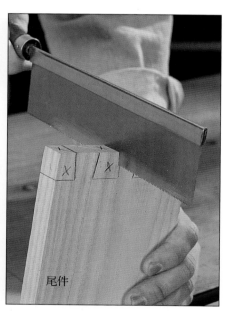

手工切割全透燕尾榫接合件并不适合初学者。事实上，很多经验丰富的木匠从来没有做过燕尾榫接合件，可能也从来没有打算做。很多人将其纳入制作选项通常是基于外观而非结构强度的考虑。

制作手工燕尾榫的关键在于了解它们是如何组装在一起的。为此，你可以学习上面的结构示意图和照片。如果你有一个用燕尾榫接合的老式抽屉，可以仔细研究它，甚至将其拆开。注意识别全销和燕尾头，以及半销和榫肩。

手工切割燕尾榫接合件必须直接在部件上画线。你需要一个可滑动的T形角度尺或者带折边的燕尾夹具。可以使用燕尾榫锯或斜切锯切割销件的榫肩，然后用凿子清除全销之间的废木料。之后以销件作为模板在尾件上为燕尾头画线。完成画线后，同样使用燕尾榫锯和凿子进行切割。

如果燕尾榫接合件切割得足够精确，销件和尾件的匹配应足够紧密，即使不用胶水也没问题。

半透燕尾榫接合

与全透燕尾榫不同，半透燕尾榫的主要优点是结构，而不是美观。半透燕尾榫主要被用在抽屉结构中，很多家具的抽屉使用的是机械加工的半透燕尾榫。在这种结构中，从销件的正面看，尾件的端面处于隐藏状态。这使抽屉的整体结构更为完整，并有助于抵抗拉动抽屉引起的向外的压力，而且抽屉正面没有任何接合痕迹，无缝的外观给人一种更加硬朗的感觉。

使用凿子、燕尾榫锯和平翼开孔钻头切割半透燕尾榫并清除废木料。当然，更简单的制作方法是使用商品燕尾榫夹具。相对便宜的模板夹具与电木铣和燕尾榫铣头搭配使用，可以同时切割两个配对部件。在使用任何商品夹具时，一定要提前仔细阅读说明书，并在使用名贵木料制作接合件之前，首先在废木料上进行练习。

半透燕尾榫主要用于抽屉结构的制作。因为从正面看，尾件的端面处于隐藏状态，使人感觉抽屉正面更加硬朗。

使用电木铣和燕尾榫夹具制作半透燕尾榫

可调节的燕尾榫夹具使任何人都可以使用电木铣制作各种不同的燕尾榫，包括半透燕尾榫。在示例中，夹具与燕尾榫铣头和模板套环（见文字下方插图）一起使用。两个配对部件可以彼此垂直，同时插入夹具中并进行铣削。两个部件必须彼此偏置放置，这样才能以半销的形式（理想情况下）开始和结束铣削（见第 118 页插图）。将配对部件固定在夹具中（见右上照片），燕尾榫铣头就可以切入木料，并通过模板套环紧靠在导轨上（见右下照片）滑动，完成铣削。部件一旦从夹具中取出，就不需要继续处理。只需在销件和尾件两侧涂上胶水，将部件接合在一起并夹紧，直到胶水凝固。确保接合角度是方正的。

模板套环与燕尾榫铣头

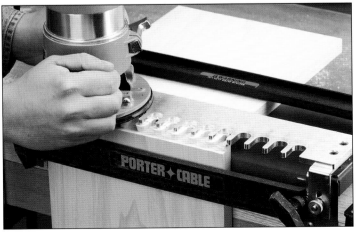

聚氨酯胶　白胶　黄胶　液态皮胶　接触型黏合剂

LIQUID NAILS for PROJECTS

建筑黏合剂　双组分环氧树脂　热熔胶

胶水选择指南

白胶：用于木材、纸张或布料。仅限室内使用。可在几个小时内凝固，具有中等强度的黏合力。耐水性和耐热性差。不会散发有害气味。可用肥皂和水清理。

黄胶：用于木材、纸张或布料。仅限室内使用。干燥速度比白胶快，黏合力也稍强。耐水性和耐热性中等。不会散发有害气味。可用肥皂和水清理。

液态皮胶：适用于高级木制家具或乐器。仅限室内使用。凝固速度慢。具有良好的黏合力，耐溶剂和表面处理产品。对眼睛有刺激性。可用肥皂和水清理。

聚氨酯胶：可用于黏合各种材料，包括木材、金属和陶瓷。凝固快速，黏合力强。防水。

建筑黏合剂：可用于人造板材和框架木材。可在 24 小时内凝固，具有良好的黏合力。

接触型黏合剂：可以黏合层压板、单板、布料、纸张、皮革和其他材料。可即时黏合，并在 1 小时内完全凝固。黏合力强，但不适合结构部件。

热熔胶：可以黏合木材、塑料、玻璃和其他材料。可在 60 秒内凝固。黏合力通常较低，具体强度取决于胶棒的类型。具有良好的耐湿性，但对热敏感。受热会失效。

双组分环氧树脂：可以黏合木材、金属、砖石、玻璃、玻璃纤维和其他材料。与上述胶水相比黏合力最高。具有出色的耐湿性和耐热性。凝固时间因组分而异。

木工胶水

胶水在两个木制部件之间形成的结合力要比螺丝或钉子提供的结合力更强。这些机械紧固件肯定有用武之地，但它们容易撕裂木料，时间久了会变松，或者生锈和性能退化。胶水则可以在夹紧压力的作用下流入木料顶层的纤维中，成为接合部件的组成部分。

几十年前，随着性能可靠的脂肪族树脂胶（黄胶）的出现，木工胶完成了一次飞跃，不再单纯依赖各种动物胶产品。从 20 世纪 60 年代开始，黄胶通过了工厂测试，性能非常稳定。它足够黏稠，在开始流动之前可以留出足够的处理时间，又足够稀薄，可以均匀涂布。它可以在很宽的温度范围内使用，甚至可以偶尔在结冰的环境中幸存下来——如果你不小心把它留在了一个没有暖气的车库里，你会发现这一点。它的凝固速度较快，因此窗口期较短（在炎热干燥的天气条件下，几分钟即可凝固，在其他条件下，凝固时间会长一些），如果需要重新调整和定位部件，要抓紧时间。这个窗口期被称为"开放时间"。黄胶最吸引人的品质之一是相对容易清理，只要能够及时发现问题。

一些传统工匠在某些情况下仍在使用动物皮胶，但这些胶水需要很长时间才能混合和凝固，性能不稳定且填充缝隙的效果不好。但是，它们通常不需要夹紧处理，因此在特定情况下有一些用处。

长期以来，耐候性的脂肪族树脂胶是户外木制品用胶的唯一选择。不过现在，我们有了一些新的选择：聚氨酯胶和环氧树脂。

对于特殊应用，例如安装塑料层压板，可以使用接触型黏合剂。这种黏合剂存在影响人体健康的问题，因此现在美国大多数州和联邦法规要求专业工房使用水基接触型黏合剂。可以将这种产品刷涂、辊涂或喷涂在两个待胶合的表面上。等待胶水干燥，然后组装部件，它们会因为胶水的接触立即胶合在一起，因此两个部件必须一次性对正，因为胶水不允许重新定位。

在夹紧胶合部件时，应把挤出的胶水的量控制在最少且使其分布均匀。挤出的胶水过多表明夹紧力过大，而且会影响清洁。接缝处没有挤出胶水，表明胶水用量不足，此时需要松开夹具，在胶合面重新涂抹胶水。

涂抹胶水的工具

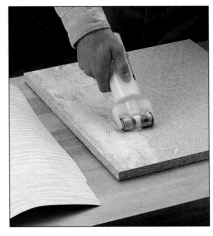

胶辊用于在宽大的表面上（例如在贴木皮时）涂抹极其均匀的胶水涂层。在料斗中装入胶水，随着辊子在木料表面的滚压，胶水就会匀速分配到滚筒上。

饼干榫专用的胶水涂抹工具，可滑入插槽内涂抹胶水，可以避免胶水溢出或弄脏表面。

胶刷可以把适量的胶水涂抹在部件的狭窄位置。一次性胶刷在清洁方面节省的成本足以补偿其自身成本。

在需要将接触型黏合剂均匀分散在较小的部件上时，一次性泡沫油漆刷是理想的工具。对于台面这样较大的部件，可以使用低绒毛油漆辊套。

清理挤出的胶水

可以用湿抹布及时擦去挤出的胶水，防止胶水渗入到木料孔隙中，降低木材吸收染色剂或面漆的能力。这种方法唯一的缺点是，会使木料表面起毛刺，干燥后需要稍加打磨。

可以用旧木工凿从接缝处或任何平坦的表面刮掉挤出并凝结的胶水。保持凿子的刃口斜面朝下，以免损伤木料。确保凿子的刃口上没有缺口。

锋利的地板刮刀可以快速、干净地清除接缝处的凝固胶水。不过，也不要过于激进。你可能需要在表面处理之前打磨该区域，以获得均匀的表面处理效果。

使用聚氨酯胶

聚氨酯胶需要水分才能固化，并且在固化时，挤出的部分会形成膨胀的黏性泡沫，很难从与其接触的任何物品表面去除，包括你的皮肤。如果衣服、工具或皮肤上沾上了溢出物，你要戴上一次性手套，立即用抹布蘸取油漆溶剂油或丙酮将其擦掉。

警告： 聚氨酯胶可导致即时性和残留性肺损伤，因此只能在通风良好的环境中使用。哮喘患者和慢性肺疾病患者请勿使用这种产品。

1 用一块干净的湿抹布或海绵将一个接合面弄湿，并在另一个接合面上刷涂胶水。

2 因为聚氨酯胶在凝固时会膨胀，所以要立即将接合部件夹紧，否则胶水会迫使接合件分离。

3 待胶水充分凝固，取下夹子，用锋利的凿子铲掉硬化的泡沫。

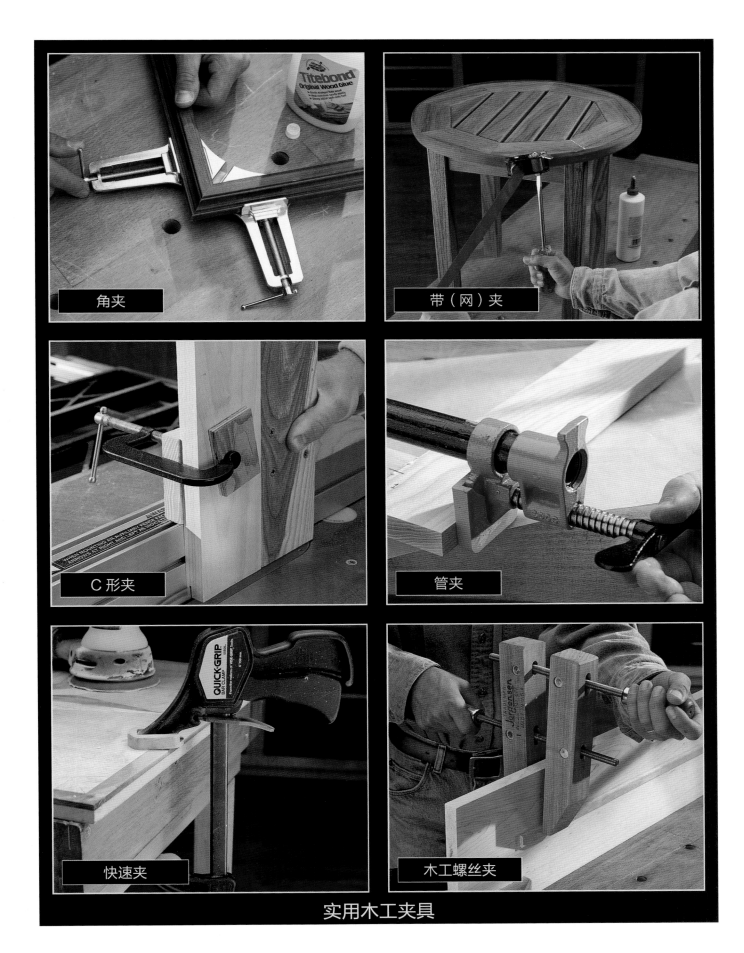

角夹

带（网）夹

C 形夹

管夹

快速夹

木工螺丝夹

实用木工夹具

胶合是木工作品制作过程中的关键步骤。确保所有胶合面清洁，并准备好涂抹胶水。此外，还要确保手头有足够的胶水，并用蜡纸保护操作台面，防止台面与作品部件粘在一起。最后，记得准备足够的夹具和夹持用衬垫。

夹紧面板的技巧

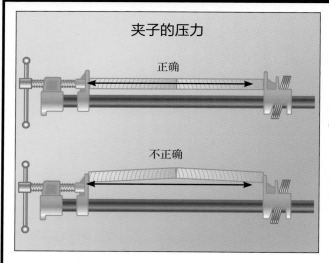

夹子的压力

正确

不正确

将部件放在钳口之间，使胶合线的中心与夹具头部的手旋螺丝的轴线在一条直线上（从侧面看）。否则，来自钳口的压力会迫使部件翘起，偏离胶合线。

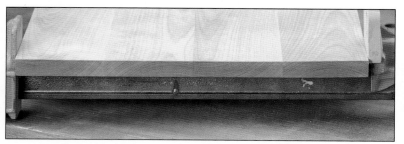

在胶合面板时，应按纹理交替（看端面）的方式排列木板。这有助于平衡木料膨胀和收缩时产生的瓦形形变压力，防止面板翘曲。

使用夹具

如果你认为，使用直径 ¾ in（19.1 mm）的黑色煤气管制作的管夹是唯一够大的夹具，那你就错了。现代木工夹具种类繁多，以至于任何夹紧操作都可能找到适合该操作的专用夹具。虽然很多夹具都非常有用，但没有必要购买市场上出现的每一种新夹具。最重要的是，你真正需要的是能够夹紧接合组件的夹具。

一个有用的经验法则是，选择能够夹紧组件的最小夹具。例如，可以使用弹簧夹钳来组装小部件，可以使用细杆夹组装抽屉以及用薄弯曲木料制作的层压件，或者用大型管夹组装箱体。弹簧夹钳是组装小型作品的理想选择，因为它可以单手使用，并且可以沿胶合线轻松改变位置。对一个中等规模的工房来说，最好可以准备十几个 3 in（76.2 mm）规格的（钳口打开后）弹簧夹钳，以及 4~6 个较小的 1 in（25.4 mm）夹钳。

杆夹比管夹更轻，可以用一只手定位，但需要另一只手将其拧紧。它们可以施加相当大的压力，但由于圆形握柄的结构特性，杆夹很难拧得很紧。它们非常适合组装中型组件，比如抽屉、单一的接合组件（榫卯组件）和其他相比管夹不够大的作品。开始做木工时准备 4 个 30 in（0.76 m）以内的杆夹应该够用了。

管夹由铸铁配件组成，该配件适合 ½ in（12.7 mm）、¾ in（19.1 mm）和 1 in（25.4 mm）内径螺纹管。¾ in（19.1 mm）规格的管夹是目前最常用的，因为 ½ in（12.7 mm）规格的管夹，特别是螺纹管长度超过 2 ft（0.61 m）的管夹，在压力作用下会出现弯曲，而 1 in（25.4 mm）规格的管夹又较为笨重。压力通过一个 T 形手柄施加在部件上，因为可以在 T 形手柄上施加巨大的扭矩，所以操作起来很方便。黑色螺纹管和镀锌管的强度都足以制作管夹，但镀锌管的锌层在应力作用下会

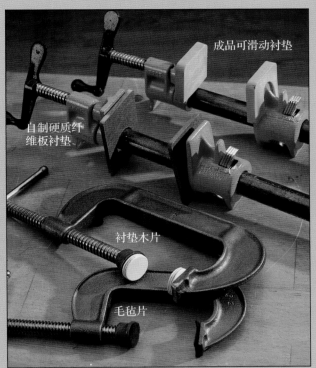

使用可拆卸衬垫完成夹紧

成品可滑动衬垫

自制硬质纤维板衬垫

衬垫木片

毛毡片

将衬垫直接连接到夹子或夹爪上，可以省去在夹具钳口和部件之间滑动松散衬垫带来的麻烦。衬垫的形式多样。可以用热熔胶把木片或毛毡片粘到 C 形夹的夹爪上充当衬垫，可以在杆夹上使用成品可滑动衬垫，或者在硬质纤维板上钻取直径 1 in（25.4 mm）的孔来自制杆夹衬垫。

交替夹紧。在边对边胶合木板拼接面板时，应上下交替使用夹具夹紧部件，使夹紧压力沿所有接缝均匀分布。如果没有使用饼干榫加固面板的拼接，最好横跨接缝夹上一些木条，以保持木板对齐。

使用胶带临时夹紧。上图所示的电工胶带具有足够的黏合力，可用于低压力的临时性夹紧工作，而且拆掉后不会留下残留物或碎片。

出现碎裂，导致配件滑动。无论哪种管夹，都要彻底清理管子，因为其表面涂有用于防止生锈的油脂或油，而这些油性残留物会破坏木料表面处理的效果。开始做木工时可以准备 4 个 3 ft（0.91 m）长的和 4 个 5 ft（1.52 m）长的管夹。最好在杆夹和管夹的夹头内侧夹上一层塑料垫，以防止木料受力凹陷。

其他一些需要准备的夹具包括：一两个用于夹持不规则形状零件的带夹、几个木工螺丝夹和几个 C 形夹。

通过固定头连接两个夹子

自制的夹具扩展件

有两种方法可以扩展管夹的夹持跨度。对于那些在胶合过程中管夹长度不足的情况，有两种巧妙的方法可以扩展管夹的夹持跨度。如果两个管夹都太短，可以通过固定头连接两个夹子：夹紧部件的压力可以将夹子固定在一起。或者，可以用废木料制作一个图中那样的夹具扩展件。

组装作品

成功组装作品的最后一个条件是，制订一个合理的计划。即使组装发生在作品最后的完成阶段，你也必须在设计阶段就考虑好组装的问题。有些部件如果安装得太早就会妨碍后续的组装，而另一些部件如果安装得太晚就无法进入狭窄的空间。

在列出部件的组装顺序清单时，请牢记一些经过实践检验的指导准则。你需要以这样一种方式制作作品：在添加每个部件时，都可以建立一个稳定的结构，该结构不仅可以支撑自身，还可以承受每个新添加部件的重量。这样的结构可以解放你的双手去完成其他操作，而不是使你深陷平衡各种要素的泥潭无暇分身。

一对并排放置的 2×4 的锯木架比一个木工桌的支撑效果更好。这样的结构布局允许你轻松触及所有部件，包括作品底部，还可以为打磨和表面处理提供良好的支撑。

大型橱柜等家具通常分几个部分制作，并现场进行组装。这个过程被称为"分段"，意味着一个木匠就可以在工房周围移动这些大部件，或者自己把它们运到现场进行组装。有时候，这种分解对于把一件作品搬过门、搬上楼，甚至放入一辆车的后备箱都是必要的。对于大型作品，更有必要仔细规划，对其进行合理的分段。例如，一个书柜包含一个带实心门的、深 18 in（457.2 mm）的底座组件，以及一个深 12 in（304.8 mm）、带玻璃门的上层组件。组装两个组件时，可以用线脚来掩盖接缝。

对于箱体类家具，通常最合乎逻辑的做法是，先将箱体的侧板组装到底板（如果有的话，装上顶板）上，然后再安装背板。之后是面框，最后安装抽屉和门。在开始组装这些部件之前，应先在侧板上钻取支撑搁板所需的孔，并对所有面板的内表面进行表面处理。因为在完成组装之后，内空间过于狭窄，很难将钻头或漆刷放入进行操作。箱体中的相邻部件必须彼此垂直。建立一个方正垂直的核心框架，可以在整个组装过程中使用它作为安装后续部件的参考。

在将所有部件胶合到位之前，需要先进行干接测试。这一点的重要性怎么强调都不为过。要及时发现问题，而不是沿着错误的路线越陷越深。你不仅需要在正式胶合之前干接

作品组装技巧

给部件贴标签。在获得满意的干接测试效果后，你需要在拆卸作品之前给部件贴上标签，特别是对于有很多相似部件的作品。不要在部件上写画，应在每个部件上粘上一段胶带。

使用垫片。借用甲板建造行业的技巧，使用垫片来保持板条或任何其他应该均匀分布的部件之间的均匀间距。

在制作家具时，应从内向外制作。例如，首先通过构建望板框架开始构建桌子，然后连接桌腿。接下来安装横撑或横档，然后安装桌面。最后加入各种装饰性元素提供装饰。

部件，而且如果可能的话，你还必须安装后续的部件。在安装后续部件时，使用夹具将每个部件固定到位是一个好方法。这样的干接测试可以使人们注意到组装顺序方面存在的问题。例如，如果你将两个部件夹紧在一起，却无法安装第三个部件（可能是因为它的安装槽出现的位置不对），必须改变组装顺序才行。如果没有进行干接测试，前两个部件已经胶合在了一起，此时发现问题并试图做出改变恐怕为时已晚。

在制作其他家具时，应试着从内向外制作。例如，首先通过构建望板框架开始构建桌子，然后连接桌腿。接下来安装横撑或横档，然后安装桌面。最后，加入各种装饰性元素提供装饰。

利用组装过程减少完成前所需的准备工作。在安装前，要打磨尽可能多的部件，因为这个时候最容易上手。在很多情况下，你甚至可以在把大部分部件胶合到位之前，首先完成对它们的染色和表面处理。只需确保不要在待胶合的区域（比如榫头）涂抹表面处理产品（可以使用遮蔽胶带保护这些区域）。

胶合的一个有用技巧是，先围绕胶合部件的边缘画出一个小 V 形槽，然后再进行组装。用美工刀徒手切出的这个凹槽很难看出来。它的作用是容纳多余的胶水。

作品组装技巧（续）

练习分段组装。可以通过现场组装组件来构建较大的作品。这种做法被称为"分段"，对较小作品的组装同样有帮助。有时，将一件作品设想为几个较小组件的组合会使组装更容易。

在组装橱柜作品之前，应先钻取一些可调节搁板孔。如果在作品完成组装后才想起要钻孔，你会发现已经很难把钻头放置到位。在上面的照片中，组装中的作品通过杆夹固定在一起，这是一个保持相邻部件垂直关系的好方法。

作品组装技巧（续）

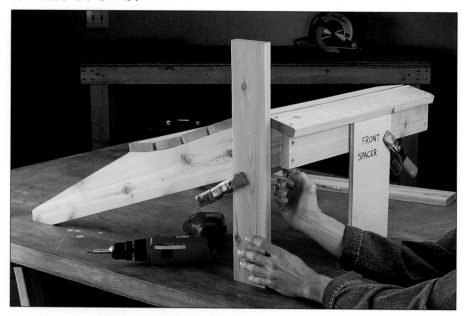

支撑到位。 当组件结构稳定并接近其在地面上的预期走向时，作品组装会容易得多。例如，在上面的照片中，一个支架被夹在阿迪朗达克（Adirondack）椅子的座面上，并将其支撑在与成品座面相同的角度，这样在椅子腿被固定后，座面就会安装到位，椅子腿的安装过程也会变得简单得多。

最后连接面框。 在制作箱体家具的时候，最重要的是组装出完全方正的框架结构。一旦框架结构完成组装，且足够方正，你就可以继续安装面框组件，并根据需要进行细微的调整。

在对部件进行表面预处理时，应遮盖需要胶合的部件，因为表面处理产品会阻止胶水渗入接合部位，导致接合失败。

组装子组件。确定相关部件的关系和组装顺序，首先组装出子组件。然后，将每个子组件视为独立部件，完成作品的最终组装。

在舒适的高度操作。大多数工作台都过高了，无法组装最小作品之外的任何其他作品。这会导致背部肌肉劳损，并且很难在组装时看清每个部件。一对锯木架对于组装阶段真的很有用。

首先完成表面处理。需要在组装之前完成部件的表面处理有多个理由：操作方便；可以在水平位置完成所有部件的表面处理，不会出现流挂；对于户外作品，可以在部件的端面和边缘涂抹油漆或保护性面漆（组装后这些部位是隐藏的，无法做处理）。

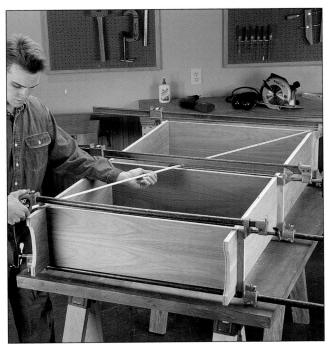

反复检查。保持作品方正是成功的关键。检查框架结构是否方正的一个简单方法是测量对角线。如果两条对角线长度不同，需要调整夹紧力并适当移动部件，直到两条对角线等长。

第6章 表面处理

为作品进行表面处理有几个目的：为木材提供保护层，使其可以更好地抵御阳光、污渍、刮擦和水分的损害；有助于木材保持更稳定的水分平衡；即使环境湿度和温度发生变化，木材的膨胀和收缩程度也会大大降低。但是，表面处理真正令人满意的地方在于，它能够丰富木材的颜色层次，突出木材的光泽和美感。表面处理使你耐心切割和塑形的部件变得更有生气。

表面处理的选项很多，为你的作品选择合适的选项似乎很困难。随之而来的还有对糟糕的技术以及担心其会破坏之前所有努力的恐惧。

虽然完成过程中可能会感觉困难重重，但关键还是在于用心。一旦你了解了产品的类型和一些经过实践检验的表面处理技术，表面处理过程就会变得更加简单、轻松和令人愉悦。我们将在接下来的内容中介绍这些基础知识。

在开始任何表面处理操作之前，请记住下面这些提示。第一，需要在整洁、干燥和温暖的环境中，以有序和合理的方式进行操作（请阅读本页右上方的5个步骤）。在65~75 °F（18.3~23.9 ℃）的温度范围，表面处理的效果最佳。

第二，请严格遵循产品使用说明，特别是建议干燥时间。缩短干燥时间会引起各种问题。在寒冷或潮湿的环境中，有些表面处理产品需要更长时间才能干燥，因此在涂抹多层涂层时需要保持耐心。

第三，使用木材样品进行练习。将选择的染色剂和面漆涂抹在与作品相同的木料上（最好从同一块木板上切取）。这样你就能确切地知道表面处理产品对木材颜色和纹理图案的影响。样品越大，效果越好。

第四，操作安全。大多数表面处理产品都具有危险性。它们可能易燃、有毒、对呼吸道有害或对皮肤有刺激作用。戴上手套，穿上防护服，佩戴经过认证的防烟雾面罩和安全眼镜。

> **木工表面处理的5个步骤**
> 1. 将木料表面处理得光滑平整。
> 2. 给木料染色。
> 3. 填充孔隙。
> 4. 涂抹表面处理产品，多层涂层的话，每层都要打磨。
> 5. 擦拭并擦掉多余表面处理产品。

木料表面预处理

细致的表面预处理是获得专业表面处理外观的关键。简而言之，需要将木料表面处理得光滑平整，使表面处理产品可以均匀分布。需要去除刀片和铣头的加工痕迹，以及加工过程中留下的灼烧痕迹，否则它们会在表面处理后变得更加明显。表面处理还可以掩盖细小的凹痕、凿痕和划痕等小缺陷。

有两类工具可用于将木料表面处理平滑：一类是切割工具，比如手工刨和刮刀；另一类是磨具，比如砂纸。初学者更喜欢使用磨具，因为它们价格便宜，且不需要研磨或设置即可正常使用。手工刨和刮刀是许多专业人士的选择，它们是以切削的方式，而不是研磨的方式处理木料表面。许多

表面处理工具包括油灰刀、各种磨具（各种目数的打磨海绵、打磨垫和砂纸）、不规则轨道砂光机或其他电动砂光机和柔性细木工刮刀。

三步打磨技术

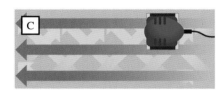

用 80 目或 100 目砂纸，以与纹理方向成 35°~45° 的角度，沿部件对角方向起始打磨（A）。这样比顺纹理打磨更有效。在完成整个表面的打磨后，切换到另一对角方向重复上述操作（B）。最后顺纹理打磨，完成表面的整平（C）：先换用 150 目的砂纸顺纹理打磨，去除之前的打磨痕迹，再用 220 目的砂纸顺纹理打磨，去除所有残留的划痕。

无尘刮削

细木工刮刀其实就是一块弹簧钢，需要握住两端，以后拉或前推的方式将木板表面刮削平滑。为了达到这一目的，首先将钢板边缘锉削方正，然后用抛光工具制作出细毛刺。操作时需要双手握住刮刀两端，使其稍微弯曲并倾斜一定的角度，以后拉或前推的方式沿木板表面进行刮削。带有细毛刺的刃口能够切出轻薄的刨花，从而形成光滑的表面用于表面处理。细木工刮刀是一种很好的表面预处理工具，是磨具（打磨时会产生大量粉尘）的清洁替代品。不过有效地保养和使用刮刀需要大量练习，所以，对初学者来说，磨具仍然是更好的选择。它们易于使用，价格便宜，且无须维护。

专业的表面处理师会告诉你，这些工具可以为表面处理提供最光滑的表面。不过，手工刨和刮刀必须保持非常锋利的状态才能正常工作，这本身就是一种技能。

如果你刚开始学习木工，请使用磨具进行表面预处理。磨具种类繁多，包括平整的砂纸、砂磨盘和砂辊等，可以手动或用机器将木料表面处理得平整光滑。表面处理使用的磨料有三种类型。石榴石是一种天然矿物，可用于手工打磨，但只能以砂纸的形式使用。氧化铝是一种合成磨料，类型多样，比石榴石更坚硬耐用，可用于手工打磨和机械打磨，因为它的磨料颗粒在破裂后会形成新的切割边缘。碳化硅是另一种合成磨料，它比氧化铝还要坚硬，其最常见的使用形式是黑色或灰色的湿/干砂纸，目数一般在 150 目以上。它通常与润滑剂（通常是水）结合使用，用来消除涂层上不规则的细小表面。

基本的打磨技术

你可能会惊讶地发现，过度打磨或者说打磨的粒度过细反而会密封木料孔隙，使表面处理产品无法正常渗透。与之相对的另一种极端情况则是，打磨不够均匀，或者打磨得很粗糙，不足以去除木料表面的所有不规则痕迹和较粗的划痕——这是不耐烦造成的。

不管手动打磨还是机器打磨，目标都是相同的。首先，用较粗糙的砂纸（用 80 目或 100 目砂纸起始操作）平整表面，除去机器加工痕迹。然后换 150 目砂纸打磨，最后使用 220 目的砂纸做处理，直到木料表面光滑，没有划痕。在大多数情况下，220 目的砂纸足以满足需要。更精细的砂纸对木料表面平滑度的提高微乎其微，反而会浪费更多的时间和精力。采用本页介绍的三步打磨技术，打磨过程会变得高效且有条理。

应在制作过程中完成部件的表面预处理。一旦作品完成组装，打磨会面临诸多阻碍，因为有些部件的表面已经无法触及。

在将作品表面处理平整光滑后，可以用油漆溶剂油擦拭、用吸尘器吸尘或用压缩空气吹扫，彻底清除木料孔隙中的粉尘、污垢和砂粒。然后尽快完成表面处理，特别是涂上最终的面漆。如果作品完成打磨后在工房放了几天甚至几周，那么木料就会吸附粉尘和污垢，对表面处理造成影响。

填充凹痕和孔洞

为了隐藏较为严重的凹痕和钉子或螺丝头留下的孔

即便你已经做了最好的打磨，仍然可能遗漏一些细微的划痕，它们会在表面处理完成后清晰地显示出来。将台灯直接放在部件后面，并在打磨后将台灯保持在同一水平高度，可以帮助你发现问题。从与光源相反的方向观察处理表面——光线下的任何阴影区域都是需要更多打磨的区域。还可以使用油漆溶剂油擦拭木料表面，这样可以突出划痕和瑕疵，同时不会起毛刺。打磨这些遗漏的区域，然后再次借助灯光检查表面。

用蒸汽处理凹痕

有些凹坑和刮痕过深，无法用砂纸打磨掉，或者过浅，无法用木粉腻子进行填充。一种解决办法是，在问题区域铺上一块干净的、蘸水的（不是全湿的）棉布，然后用热熨斗加热问题部位，使蒸汽进入木料中。木纤维吸收蒸汽后膨胀，从而消除或削弱缺陷。记得在干燥后，用砂纸打磨润湿的位置，因为蒸汽会使木料表面起毛刺。

洞，一种选择是在进行表面处理之前用木粉腻子对其进行填充。木粉腻子有油基、水基和溶剂基多种形式，形态上类似于预先混合的糊状物或面团（有时被称为木粉面团）。你甚至可以购买粉末形式的产品，然后根据需要进行混合。水性腻子最为常见，也最容易使用。

刮腻子的诀窍是将其精确涂抹在需要的位置，因为一旦木粉腻子渗透到开放的孔隙中就很难去除，并且在完成表面处理后会清晰可见。此外，木粉腻子不能像木材那样吸收染色剂，因此填充腻子的位置与周边区域的颜色对比度会相当显著（见色框部分内容）。为了尽可能

消除颜色的差别并隐藏填充区域，需要使用颜色与经过染色处理后的木料颜色尽可能接近的木粉腻子。首先在作品的废木料上尝试混合木粉腻子和染色剂，直到获得满意的结果。如果凹陷区域足够小，你甚至可以考虑先完成表面处理，然后再填充木粉腻子。

染色与未染色木粉腻子

未染色的木粉腻子与部件一起染色的效果（左）　　部件染色后使用染色木粉腻子填充的效果（右）

关于用木粉腻子掩盖钉孔和螺丝孔的最佳方法争论已久。使用经过染色的木粉腻子进行填充，使其与周围经过表面处理的木料的颜色相匹配，而不是先填充未染色的木粉腻子，然后再与其他部分一起染色。未染色的木粉腻子会比周围的木料吸收更多的染色剂，从而使填充处变得非常显眼。

用木粉腻子填充钉孔或螺丝孔、木节孔和其他表面缺陷。使用油灰刀涂抹腻子，直到填充位置的表面略高于周围。待木粉腻子彻底干燥，用砂纸将填充位置打磨平整。

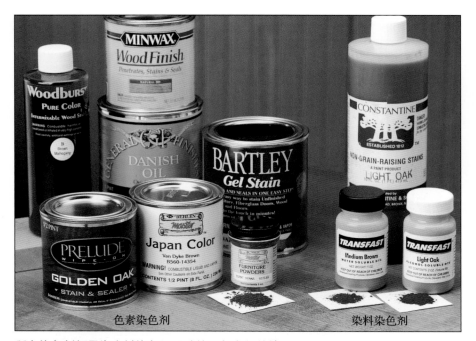

色素染色剂　　　　　　　　　　染料染色剂

所有染色剂都是为木料染色而设计的，但它们的效果取决于你使用的染色剂类别。色素染色剂是家居中心和五金店中最常见的染色剂，最适合橡木、白蜡木和胡桃木这样孔隙粗大、具有开放式纹理、可以捕获色素颗粒的木料。染料染色剂以预混合或者浓缩粉末的形式出售，可以用水或酒精溶解。它们更适合硬枫木这样纹理细密、很难捕获色素颗粒的木料。在识别染色剂类别时，产品标签可能会带来困惑，因此在正式用染色剂处理作品之前，应先用废木料对产品进行测试。

染色操作

1 要涂抹染色剂，应首先将其混合均匀，特别是色素染色剂，应使其颗粒悬浮起来。确保部件表面整洁干燥，没有任何胶水痕迹（胶水会妨碍木料吸收染色剂）。用不起毛的布在整个表面擦拭染色剂，或者用刷子刷涂。

2 等待一两分钟，让染色剂渗入木料（参考容器上的说明），然后擦去多余染色剂。如果想获得较深的色调，请在染色剂干燥之前重复涂抹操作。

染色剂

　　染色剂是为木料着色同时不会掩盖其原有纹理或图案的液体产品。许多产品都被划归在"染色剂"的名下出售。根据应用特性的不同，染色剂可以分为两大类：色素染色剂和染料染色剂。

　　色素染色剂。色素染色剂是最常见的染色剂类型，由三种主要成分组成：色素粉末、悬浮粉末的稀释剂（或溶剂）和黏合剂（包裹色素颗粒并将其黏附在木料表面的树脂）。色素可以是来自天然产物，也可以是人工合成的。稀释剂是可以与黏合剂兼容的液体，可以是溶剂基的或水基的。黏合剂通常是亚麻籽油、清漆或丙烯酸。

　　染料染色剂。大多数色素颗粒足够大，可以借助放大镜看到。而染料粉末的颗粒要比色素颗粒小得多（后者是前者的数千倍）。一旦溶解在水、酒精或油漆溶剂油等溶剂中，染料就不会从溶液中析出，也不会像色素那样沉淀下来，并且也不需要黏合剂。染料染色剂可以在木工商店买到，可以是预先混合好的，也可以是粉末或浓缩物的形式，然后需要加入溶剂自行混合。

　　色素染色剂和染料染色剂为木料染色的机制是不同的。色素染色剂最适合孔隙粗大的开放式纹理的木料，比如橡木、白蜡木、胡桃木和桃花心木。孔隙可以捕获色素颗粒，因此孔隙的颜色要比孔隙之间的平整部分的颜色更深。像硬枫木那样纹理细密且质地致密的木材很难用色素染色，因为缺少可以捕获色素颗粒的结构。

　　而染料染色剂则可以很好地为硬枫木这样坚硬、致密的木材染色，因为染料溶液很容易渗透到木纤维中。

色素和染料染色剂为木料染色的机制是不同的。在色素染色剂的样品（左）中，多孔的纹理区域要比周围的平整区域颜色更深。在染料染色剂的样品中，孔隙和平整区域之间的颜色对比更为细微（右），因为染料可以均匀地渗透到孔隙和平整区域。

有些制造商会在其产品中混合染料和色素，从而提供兼具二者优点的产品。染料染色剂通常会在标签上标明"不起毛刺"（Non-Grainraising，简称 NGR）。如果产品标签上没有该说明，则该产品可能是色素染色剂产品或者色素与染料的混合产品。

染色技术

　　染色的目的是在整个木料表面形成均匀的颜色。无论是色素还是染料，使用方式都是相同的。在整个木料表面快速擦拭或刷涂染色剂，然后用不起毛的干净抹布擦去多余部分。开放时间（从开始涂抹到染色剂开始干燥的时间）是很重要的。油基产品比水基或酒精基的染色剂挥发更慢，能够留出足够的操作时间，使你可以将染色剂涂布均匀并擦去多余部分。因此，油基染色剂更适合初学者使用。

　　如果染色效果没有达到你的预期，只要染色涂层仍然湿润，你可以有几种补救方式。如果颜色偏深，可以使用与染色剂相同的溶剂（通常是油漆溶剂油）擦拭木料表面以除去部分染色剂。之后，如果颜色仍然偏深，请使用精细的合成垫和更多溶剂轻轻擦洗表面。如果需要加深染色效果，可以用颜色更深的染色剂擦拭表面。如果你使用的染料染色剂是用浓缩粉末混合的，可以在溶液中添加更多染料粉末来加深染色剂的颜色。要改变颜色，需要在第一层涂层仍然湿润时涂抹不同颜色的染色剂。

控制染色剂的渗透

　　染色的头号问题是斑点问题。由于木料表面密度的

染色控制剂

染色控制剂有多种名称，其本质是经过稀释的表面处理产品，其作用是最大限度地减少染色剂在原木上形成斑点。首先涂抹染色控制剂，然后在控制剂涂层仍然湿润的情况下涂抹染色剂。

染色控制剂的效果

将液态染色剂涂抹在未经处理的松木单板表面，看起来颜色会偏暗，并且存在斑点。斑点是木料密度和纹理不均匀，染色剂无法均匀渗透造成的。

将液态染色剂涂抹在经过染色控制剂处理的松木单板表面，结果染色剂的渗透变得更均匀，染出的色调总体上也更浅。

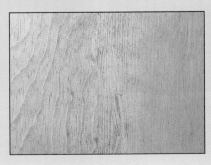

将凝胶染色剂涂抹在未经处理的松木单板表面，染色效果更为均匀，因为凝胶染色剂不会像液态染色剂那样深入渗透木料。

变化，某些木材，尤其是松木等软木和樱桃木、杨木以及软枫木等硬木很难均匀染色。这个问题有两种解决方案。第一种方案是使用凝胶染色剂。凝胶染色剂是浓稠的色素染色剂，所含溶剂较少，可以限制染色剂的渗透深度。第二种方案是在染色之前先用染色控制剂（也被称为木材调理剂）处理木料表面。染色控制剂被吸收后可以密封木料表面，进而均匀地吸收染色剂。

选择染色控制剂时，务必保持控制剂与所用染色剂相匹配：油基控制剂搭配油基染色剂效果最好，水基控制剂搭配水基染色剂效果最佳。还可以使用相应溶剂将面漆（虫胶、清漆或合成漆）稀释至50/50的浓度，作为木材调理剂使用。

染色控制剂很容易使用。在木料表面充分擦涂或刷涂油基控制剂，15分钟后擦去多余部分，然后立即涂抹染色剂。如果使用虫胶或合成漆基的控制剂，则在涂抹染色剂之前至少需要干燥1小时，而且染色剂不能是酒精基或合成漆基的，否则控制剂会重新溶解。无论选择哪种控制剂，最好先在废木料上涂抹并染色，以确定使用效果。对于有特别斑点的木料，可以先用控制剂处理，然后使用凝胶染色剂染色。

填充孔隙

根据木材种类的不同，你可能需要就如何处理木材孔隙做决定。橡木、白蜡木、桃花心木和胡桃木这样的木材有很深的、开放的孔隙，如果没有事先填充，在涂抹面漆后它们会变得清晰可见——可以不必填充孔隙，直接进行表面处理，形成开放孔隙的处理效果。这种效果外观欠缺优雅，但更为自然，因此有很多木匠喜欢。

膏状木填料

如果需要作品表面呈现光滑且看不到孔隙的外观效果，可以使用膏状木填料填充孔隙。用刷子将填料涂抹在作品表面，然后用刮刀除去多余部分。根据产品的不同，可以选择在染色前或染色后填充孔隙。

如果你想要玻璃般光滑、孔隙封闭的处理效果，且视觉上完全看不到孔隙，可以用清漆这样的产品多涂抹几层涂层以填充孔隙。更好的方法是使用膏状木填料。这种产品有水基或油基配方，天然色或彩色。被称为"木填料"的产品的浓稠度会有所不同，有些实际上就是木粉腻子，而不是木填料。（更多关于木粉腻子的信息，请参阅第133页）经验会告诉你，可以像浓稠的胶水那样流动的木填料才是正品。天然色的木填料其实是灰白色的，用于淡化孔隙部位的颜色，使其染色后可以与周围浑然一体。天然色木填料最适合白蜡木这样的金色系木材。彩色木填料是用色素制成的，用来突出孔隙，使纹理更为醒目。

木填料对纹理颜色的影响

 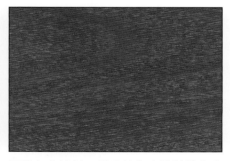 

没有使用木填料。这块桃花心木样品只进行了简单的染色，并涂抹了一层清漆面漆，没有使用木填料。表面处理后孔隙可能会显示为浅凹坑。

天然色木填料。用天然色木填料填充木料孔隙，可以从整体上淡化木料的色调，使多孔区域与周围区域的颜色趋于一致。

彩色木填料。颜色较深的彩色木填料可以突出孔隙，形成与没有使用填料的样品完全不同的对比效果。深色的木填料最适合胡桃木、樱桃木或橡木等深色木材。

使用木填料

如何使用木填料取决于填料的类型。水基木填料最好用于裸木，便于晾干后用砂纸打磨。然后可以用酒精基的染料染色剂或者不起毛刺的染料染色剂进行染色。油基木填料可用于裸木或已经染色的木料。但是，油基木填料一旦涂抹，后续就不能进行染色，所以，如果你打算在染色后使用木填料，应仔细选择木填料的颜色以达到预期效果。

在涂抹水基木填料时，用刷子充分刷涂木料表面，并借助刷子提供的压力将木填料压入孔隙中。使用橡胶刮板或硬纸板刮去多余木填料，以一定的横向于纹理的角度沿对角方向拉动工具，可以防止擦掉孔隙中的木填料。静置，至少干燥1天。用220目的砂纸打磨并除去多余木填料，直到木料表面整洁，且孔隙仍被填满。打磨过后，木料表面可能看起来有些发白，但在完成染色或者涂抹一层透明面漆后，这种现象就会消失。任何表面处理产品都可以在水基木填料处理后使用。

> 木填料有两个用途：一是填平木料孔隙以进行表面处理，二是突出孔隙或使其与周围木料浑然一体。

如果你打算在染色后使用油基木填料填充孔隙，需要在使用油基木填料之前，涂抹一层封闭剂保护染色涂层。使用稀释剂溶解虫胶或清漆，配成50/50浓度的封闭剂，涂抹封闭剂并晾干。用400目的砂纸轻轻打磨封闭涂层，然后在木料表面充分刷涂木填料，并立即用橡胶刮板去除多余部分。等待，直到木填料出现雾浊（通常需要约15分钟）。用一块粗麻布、毛巾布或棉布横向于纹理擦拭，除去雾浊。在木料表面重新变得清澈后（木填料仍应留在孔隙中），至少静置干燥2天，如果环境温度偏低，则需要干燥更长时间。接下来用400目的砂纸轻轻打磨干燥后的木填料，再涂抹透明面漆层。虫胶、清漆和合成漆可以涂在油基木填料上，但有些水基表面处理产品不能很好地附着其上。如果有任何疑虑，可以在涂抹面漆之前，涂抹一层脱蜡虫胶封闭木填料。

如何使用木填料

1 在木料表面刷涂厚厚的一层木填料，并尽力将木填料压入孔隙中。操作要快。

2 在木填料干燥之前，以一定的横向于纹理的角度，沿对角方向拉动橡胶刮板、塑料墙板刀或硬纸板，除去多余木填料。对于油基木填料，需要用粗麻布等材料将表面擦拭干净。

3 等待木填料完全干燥。轻轻打磨掉剩余的木填料，注意不要过度打磨，以免把孔隙中的木填料去除。然后，根据木填料类型，进行染色和（或）涂抹透明面漆的操作。

选择表面处理产品

表面处理产品的选择很多。40 年前，可供普通爱好者使用的木工表面处理产品并不多。不过，由于木工仍然是发展最快的爱好领域之一，表面处理产品的制造商重新规划和包装了相关产品，使其种类更多，用途更广，更加耐用，且更易于家庭木工操作使用。表面处理产品可以分为油基和水基产品，也可以分为刷涂型、擦拭型或喷涂型产品。有些产品含有染色剂成分，号称"一体化"产品，但所有这些产品都是用来为木料表面制作涂层的。如何从中选择一种呢？

首先需要将产品分成一些利于管控的类别，并界定其主要特性。不同的表面处理产品能够提供的保护性、耐用性和易用性是不同的。此外，它们在使用后会产生的视觉效果也是不同的。所以，选择表面处理产品需要仔细权衡。总体原则是，选择最适合每件作品需求的产品。

关键时刻。精心挑选的表面处理产品不仅可以保护作品，而且可以提升作品的品质；之前只是组装在一起的木制部件现在神奇地变成了一件漂亮家具。表面处理可以展现木材独特的特性、光泽和颜色层次。

"真"油

许多产品被宣传为油类产品，但它们大多是油、清漆和一些其他溶剂组成的混合物。真正的油类产品种类很少，主要包含 3 种：煮沸的亚麻籽油、纯桐油和矿物油（通常称为案板油或沙拉碗油）。亚麻籽油和桐油暴露在空气中会形成一层固体膜，而矿物油则不会。这种干燥特性使桐油和亚麻籽油的涂层更为耐潮和耐磨损，但它们的耐久性不如清漆涂层。由于矿物油不能干燥，如果涂抹过多，会在木料表面留下一层油膜，这层油膜不会破裂或剥落，因此对于需要接触食物的木制品，矿物油是表面处理的安全替代品。

真正的油类产品其实很便宜，也很容易用抹布擦拭或用刷子涂抹，对增加木料的颜色层次和光泽非常有用。油形成的涂层也很容易修复，只要用更多的油擦拭就可以使轻微的划痕消失。真正的油不能像其他表面处理产品那样形成坚硬的涂层，如果试图用油建立厚涂层，涂层会很柔软且变得黏糊糊的。油涂层还需要一些日常维护，可能需要每年或在木料看起来干燥时重新上油。

清漆

"清漆"这个术语并不准确，随着时间的推移，它的

含义也发生了变化。按照今天的标准，清漆是指由醇酸树脂、酚醛树脂或聚氨酯等合成树脂制成的表面处理产品，其涂层坚硬耐用。把这些树脂与桐油、亚麻籽油以及其他一些半干性油（比如红花油和大豆油）一起加热，制作出的产品比真正的油更为耐用。混合型和水基型的产品混合的是丙烯酸，而不是油。清漆在消费级的表面处理产品市场占据主导地位。

根据产品中油的百分比的不同，清漆产品可分为两种。"长油"清漆含有更多的油组分，形成的涂层柔软而富有弹性。它们被作为舰船清漆、桅杆清漆和户外清漆出售，因为它们形成的薄膜更适应木料的膨胀和收缩。"短油"清漆干燥后可以形成更为坚硬、弹性较低的薄膜涂层。这两种清漆都可以用于室内，其中短油清漆的抛光效果更好。清漆产品一般使用刷子刷涂，不过高度稀释的清漆产品可以喷涂，凝胶型的清漆产品可以用抹布擦拭。

油与清漆的混合物

油与清漆的混合物是油和少量清漆的混合物。这种产品具有一些油的特性（比如，易擦拭），并且由于加入了清漆，使其涂层的保护能力得到一定程度的提高。与清漆是油和树脂之间通过化学反应而形成不同，油与清漆的混合物可以看作是经大量油稀释的清漆产品。

与清漆相比，油与清漆的混合物形成的涂层光泽偏暗，并且缺乏清漆涂层具备的防水、防划特性。沃特科（Watco ™）、丹麦油、柚木油、北欧油以及其他许多作为油类出售的产品都属于此类。

合成漆

合成漆是指含有易燃溶剂的、涂层光亮且坚硬的快干型表面处理产品。它被许多专业人士认为是最好的木材用全能表面处理产品，因为合成漆涂层颜色层次丰富，耐久性中等以上，甚至可以达到极好的档次（取决于使用的产品类型），并且抛光效果好。硝基漆是最常见的合成漆，产品标签上通常标有"合成漆"字样。合成漆是初学者最难成功驾驭的表面处理产品之一。最好在专门的防火喷漆房使用专门的喷涂设备进行喷涂，因为刷涂难度很大。虽然对大型作品来说，气溶胶合成漆相当昂贵，但它的确更易使用。

虫胶

虫胶实际上是一种由昆虫分泌的天然树脂。这种生长在印度和泰国的昆虫以当地的树木为食，其分泌物汇聚成茧状，经过提纯精制可形成薄片产品。将薄片溶解在酒精中即制得虫胶溶液，分罐封装后就是你在商店中看到的产品。预配制的虫胶产品有橙色（琥珀色）和透明色（经过漂白的虫胶）的。也有以薄片形式出售的虫胶，你可以用工业酒精自行配制虫胶溶液。相比预配制的虫胶溶液，虫胶片的颜色更丰富，蜡含量的变化也更大。蜡含量越高，防水性就越差。如果在涂抹面漆之前使用虫胶作为打磨封闭剂（参阅第 144 页），其中的蜡可能会妨碍一些表面处理产品与封闭涂层的黏合。

虫胶作为表面处理产品已经流传了两个世纪。它干燥迅速，干燥后无毒，并且后续易于修补。虫胶涂层的缺点是，会被酒精、强力家用清洁剂和热量损坏。虫胶可以擦拭，可以刷涂，涂抹多层薄涂层可以得到最佳处理效果。因为干燥迅速，你可以在一天之内轻松涂抹 2~3

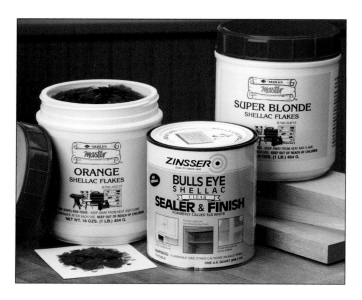

层薄涂层。在擦拭或刷涂时，请使用 2 磅规格的虫胶（参阅本页配制虫胶溶液的内容）。

一旦混合，虫胶的预混合产品的保质期为 6 个月至 3 年。应始终使用新配制的虫胶溶液。配制后存放的时间越长，虫胶干燥成膜所需的时间就会越长。

哪种产品最好？

没有哪种表面处理产品是万能的，因此为作品选择合适的表面处理产品会有些困难。通用性最好的表面处理产品是油基聚氨酯。它易于涂抹，涂层外观很好、耐磨损且无须维护。但是也不要回避其他选择。为了帮助你选择产品，请考虑以下问题。

1. 该作品用于何种用途？ 户外作品对表面处理产品性能的要求与茶几或沙拉碗用的面漆是不同的。仔细考虑作品的用途，及其对表面处理产品的要求。

对于不会在过于活跃的环境中暴露 2 年以上，或者不会遭遇过多日照或过大湿度的作品，可以考虑使用合成漆、虫胶、油以及油与清漆的混合物。使用上述产品，可能只需在涂层上擦涂几层家具抛光蜡就可以了。如果出现刮痕，这些产品的涂层都很容易修复。请注意，如果长时间暴露在水中，可能会损坏抛光蜡、油、虫胶、生漆和一些水基表面处理产品。此外，虫胶对氨水等碱性制品缺少耐受能力，合成漆遇到酒精会分解。

对于接触食物的器具而言，没有所谓"最佳"的表面处理产品。矿物油（也被称为"沙拉碗油"）不会变质，是处理案板的理想选择。对于食品篮和木碗来说，涂上几层去蜡虫胶是不错的选择。虫胶涂层可以封闭木料使其隔绝水分，因此可以用湿布擦拭干净。用虫胶处理玩

配制虫胶溶液

将一定比例的虫胶片溶解在工业酒精中的操作称为分割。完成不同的表面处理任务需要不同分割的虫胶溶液。当虫胶用作面漆时，最常见的虫胶分割为 2 磅规格，也就是把 2 lb（0.91 kg）的虫胶片溶解在 1 gal（3.8 l）的工业酒精中配成的溶液。为了实用，也为了保持溶液新鲜，一般将 4 oz（113.4 g）虫胶片溶解到 1 pt（473 ml）的工业酒精中就可以了。商店出售的预配制虫胶通常是 3 磅规格的，需要在 1 qt（946 ml）3 磅规格的溶液中加入 ¾ pt（355 ml）的工业酒精将溶液首先稀释到 2 磅规格。请参考产品包装给出的数值配制其他规格的溶液。

具也不错，即使儿童把玩具放进嘴里也没关系。一些水基清漆对儿童来说也是安全的。选择产品需要仔细检查标签。

实际上，你可能已经听说过，所有木工表面处理产品在完全凝固后都是无毒的。一旦溶剂完全挥发，固化的薄膜都能与食物安全接触。但这并不意味着，可以安全吞噬涂层本身。涂层中的催干剂或增塑剂等添加剂是因为被凝固的表面处理产品充分封闭，所以才不会逸散到食物中。

户外制品的最佳表面处理产品是油基的舰船／桅杆清漆。这种桐油／酚醛树脂清漆可以形成坚韧的涂层，涂层可以在一定程度上随着木材的形变膨胀和收缩。在阳光直射等恶劣条件下，涂层可能需要每隔几年打磨剥离并重涂一次。船舶专用的舰船清漆含有添加剂，其涂层对阳光和水汽具有更高的耐受性，但其价格同样昂贵，可能达到普通桅杆清漆的 3 倍。对于雪松木、白橡木、红杉木和柚木这样具有天然耐候性的木材，你甚至可以完全放弃表面处理，一切顺其自然。

2. 你想木料获得何种外观？ 如果需要自然的外观，可以擦拭几层桐油或亚麻籽油，或者涂抹油与清漆的混合物。此外，只要涂层数不多，虫胶、合成漆或清漆等产品也可以提供类似的效果。同样，用适当的溶剂稀释表面处理产品，它会更均匀地流入孔隙中。

如果想获得优雅且如玻璃般光滑的表面，突出颜色层次和光泽，应选择虫胶、合成漆或清漆这样成膜性好、涂层坚硬的产品。此时务必先填充孔隙（参阅第 136 页"填充孔隙"）。根据经验，油和油基清漆涂层光泽度最好，其次是溶剂型合成漆和虫胶。

颜色和渗透性也是需要考虑的因素。一些清漆和橙色虫胶可能会使木料呈现琥珀色，对于枫木、桦木这样希望尽可能保持浅色的木料来说，这种颜色太深了。水性聚氨酯倾向于凝固在木料表面而不是渗透其中，这有利于保持较浅的木料颜色，但木料的最终外观可能偏晦暗和冷色调。

3. 工房的整洁、温暖和干燥程度。 如果操作环境很冷或遍布灰尘，快干型的可喷涂合成漆和虫胶产品是不错的选择。灰尘落在这些涂层表面不会像落在油基清漆那样的慢干型产品的涂层表面后果严重。在寒冷环境中，虫胶和合成漆也是固化最快的，在炎热和潮湿的条件下使用时，则需要使用添加剂（缓凝剂）延缓其干燥速度。

选择产品

像这款休闲桌这样的户外作品会受到紫外线照射和湿气的破坏，需要使用透明的舰船清漆或其他户外清漆处理部件。清漆薄膜足够坚韧，可以在一定程度上随木材的膨胀和收缩同步变化。

对于案板、沙拉碗和其他与食物接触的制品，使用无须干燥、无毒的矿物油处理表面较为理想。如果制品需要经常洗涤，则应频繁地重新上油。

书桌、餐桌和其他需要经常移动、面临磨损和剐蹭的家具需要较为耐用的涂层，同时需要保持家具的美观性。室内清漆或虫胶可以满足需要。

刷涂表面处理产品的工具包括天然鬃毛刷、合成毛刷、泡沫刷、短绒泡沫垫，以及干净的无绒布或纸巾。

涂布面漆

　　分散木工表面处理产品的技术主要有三种：刷涂、擦拭和喷涂。我们会在接下来的部分详细介绍每种技术的基本知识。

　　技术的选择非常简单。如果你想建立较厚的涂层以填充木料孔隙，或者需要处理较大的作品，可以选择刷涂。如果你追求较薄的涂层和更为自然的外观，或者作品包含许多刷子难以触及的狭小封闭区域，可以选择擦拭。对于形状不规则或者难以同时固定和处理的小部件，气溶胶清漆和合成漆等可喷涂产品是最佳选择。

需要的工具

　　制作涂层使用的工具越少，产生的效果越好。你需要准备天然鬃毛刷、泡沫刷、合成泡沫垫和无绒布。这些工具都比较便宜且易于获得。

　　鬃毛刷。刷子可以用各种形状和轮廓的天然鬃毛或合成毛制作（见左图）。猪鬃刷通常是用中国猪鬃制作的，可用于刷涂油、油基清漆、虫胶和合成漆。合成毛刷由尼龙或聚酯纤维制成，最适合刷涂水基产品和油漆。最好多准备一些各种样式的天然鬃毛刷和合成毛刷。如果你打算完成大量的表面处理，需要购买优质的刷子。每次使用后立即将刷子清洗干净，可使其寿命持续数年。购买专业的优质刷子非常值得，你可以获得满意的操作结果和较长的使用寿命，而不像便宜的刷子那样会在操作过程中掉毛。

　　抹布和旧衣服。任何天然、整洁和吸附性强的材料都可以用来涂抹染色剂，但对于擦拭表面处理产品，应尽可能选用不起毛的布料。没有纹理的纸巾和T恤等旧的棉制衣物效果都不错。

　　泡沫垫和刷子。短绒泡沫垫和一次性泡沫刷适合刷涂清漆和水基涂料。而且它们非常便宜，用过后可以直接丢弃。

鬃毛刷样式　　　　　　**刷毛尖端**

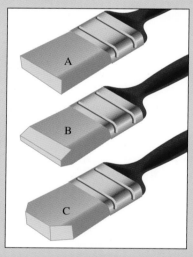

A

B

C

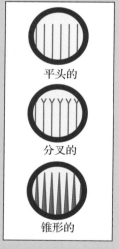

平头的

分叉的

锥形的

刷子的样式和刷毛尖端的形状在很大程度上决定了刷子的性能。平头刷（A）不适合刷涂透明的产品，因为它会在刷涂边缘留下很大的峰线。可以用这些刷子刷涂染色剂和油漆。尖头刷其外侧刷毛较短，中间的刷毛较长，并且刷毛两侧可以是直棱的（B），也可以是圆形的（C）。与平头刷相比，尖头刷刷涂效果更好，刷涂边缘更为平滑。刷毛尖端可以是平头的、分叉的、锥形的以及几种样式的组合形式。平头刷毛是廉价刷子的标志，往往会留下很大的峰线。刷毛尖端分叉或呈锥形的刷子，无论何种型号，都能刷出细腻平滑的涂层。

刷涂技术

← 向外刷涂

1 从距离部件一端约 3 in (76.2 mm) 的位置起始向外刷涂。如果从一端起始向内刷涂，很容易在端面出现流挂。

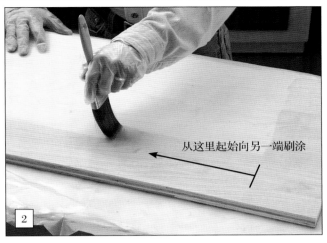

从这里起始向另一端刷涂

2 完成部件的一端，就可以刷涂其余部分了。从步骤 1 中的起始位置起始每次刷涂，并保持相邻笔画部分重叠。

刷涂

在刷涂时，尽可能将部件水平放置进行操作，即使这需要等待某些表面干燥，然后将与其相连的垂直部件改为水平放置。如果必须垂直刷涂部件，也应横向刷涂，而不是上下刷涂，以减少涂层流挂。每个刷涂笔画都要与上一次笔画的湿润边缘重叠。

在开始刷涂之前，为了确保操作干净，应把刷毛靠在手掌或桌子边缘轻轻敲打，以清除任何碎片或松散的刷毛。然后调整刷子（参阅本页"调整刷子"的内容）。最好将涂料从原容器中倒出，通过一个中等大小的筛网或过滤器将其倒入一个较小的罐子中，以清除可能出现在表面涂层中的碎屑。

将刷子浸入涂料中，浸入到一半刷毛的位置，然后将刷子取出，在罐子侧面按压以去掉多余涂料。千万不要在罐口边缘刮蹭，否则会把气泡引入涂料液体中。然后，按照本页顶部介绍的技术进行刷涂。

完成部分区域的表面处理后，想办法抹平刷涂形成的嵴线（称为扫尖）。首先，从刷子上刮掉多余涂料，然后用刷尖轻轻扫掠涂层，将其处理平滑。但对于虫胶和合成漆这样的快干型产品不需要扫尖，只需尽可能平滑地刷涂，无须其他操作。

调整刷子

在进行刷涂之前，先将刷毛完全浸入稀释剂中，一直浸到金属箍处，以调整刷子。水基涂料用水、油基清漆用油漆溶剂油、虫胶用酒精作为稀释剂。用抹布除去刷毛上多余的稀释剂。调整可以使刷子随后更容易清洁。

在用泡沫刷或泡沫垫刷涂时，把工具浸入涂料中吸收几秒钟，然后刮去多余涂料。以均匀的笔画刷涂，然后像上面一样用刷子扫尖嵴线。

避免气泡

在刷涂时，表面处理产品（尤其是清漆）中的气泡是一个常见问题。气泡通常是由于使用了错误类型的刷子（比如用平头合成刷毛制作的平头刷刷涂油基清漆）或表面处理产品过于稠厚引起的。要想稀释表面处理产品，可以在每品脱产品中加入 1~2 oz（29.6~59.1 ml）的稀释剂。如果这样不能解决问题，请尝试使用猪鬃毛刷。如果仍有气泡，请确保涂料、作品和房间的环境温度达到 65 ℉（18.3℃）以上。如果这些努力都失败了，请购买一批新的表面处理产品。

粘布

完全干净的木料表面是成功进行表面处理的关键。在光滑的表面，即使是少量的灰尘或沙砾也能被看到。在表面处理之前和表面处理期间，彻底清洁木材表面的最佳方法是使用粘布。粘布可以把细小的颗粒从木料孔隙中吸出，同时不会留下任何残留物。可以购买成品或自制粘布。

预制粘布　　　自制粘布的材料

粘布选项。大多数木工商店都有成品粘布出售。你也可以自制粘布：将少量煮沸的亚麻籽油和清漆混合制成溶液，然后将粗棉布浸入其中，浸透，然后彻底拧干。将粘布存放在密封罐中，以便重复使用。

在涂抹多层涂层时，**每完成一个涂层都要用 320 目或 400 目的砂纸进行打磨**，以消除产品中的水分形成的毛刺（尤其是在使用水基产品时），并消除涂层上的细微瑕疵。然后用粘布彻底擦拭表面，除去所有沙粒，然后再涂抹新的涂层。

打磨涂层

为了提高油基清漆和聚氨酯的黏附力，在涂抹新的涂层之前打磨原有涂层十分必要，还可以去除涂层表面的细微瑕疵。使用 320 目或 400 目的砂纸轻轻打磨涂层表面。也可以用 0000 号钢丝绒打磨涂层表面。然后用粘布除去粉尘（在紧急时，也可以用一块洒上清漆的粗棉布充当粘布）。对于合成漆、虫胶和一些水基产品，只有在需要去除粉尘或其他瑕疵时，才有必要打磨涂层。因为这些产品会溶解之前的涂层形成新的涂层，无须打磨每一涂层增加黏附力。

涂抹打磨封闭剂

如果需要对柚木这样的油性木料进行表面处理，或者在油性染色涂层上进行表面处理，可能需要考虑在正式进行表面处理之前刷涂一层打磨封闭剂。实际上，对任何木工表面处理来说，打磨封闭剂都能进行很好的预处理，因为它可以锁定木纤维，在涂层干燥后很容易将其打磨掉。

可以购买成品打磨封闭剂，但实际上它们只是加入了一些添加剂（使封闭剂涂层更易打磨）的稀释清漆。另一种选择是刷涂一层脱蜡虫胶。对于油基产品或染料染色剂，虫胶是一种特别好的封闭剂。你还可以从商店购买 50/50 配比的油基清漆，将其与油漆溶剂油混合，配制打磨封闭剂。

像刷面漆一样刷涂打磨封闭剂，待其干燥后轻轻打磨，然后涂抹需要的涂层。

打磨封闭剂可以封闭木纤维以及油和染色剂涂层，以形成一个可打磨的光滑表面。预混合的打磨密封剂、去蜡虫胶以及清漆和油漆溶剂油等量混合的溶液（见上图）都可以制作理想的封闭涂层。刷涂打磨封闭剂（见右图）的操作与刷涂其他表面处理产品时一样。

使用水基产品的提示

由氨基甲酸乙酯、醇酸树脂和丙烯酸树脂组合制成的水基产品是木工领域相对较新的表面处理产品。从健康角度来看，它们使用起来更安全，因为易燃和污染性的溶剂一定程度上被水取代。由于有机溶剂用量较少，水基产品在使用时产生的烟雾也较少，并且可以用肥皂和水轻松清洗。

水基产品与其他产品在操作上没有太大区别，但它具备一些独特的性能。由于水基产品中有机溶剂含量较低，因此它们不会溶解罐中可能存在的少量沉淀物。因此，在使用水基产品之前一定要过滤除去沉淀，否则刷子会把沉淀颗粒带到涂层上。

水基产品也会导致起毛刺，使涂层表面变得更粗糙。有几种方法可以避免起毛刺。可以先用蒸馏水擦拭木料表面诱导起毛刺，接下来用最后一道打磨工序使用的砂纸重新打磨木料（220目足够了），然后再使用水基产品进行表面处理。另一种防止起毛刺的好方法是在正式涂抹第一层涂层之前，先涂抹一层脱蜡虫胶封闭木料表面。

通过中等目数的滤网或滤纸过滤器过滤水基产品，去除罐中可能存在的沉淀颗粒。最好每次只过滤需要使用的量。不使用的部分通过一个干净的过滤器倒回原来的罐子里。

首先用蒸馏水擦拭木料表面诱导起毛刺。用蘸有蒸馏水的海绵或抹布擦拭木料表面，晾干，然后用220目的砂纸打磨。主动使木料起毛刺并将其去除，可以减少涂抹第一层水基产品时毛刺的数量。

涂上一层脱蜡虫胶制作封闭涂层。虫胶可以密封木料孔隙，减少水分吸收。封闭剂干燥后轻轻打磨，使涂层表面光滑，然后照常涂抹面漆。

擦拭表面处理产品应使用干净、不起毛的抹布或纸巾，并以顺滑、均匀的方式涂抹。放在部件前面的台灯可以使你轻松发现和修补之前漏掉的位置。

自制油与清漆的混合物

许多表面处理师喜欢自己制作擦拭混合液，这样他们就能确切地知道溶液成分，并可以根据个人喜好调整溶液成分。一个通用的优质配方是混合 1/3 的清漆（挑选你最喜欢的）、1/3 的亚麻籽油或桐油以及 1/3 的松节油或油漆溶剂油。减少混合物中的油含量，或者用石脑油代替松节油，可以干燥得更快。

擦拭

理论上，任何表面处理产品都可以擦拭涂抹，但最容易用这种方法涂抹的是真油、油与清漆的混合物和稀释的清漆。油操作起来最简单，只需把油擦涂到木料表面，任其浸润木料几分钟，然后擦掉多余的部分。清漆的擦拭难度稍大，其形成的涂层也比油涂层更坚硬。

要擦拭清漆，请使用专门的擦拭型产品、油与清漆的混合物或自制的溶液（参阅左下角的"自制油与清漆的混合物"）。用一块布或一块无纹理的纸巾，以顺滑、均匀的笔画擦拭清漆。注意相邻笔画保持约 1 in（25.4 mm）的重叠。

不论擦拭何种表面处理产品，在部件前方放一盏灯，借助灯光的反射，你可以轻松发现遗漏的位置。此外，还要抵制把涂层涂得很厚的诱惑，因为厚涂层要经过很长时间才能干燥。

喷涂

喷漆、气溶胶清漆和合成漆非常适合处理结构复杂或异形部件的表面，这类部件很难牢牢固定着进行刷涂或擦拭。涂层要薄而均匀，以免涂料流挂和滴落。

最好戴上经过认证的防烟雾面罩，尤其是在喷涂合成漆时。喷涂操作一定要在通风良好的环境进行。

喷漆使用方便，适合处理异形部件，比如抽屉拉手。用钉子或螺丝穿过一块废木料，可以为这种异形部件提供简单的固定方式，使你可以在不接触它们的情况下从四面对其进行喷涂。

亚光光泽

用 600 目的碳化硅砂纸打磨表面，辅以油漆溶剂油进行润滑，可以得到亚光光泽的表面。用砂纸轻轻打磨边缘和边角，注意不要磨穿涂层。

缎面光泽

使用油皂或稀释的家具抛光蜡和 0000 号钢丝绒将涂层表面抛光至缎面光泽。

光亮光泽

使用汽车抛光剂、浮石或擦亮石和一块软布，擦拭涂层以获得光亮的光泽。

抛光表面

很多木匠并不知道，许多表面处理产品形成的最后一层涂层可以通过抛光处理改善外观。抛光，需要用越来越精细的磨料进行处理，并除去粉尘和碎屑、整平涂层，获得想要的光泽。只有虫胶、油基清漆和合成漆等产品形成的坚硬涂层才能进行抛光；油和油与清漆的混合物形成的涂层是不能抛光的。在涂层完全固化后，抛光过程更容易进行，清漆和虫胶产品充分固化需要 1 周，油基清漆则需要 2 周。如果在潮湿环境中操作，固化时间需要延长。

在逐渐增加磨料的精细度抛光涂层表面的过程中，可以调整需要的表面光泽度。

要抛光涂层，首先用 600 目的湿/干碳化硅砂纸进行打磨，使用油漆溶剂油或肥皂水提供润滑。然后擦掉残留物，继续用 0000 号钢丝绒擦拭表面。在靠近边缘的位置用短促的笔画，然后用长而均匀的笔画擦拭其他表面。这种擦拭可以产生亚光的光泽。

如果需要增加光泽度，可以使用墨菲油皂（Murphy Oil Soap ™）或者用油漆溶剂油稀释 50% 的家具抛光蜡，用 0000 号钢丝绒擦拭。如果需要光亮的光泽度，需要用汽车抛光剂、4F 级别的浮石或擦亮石（可在油漆店和五金店买到）擦拭表面。

涂抹一层家具抛光蜡来保护新涂层。待其干燥至雾浊状态，用干净的软布擦掉残留物。

为了增强保护，要给新涂层上蜡。上蜡时，用粗棉布包裹一块高尔夫球大小的膏蜡（见插图），然后用其擦拭涂层表面。待蜡完全干燥，擦拭以去除雾浊状态。

第二部分
木工作品

第 160 页

第 152 页

第 220 页

第 186 页

第 200 页

第 192 页

第 7 章　家居饰品

第 164 页

第 172 页

第 180 页

第 216 页

第 208 页

壁炉钟

　　壁炉钟是最古老的钟表类型之一，其大小非常适合放在壁炉上。不过，即便没有壁炉，你也可以制作这款具有传家宝品质的作品。壁炉钟小巧的尺寸使其放置在书架或边桌上同样具有吸引力。这款壁炉钟使用樱桃木制作，镶嵌玻璃面板的分体式框架设计可以突出黄铜材质的摆锤和钟面，以及优雅的表冠和底座（可以使用电木铣轻松制作）。

重要信息

类型：钟表

整体尺寸：长 10½ in（266.7 mm），高 16⅞ in（428.6 mm），宽 5¼ in（133.4 mm）

材料：樱桃木、樱桃木胶合板和玻璃

接合方式：半边槽接合、圆木榫加固的对接接合

制作细节：

· 按照表冠和底座的轮廓铣削每个部件的端面和侧缘，然后再将各部件组装在一起

· 对面框的内外边缘倒角

· 将玻璃面板镶嵌到内支架中（玻璃板可拆卸）

· 在背板上钻孔，便于移动时钟

· 安装时钟组件

表面处理：缎面光泽的桐油

制作时长

 准备木料
2~3 小时

 绘图和标记
2~3 小时

 切割部件
3~4 小时

 组装
3~4 小时

 表面处理
2~3 小时

总计：12~17 小时

使用的工具

· 压刨
· 平刨
· 台锯
· 电木铣，配有 45° 导向倒棱铣头、½ in（12.7 mm）圆角铣头、¼ in（6.4 mm）内凹铣头和珠边铣头
· 竖锯
· 手持式电钻 / 螺丝刀
· 圆木榫定位夹具
· 夹具

购物清单

☐ (2)½ in × 6 in × 8 ft 樱桃木板
☐ (1)¾ in × 6 in × 12 in 樱桃木板
☐ (1)¼ in × 2 ft × 2 ft 樱桃木胶合板
☐ (1)³⁄₃₂ in × 6¼ in × 13 in 玻璃板
☐ 直径 ¼ in 的圆木榫
☐ #6 × ½ in 规格带垫圈盘头螺丝
☐ #4 × ¾ in 规格黄铜平头木工螺丝
☐ 6 in × 6 in 黄铜钟面、配有电池组件的石英机芯和黄铜摆锤
☐ 木工胶
☐ 表面处理材料

注：1 in ≈ 25.4 mm，1 ft ≈ 304.8 mm。

壁炉钟解构图

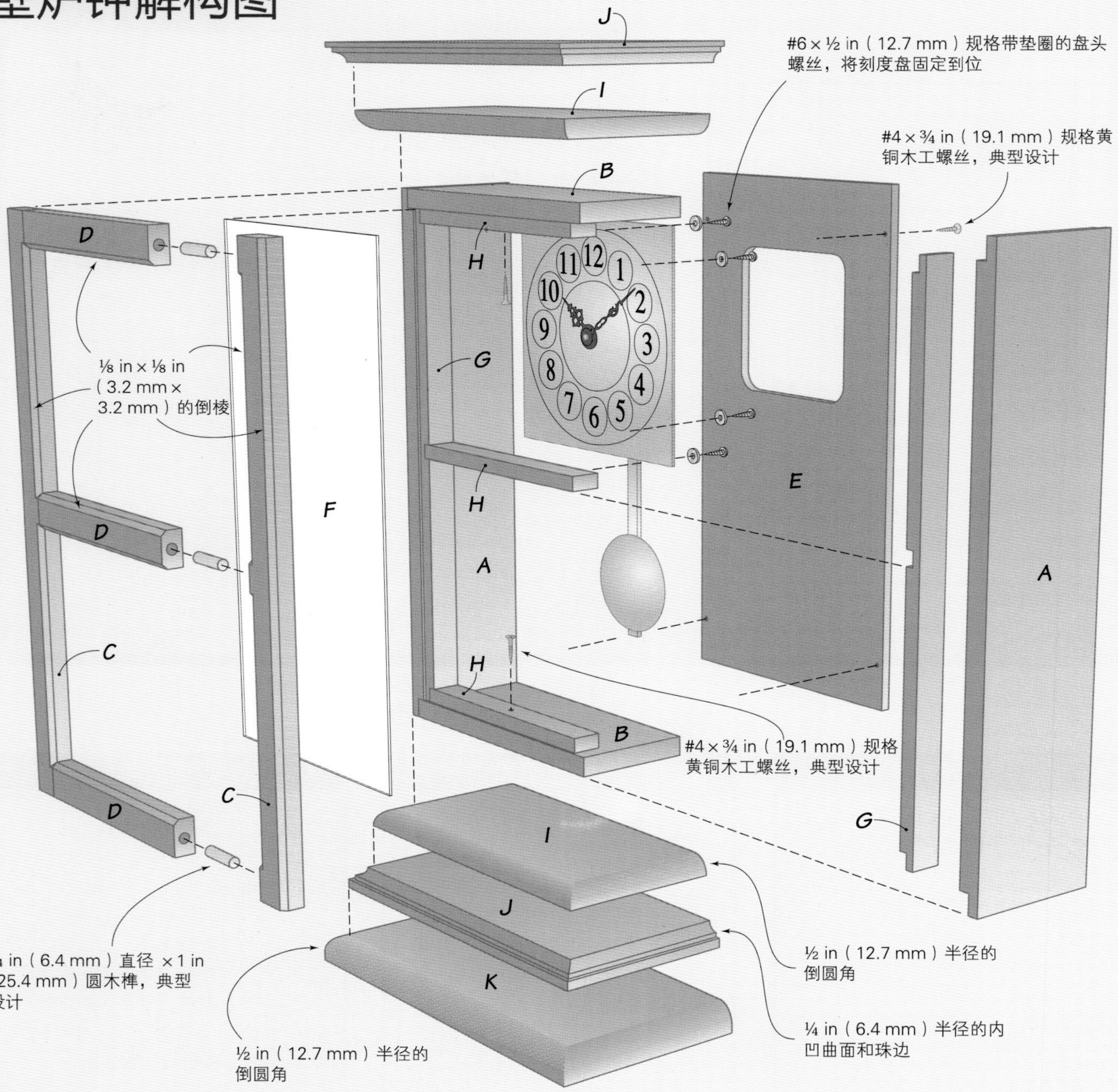

J
I
B
#6 × ½ in（12.7 mm）规格带垫圈的盘头螺丝，将刻度盘固定到位
#4 × ¾ in（19.1 mm）规格黄铜木工螺丝，典型设计
D
D
D
C
C
⅛ in × ⅛ in（3.2 mm × 3.2 mm）的倒棱
F
H
H
H
G
A
E
A
B
#4 × ¾ in（19.1 mm）规格黄铜木工螺丝，典型设计
G
I
J
K
¼ in（6.4 mm）直径 ×1 in（25.4 mm）圆木榫，典型设计
½ in（12.7 mm）半径的倒圆角
½ in（12.7 mm）半径的倒圆角
¼ in（6.4 mm）半径的内凹曲面和珠边

壁炉钟切割清单

部件名称	数量	尺寸	所用材料
A. 框体侧板	2	½ in × 3¼ in × 14⅛ in	樱桃木
B. 框体顶板和底板	2	½ in × 3 in × 7 in	樱桃木
C. 面框梃部件	2	½ in × ⅞ in × 14⅛ in	樱桃木
D. 面框冒头部件	2	½ in × ⅞ in × 5¾ in	樱桃木
E. 背板	1	¼ in × 7¼ in × 14⅛ in	樱桃木胶合板
F. 玻璃板	1	3/32 in × 6 7/16 in × 13 1/16 in	樱桃木
G. 内支架梃部件	2	⅜ in × ¾ in × 13⅛ in	玻璃
H. 内支架冒头部件	3	⅜ in × ¾ in × 6⅛ in	樱桃木
I. 表冠和底座圆角部件	2	½ in × 4¼ in × 8½ in	樱桃木
J. 表冠和底座内凹曲面部件	2	½ in × 4¾ in × 9½ in	樱桃木
K. 圆角底板	1	¾ in × 5¼ in × 10½ in	樱桃木

注：1 in ≈ 25.4 mm，1 ft ≈ 304.8 mm。

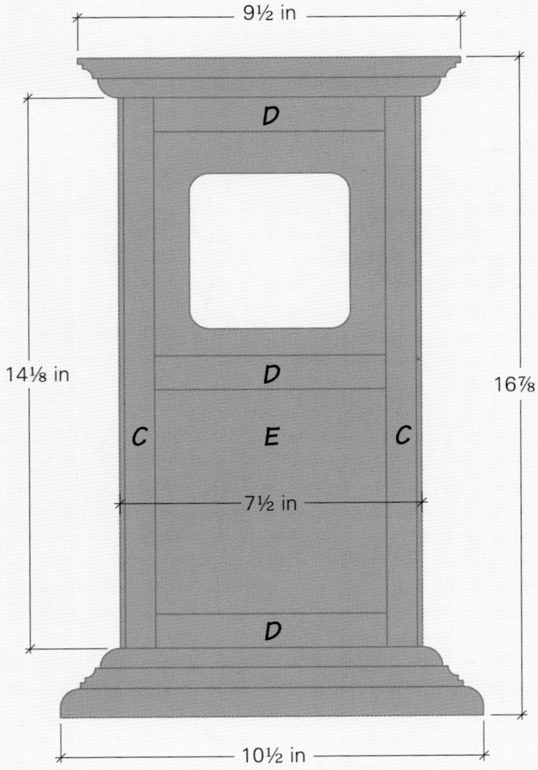
9½ in
D
D
14⅛ in
16⅞ in
C
E
C
7½ in
D
10½ in

主视图

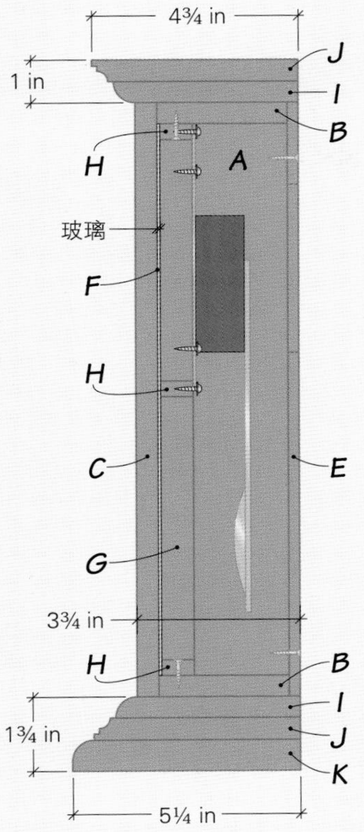
4¾ in
1 in
J
I
B
H
A
玻璃
F
H
C
E
G
3¾ in
H
B
I
1¾ in
J
K
5¼ in

侧面剖视图

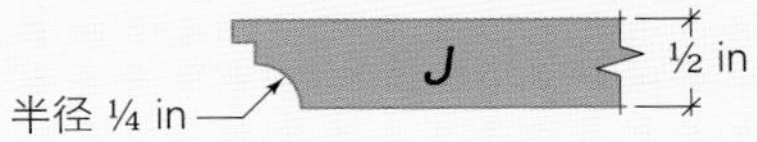
J
½ in
半径 ¼ in

顶部和底部部件内凹曲面（J）

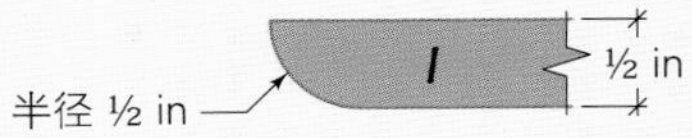
I
½ in
半径 ½ in

顶部和底部部件圆角（I）

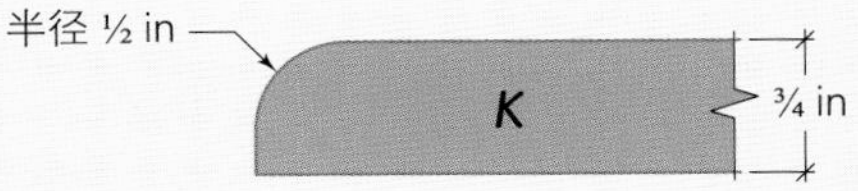
半径 ½ in
K
¾ in

圆角底板（K）

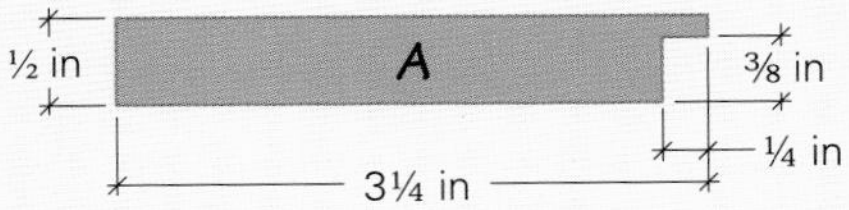
½ in
A
⅜ in
¼ in
3¼ in

侧板（A）

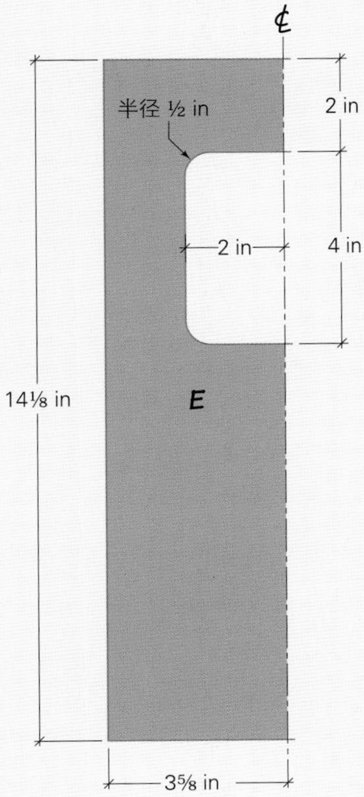
℄
半径 ½ in
2 in
2 in
4 in
14⅛ in
E
3⅝ in

背板（E）

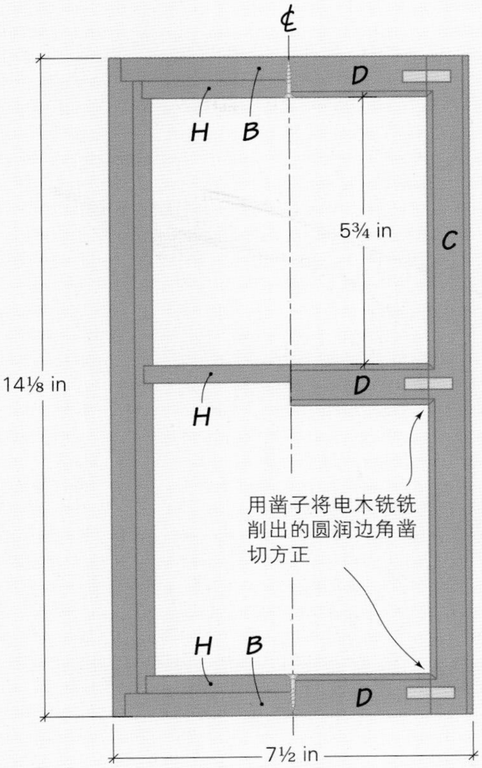
℄
D
H
B
5¾ in
C
14⅛ in
D
H
用凿子将电木铣铣削出的圆润边角凿切方正
H
B
D
7½ in

正面剖视图

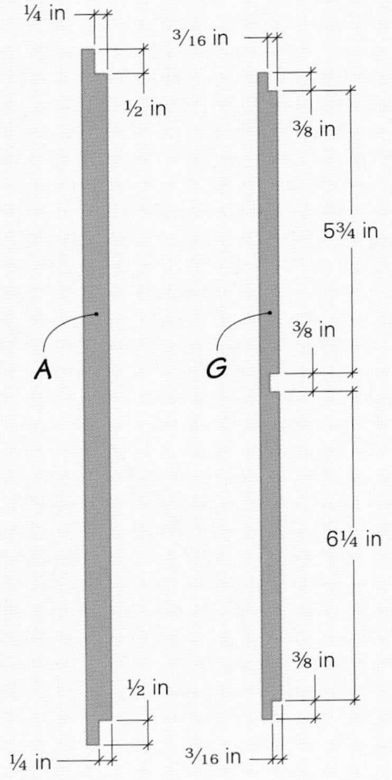
¼ in
³⁄₁₆ in
½ in
⅜ in
5¾ in
A
G
⅜ in
6¼ in
⅜ in
½ in
¼ in
³⁄₁₆ in

面框部件开槽设计图

制作框体

❶ 切割框体部件。根据切割清单提供的尺寸，以 ½ in（12.7 mm）厚的木板为原料，纵切和横切出框体侧板以及顶部和底部部件。

❷ 在框体侧板的端面切割用于安装框体顶板和底板部件的半边槽。在台锯上使用开槽锯片切割。将开槽锯片的宽度设置为 ½ in（12.7 mm），并升高到 ¼ in（6.4 mm）的高度。在每个侧板部件的两端切割 ½ in（12.7 mm）宽的半边槽。

❸ 继续在侧板上切割用来安装背板的半边槽。首先，在台锯的纵切靠山上安装一个牺牲靠山，以保护金属靠山不受锯片损坏。将开槽锯片的高度调整到 ⅜ in（9.5 mm），并使其部分切入牺牲靠山，这样用来切割部件的锯片宽度只有原来的一半，即 ¼ in（6.4 mm）。保持每个侧板部件的端面半边槽朝下放置在台锯台面上，沿每个长边切割新的半边槽（见照片 A）。

❹ 胶合框体部件。首先将框体的顶板和底板部件干接到侧板部件的半边槽中。确保顶板和底板部件与半边槽完全匹配，否则后面的表冠组件和底座组件将无法正常安装。保持干接状态，将部件的外表面打磨平滑。然后分开组件，将胶水涂抹在半边槽上重新组装。用夹子夹紧顶板、底板和侧板。调整夹子，直到框体方正。

❺ 制作背板。纵切和横切 ¼ in（6.4 mm）厚的樱桃木胶合以制作背板。然后，参考背板图纸，为中央检查孔画线并完成切割。用竖锯锯切检查孔。应首先在切割区域的每个边角处钻取一个直径 ½ in（12.7 mm）的起始孔，以便在切割时可以更轻松地转动锯片。

制作面框

❻ 将梃和冒头部件切割到位。在 ½ in（12.7 mm）厚的木

照片 A　在台锯上使用开槽锯片，沿每个侧板部件的两端和一个长边铣削半边槽。这些凹槽用于安装框体的顶板和底板，以及胶合板背板。在金属靠山上固定一个木制的牺牲靠山可以保护金属靠山免受开槽锯片的损伤。

照片 B　在面框的梃和冒头部件上钻孔，以便于用圆木榫组装这些部件。圆木榫定位夹具可以确保在每个部件上精确定位圆木榫孔，并能保持钻头垂直于部件表面钻入。

料上纵切和横切，得到两个面框梃部件和三个面框冒头部件。将面框部件安放在框体组件的对应位置，确保整个面框组件与框体组件的外缘平齐。

❼ 在梃和冒头部件上测量并标记圆木榫孔的位置，钻取圆木榫孔。中央冒头应正对梃部件长边的中央。然后将每个面框部件夹在一个圆木榫定位夹具中，以部件的厚度中心为圆心钻取 ½ in（12.7 mm）深的圆木榫定位孔（见照片 B）。使用直径 ¼ in（6.4 mm）的钻头镗孔，并用遮

照片 C 使用凿子将面框内侧倒角后形成的边角修整方正。首先用铅笔和直角尺画出这些边角的轮廓线，然后凿切至画线处。

照片 D 沿底座和表冠组件的两个端面和正面长边铣削圆角和内凹曲面及珠边。首先铣削端面，然后铣削正面长边；否则铣头会撕裂已经铣削完成的长边的边角。

蔽胶带标记钻孔深度，以免钻孔过深。

❽ 胶合面框组件。切割 6 个 1 in（25.4 mm）长的圆木榫，并在每个木榫表面均匀涂抹一层胶水。将圆木榫插入部件的榫孔中，然后夹紧面框组件，以确保接合处紧密闭合，直到胶水凝固。

❾ 为面框倒角。在电木铣上安装 45° 导向圆角铣头，并将铣削深度调整为 ⅛ in（3.2 mm）。将面框组件放置在电木铣的防滑垫上，逆时针方向沿面框组件正面开口的内缘进行铣削。小心操作，保持电木铣的底座牢牢顶在面框组件上。使用铅笔和组合角尺在电木铣铣头无法到达的边角处画线，然后用锋利的凿子沿画线切入边角处，将边角修整方正（见照片 C）。然后，使用与切割内部倒角时相同的铣头和设置，沿面框的长边外缘铣削倒角。注意不要在面框上下两端的外缘进行倒角。

组装表冠和底座

铣削微小的装饰件安装到表冠组件上的难度和工作量都很大，成品表冠装饰件又过于宽大，所以我们选择为表冠和底座制作较大的樱桃木部件，沿其边缘铣削出需要的轮廓，然后将这些部件叠加在一起。表冠由两个部件组成：一个部件需要铣削圆角轮廓，另一个部件需要铣削内凹曲面和珠边轮廓。底座由三个部件组成：两个圆角轮廓的部件（含圆角底板）把一个带有内凹曲面和珠边轮廓的部件夹在中间。

❿ 制作圆角轮廓部件。纵切和横切表冠和底座的圆角部件（含圆角底板），锯切到所需尺寸。注意，圆角底板是

用 ¾ in（19.1 mm）厚的木板制作的，其他的圆角轮廓部件则是用 ½ in（12.7 mm）厚的木板制作的。先在电木铣倒装台上设置 ½ in（12.7 mm）的导向圆角铣头，通过两次铣削逐渐增加铣削深度，以最大限度地减少留在部件上的灼痕。首先铣削部件的端面，因为在铣头脱离部件时，端面更容易碎裂。当你沿每个部件的正面长边铣削时，可以把边角修齐。完成铣削后，立即将部件表面打磨平滑。

⓫ 制作内凹曲面和珠边部件：纵切和横切表冠和底座的内凹曲面和珠边部件。使用与步骤 10 中相同的技术铣削轮廓，首先铣削端面，然后铣削正面长边（见照片 D）。铣削完成后将部件表面打磨平滑，去除所有灼痕。

⓬ 胶合表冠和底座组件。将胶水均匀涂抹在表冠部件的胶合表面，胶合部件并将其夹紧。确保部件后缘平齐，内凹曲面和珠边部件匀称地凸出于圆角部件。将底座的内凹曲面和珠边部件夹在两个圆角部件之间，以相同的方式胶合并夹紧。有关这些部件取向的更多说明，请参考侧面剖视图。

⓭ 将表冠和底座安装在框体上。在框体的外部顶面和底面均匀地涂抹一层木工胶，将表冠和底座固定到位。使用弹簧夹将部件夹紧，防止部件发生移位，直到胶水凝固（见照片 E）。

安装内支架和玻璃

将玻璃固定在钟表框体内部的内支架上。内支架由梃和冒头部件组成，固定操作还需要一些螺丝。以这样

照片 E 首先胶合表冠和底座组件，然后将这些组件粘到钟表框体上。使用胶水可以充分完成胶合，无须其他紧固件。

照片 G 用一对黄铜木工螺丝将玻璃和内支架固定到位——一个穿过内支架的顶部冒头，一个穿过内支架的底部冒头。螺丝进行埋头处理。

的方式安装，玻璃是可拆卸的，便于在需要的时候进行更换。

照片 F 在内支架的梃部件上切割用于安装冒头部件的半边槽和横向槽。使用开槽锯片在台锯上进行切割，将部件固定在定角规上。我们在定角规上安装了一个辅助靠山，以防止开槽锯片撕裂梃部件的木纤维。

❶❹ 切割内支架部件。将 ½ in（12.7 mm）厚的樱桃木木板刨削至 ⅜ in（9.5 mm）厚，用来制作内支架部件。将两个梃部件和三个冒头部件分别纵切和横切到所需尺寸。

❶❺ 在梃部件上铣削用来安装冒头部件的半边槽和横向槽。注意凹槽的样式和分布，在梃部件两端开半边槽，中间开横向槽。在台锯上进行切割，使用开槽锯片组，将锯片宽度设置为 ⅜ in（9.5 mm），锯片高度设置为 ³⁄₁₆ in（4.8 mm）。在每个梃部件上标记出半边槽和横向槽的位置，将梃部件固定在定角规上小心切割（见照片 F）。将切割好的内支架部件打磨平滑。

❶❻ 组装内支架并安装玻璃。先干接内支架的梃部件和冒头部件，没问题之后胶合并夹紧部件。确保支架平整方正。胶水凝固后，立即将玻璃安装到钟表框体中，并在内支架的顶部冒头和底部冒头上钻取埋头引导孔，使用两颗 #4 × ¾ in（19.1 mm）规格的黄铜木工螺丝将内支架和玻璃固定到位（见照片 G）。

组装并安装钟表组件

❶❼ 按照说明书将石英机芯和指针安装在黄铜钟面上（见照片 H）。

❶❽ 安装钟面组件。将钟面组件正面朝下，安装到框体内

照片 H 根据制造商提供的说明书，将石英机芯和指针安装到钟面上。

照片 I 用 6 组盘头机械螺丝和垫圈将黄铜钟面固定在内支架的上半部分。在安装螺丝和垫圈之前，可以用图钉暂时固定钟面，以便于调整。

部内支架的上半部分开口处。上下左右移动钟面，直到它在内支架内位置端正。在使用 #6 × ½ in（12.7 mm）规格的盘头机械螺丝和垫圈进行固定时，先用图钉暂时将黄铜钟面固定到位。为上述螺丝钻取引导孔，以防止它们撕裂内支架部件（见照片 I）。

收尾

⓳ 给钟表进行表面预处理。拆下钟表组件，从框体上拆下内支架组件和玻璃。用 220 目的砂纸打磨任何遗漏的粗糙边缘和表面。

⓴ 进行表面处理。我们通过擦拭桐油来丰富樱桃木的天然色调和纹理层次。每涂抹一层，用 0000 号钢丝绒擦拭所有木制部件的表面，对表面进行抛光，并除去任何不平整的部分。

㉑ 组装钟表。重新安装玻璃、内支架和钟表组件。用 4 颗 #4 × ¾ in（19.1 mm）的黄铜平头木工螺丝将背板固定在框体背面的半边槽中（见照片 J）。应预先为螺丝钻取埋头引导孔。

照片 J 用选定的表面处理产品涂抹所有木制部件表面，然后重新组装，用黄铜平头木工螺丝穿过背板，将其固定在框体背面的半边槽中。

手工艺书架

　　需要一件送给同学的礼物吗？当你拿出这款充满艺术和手工灵感的桌面书架时，你会收获称赞。这款实用的书架使用红橡木制作，并装饰有正宗的楔形加固榫，其占用的桌面面积比常规的笔记本稍大，可以使重要的书籍触手可及。

手工艺书架
解构图

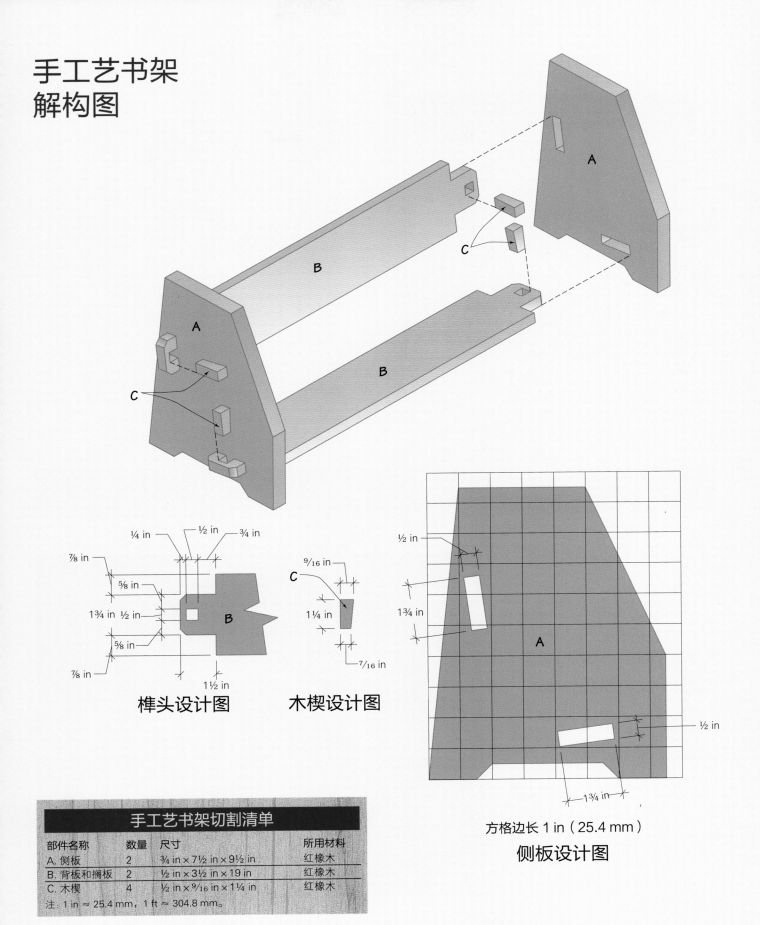

榫头设计图

木楔设计图

手工艺书架切割清单

部件名称	数量	尺寸	所用材料
A. 侧板	2	¾ in × 7½ in × 9½ in	红橡木
B. 背板和搁板	2	½ in × 3½ in × 19 in	红橡木
C. 木楔	4	½ in × 9/16 in × 1¼ in	红橡木

注: 1 in ≈ 25.4 mm, 1 ft ≈ 304.8 mm。

方格边长 1 in（25.4 mm）

侧板设计图

制作步骤

制作侧板、背板和搁板

❶ 根据切割清单，横切出侧板、背板和搁板部件。

❷ 为侧板画线，并将其切割成型。根据侧板的设计图，制作全尺寸的侧板网格图纸。裁下侧板图样，并将其作为模板，在侧板部件上画出侧板的形状。用竖锯切割得到侧板。

❸ 将背板和搁板纵切至所需宽度。在背板和搁板的两端标记并切割通榫榫头。参考"榫头设计图"标记出背板和搁板两端的榫头形状和木楔孔。将榫头锯切成型（见照片 A）。

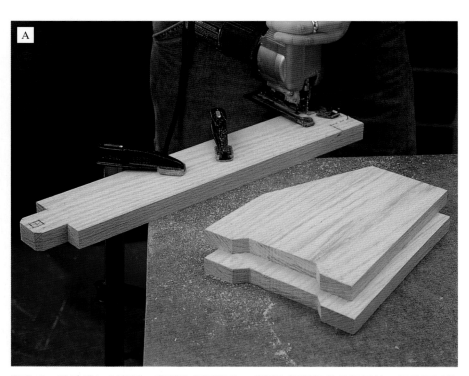

照片 A　设计并切割侧板、背板和搁板部件。背板和搁板部件是相同的，因此可以将它们对齐夹在一起用竖锯进行叠加切割。

照片 B　用直径 ½ in（12.7 mm）的钻头在榫头上的木楔孔中心钻孔，以去除部分废木料。使用相同的钻头在侧板上的榫眼两端钻孔。仔细对齐两块侧板并将它们夹在一起，可以一次完成两块侧板的钻孔。

照片 C　用竖锯清除侧板榫眼中残余的废木料。然后用锋利的凿子和锉刀将木楔孔和榫眼处理方正。

照片 D　在一块 ½ in（12.7 mm）厚的木板上画出并切割 4 个木楔。注意将木楔切得比所需尺寸稍宽一些，这样可以根据需要进行打磨，以便木楔与木楔孔匹配良好。

切割木楔孔和榫眼

❹ 使用 ½ in（12.7 mm）直径的布拉德尖钻头从 4 个榫头上的木楔孔中钻出废木料。

❺ 在侧板上钻取用来安装背板和搁板的榫眼。首先在每个榫眼的末端处钻取 ½ in（12.7 mm）直径的孔（见照片 B），然后锯切掉孔之间残余的废木料。接下来用锋利的 ½ in（12.7 mm）宽的凿子将木楔孔和榫眼凿切方正，并用窄锉刀清理切口（见照片 C）。

组装并进行表面处理

❻ 制作木楔。参考木楔设计图，在一块 ½ in（12.7 mm）厚的木板上画出木楔的形状。注意：在画木楔形状时，应使纹理沿木楔纵向延伸。用竖锯切割木楔，使木楔比设

照片 E　组装侧板、背板和搁板部件并夹紧，然后在木楔表面涂抹胶水，将木楔插入木楔孔中。用木槌轻轻敲打木楔使其楔紧。在胶水凝固之前擦掉多余胶水。

计尺寸略宽（见照片 D）。

❼ 将书架部件干接在一起。当部件互锁时，榫头应完全插入榫眼中。通过每次打磨一点榫头来调整榫眼和榫头的匹配度。确保榫头与榫眼舒服地贴合在一起，而不是强行接合在一起。

❽ 将木楔干接到榫头的木楔孔中，并使木楔的斜边贴靠书架的侧板。在木楔完全插入后，木楔应均匀凸出于榫头两侧。如果需要调整，取下木楔小心打磨，直到匹配良好。

❾ 拆下各个部件，将部件表面打磨光滑。重新组装，在木楔上涂抹胶水插入榫头中（见照片 E）。在第一时间用湿抹布擦掉多余的胶水。

❿ 擦拭或刷涂选定的染色剂，然后涂上透明面漆。这里的示例擦涂了两层丹麦油。

乡村式壁橱

　　这是一款吸引人的厨房特色家具，其中包括一个方便的毛巾架。这个橱柜由松木和纤维板胶合板制成，让人忍不住联想到昔日的乡村商店和农场厨房的场景。当然，这个壁橱最重要的是其内部空间，即用来展示玻璃艺术品或者放置饼干罐的位置！

壁橱解构图

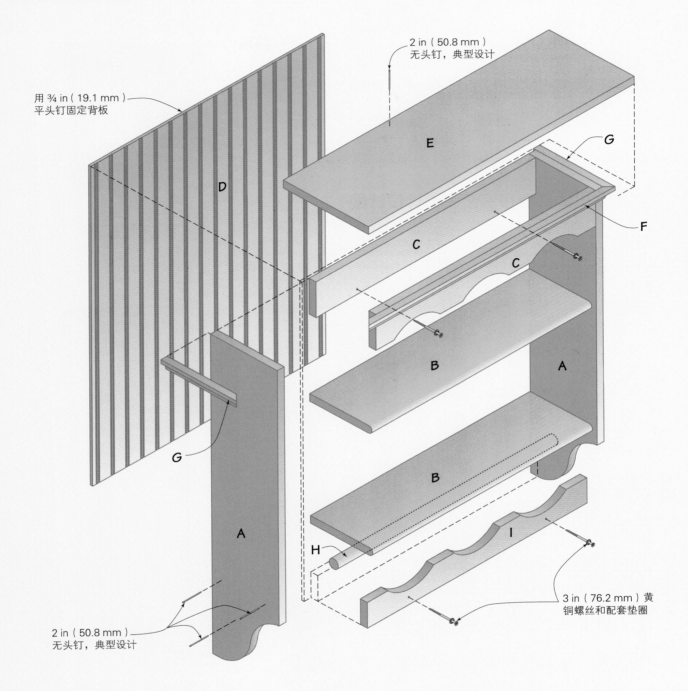

用 ¾ in（19.1 mm）
平头钉固定背板

2 in（50.8 mm）
无头钉，典型设计

E

D

C

C

B

B

A

A

G

G

F

H

I

2 in（50.8 mm）
无头钉，典型设计

3 in（76.2 mm）黄
铜螺丝和配套垫圈

部件名称	数量	尺寸	所用材料	部件名称	数量	尺寸	所用材料
A. 侧板	2	¾ in × 7¼ in × 31¼ in	松木	F. 正面线脚	1	¾ in × 1⅛ in × 27 in	松木
B. 搁板	2	¾ in × 7¼ in × 24 in	松木	G. 侧面线脚	2	¾ in × 1⅛ in × 8¼ in	松木
C. 可钉条/挡板	2	¾ in × 3½ in × 24 in	松木	H. 毛巾杆	1	直径 1 in，长 24 in	圆木榫
D. 背板	1	¼ in × 25½ in × 31¼ in	珠边纹胶合板	I. 底部装饰件	1	¾ in × 2½ in × 24 in	松木
E. 顶板	1	¾ in × 9¼ in × 29 in	松木				

壁橱切割清单

注：1 in ≈ 25.4 mm，1 ft ≈ 304.8 mm。

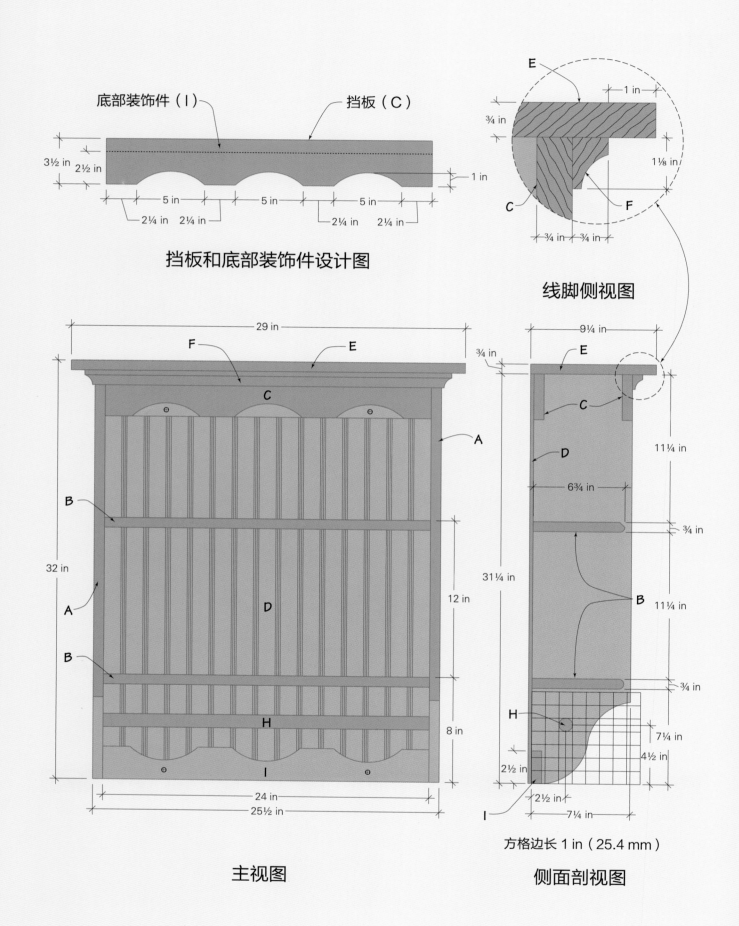

底部装饰件（I）　挡板（C）

3½ in　2½ in

5 in　5 in　5 in

2¼ in　2¼ in　2¼ in　2¼ in

1 in

挡板和底部装饰件设计图

E

¾ in　1 in

1⅛ in

C　F

¾ in　¾ in

线脚侧视图

29 in

F　E

¾ in

9¼ in

C

A

11¼ in

E

D

6¾ in

¾ in

B

B

32 in

12 in

D

11¼ in

B

B

¾ in

8 in

H

H

7¼ in

I

4½ in

2½ in

24 in

2½ in

25½ in

7¼ in

I

主视图

方格边长 1 in（25.4 mm）

侧面剖视图

重要信息

类型：壁挂式开放橱柜
整体尺寸：高 32 in（812.8 mm），宽 29 in
（736.6 mm），厚 9¼ in（235.0 mm）
材料：松木、珠边纹胶合板
接合方式：用胶水和钉子加固的对接接头
制作细节：
· 斜切的内凹线脚，用来安装在橱柜顶部
· 毛巾杆，两端通过无头钉固定
表面处理：染色剂和清漆
制作时长：4~5 小时

购物清单

- ☐ (1)1 in×4 in×6 ft 松木板
- ☐ (1)1 in×8 in×10 ft 松木板
- ☐ (1)1 in×10 in×4 ft 松木板
- ☐ (1)¾ in×1⅛ in×4 ft 松木板
- ☐ (1) 直径 1 in，长 2 ft 的圆木榫
- ☐ (1)¼ in×4 ft×4 ft 珠边纹胶合板
- ☐ ¾ in 平头钉
- ☐ 1½ in 和 2 in 无头钉
- ☐ 木工胶
- ☐ 表面处理材料

注：1 in ≈ 25.4 mm，1ft ≈ 304.8 mm。

制作步骤

制作侧板、挡板和底部装饰件

❶ 横切两块长 31¼ in（793.8 mm）的橱柜侧板。

❷ 从 1×4 规格的松木板上横切出两块长 24 in（609.6 mm）的木板，分别用来制作挡板和底部装饰件，并将底部装饰件纵切到 2½ in（63.5 mm）的宽度。

❸ 在侧板上绘制曲线轮廓。根据橱柜的侧面剖面图制作全尺寸的轮廓纸样模板。然后将模板放在每个侧板上，绘制出曲线轮廓（见照片 A）。

照片 A 为了在橱柜侧板的底部绘制曲线轮廓，需要创建一个全尺寸的纸样模板。将模板粘到每块侧板上并绘制曲线。

照片 B　在挡板和底部装饰件上绘制拱形。1 gal（3.8 L）的油漆罐可以作为绘制拱形曲线的优质模板使用。

照片 C　使用竖锯切割出侧板、挡板和底部装饰件的曲线轮廓。

照片 D　将顶部和底部搁板胶合到一块侧板上并夹紧。可以用 2 in（50.8 mm）的平头钉加固接合。

❹ 在挡板和底部装饰件上绘制拱形。参考挡板和底部装饰件的解构图，在两个部件上分别标记出三个拱形的位置。可以使用圆规绘制曲线，也可以使用 1 gal（3.8 L）的油漆罐作为简单的模板。只需将罐子放在需要画线的位置即可绘制曲线（见照片 B）。

❺ 使用竖锯沿曲线轮廓切割侧板、挡板和底部装饰件。切割时应将每个部件牢牢夹在台面上，以保持稳定（见照片 C）。

❻ 将曲线切口处理光滑，并用锉刀消除任何锯切痕迹。

❼ 用 150 目的砂纸将侧板、挡板和底部装饰件的表面打磨光滑。现在打磨这些部件要比组装后打磨容易得多，因为所有表面都可以接触到。

制作搁板、可钉条和顶板

❽ 在 1×8 规格的松木板上画线，并横切得到两块长 24 in（609.6 mm）的搁板。

❾ 从 1×10 的松木板上切割得到橱柜顶板。

❿ 从 1×4 的松木板上横切一块长 24 in（609.6 mm）的木板，用来制作可钉条。

⓫ 用砂纸将搁板、可钉条和顶板表面打磨光滑。

组装侧板和搁板

⓬ 在侧板上着手组装搁板。请注意，在正视图中，底部搁板位于侧板两端上方 8 in（203.2 mm）处，顶部搁板则与底部搁板间隔 12 in（304.8 mm）。标记出这些位置，然后首先将顶部搁板和底部搁板连接到一块侧板上。在顶部搁板的一侧端面涂抹胶水，并将其夹在一块侧板上，使其与顶部搁板参考线对齐（见照片 D）。将 3 根 2 in（50.8 mm）长的无头钉穿过侧板

钉入顶部搁板的端面，将部件固定在一起。重复此过程，将底部搁板连接到同一侧板上。

⓭ 安装另一块侧板。将胶水涂抹在两块搁板的另一侧端面，并将另一块侧板夹紧到位，使搁板与各自的参考标记线对齐（见照片 E）。

安装可钉条、挡板和底部装饰件

⓮ 用胶水和 2 in（50.8 mm）的无头钉将可钉条固定在两块侧板之间，使其与橱柜侧板的顶端和后边缘齐平（见侧面剖视图）。

⓯ 用胶水和 2 in（50.8 mm）的无头钉将底部装饰件固定在两块侧板之间，使拱形轮廓朝向作品顶部，装饰件与侧板的后边缘和底端平齐。

⓰ 安装挡板。在挡板的两端涂抹胶水，将其滑入两块侧板之间，与侧板顶端和前边缘平齐。用无头钉穿过侧板将部件固定在一起（见照片 F）。

⓱ 用冲钉器处理固定搁板、可钉条、底部装饰件和挡板上的钉头。

安装背板、顶板和内凹线脚

⓲ 画线，并用电圆锯或竖锯将背板切割到所需尺寸。注意在切割时保持背板的长边切口与珠边纹理平行，并保持珠边纹理沿宽度方向均匀分布。否则，安装到作品中的背板会失去平衡。

⓳ 用 ¾ in（19.1 mm）的无头钉将背板固定到侧板和搁板的后边缘，以及可钉条和底部装饰件的背面。用冲钉器处理钉头（见照片 G）。

⓴ 安装顶板。将顶板放置到位，使其背侧与背板的背面平齐，另外三面均匀地凸出在两侧和正面。将橱柜的位置标记在顶板上。然后在接触部分涂抹胶水，并将顶板夹紧到位。用

照片 E　在搁板的自由端涂抹胶水，将另一块侧板夹紧到位，同样用 2 in（50.8 mm）的无头钉固定部件。

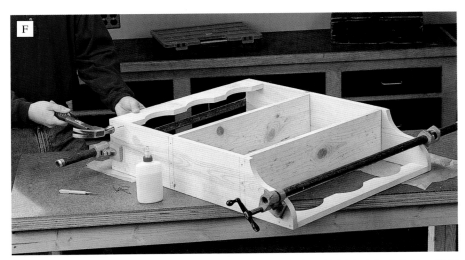

照片 F　用胶水和 2 in（50.8 mm）的无头钉固定可钉条、挡板和底部装饰件，然后用冲钉器处理所有钉头。

照片 G　使用无头钉将背板固定到侧板和搁板的后边缘，以及可钉条和底部装饰件的背面。用冲钉器处理钉头。

照片 H 将顶板放置到位，使其背侧与背板的背面平齐，另外三面均匀地凸出在两侧和正面。然后胶合、夹紧并用无头钉将顶板固定到位。用冲钉器处理钉头。

照片 I 将正面和侧面线脚部件切割到指定长度。利用斜切辅锯箱对线脚末端进行 45° 斜切。

照片 J 用胶水和 1½ in（38.1 mm）的无头钉将正面和侧面线脚部件固定在箱体上。注意以一定角度将钉子钉入橱柜顶部。

2 in（50.8 mm）的无头钉将顶板固定到箱体上（见照片 H）。

㉑ 安装内凹线脚。将正面和侧面线脚部件横切到所需长度。在正面线脚部件两端和侧面线脚部件前端标记出 45° 角。使用斜切辅锯箱和手锯完成斜切（见照片 I）。

㉒ 在顶板下方环绕箱体干接线脚部件。可以稍微锉削或打磨斜角来调整斜接端的匹配情况，直到接合线完全闭合。

㉓ 使用胶水和 1½ in（38.1 mm）的无头钉将内凹线脚部件固定到位（见照片 J）。

安装毛巾杆

㉔ 将毛巾杆切割到所需长度。在侧板的外表面标记出毛巾杆的位置（见侧面剖视图）。

㉕ 以参考标记为中心，将毛巾杆定位在两块侧板之间。在侧板标记处钻

取引导孔，一直钻入毛巾杆的末端。然后用 2 in（50.8 mm）的无头钉钉入引导孔中，将毛巾杆固定到位（见照片 K）。

收尾

❷❻ 用木粉腻子和砂纸将钉头周围的凹槽处理平整。

❷❼ 如果需要为橱柜染色，请先涂抹一层木材调理剂，它可以帮助染色剂在松木这样的软木上渗透得更均匀（见照片 L）。

❷❽ 涂抹染色剂，然后再涂抹 2~3 层清漆（见照片 M）。

照片 K　将毛巾杆切割到所需长度，并在侧板上标记其位置。使用 2 in（50.8 mm）的无头钉穿过侧板钉入毛巾杆两端。应首先为钉子钻取引导孔，以防止毛巾杆碎裂。

照片 L（可选）　如果你计划对作品进行染色，最好先涂抹一层木材调理剂。在松树等软木上，染色剂不容易渗透均匀，且容易形成斑点。木材调理剂可以使染色剂更均匀地渗透。

照片 M　在木材调理剂仍然湿润时刷涂或擦拭染色剂。让染色剂渗透几分钟，然后用干净抹布擦去多余染色剂。待染色剂干燥后，涂抹一层透明面漆。

酒馆镜子

　　这款放在门厅的酒馆风格的镜子会给任何到访的人带来一种戏剧性的感受。它不仅是一个简单实用的便利设施（比如，可以将外套挂在衣帽钩上，可以整理头发），还传达出一种温暖和欢迎的感觉。如果你试图制作一件非常有用的木工作品，要求材料成本低且曝光率很高，这款镜子就是很好的选择。

重要信息

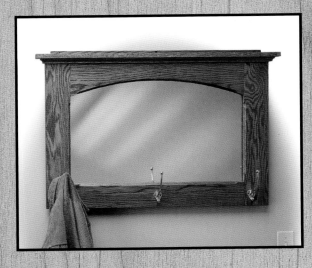

类型：放在门厅入口的镜子／衣帽架

整体尺寸：宽 39 in（990.6 mm），高 26 in（660.4 mm）

材料：红橡木

接合方式：通透型圆木榫接合

制作细节：

· 上冒头带有弧度，冒头和梃部件的内侧边缘带有装饰性的倒角

· 顶盖具有弧形轮廓

· 三个黄铜衣帽钩

· ¼ in（6.4 mm）厚的镜子

· 通过螺丝和下部的防滑木条固定在墙上

表面处理：如果追求偏现代的风格，可以使用透明面漆做处理；如果追求传统木家具的色调，可以使用中等深度到深色的木料染色剂进行处理。

制作时长

 准备木料：
1~2 小时

 绘图和标记
1~2 小时

 切割部件
3~4 小时

 组装
1~2 小时

 表面处理
1~2 小时

总计：7~12 小时

使用的工具

· 电木铣，配有倒棱铣头和内凹铣头

· 台锯

· C 形夹

· 42 in（1066.8 mm）或更长的杆夹或管夹 2 个

· 带锯或竖锯

· 组合角尺

· 圆木榫夹具

· 手持式电钻／螺丝刀

· 斜切锯

· 电子螺柱探测器

购物清单

☐ (2)¾ in×6 in×8 ft 红橡木板（完好的）

☐ (1)¼ in×19 in×30 in 镜面玻璃

☐ (1) 直径 ⅜ in（9.5 mm）的圆木榫

☐ #6×1¼ in 和 #6×2 in 的平头木工螺丝

☐ 木工胶

☐ 表面处理产品

☐ 墙锚

☐ 黄铜衣帽钩

注：1 in ≈ 25.4 mm，1ft ≈ 304.8 mm。

酒馆镜子解构图

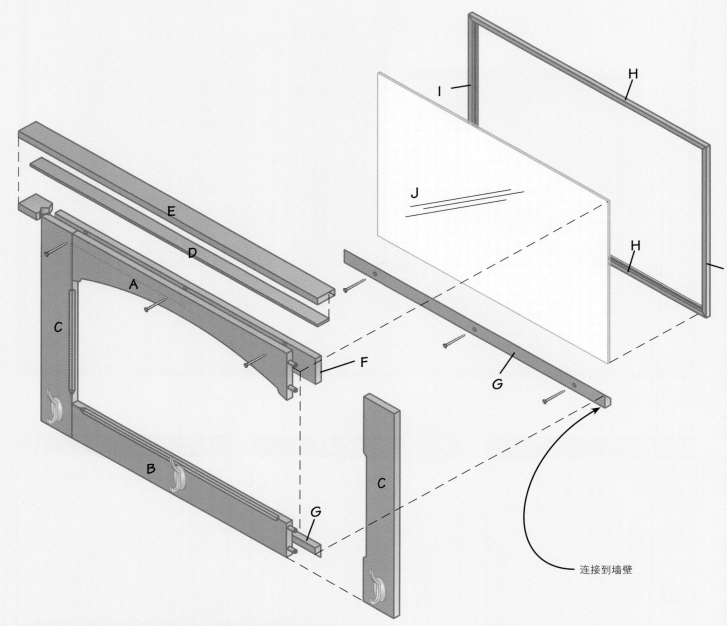

连接到墙壁

酒馆镜子切割清单

部件名称	数量	尺寸	所用材料
A. 上冒头	1	¾ in × 5½ in × 28 in	红橡木
B. 下冒头	1	¾ in × 4 in × 28 in	红橡木
C. 梃	2	¾ in × 4 in × 24 in	红橡木
D. 下顶盖	1	¼ in × 1½ in × 37½ in	红橡木
E. 上顶盖	1	¾ in × 2¼ in × 39 in	红橡木
F. 悬挂木条（上方）	1	¾ in × 3 in × 34 in	红橡木
G. 悬挂木条（下方）	2	¾ in × 1½ in × 34 in	红橡木
H. 固定框（上下）	2	½ in × ¾ in × 31 in	红橡木
I. 固定框（两侧）	2	½ in × ¾ in × 20 in	红橡木
J. 镜子	1	¼ in × 19 in × 30 in	镜面玻璃

注：1 in ≈ 25.4 mm，1 ft ≈ 304.8 mm。

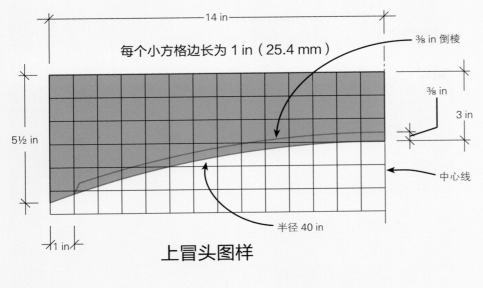

每个小方格边长为 1 in（25.4 mm）

⅜ in 倒棱

⅜ in

3 in

5½ in

中心线

半径 40 in

上冒头图样

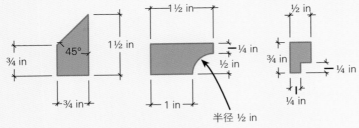

1½ in

45°

¾ in

1½ in

¾ in

1½ in

¼ in

½ in

1 in

½ in

¾ in

¼ in

¼ in

半径 ½ in

细节尺寸

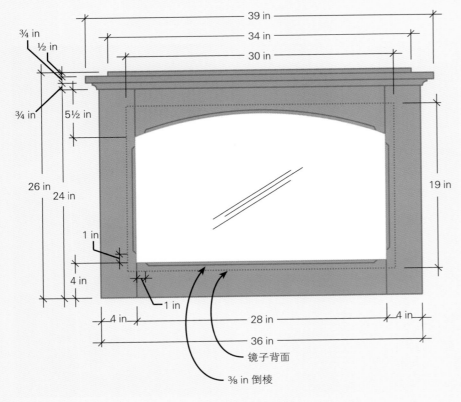

39 in

34 in

30 in

¾ in

½ in

¾ in

5½ in

26 in

24 in

19 in

1 in

4 in

1 in

4 in

28 in

4 in

36 in

镜子背面

⅜ in 倒棱

镜子正面

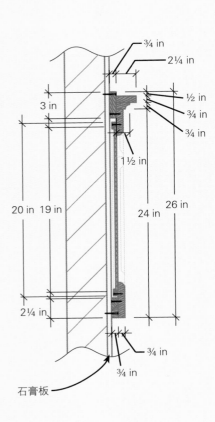

¾ in

2¼ in

3 in

½ in

¾ in

¾ in

1½ in

20 in

19 in

24 in

26 in

2¼ in

石膏板

¾ in

¾ in

侧面剖视图

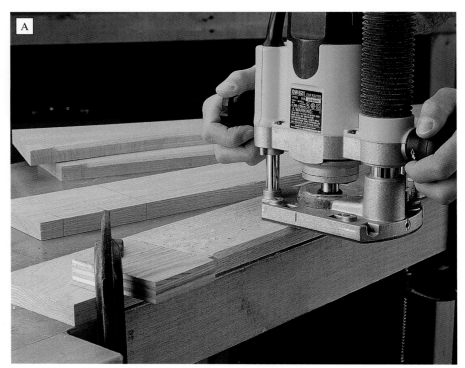

照片 A 使用电木铣和导向倒棱铣头,在冒头和梃部件的内侧边缘切出装饰性的倒棱。在冒头和梃部件上夹上限位块,使铣削从正确的位置起始和终止。

制作框架

应在组装之前,完成冒头和梃(镜框的组成部件)的切割和塑形。

❶ 使用 ¾ in(19.1 mm)厚度的木板,通过横切和纵切得到冒头和梃部件。

❷ 将上冒头的半张图样(参见网格图)放大到全尺寸,然后转印到 ¼ in(6.4 mm)厚的硬质纤维板上。剪下冒头模板,并将其放在冒头部件的一端,画出拱形曲线,然后翻转模板到另一端,完成另一半曲线的绘制。

❸ 用带锯、竖锯或线锯切割出冒头部件的轮廓,然后用砂纸或锉刀将切口打磨整齐。

❹ 为电木铣安装导向倒棱铣头,并将铣头高度调整至 ⅜ in(9.5 mm)(参阅下一页关于铣头的内容)。沿所有冒头和梃部件的正面内侧铣削,铣削的起始点参考镜子正面解构图上的画线(见照片 A)。

❺ 使用圆木榫定位夹具在冒头和梃部件上绘制并钻取圆木榫孔。如果你喜欢,也可以用饼干榫代替圆木榫进行接合。

❻ 在框架的端部和 ⅜ in(9.5 mm)硬木圆木榫的末端涂抹胶水。然后用杆夹或管夹将组装好的框架夹紧(见照片 B)。确保部件的外边缘保持平齐。

照片 B 胶合冒头和梃部件,组装镜框。夹紧镜框,垫上小块废木料可以保护部件表面。可以使用圆木榫或饼干榫帮助对齐和加固接合。

照片 C　铣削下顶盖部件的正面边缘和两端。待加工木板的宽度至少应为 3 in（76.2 mm），才能支撑电木铣基座。铣削完成后，将木板纵切到指定宽度。

电木铣和倒棱铣头

沿一块木板边缘获得整齐倒棱的简单方法是，使用电木铣和导向倒棱铣头。典型的倒棱铣头具有 45° 斜面。将电木铣底座平贴在木板表面，使自由旋转的导向轴承靠在木板边缘运行。铣头凸出于电木铣底座的距离决定了倒棱的深度。调整铣头高度，使铣削深度尽可能接近预期，然后试切几次，并根据需要调整铣头。

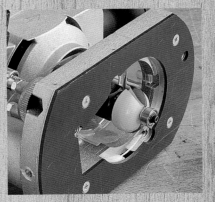

电木铣和内凹铣头

内凹铣头与圆角铣头相反，用来在木板边缘挖出拱形或内凹弧面。与圆角铣头一样，内凹铣头也具有多种半径。与倒棱铣头一样，调整好铣头高度，使导向轴承贴靠木板边缘运行。调整电木铣的操作方向，使旋转的铣头切入迎面而来的木料。

制作顶盖

镜框的顶盖是一个两件套组件，横跨整个框架的顶部。下顶盖部件具有一个装饰性的凹面，需要用电木铣搭配内凹铣头制作。

❼ 通过纵切和横切将下顶盖部件切割到所需尺寸。将部件纵切到 3 in（76.2 mm）宽（可以稍大一些，为电木铣多留出一些支撑表面），横切到 37½ in（952.5 mm）长。

❽ 在电木铣上安装 ½ in（12.7 mm）的导向内凹铣头（参阅左侧的铣头部分内容）。调整铣削深度，切出 ½ in（12.7 mm）深的凹面（见照片 C）。铣削下顶盖部件的端面和正面边缘，得到部件的三面轮廓。最后，将下顶盖部件纵切到 1½ in（38.1 mm）宽。

❾ 对顶盖、冒头和梃部件的表面进行打磨，同时将所有锋利的边缘打磨圆滑。

组装顶盖

❿ 将两个顶盖部件胶合在一起并夹紧，确保其后边缘对齐，上顶盖部件的两端和正面均匀凸出于下顶盖部件。

⓫ 将顶盖组件安装到上冒头上，保持部件的后缘齐平，并沿长度方向居中对齐。用 4 根 #6 × 2 in（50.8 mm）的平头木工螺丝拧入埋头引导孔，将组件固定到镜框顶部（见照片 D）。4 个螺丝应间隔均匀。

安装镜子

用 ½ in（12.7 mm）厚的木条制作固定架以固定镜子。在固定架的内边缘铣削半边槽，用来安装镜子，然后用螺丝将镜子固定在镜框的背面。¼ in（6.4 mm）厚的镜子很容易在玻璃店或五金店买到，并切割到需要的

照片 D 用木工螺丝和胶水将顶盖组件固定到镜框顶部。

照片 F 将镜子居中放在镜框中间的开口处，然后用固定框将其固定到位。

尺寸。

⓬ 在两块 ¾ in（19.1 mm）厚、54 in（1371.6 mm）长的橡木板的边缘分别铣削 ¼ in × ¼ in（6.4 mm × 6.4 mm）的半边槽。可以在台锯上多次锯切，设置锯片高度为 ¼ in（6.4 mm），同时使用纵切靠山和推料板。将木板厚度刨削至 ½ in（12.7 mm），注意在木板没有开槽的一面进行刨削，然后横切出每个固定架木条，并使其长度比"切割清单"中的尺寸都长出 1~2 in（25.4~50.8 mm）。

⓭ 斜切每根固定架木条的末端，通过斜接制成固定架（见照片 E）。

⓮ 用砂纸打磨除去镜框正面任何粗糙的斑点。镜框的表

照片 E 斜切固定架木条到指定长度，然后制成一个可以固定镜子的框架。使用电动斜切锯进行斜切。

面处理很重要，需要在安装镜子之前完成对所有框架部件的染色并刷涂面漆。我们使用的是深胡桃色的染色剂和桐油面漆。安装镜子之前，应等待涂层完全干燥。

⓯ 将镜框正面朝下放在一个平整的台面上，将镜子居中置于框架开口处。在固定架部件上为 #6 × 1 in（25.4 mm）的木工螺丝钻取埋头引导孔，然后将固定架摆放到位，用螺丝穿过固定架拧入镜框背面，将镜子固定到位（见照片 F）。

悬挂镜子

用螺丝将镜框的上悬挂木条拧入墙壁的框架部件中，将镜子固定在墙上。将一个经过斜面斜切的下悬挂木条固定在墙壁上，将另一个经过斜面斜切的下悬挂木条用螺丝固定在镜框背面底部的位置，然后将两个斜面对接在一起（悬挂壁柜的标准技术）。

⓰ 将悬挂木条切割到最终尺寸。两个下悬挂木条需要沿边缘斜切出 45° 斜面（见照片 G）。对上悬挂木条进行表面处理，然后用 #6 × 1¼ in（31.8 mm）的木工螺丝将其和一个下悬挂木条固定在镜框背面（见照片 H）。上悬挂木条的顶部应相比框架顶盖的顶部凸出 ½ in（12.7 mm），以留出空间，便于将螺丝穿过木条钉入墙壁中。固定在镜框底部的悬挂木条，其斜面应朝下，以便与之前安装在墙壁上的下悬挂木条互锁。将两个下悬挂木条扣合后，安装在墙壁上的木条的下缘会与镜框的底部边缘齐平。

⓱ 用螺丝将墙壁下悬挂木条拧到墙壁上。确保木条保持水平且高度合适，使镜子的中心与眼睛在同一水平高度，

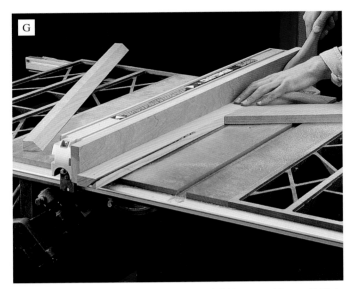

照片 G 沿每个下悬挂木条的一侧边缘斜切 45° 斜面，使用台锯搭配推料板和羽毛板进行操作。

然后将螺丝穿过木条，打入墙体中。

⑱ 在将镜子安装到墙上之前，在下冒头部件上钻取引导孔，用螺丝将衣帽钩安装在上面。小心定位衣帽钩，使其均匀分布并在水平方向对齐。

⑲ 在上悬挂木条的正面边缘钻取 3 个间距均匀的埋头引导孔。将镜框放在墙壁下悬挂木条上（见照片 I），然后标记出墙锚的位置，以便用螺丝固定上悬挂木条。取下框架，在螺丝对应的位置安装墙锚。将镜子放回墙壁下悬挂木条上，并将上悬挂木条固定在墙上。如果担心螺丝头露在外面影响美观，可以用木粉腻子掩盖钉头，或者使用外观靓丽的黄铜螺丝。

照片 H 钻取埋头引导孔，用木工螺丝将上下悬挂木条固定在镜框背面。

照片 I 将一个下悬挂木条固定在墙壁上，使其斜面朝上，高度合适。使用 2 in（50.8 mm）或更长的螺丝将镜框固定在墙壁的框架部件上。将镜子安放在悬挂木条上，并为上悬挂木条标记钻孔位置。

水槽切菜板

　　这款切菜板方便了食物的准备工作，因为它非常适合放在水槽边。胶合硬枫木板条，制作一块经久耐用的"仿砧板式"的切菜板。

重要信息

类型：水槽切菜板

整体尺寸：宽 15¼ in（387.4 mm），高 1¼ in（31.8 mm），长 17½ in（444.5 mm）（你可能需要对整体长度和宽度做必要修改，以匹配你的水槽尺寸）

材料：硬枫木

接合方式：用胶水和螺丝加固的对接接合

制作细节：

· 板条以边缘纹理向上的方式排列，整体样式为"仿砧板式"，这样的设计可有效减少木材形变的影响，并使切菜表面更为耐用

· 开孔式手柄和菜板边缘倒圆角

· 支脚部件必须与水槽的尺寸匹配，并用螺丝固定在砧板底部。

表面处理：案板油或矿物油

制作时长

准备木料
2 小时

绘图和标记
1 小时

切割部件
3~4 小时

组装
1 小时

表面处理
1 小时

总计：8~9 小时

使用的工具

· 压刨
· 平刨
· 台锯
· 夹子
· 电木铣，带有 ¼ in（6.4 mm）导向圆角铣头
· 手持式电钻 / 螺丝刀或台钻
· 竖锯
· 细锉刀和粗锉刀
· 带式砂光机

购物清单

□ (1) 厚 ⁴⁄₄ in、长 8 ft 的硬枫木木板
□ #8 × 1½ in 不锈钢平头木工螺丝
□ 聚氨酯胶
□ 双组分环氧树脂
□ 表面处理材料

注：1 in ≈ 25.4 mm，1ft ≈ 304.8 mm。

水槽切菜板解构图

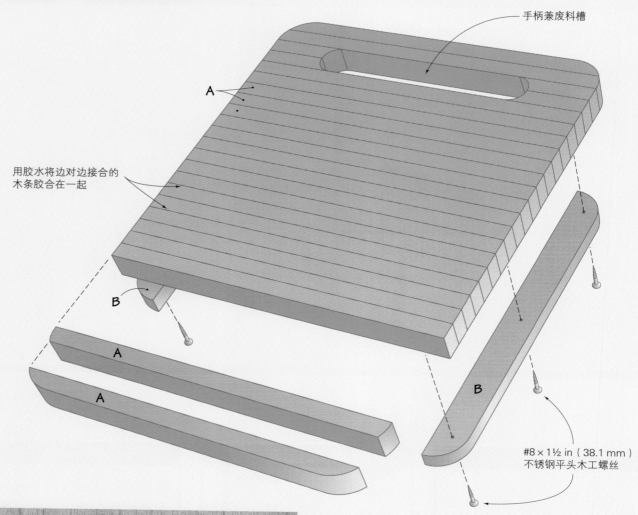

手柄兼废料槽

用胶水将边对边接合的
木条胶合在一起

A

B

A

A

A

B

#8 × 1½ in（38.1 mm）
不锈钢平头木工螺丝

水槽切菜板切割清单			
部件名称	数量	尺寸	所用材料
A. 板条	23	¾ in × 1¼ in × 15¾* in	硬枫木
B. 支脚	2	¾ in × 1½ in × 16* in	硬枫木

* 长度需要根据水槽尺寸进行调整

注：1 in ≈ 25.4 mm，1 ft ≈ 304.8 mm。

调整切菜板的整体尺寸和
支脚位置，使其适合水槽

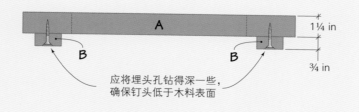

A

B   B

1¼ in

¾ in

应将埋头孔钻得深一些，
确保钉头低于木料表面

侧视图

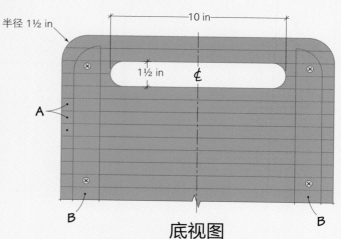

半径 1½ in

10 in

1½ in

¢

A

B   B

底视图

制作步骤

切割板条

❶ 用压刨将厚度规格 4/4 的硬枫木木板刨削至 ¾ in（19.1 mm）厚，然后用平刨将其一条长边刨削平整。在刨削硬枫木时，每次的刨削深度不应超过 ¹/₃₂ in（0.8 mm），以防止刨刀过早变钝。

❷ 将板条切割到指定的长度和宽度。先把硬枫木木板横切到 15¾ in（400.1 mm）的长度，然后将台锯靠山与锯片的距离设置为 1¼ in（31.8 mm）。将木板刨平的长边抵住靠山，通过纵切得到每一块板条（见照片 A）。总计切割 23 块板条。

黏合板条

❸ 在黏合切割好的板条时，可以一次性黏合并夹紧所有板条，但在这个过程中，很难在保持板条不会彼此错动的情况下拧紧夹具。一种更好的方法是：分别用一半的板条黏合制成一个组件，待胶水凝固后，再把两个半块组件黏合固定在一起。之后还可以用压刨整平这些较窄的黏合组件，使其表面平滑。

❹ 首先黏合 12 个板条。将一张蜡纸铺在木工桌表面，以防挤出的胶水粘在台面上影响其平整度。在每个板条的配对表面均匀地涂抹一层防潮木工

照片 A　横切硬枫木木板，得到长度为 15¾ in（400.1 mm）的木板，然后用台锯对其进行纵切，得到宽度为 1¼ in（31.8 mm）的板条。整块切菜板需要 23 个这样的板条。

胶，然后将板条黏合并夹紧。也可以使用聚氨酯胶水来提高防水性，但是在涂抹胶水之前，一定要先用水润湿每个胶合表面（聚氨酯胶水需要水分才能凝固）。

在板条组件的上方和下方交替分配夹子，使夹子的压力沿组件的宽度方向均匀分布。拧紧夹子，使接缝刚好闭合。如果板条出现错动，用木槌敲打使其复位。

❺ 与步骤 4 的操作一样，将剩余的 11 个板条黏合在一起。如果夹具数量足够，可以同时进行两个半块组件的制作。

❻ 将每个板条组件的正面和背面刨平整，使板条的边缘平齐，并去除挤出的胶水。为压刨设置相同的刨削厚度，得到两个厚度相同的半块组件。只需在每个组件上轻轻刨削几次，就可以得到平整光滑的表面。

❼ 黏合并夹紧两个半块组件，形成完整的切菜板（见照片 B）。

❽ 用台锯修整切菜板的端面，将板子切割到最终长度（见照片 C）。切菜板的最终长度取决于水槽的尺寸。切菜板应完全盖住水槽开口，并平稳地搭住水槽边缘。

❾ 为切菜板的四角倒圆角。用圆规在切菜板的每个转角画出半径 1½ in（38.1 mm）的圆弧，先用竖锯粗切出

照片 B　将板条分成 12 个和 11 个两组，分别黏合并夹紧，支撑两个半块组件，然后胶合两个半块组件，形成完整的切菜板。这样可以使最后的黏合和夹紧操作更容易。

照片 C　用台锯修整切菜板端面，得到切菜板的最终长度。我们的切菜板长度为 15½ in（393.7 mm），你的切菜板长度可以根据水槽尺寸进行调整。

圆角的大致轮廓，然后用带式砂光机将圆角打磨光滑（见照片 D）。之后用带式砂光机打磨切菜板的边缘、端面和正面，去除任何锯切和刨削的痕迹。

⑩ 切割手柄。根据底视图确定手柄的位置和大小。使用台钻和 1½ in（38.1 mm）的钻头，在手柄两端分别钻一个孔。然后用竖锯沿开孔之间的直线切割，得到完整的手柄造型（见照片 E）。如果没有台钻，可以先钻取一个起始孔，然后用竖锯完成整个手柄的切割。

⑪ 整平切菜板的边缘。用电木铣搭配 ¼ in（6.4 mm）的导向圆角铣头，将手柄切口的边缘以及切菜板的顶部和底部边缘打磨圆润。

安装支脚

⑫ 制作并安装支脚。纵切和横切硬枫木木板，制作两个支脚，支脚的长度根据水槽的内部开口尺寸确定。小心在切菜板的背面标记支脚的位置，使其与板条垂直，并且其侧面紧贴水槽侧壁。小提示：当你确定支脚在切菜板上的最终位置时，可以用小块的双面胶带临时将支脚固定到位。这样，在用螺丝固定支脚之前，你就可以根据需要轻松调整支脚在切菜板上的位置，以实现菜板与水槽的最佳匹配。穿过支脚钻取埋头引导孔，一直钻入切菜板中，然后用双组分环氧树脂黏合支脚，并用 1½ in（38.1 mm）的不锈钢或黄铜木工螺丝固定（见照片 F）。

收尾

⑬ 在切菜板上的所有外露表面涂抹几层符合食品安全要求的涂层，例如案板油或矿物油涂层。要特别注意所有的端面区域，例如手柄周围和切

照片 D 用圆规在切菜板的四角标记出半径 1½ in（38.1 mm）的圆弧。先用竖锯粗切出圆角的轮廓，然后用带式砂光机将所有边缘打磨光滑。

照片 E 要想切割手柄，应首先用 1½ in（38.1 mm）的钻头或孔锯钻取手柄两端的曲线部分，然后用竖锯锯掉剩余的废木料，并用锉刀将边缘清理干净。

菜板的端部；这些位置特别容易接触到水并发生损坏。符合食品安全的油在干燥后并不能完全密封切菜板。因此，切勿将砧板浸入水中，并在清洗干净后将其擦干。不要用洗碗机清洗切菜板。

照片 F 把支脚切割到指定的大小和形状。然后把切菜板在水槽上放置到位，以确定支脚的最佳位置。在切菜板底部标记出支脚的位置，用不锈钢平头木工螺丝和双组分环氧树脂将支脚固定到位。

两步凳

    如果在厨房或食品储藏柜附近放一把这样的两步凳，即使是最上层的物品也会很容易拿到。这种凳子是用预铣削的橡木楼梯踏板制成的，既坚固又美观，而且 17 in × 18 in（431.8 mm × 457.2 mm）的凳子底座，即使你的双脚都踩在上凳面上，也能稳如泰山。

两步凳解构图

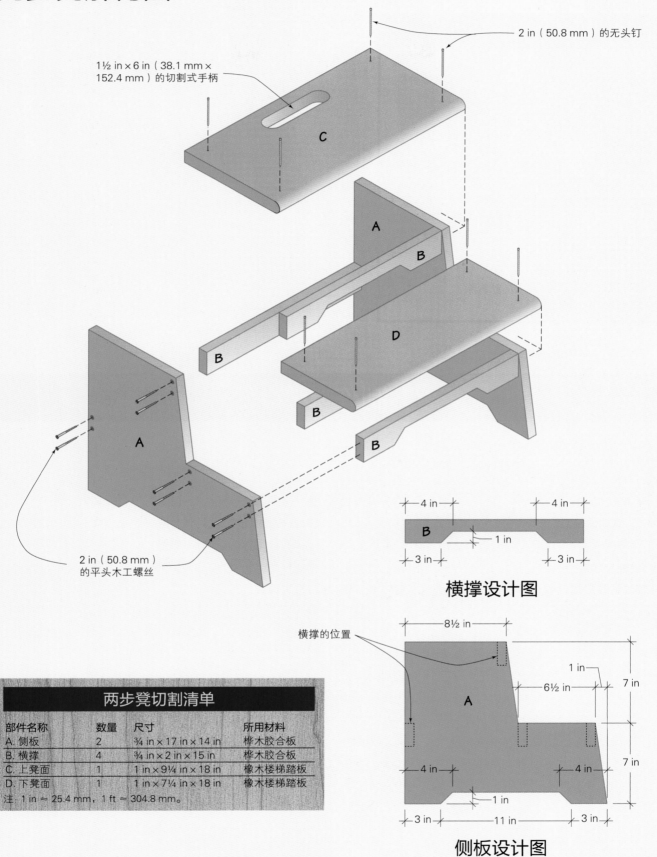

2 in（50.8 mm）的无头钉

1½ in × 6 in（38.1 mm × 152.4 mm）的切割式手柄

C

A

B

B

B

D

B

B

A

A

2 in（50.8 mm）的平头木工螺丝

横撑设计图

B

4 in

4 in

1 in

3 in

3 in

侧板设计图

横撑的位置

8½ in

1 in

6½ in

7 in

A

4 in

4 in

7 in

1 in

3 in

11 in

3 in

两步凳切割清单			
部件名称	数量	尺寸	所用材料
A. 侧板	2	¾ in × 17 in × 14 in	桦木胶合板
B. 横撑	4	¾ in × 2 in × 15 in	桦木胶合板
C. 上凳面	1	1 in × 9¼ in × 18 in	橡木楼梯踏板
D. 下凳面	1	1 in × 7¼ in × 18 in	橡木楼梯踏板

注：1 in ≈ 25.4 mm，1 ft ≈ 304.8 mm。

重要信息

类型：两步凳
整体尺寸：长 18 in（457.2 mm），高 15 in
（381.0 mm），宽 17 in（431.8 mm）
材料：桦木胶合板、橡木楼梯踏板
接合方式：用胶水和螺丝加固的对接接合
制作细节：
· 用螺丝将侧板连接到横撑上，可以加固凳子，
防止其散架
· 在制作上凳面上可以手持的长孔时，可以先
用铲形铣头在两端钻孔，然后用竖锯切割掉孔
之间的废木料
· 侧板用的是胶合板，无须黏合实木条制作实
木面板
表面处理：底漆和油漆，或者清漆
制作时长：3~4 小时

购物清单

- ☐ (1)¾ in×2 ft×4 ft 桦木胶合板
- ☐ (1)1 in×12 in×36 in 牛鼻橡木楼梯踏板
- ☐ #8×2 in 平头木工螺丝
- ☐ 2 in 无头钉
- ☐ 木工胶
- ☐ 表面处理材料

注：1 in ≈ 25.4 mm，1ft ≈ 304.8 mm。

制作步骤

制作横撑

❶ 画线并切割后横撑部件。首先在胶合板上纵切两根
2 in（50.8 mm）宽、2 ft（609.6 mm）长的木条。可以
用平尺为锯片提供引导。然后横切这些木条，得到 15 in
（381.0 mm）长的横撑部件。

❷ 画线并切割前横撑部件。位于每个凳面前缘下方的前
横撑部件，其底部边缘都具有一个装饰性的带有斜角的
切口。因为这些横撑木条只有 2 in（50.8 mm）宽，所以
在将其纵切和横切到指定尺寸后，切割带有斜角的切口
是不容易的，或者说是不安全的。相反，应该一次只制
作一个横撑部件，具体来说，首先在大块胶合板上画出
带角度的装饰性切口的切割线，并完成切割，然后再切
割出整个横撑部件。对每个横撑部件来说，可以参考横
撑设计图，沿胶合板的末端绘制带角度切口的切割线。
用竖锯切割出切口轮廓。然后由切口提供定位，测量并
标记出横撑的长度和宽度，将横撑纵切和横切到合适的
尺寸。

制作侧板

❸ 纵切和横切胶合板，得到两块侧板坯料。

❹ 绘制侧板轮廓线。因为两块侧板形状相同，比例匹配，
可以在一块坯料上画出侧面的轮廓，然后将两块坯料叠
放在一起，一次性完成切割。可以使用侧板设计图为切
割提供指导。

❺ 切割出侧板。将两块胶合板夹在一起，以确保两侧支
撑腿形状相同，并且排列一致。用竖锯将侧板锯切到所
需形状（见照片 A）。

组装侧板和横撑

❻ 在侧板上标出横撑的位置。最后面的后横撑的上边缘
距离侧板底部 7 in（177.8 mm）。前横撑的前缘应与凳面
的顶部前边缘对齐。另一根后横撑支撑在下凳面的后缘。

❼ 将侧板和横撑组装在一起，制成框架。在横撑的端面
以及侧板上安装横撑的位置涂抹胶水。将横撑在侧板之
间黏合到位并夹紧。穿透侧板钻取一对埋头引导孔，一
直钻入横撑中，然后用 2 in（50.8 mm）的平头木工螺丝

将部件固定在一起，完成框架的组装（见照片 B）。

精修凳子框架

❽ 用木粉腻子填充埋头孔（见照片 C），并填补胶合板边缘的任何缝隙。

❾ 用 150 目砂纸打磨凳子的外露表面，将腻子区域打磨平滑，将部件边缘打磨圆润。

❿ 给凳子表面涂抹底漆和面漆，注意侧板和横撑的顶部裸露区域不能刷漆，因为这些位置要涂抹胶水，用来黏合橡木凳面。

制作凳面

⓫ 将 36 in（914.4 mm）长的橡木楼梯踏板切成两半，制成 18 in（457.2 mm）长的凳面。

⓬ 纵切上下凳面到所需宽度。上凳面宽度为 9¼ in（235.0 mm），下凳面宽度为 7¼ in（184.2 mm）。画出相应的切割线，你就可以切割直边了。将每个凳面部件在木工桌上夹紧，使用平尺引导斜切锯纵切到所需宽度（见照片 D）。

⓭ 在上凳面上画出手柄的切割线，然后切割出手柄。手柄切口长 6 in（152.4 mm），宽 1½ in（38.1 mm），端面部分为圆弧形。画出手柄的轮廓线，使切口沿凳面长度居中，且距离凳面后缘 1 in（25.4 mm）。有几种方法可以从切口中移除废木料。可以在废木料区域内钻取一个小的起始孔，用于插入锯片，用竖锯切割掉所有废木料。但这种方法随后需要大量的打磨操作，否则很难切割出两端的小半径圆弧。更好的方法是，首先用 1½ in（38.1 mm）直径的铲形钻头在两端钻孔，得到圆弧末端，然后用竖锯清除剩余的废木料（见照片 E）。第二种方法可以确保切口两端的圆弧

照片 A　参照绘制在木板上的切割线，将凳子侧板切割成型。为竖锯安装坚硬的细齿锯片可以切割出准确、平滑的切口。夹紧一把平尺为锯片提供引导，可以获得最佳切割效果。

照片 B　用胶水将横撑在侧板之间黏合到位并夹紧。钻取埋头孔，用平头木工螺丝固定部件。

照片 C　用木粉腻子填充埋头孔和胶合板上的任何缝隙，然后用油灰刀抹平腻子。在腻子干燥后，用砂纸把凸出的部分打磨除去。

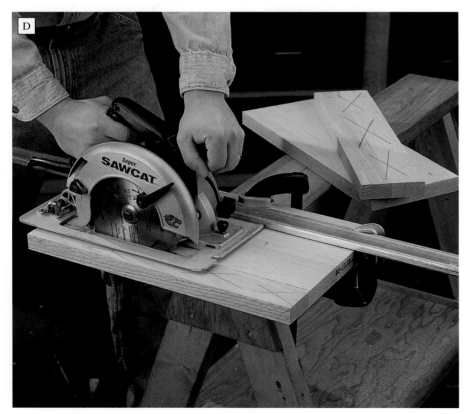

照片 D　测量、画线，将两块凳面木板纵切到所需宽度。切割时应确保将木板牢牢夹紧在木工桌上。

均匀整齐。在清除废木料之后，用锉刀和砂纸把切口边缘打磨光滑。

安装踏板

⓮ 将橡木凳面放在凳子框架上，并在凳面的两端和正面边缘标记出悬空的部分。上凳面的后缘应与凳子框架的后缘对齐。下凳面的安装过程与上凳面完全相同。对两个凳面来说，其悬空部分的宽度均为 ¾ in（19.1 mm）。将凳面放在凳子框架上并夹紧。

⓯ 把凳面固定在凳子框架上。首先为 2 in（50.8 mm）的无头钉钻取引导孔。确定好每个钉子的位置，将顶板牢牢固定在凳子的侧板和横撑上（见照片 F）。取下夹子，在部件的胶合面上均匀涂抹胶水。然后将凳面重新夹在凳子框架上，用钉子将其固定到位。最后，用冲钉器处理钉头（见照片 G）。

表面处理

⓰ 用彩色木粉腻子填补凳面上钉头上方的孔。待腻子干燥后，将凳面打磨平滑，同时将任何锋利的边缘打磨圆润。

⓱ 在凳面所有的外露表面涂抹几层透明面漆，比如聚氨酯清漆。

照片 E　清除上凳面手柄切割线内侧的废木料。先用直径 1½ in（38.1 mm）的铲形钻头在手柄两端钻孔，得到圆弧末端，然后用竖锯切掉剩余的废木料。

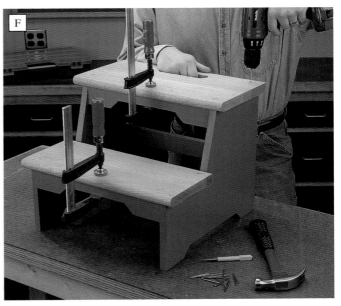

照片 F　将凳面固定在凳子框架上。穿过凳面钻取引导孔，一直钻入侧板和横撑部件中，以便钉入 2 in（50.8 mm）的钉子连接部件。

照片 G　用冲钉器处理钉头。用彩色木粉腻子填补钉孔，使之与橡木凳面的颜色匹配。

杂志架

　　这款小巧且极具吸引力的杂志架可以将书籍规整整齐，避免杂乱。这款作品使用樱桃木制作，在不牺牲精美家具外观的前提下，给人一种通透、时尚的感觉。在经过精心切割后，只需两块樱桃木木板即可完成制作。

重要信息

类型：杂志架
整体尺寸：宽 12 in（304.8 mm），高 14 in（355.6 mm），深 12 in（304.8 mm）
材料：樱桃木
接合方式：隐藏式圆木榫接合
制作细节：
· 大间隔的木板板条，彰显时尚的外观
· 流线型的手柄握持舒适
· 分隔式设计提高空间利用率
· 有效利用木料
表面处理：刷涂一层透明面漆，例如丹麦油（如图所示）。也可以不做表面处理，通过樱桃木中的单宁与空气反应，使木料颜色自然加深。

制作时长

 准备木料
1~2 小时

 绘图和标记
2~4 小时

 切割部件
3~5 小时

 组装
1~2 小时

 表面处理
1~2 小时

总计：8~15 小时

使用的工具

· 平刨
· 台锯
· 压刨
· 电木铣，带有 ⅛ in（3.2 mm）导向圆角铣头
· 金属直尺
· 18 in（457.2 mm）或更长的杆夹或管夹 6 个
· 竖锯、带锯或线锯
· 斜切锯（电动或手动）
· 便携式电钻导轨
· 圆木榫夹具
· 金属圆木榫定位锥
· 木槌
· 手持式电钻 / 螺丝刀

购物清单

□ (1) 厚 ⁴⁄₄ in、宽度不小于 4 in、长 8 ft 的樱桃木木板
□ (1)¾ in × 4 in × 8 ft 樱桃木木板
□ 直径 ¼ in 的硬木圆木榫
□ 木工胶
□ 表面处理材料

注：1 in ≈ 25.4 mm，1ft ≈ 304.8 mm。

杂志架解构图

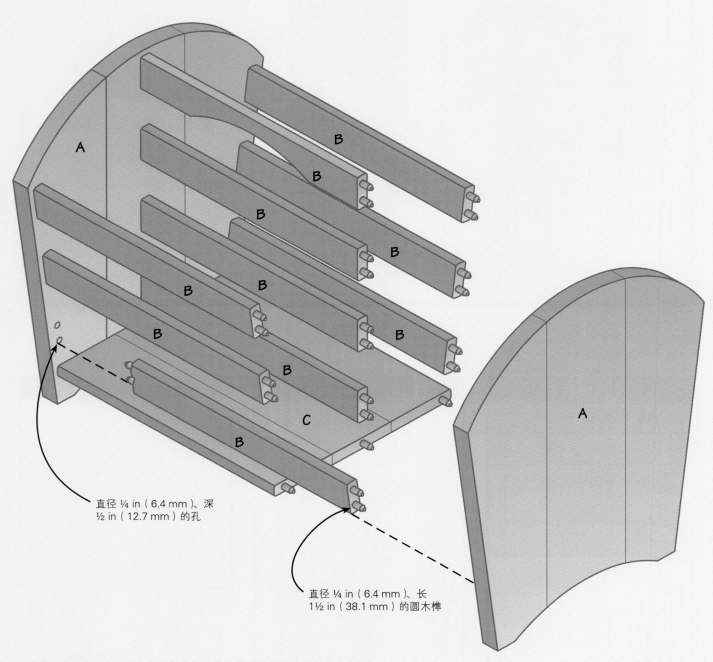

直径 ¼ in（6.4 mm）、深 ½ in（12.7 mm）的孔

直径 ¼ in（6.4 mm）、长 1½ in（38.1 mm）的圆木榫

杂志架切割清单			
部件名称	数量	尺寸	所用材料
A. 侧板	2	¾ in × 12 in × 14 in	樱桃木
B. 板条 / 手柄	10	½ in × 1½ in × 11 in	樱桃木
C. 底板	1	½ in × 9 in × 11 in	樱桃木
注：1 in ≈ 25.4 mm，1 ft ≈ 304.8 mm。			

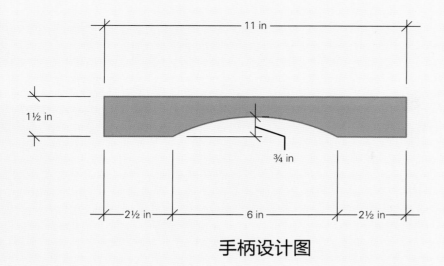

手柄设计图

直径 ¼ in（6.4 mm）的孔，侧板上的孔深 ½ in（12.7 mm），
手柄、板条和底板上的孔深度为 1¹⁄₁₆ in（27.0 mm）

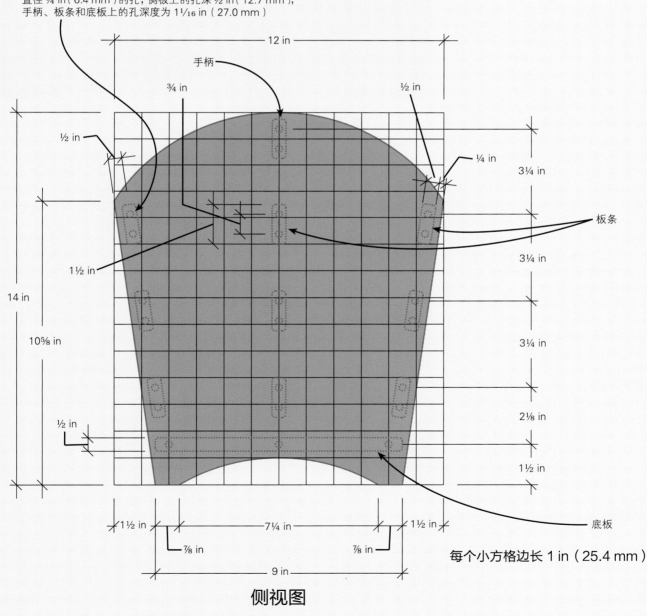

每个小方格边长 1 in（25.4 mm）

侧视图

制作步骤

将部件切割到所需尺寸

从两块 8 ft（2438.4 mm）长的樱桃木木板上切割出杂志架的每个部件。然后把三条 ¾ in（19.1 mm）（刨光后）厚的木条边对边胶合在一起制成侧板，把三条 ½ in（12.7 mm）厚的木条边对边胶合在一起制成底板。

❶ 准备一块长 8 ft（2438.4 mm）、宽 4¼ in（108.0 mm）以上的樱桃木木板，将其刨削至 1 in（25.4 mm）厚。用平刨刨平木板的一侧边缘，然后将木板纵切到 4⅛ in（104.8 mm）宽，4¹⁄₁₆ in（103.2 mm）也是可以的。横切 6 根 15 in（381.0 mm）长的部件，然后在其边缘涂抹胶水，胶合制成两块大约 12 in × 15 in（304.8 mm × 381.0 mm）的面板（见照片 A）。注意中央木条的两侧边缘都要涂抹胶水。

❷ 将 ¾ in（19.1 mm）厚、8 ft（2438.4 mm）长的木板刨削至 ½ in（12.7 mm）厚。从木板一端纵切出一块 3 ft（0.91 m）长的小木板，用平刨刨平其一侧边缘，然后纵切到 3⅛ in（79.4 mm）宽。把小木板横切成 3 个 12 in（304.8 mm）长的木条。排列并胶合木条，制成约 9 in × 12 in（228.6 mm × 304.8 mm）的面板作为底板。注意，中央木条的两侧边缘都要刨平。

❸ 将剩余的 5 ft（1.52 m）长、½ in

照片 A　拼接并胶合侧板和底板。随着夹子的拧紧，胶水会使木条出现错动，偏离对齐状态，你应该尽量调整它们，保持木条彼此对齐。注意使用垫块来保护木料表面。

（12.7 mm）厚的木板的一侧边缘刨平，然后以该边缘为基准，纵切得到宽 1½ in（38.1 mm）的木板，同时把剩余部分也纵切到 1½ in（38.1 mm）的宽度（确保将新切割的边缘抵靠在台锯靠山上）。在电木铣上安装一个半径 ⅛ in（3.2 mm）的圆角铣头，铣削两块木板的所有边缘，然后把木板放在一边待用，稍后用于切割手柄和板条。

将部件切割成型

❹ 以侧视图作为参考，通过影印或绘制网格将网格图按比例放大到全尺寸。把全尺寸图纸固定在一块 ¼ in（6.4 mm）厚的硬质纤维板或胶合板上（使用喷胶）。使用带锯、线锯或竖锯沿画线切割出部件形状，制成模板。注意把锯切边缘处理平滑。

❺ 将模板放在一块废胶合板上，将其作为钻孔支撑板。根据网格图所

示，穿过模板钻取一些圆木榫的小定位孔（与锥子或中心冲头的直径大致相同）（见照片 B）。

❻ 横切每块胶合好的侧板的一端，使端面平直且垂直于侧板正面。将模板放在每块切好的侧板上，使模板的底边与侧板的方正端面平齐。沿模板边缘画出部件的形状。使用锥子或中心冲头，参考模板上的定位孔位置，在部件上标记出圆木榫的中心点（见照片 C）。

❼ 用竖锯、带锯或线锯切割出侧板的形状。要沿画线的废木料侧小心切割（见照片 D）。然后把侧板边缘打磨光滑。

❽ 以侧板上的定位孔为中心，钻取直径 ¼ in（6.4 mm）、深 ½ in（12.7 mm）的圆木榫孔。钻孔时使用便携式钻头引导器和钻头限位器（见照片 E）。

❾ 横切步骤 3 中的 1½ in（38.1 mm）

宽的木板，切割得到 10 个 11 in（279.4 mm）长的木条（见照片 F），制成手柄和 9 个板条。我们使用电动斜切锯，并在 11 in（279.4 mm）处设置了一个限位块，以加快切割速度，并保证部件长度一致。

🔟 选择一个部件用于制作手柄，画出手柄切口处的轮廓线。弧形切口距离部件两端 2½ in（63.5 mm），中心高度为 ¾ in（19.1 mm）（详见手柄设计图）。沿轮廓线切割出圆弧，用砂纸或锉刀将切口打磨光滑。

组装杂志架

由于杂志架包含 46 个圆木榫和 92 个圆木榫孔，因此组装起来可能有些困难。当然，该作品的体量较小，易于操作，因此在胶水凝固之前，成功组装杂志架还是没问题的。

⓫ 从底板开始，在每端钻取 3 个直径 ¼ in（6.4 mm）、深 ¹¹/₁₆ in（27.0 mm）的圆木榫孔。这些孔应与侧板底部的圆木榫孔对齐。为了确保两个部件的孔可以对齐，先将金属圆木榫定位锥插入侧板的孔中，然后将底板抵靠在对应侧板的正确位置，将两个部件压在一起。每个定位锥末端的尖刺可以在底板端面留下一个清晰的中心点，用于引导钻孔。用台钻或钻孔引导器钻取圆木榫孔。如果使用钻孔引导器，为了引导器可以获得更多支撑，需要将每个部件夹在两块废木板之间。

⓬ 在手柄和每个板条的每侧端面分别钻取两个直径 ¼ in（6.4 mm）、深 1¹/₁₆ in（27.0 mm）的孔。使用圆木榫定位夹具定位榫孔中心点。同时将几个部件夹在台钳上，使部件两端对齐，可以为夹具提供更多支撑面（见照片 G）。

⓭ 用 220 目的砂纸打磨所有部件表

照片 B　穿过侧板的模板钻取小定位孔，孔的中心点可以指示圆木榫的准确位置。在模板下面垫上一块废胶合板，以防钻头损坏台面。

照片 C　将模板左右居中放在每块侧板上，画出侧板部件的轮廓线。用锥子或中心冲头穿过模板上的孔，在侧板上标记出圆木榫的中心孔。

照片 D　锯切出端面的形状。我们用的是竖锯，也可以用带锯或线锯锯切。沿画线的废木料侧切割，然后用锉刀或中等粒度的砂纸将切口打磨光滑。

照片 E　以侧板上的圆木榫孔中心标记为圆心，钻取 ½ in（12.7 mm）深的圆木榫孔。使用钻孔引导器确保垂直钻孔。

面。除了手柄和板条的端面，要把所有尖锐边缘打磨圆润。

⑭ 涂抹胶水，将硬木圆木榫轻轻敲入每个横向部件（包括板条、底板和手柄）端面的榫孔内。

⑮ 将一块侧板放在木工桌表面，使圆木榫孔朝上。将横向部件圆木榫的裸露端黏合并插入侧板的榫孔中（见照片 H）。

⑯ 立即将圆木榫黏合并敲入另一块侧板的榫孔中。然后将圆木榫的裸露端对准横向部件裸露端的榫孔。对准后，通过向下按压侧板完成组装。沿横向部件的走向夹住作品两端，通过垫块来分散夹子的压力（见照片 I）。

⑰ 用 220 目的砂纸打磨任何粗糙的表面或边缘，最后进行表面处理。在这里，我们刷涂了 3 层透明的丹麦油（见照片 J）。

照片 F　将一个限位块夹在电动斜切锯的靠山上距离锯片前缘 11 in（279.4 mm）的位置，以保证板条和手柄横切后得到一致的长度。

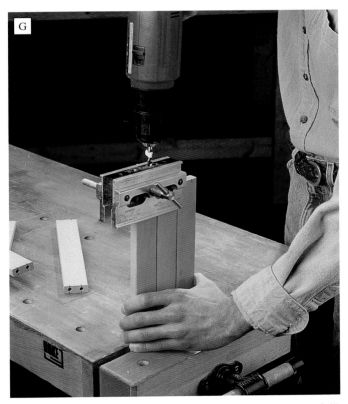

照片 G 使用圆木榫定位夹具在手柄和板条的端部钻取圆木榫孔。把板条边对边夹紧，可以为夹具提供更多夹持表面。

照片 H 将圆木榫胶合到手柄、横向部件和底板一侧端面的圆木榫孔中，然后将圆木榫的另一端插入侧板对应的孔中。接下来，立即将圆木榫胶合到另一块侧板的孔中，并将圆木榫的另一端插入直立部件的端面。将圆木榫对准榫孔，按压部件完成组装。

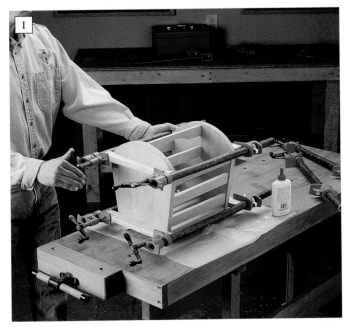

照片 I 夹紧杂志架，用垫块均匀分散压力。需要使用三对杆夹或管夹。

照片 J 由于所有平整、狭窄的表面都容易进行操作，所以为杂志架刷涂表面处理产品效果很好。我们在这里刷涂了 3 层丹麦油，以获得均匀、缎面光泽的处理效果。

衣帽架

  使命派风格和工艺美术风格重新流行，主要是因为这些设计的简洁和优雅。径切的白橡木木板被广泛应用于使命派风格的家具，是制作衣帽架的自然之选。锥度变化的顶部和底部装饰性的托臂，使其外观更为圆润，与其他看起来笨重的衣帽架明显不同。我们选用了黄铜衣帽钩来突出传统风格，使衣帽架具有真正的复古外观。

重要信息

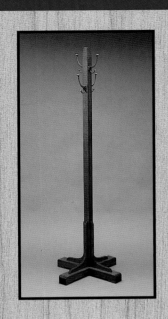

类型：衣帽架

整体尺寸：宽 24 in（609.6 mm），深 24 in（609.6 mm），高 72 in（1828.8 mm）

材料：白橡木

接合方式：用螺丝加固的半搭接和对接接合

制作细节：

· 锥度变化和倒棱的柱顶

· 装饰性托臂，加固立柱与底座的连接

· 宽支脚设计，提高稳定性

表面处理：使用中等深度到深色的胡桃木色染色剂处理作品，以获得更具传统气息的色调，或者使用透明清漆制作面漆层，使衣帽架具有更为时尚的外观。

制作时长

准备木料
1 小时

绘图和标记
2 小时

切割部件
4 小时

组装
2~4 小时

表面处理
1~2 小时

总计：10~13 小时

使用的工具

· 台锯，搭配开槽锯片
· 竖锯或带锯
· 电木铣，搭配 ¾ in（19.1 mm）的圆角铣头
· 带式砂光机
· 手持式电钻 / 螺丝刀
· 摆动轴砂光机
· 管夹
· 大号弹簧夹
· 木槌
· 维克斯（Vix）钻头

购物清单

☐ (1) 8⁄4 in × 5½ in × 10 ft 的白橡木木板
☐ (1) ¾ in × 8 in × 3 ft 的白橡木木板
☐ #8 平头木工螺丝，长度为 1½ in 和 3½ in
☐ 4d 无头钉
☐ 木工胶
☐ 直径 ⅜ in 的白橡木圆木榫
☐ 表面处理材料
☐ (4) 黄铜衣帽钩

注：1 in ≈ 25.4 mm，1ft ≈ 304.8 mm。

衣帽架解构图

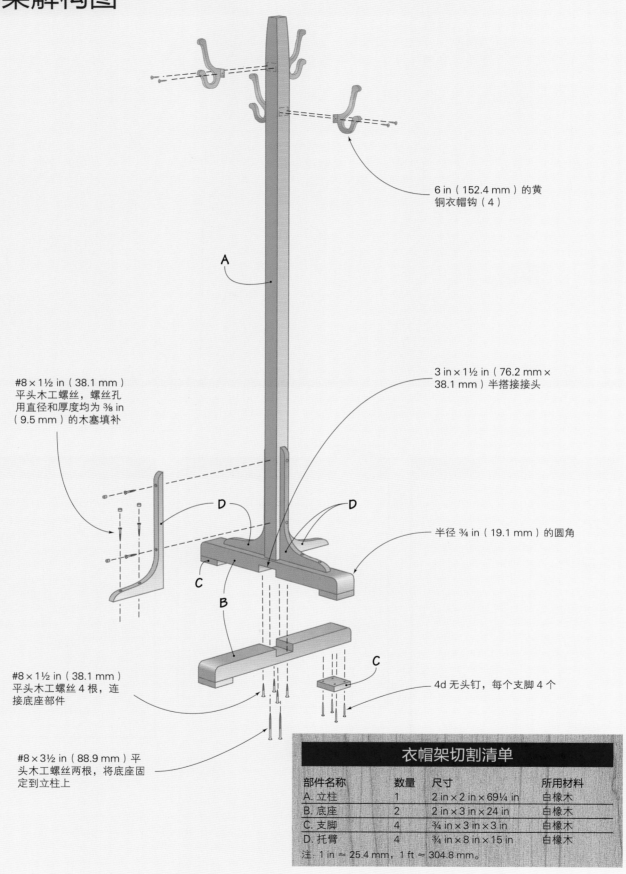

6 in（152.4 mm）的黄铜衣帽钩（4）

#8 × 1½ in（38.1 mm）平头木工螺丝，螺丝孔用直径和厚度均为 ⅜ in（9.5 mm）的木塞填补

3 in × 1½ in（76.2 mm × 38.1 mm）半搭接接头

A

D

D

半径 ¾ in（19.1 mm）的圆角

C

B

C

#8 × 1½ in（38.1 mm）平头木工螺丝 4 根，连接底座部件

4d 无头钉，每个支脚 4 个

#8 × 3½ in（88.9 mm）平头木工螺丝两根，将底座固定到立柱上

衣帽架切割清单

部件名称	数量	尺寸	所用材料
A. 立柱	1	2 in × 2 in × 69¼ in	白橡木
B. 底座	2	2 in × 3 in × 24 in	白橡木
C. 支脚	4	¾ in × 3 in × 3 in	白橡木
D. 托臂	4	¾ in × 8 in × 15 in	白橡木

注：1 in ≈ 25.4 mm，1 ft ≈ 304.8 mm。

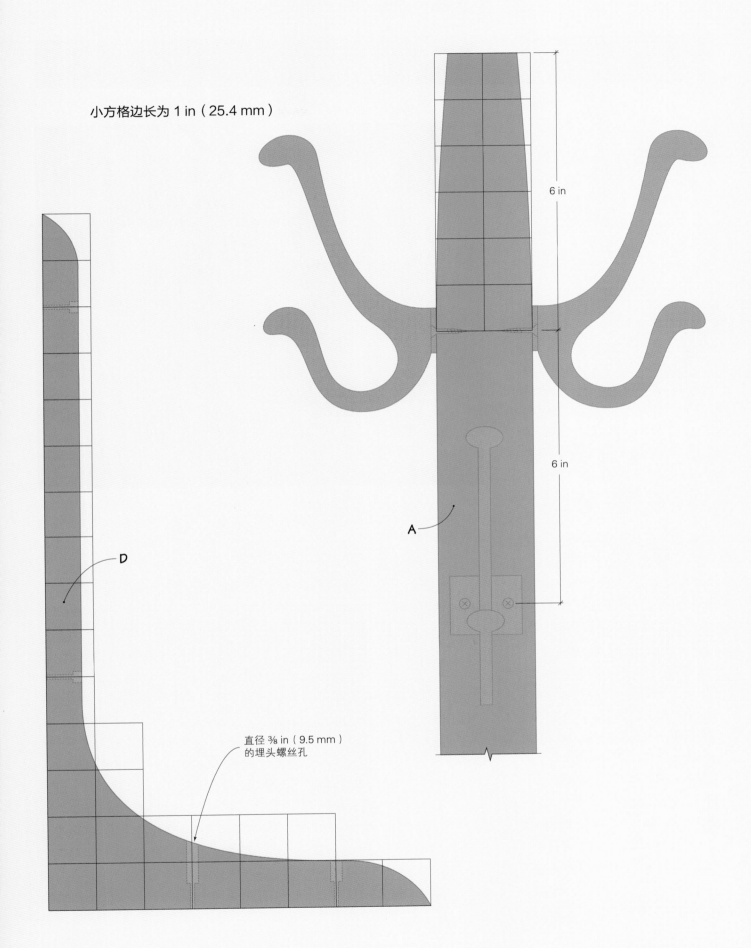

小方格边长为 1 in（25.4 mm）

6 in

6 in

A

D

直径 ⅜ in（9.5 mm）
的埋头螺丝孔

制作步骤

照片 A　用全尺寸网格图标记立柱顶部的锥度轮廓线，然后用配有中等粒度砂带的带式砂光机将立柱顶部打磨成型。打磨后可能需要重新绘制锥度轮廓线，为打磨相邻的侧面提供参考。

制作立柱

我们选择了一块 8/4 in（50.8 mm）厚的实心径切白橡木木板，用于制作衣帽架的立柱和底座部件，使这些部件从 4 个侧面看都具有一致的纹理图案（径切橡木板被广泛用于制作使命派风格的家具）。如果找不到这种厚度的径切橡木板，可以将几块较薄的橡木板层压在一起，用来制作立柱，但这样做出的部件，其侧面会有可见的层压线。

❶ 用平刨将立柱橡木板的一侧边缘刨平，并纵切到 2 in（50.8 mm）宽，然后横切到 69¼ in（1759.0 mm）长。

❷ 放大网格图，将其作为模板来绘制立柱顶部的渐变轮廓。可以绘制一个小方格边长为 1 in（25.4 mm）的网格，然后将立柱顶部的轮廓绘制到网格上，或者使用复印机进行放大。

❸ 以网格图为模板，在立柱的 4 个侧面画出渐变的轮廓线，注意在立柱末端标记出 4 个锥度变化的侧面交汇形成的正方形轮廓，同时在每个侧面标记出开始锥度变化的基线。

❹ 使用配有中等粒度砂带的带式砂光机制作锥度面，从每个侧面的锥度变化基线起始，一直打磨到立柱顶端（见照片 A）。每次制作一个侧面的锥度部分，并经常检查画线，防止出现偏离。把网格模板放在身边以便随时查对，你还需要在打磨完成后重新绘制锥度线，以便为打磨相邻侧面提供参考。

制作底座

❺ 用 8/4 in（50.8 mm）厚的橡木板纵切出两个底座部件，并将它们横切到 24 in（609.6 mm）的长度。

❻ 在每个底座部件的中央分别为宽 3 in（76.2 mm）、深 1 in（25.4 mm）的横向槽画线。完成切割后，两个横向槽可以互锁并形成半搭接接合。在台锯上安装开槽锯片，将锯切宽度设置为 ¾ in（19.1 mm）或稍宽，锯片高度设置为 1 in（25.4 mm）。需要几次切割才能做出横向槽（见照片 B）。

测试两个半搭接接头的匹配程度；两个横向槽应完全互锁。注意：如果没有开槽锯片，也可以使用电木铣搭配直边铣头切割横向槽。可以在部件上夹紧一把平尺为电木铣提供引导。如果使用此方法，需要多次铣削以逐步增加深度，直至深度达到要求的 1 in（25.4 mm）。否则，铣头会过热，甚至损坏。一套榫眼凿也能用来制作横向槽。

❼ 指定顶部和底部底座部件（组装完成后，顶部部件的横向槽朝下、底部部件的横向槽朝上扣合）。将两个部件并排放置，并夹在与底座的高度和长度相同的两块废木料之间。为电木铣安装 ¾ in（19.1 mm）的圆角铣头，横向刨削底座和废木料组件的顶

部边角（见照片 C）。废木料可以防止铣头损坏底座部件的边角。

❽ 切割 ¾ in（19.1 mm）厚的橡木板，得到 4 块尺寸为 3 in × 3 in（76.2 mm × 76.2 mm）的支脚。使用胶水和 4 根 4d 无头钉将支脚固定到底座部件两端的底部。注意，应首先用 1/16 in（1.6 mm）的钻头为钉子钻取引导孔。这样有助于将钉子更容易地钉入硬橡木中。用冲头把钉头夯入木料表面之下，以防止支脚划伤地板或地毯。

把立柱固定在底座上

❾ 在底座部件的半搭接部位涂抹胶水，用 4 根 #8 × 1½ in（38.1 mm）的平头木工螺丝将底座部件固定在一起。在拧入螺丝之前，应先钻取埋头引导孔。

❿ 将立柱居中安放在底座组件上，且立柱侧面平行于底座部件的边缘。穿过底座部件钻取两个埋头引导孔，一直钻入立柱中，然后用胶水和 3½ in（88.9 mm）的平头木工螺丝固定立柱（见照片 D）。

制作托臂

托臂增加了立柱的水平稳定性，并为衣帽架增添了一些装饰效果。如果没有它们，外套的重量会把立柱从底座上拉下来。

⓫ 从 ¾ in（19.1 mm）厚的橡木板上切割出 4 块托臂坯料。以托臂的网格图为模板，在其中一块木板上绘制轮廓线。

⓬ 用带锯或竖锯沿切割线的废木料侧切割出托臂，并将切口打磨光滑。我们使用振荡轴砂光机进行打磨（见照片 E），但是灵活的砂光垫、橱柜刮刀或锉刀也可以完成这项操作。

⓭ 使用制作完成的托臂部件作为模

照片 B　使用开槽锯片在底座部件中央切割半搭接接头。使用定角规和下压式夹具引导木板，通过多次切割得到 3 in（76.2 mm）宽的横向槽。

圆角铣头

照片 C　将底座部件放在一起为端部倒圆角。我们使用的是 ¾ in（19.1 mm）的圆角铣头（见放大图）。在底座部件之外夹上与其高度和长度相同的废木料板，可以防止铣头损坏边角。

照片 D　用胶水和两个拧入埋头孔的平头木工螺丝将立柱固定在底座上。用台钳将底座固定在木工桌上，使立柱对准底座中心居中放置。

照片 E　用竖锯或带锯锯切出托臂的大样后，将切口打磨光滑，并精修部件的形状。使用摆动轴砂光机可以快速、轻松地完成任务。

板，为剩余的 3 个托臂部件绘制轮廓线。按照与步骤 12 相同的程序切割和打磨托臂部件，生产出 4 个相同的托臂部件。

⓮ 沿基座部件的中心和立柱的每个侧面绘制参考线。依照参考线，将托臂居中安放在每个侧面上，并夹紧到位。根据网格图所示的位置，在每个托臂上钻取 4 个埋头引导孔。取下夹子，在托臂内侧涂抹胶水，并在埋头孔中钉入 #8 × 1½ in（38.1 mm）的平头木工螺丝，将托臂固定到位（见照片 F）。

收尾

⓯ 用直径 ⅜ in（9.5 mm）的白橡木木塞填补托臂上的埋头孔。注意：现成的白橡木木塞很难找到，因此你可能需要使用台钻和木塞刀，用白橡木废料自制木塞。注意，应从木料正面而不是端面切取木塞，以获得与部件表面匹配的纹理，实现木塞的"隐身"。或者，你可以从胡桃木上切取木塞，以获得对比鲜明的外观。胡桃木常被用

照片 F　用胶水和 #8 × 1½ in（38.1 mm）的平头木工螺丝把托臂固定到立柱上。注意把螺丝钉入预先钻好的埋头引导孔中。

来隐藏使命派风格家具中的螺丝。制作出 ¼ in（6.4 mm）长的木塞，或者可以稍长一些。在孔和木塞上涂抹胶水，用木槌将木塞敲入埋头孔中。胶水凝固后，用日式平切锯或开榫锯将木塞修平，然后将木塞端部打磨平滑。

⓰ 打磨衣帽架的所有尖锐边缘，并逐渐增加砂纸目数（可增至 180 目），梯度打磨木料表面。

⓱ 根据容器上的说明，选择需要的染色剂和保护性涂料。我们刷涂了胡桃木油染色剂，待其干燥后，刷涂了 3 层缎面光泽的油基聚氨酯清漆涂层（见照片 G）。最好使用 0000 级钢丝绒擦拭每层清漆涂层，以确保涂层表面光滑。

⓲ 在距离立柱顶端 6 in（152.4 mm）和 12 in（304.8 mm）的位置安装衣帽钩，使其两两相对（见照片 H）。从柱顶（见照片 H）。我们选择的是仿古风格的衣帽钩，以增强衣帽架的复古风格。提示：使用维克斯钻头为铰链和其他金属五金件（比如这些衣帽架挂钩）的固定螺丝钻取准确居中的孔。引导器可以将钻头准确定位在螺丝孔处。将钻头下压，弹簧负载的钻头会伸出并完成钻孔。收回下压的力量，钻头会自动缩回，结束钻孔。

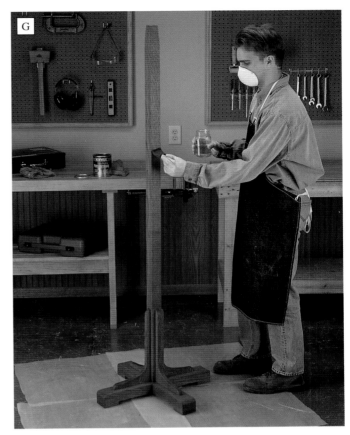

照片 G　我们刷涂胡桃木油染色剂为白橡木着色，然后刷涂 3 层缎面光泽的油基聚氨酯清漆涂层。

维克斯钻头

照片 H　使用维克斯钻头钻取螺丝孔，螺丝孔应与挂钩上的引导孔完全对齐。

鼓状面包箱

　　作为一种传统的礼物，面包箱却在逐渐淡出人们的视野，不过近些年，由于面包机的快速普及，它又开始受到人们的青睐。无论你的面包来自自家的面包机还是街角的面包店，这款经典的面包箱都可以为它们提供充足的存储空间。我们的设计采用了美观、易于制作的鼓门，并在箱体顶部配有存放面包刀的储物抽屉。

重要信息

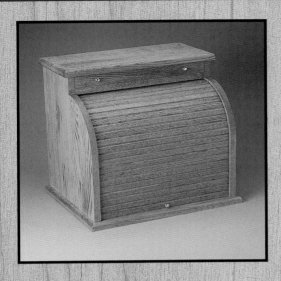

类型：面包箱
整体尺寸：深 14½ in（368.3 mm），宽 18 in（457.2 mm），高 16½ in（419.1 mm）
材料：红橡木
接合方式：横向槽、企口和对接接合
制作细节：
· 为鼓门板条涂上胶水，压制在棉织物上
· 鼓门在凹槽中滑动，凹槽需要使用胶合板模板和 ⅜ in（9.5 mm）的电木铣导套配合电木铣铣削出来
· 抽屉面板要与抽屉支架和侧板齐平
· 抽屉部件通过企口接合的方式组装
· 抽屉支架安装在侧板上的止位横向槽中
表面处理：木料染色剂和缎面光泽的聚氨酯清漆

制作时长

准备木料
2 小时

绘图和标记
4 小时

切割部件
4~6 小时

组装
3 小时

表面处理
2 小时

总计：15~17 小时

使用的工具

· 台锯
· 手持式电钻 / 螺丝刀
· 台钻
· 电动斜切锯（可选）
· 夹具
· 电木铣倒装台，配备 ⅜ in（9.5 mm）圆角铣头和 ⅜ in（9.5 mm）的导套，以及 ¼ in（6.4 mm）、½ in（12.7 mm）和 ¾ in（19.1 mm）直边铣头
· 开槽锯片
· 木工直角尺
· J 形辊
· ⅜ in（9.5 mm）沉孔钻头
· ⅜ in（9.5 mm）木塞刀

购物清单

☐ (2) ¾ in × 8 in × 8 ft 红橡木木板
☐ (1) ¾ in × 6 in × 4 ft 红橡木木板
☐ (1) ½ in × 4 in × 4 ft 红橡木木板
☐ (1) ½ in × 2 ft × 2 ft 橡木胶合板
☐ (1) ¼ in × 8 in × 16 in 橡木胶合板
☐ #8 × ½ in 平头木工螺丝
☐ (1) 2 ft × 2 ft 厚棉布
☐ (3) 直径为 ½ in 的黄铜把手
☐ 木工胶
☐ 表面处理材料

注：1 in ≈ 25.4 mm，1ft ≈ 304.8 mm。

鼓状面包箱
解构图

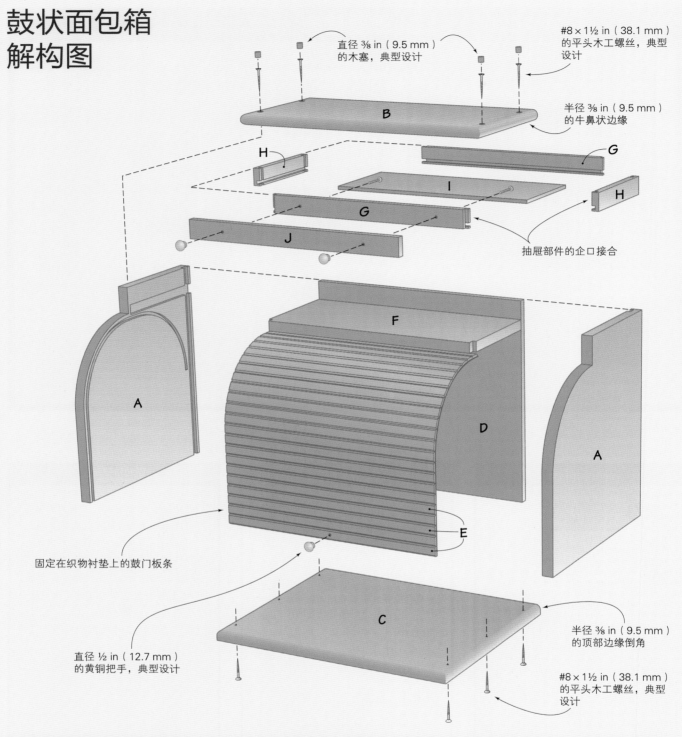

直径 ⅜ in（9.5 mm）的木塞，典型设计

#8 × 1½ in（38.1 mm）的平头木工螺丝，典型设计

半径 ⅜ in（9.5 mm）的牛鼻状边缘

B

H

G

I

G

H

J

抽屉部件的企口接合

A

F

D

A

E

固定在织物衬垫上的鼓门板条

直径 ½ in（12.7 mm）的黄铜把手，典型设计

C

半径 ⅜ in（9.5 mm）的顶部边缘倒角

#8 × 1½ in（38.1 mm）的平头木工螺丝，典型设计

鼓状面包箱切割清单

部件名称	数量	尺寸	所用材料	部件名称	数量	尺寸	所用材料
A. 侧板	2	¾ in × 14 in × 15 in	红橡木	F. 抽屉支架	1	¾ in × 7¼ in × 16 in	红橡木
B. 顶板	1	¾ in × 8½ in × 18 in	红橡木	G. 抽屉前板和背板	2	½ in × 1⁵⁄₁₆ in × 14⅞ in	红橡木
C. 底板	1	¾ in × 14½ in × 18 in	红橡木	H. 抽屉侧板	2	½ in × 1⁵⁄₁₆ in × 6¾ in	红橡木
D. 背板	1	½ in × 16 in × 15 in	橡木胶合板	I. 抽屉底板	1	¼ in × 6¼ in × 14⅞ in	橡木胶合板
E. 鼓门板条	23	³⁄₁₆ in × ¾ in × 15¹⁵⁄₁₆ in	红橡木	J. 抽屉面板	1	½ in × 1⁵⁄₁₆ in × 15⅜ in	红橡木

注：1 in ≈ 25.4 mm，1 ft ≈ 304.8 mm。

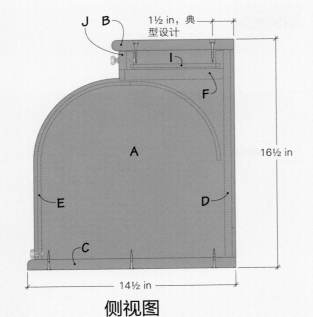

1½ in，典型设计

16½ in

A

J B

I

F

E D

C

14½ in

侧视图

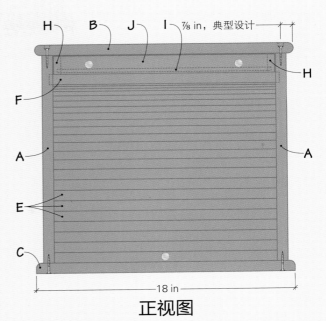

⅞ in，典型设计

H B J I

H

F

A A

E

C

18 in

正视图

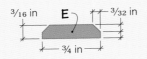

8 in

2 in

1⅜ in

¾ in

半径 6 in

深 ¼ in 的凹槽

15 in

7 in

½ in

¼ in

¼ in

A

14 in

细节：侧面

15⅜ in

G

H I H

J G

6¾ in

2½ in

抽屉俯视图

E

3/16 in

3/32 in

¾ in

细节：鼓门板条

半径 5⁷⁄₁₆ in

1¼ in

止位横向槽的位置 *e*

12⁷⁄₁₆ in

7 in

调整夹具尺寸以匹
配电木铣的设置

12⅛ in

鼓门凹槽铣削模板

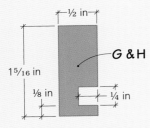

½ in

G & H

1⁵⁄₁₆ in

⅛ in

¼ in

细节：抽屉
底板横向槽

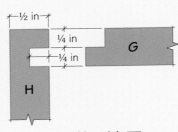

½ in

¼ in

¼ in

G

H

细节：抽屉
转角接头

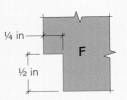

¼ in

F

½ in

细节：抽屉支架
转角切口

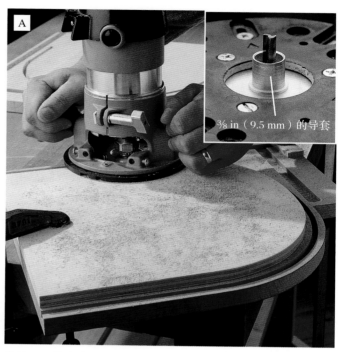

3⁄8 in（9.5 mm）的导套

制作侧板

❶ 制作侧板坯料。将3⁄4×8规格的红橡木板横切成4块15 in（381.0 mm）长的部件，并用平刨将其边缘刨削平直。将木板两两边对边胶合并夹紧，制成两块侧板坯料。然后将每块坯料纵切到14 in（355.6 mm）的最终宽度。

❷ 参照侧板的细节图纸，在一块侧板上画出轮廓线，将侧板切割成型。以此侧板为模板，画出第二块侧板的轮廓线，并将其切割成型。将所有切口打磨平滑。

❸ 在电木铣倒装台上用直边铣头为侧板铣削安装背板和抽屉支架的凹槽。在距离侧板后缘1⁄4 in（6.4 mm）的位置，从上向下铣削深1⁄4 in（6.4 mm）的背板凹槽。先用1⁄2 in（12.7 mm）的直边铣头铣削这个凹槽。1⁄4 in（6.4 mm）深的支架凹槽距离侧板顶端13⁄8 in（34.9 mm）。支架凹槽的前端在距离侧板前缘1⁄2 in（12.7 mm）处停止，其后端与背板凹槽相交。在电木铣倒装台上设置限位块，以精确控制支架凹槽的长度，使用3⁄4 in（19.1 mm）的直边铣头完成铣削。然后用锋利的凿子把支架凹槽的前端凿切平直。

❹ 在侧板上铣削鼓门的轨道凹槽。为了铣削准确，可以用厚3⁄4 in（19.1 mm）的废木料制作鼓门凹槽的电木铣模板，并用砂纸将其表面打磨光滑。在模板上做标记，用来指示鼓门轨道停止的位置。为电木铣安装直径3⁄8 in（9.5 mm）的导套和1⁄4 in（6.4 mm）的直边铣头。将夹具的平直边缘与侧板的底部对齐，这样就可以在距离侧板前缘1⁄4 in（6.4 mm）处铣削出轨道凹槽。将夹具夹紧到位。分两次铣削轨道凹槽，逐步增加深度至1⁄4 in（6.4 mm）（见照片A）。确保在模板上的标记处停止轨道凹槽的铣削。在另一块侧板上放置夹具并夹紧木板，铣削出同样的轨道凹槽。

照片A 将电木铣模板固定在侧板上，开始铣削鼓门的轨道凹槽。为电木铣安装3⁄8 in（9.5 mm）的导套和1⁄4 in（6.4 mm）的直边铣头（见放大图），并进行铣削。一定要在模板上做好标记，以指示轨道凹槽停止的位置。每条轨道凹槽分两次铣削到所需深度。

制作其他箱体部件

❺ 制作顶板和底板。用3⁄4×8规格的红橡木板切割出两块指定长度的木板，边对边胶合在一起，制成底板坯料；用3⁄4×6规格的红橡木板切割出两块指定长度的木板，边对边胶合在一起，制成顶板坯料。将顶板和底板坯料纵切至最终宽度，并将边缘和端部打磨光滑。在电木铣倒装台上，用3⁄8 in（9.5 mm）的圆角铣头铣削顶板和底板部件的端面和一侧边缘。

❻ 根据切割清单，纵切和横切胶合板背板至所需尺寸。

❼ 制作抽屉支架。首先，纵切并横切抽屉支架至合适的尺寸，然后用带锯将抽屉支架的前角锯掉，使支架前缘与侧板前缘齐平，支架两端插入止位凹槽中（参阅"细节：抽屉支架转角切口"）。

组装箱体

❽ 将箱体部件胶合固定在一起。首先，将背板和抽屉支

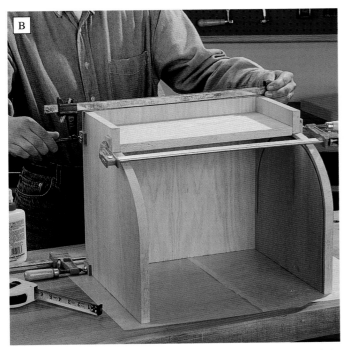

照片 B　将背板和抽屉支架安装并胶合到侧板的凹槽中。夹紧组件，使接合处保持闭合，直到胶水凝固。

照片 C　将顶板和底板固定在箱体上，使其两侧均匀凸出在箱体两侧。现在，只用埋头螺丝固定底板，因为后边还需要将其拆下以安装鼓门。用胶水和埋头螺丝固定顶板。用直径 ⅜ in（9.5 mm）的橡木木塞盖住螺丝头，然后将木塞修平并用砂纸打磨光滑。

架干接到侧板凹槽中测试匹配程度。如果没有问题，将这些部件胶合到凹槽中，夹紧组件并检查其是否方正（见照片 B）。当胶水凝固后，把顶板固定到侧板上。确保顶板的牛鼻边缘朝上、朝前，平直的边缘与侧板背缘齐平。顶板两侧应均匀凸出在箱体两侧。在顶板上标记 4 个螺丝的位置，然后用胶水和 1½ in（38.1 mm）埋头木工螺丝将其固定到位。保持底板的牛鼻边缘朝上、朝前，将组件放在上面。用埋头木工螺丝将底板临时固定到侧板上（在安装鼓门时需要将其拆下）。

❾ 用直径 ⅜ in（9.5 mm）的橡木木塞盖住埋头螺丝（见照片 C）。然后修平木塞并用砂纸将其打磨光滑。

制作鼓门

　　鼓门由 23 根木条边对边对接并胶合在一块棉布上制成。棉布提供了坚固且柔韧的背衬，能够满足鼓门弯曲的需要。为了有效、安全地切割细板条，需要首先为坯料木板的一条长边上下倒棱，然后从坯料木板上纵切下一根板条，再次为坯料木板倒棱，纵切出第二根板条。如此重复，直到切割出所有板条。或者，你可以购买预制的鼓门卷材（见下页的"预制卷材"）。

❿ 切割板条。首先，为电木铣安装 45° 导向倒棱铣头，将铣头高度设置为 ³⁄₃₂ in（2.4 mm）。横切 ¾ in（19.1 mm）厚的橡木木板，得到长度为 15¹⁵⁄₁₆ in（404.8 mm）的

照片 D　为 ¾ in（19.1 mm）厚的坯料木板的一条长边上下倒棱，然后将台锯锯片与靠山的距离设置为 ³⁄₁₆ in（4.8 mm），从坯料木板上纵切出带有倒棱的木条。注意使用推料板推送木板，保持手指远离锯片。重复这个过程，直到切下 23 根板条。

坯料。将台锯锯片与靠山之间的距离设置为 ³⁄₁₆ in（4.8 mm）。为坯料木板一条长边的上下倒棱，用台锯切割出带有倒棱的板条（见照片 D）。然后把坯料切口处的任何锯痕刨削除去，重复上述倒棱和切割的操作，直到完成 23 根板条的切割。

照片 E 将木工直角尺夹在一块硬质纤维板上，然后将板条排列在直角尺的内侧。用宽胶带把对齐的板条临时固定在一起，为胶合棉布做好准备。

照片 F 用胶水把棉布胶合在板条的背面，用海绵轻轻湿润棉布，以便将胶水吸入棉布中。然后使用 J 形辊按压，消除任何褶皱或气泡。在棉布背面铺一层蜡纸，将砖块、水桶等重物压在上面，将棉布压平。

照片 G 修剪板条端面对应的棉布部分，每端留出约 ⅜ in（9.5 mm）的裸露板条。这样，裸露的板条两端就可以轻松地在轨道凹槽中滑动。

❶❶ 组装板条。将板条紧紧对接在一起，倒棱的面朝上，抵靠在木工直角尺（用夹子固定在一块硬质纤维板上）的内侧。木工直角尺有助于把板条的端面对齐。板条对齐后，用废木料和弹簧夹将最外侧的木条固定到位，然后用三条宽胶带临时将板条固定在一起（见照片 E）。

❶❷ 裁一块棉布（厚度与牛仔布厚度相当），其长度足以覆盖所有板条的宽度，其宽度方向每侧比板条的长度小约 ¼ in（6.4 mm）。在将棉布裁剪到指定尺寸前，应先将其洗净并晾干，以最大限度地减少后期的收缩。

❶❸ 把对齐的板条粘在棉布上。去掉外侧的夹具，将板条组件翻面，使有倒棱的面朝下，然后在木条组件的所有背面涂抹一层薄而均匀的胶水。把棉布放在板条组件上，用湿海绵湿润其背面。按压棉布使其胶合在板条上，并用 J 形辊消除任何褶皱（见照片 F）。用蜡纸把棉布盖住。把重物（例如砖块、水泥块、一桶水等）放在蜡纸上，静置过夜，等待胶水凝固。

❶❹ 将鼓门安装到轨道凹槽中。用直尺和美工刀切去板条端面多余的棉布（见照片 G）。切掉足够多的棉布，使板条两端分别留出 ⅜ in（9.5 mm）的裸露部分。从箱体上取下底板，将鼓门滑入轨道凹槽中。根据需要打磨板条裸露的端部，直到鼓门可以沿整个轨道轻松滑动，并能保持在轨道凹槽的任何位置。然后拆下鼓门，准备进行表面处理。

制作抽屉

❶❺ 加工抽屉部件。从 ½ in（12.7 mm）厚的红橡木板上纵

预制卷材

如果你不想自己制作鼓门，可以从产品目录中找到各种尺寸和设计样式的板条产品，选择适合的样式购买。最常见的产品形式是以帆布为背衬的整块卷材，通常作为一系列木条（正面贴有一张纸）出售。在把板条贴到棉布背衬上之后，可以用砂纸打磨除去纸张，露出木条。有些制造商甚至提供没有背衬的卷材：每个板条的长边被加工成特定的形状，使它们可以彼此互锁，实际上形成了一个长铰链结构。甚至还有用线把板条串连在一起的卷材形式，很像百叶窗的结构。在准备好卷材之前，不要铣削任何部件。

切和横切出抽屉的面板、前板、背板和侧板。在侧板两端的内侧，距离端面 ¼ in（6.4 mm）的位置，沿宽度方向分别切割出一个宽 ¼ in（6.4 mm）、深 ¼ in（6.4 mm）的凹槽（参阅"细节：抽屉转角接头"）。在台锯上用开槽锯片切割凹槽，或者用电木铣搭配 ¼ in（6.4 mm）的直边铣头铣削凹槽。使用相同的铣头，在距离侧板、前板、背板的底部边缘 ⅛ in（3.2 mm）的位置，沿整个长度方向铣削深 ¼ in（6.4 mm）的凹槽。最后，在前板和背板两端的外侧面（底部凹槽所在面的对侧面）切割 ¼ in × ¼ in（6.4 mm × 6.4 mm）的半边槽。这些半边槽形成的榫舌将来要插入侧板两端的横向槽中。

⑯ 组装抽屉。干接抽屉的底板、前板、背板和侧板，并进行必要的调整。在抽屉边角，凹槽和半边槽可以形成牢固的企口接合。拆下部件，在边角接头上涂抹胶水，将抽屉底板滑入凹槽中（无胶水），完成抽屉框架的组装。使用框架夹或其他小型杆夹夹紧框架，保持接合处闭合，直到胶水凝固（见照片 H）。

⑰ 安装抽屉面板。用胶水将抽屉面板胶合在抽屉前板上。用弹簧夹将抽屉面板固定到位。穿过面板和抽屉前板，在距离抽屉两端 2½ in（63.5 mm）的位置分别钻取一个引导孔，用于安装抽屉把手。你还需要用 1¼ in（31.8 mm）长的机械螺丝来固定这些把手。

收尾

⑱ 打磨面包箱，并做表面处理。取下抽屉和把手，用 220 目的砂纸打磨所有部件表面。用粘布除去表面残留的粉尘。涂抹选好的染色剂（或与现有橱柜颜色匹配的染色剂）。在所有表面（内外）涂抹 3 层透明聚氨酯清漆。注意，鼓门的棉布不用上漆。

⑲ 先将鼓门滑入轨道凹槽，然后将面包箱底板装回到框架上。

⑳ 安装鼓门把手。穿透最下方的板条，居中钻一个引导孔。你需要一个 ⅜ in（9.5 mm）长的机械螺丝将把手固定在板条上（见照片 I）。

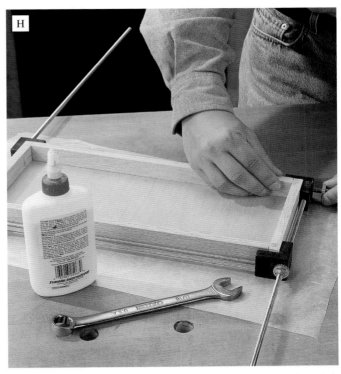

照片 H　在胶合抽屉时，框架夹很方便，因为它能保持组件方正。注意，仅在边角接头处涂抹胶水。让底板可以在凹槽中浮动，可以应对木材形变。

照片 I　表面处理完成后，在抽屉面板上安装两个黄铜把手，在最下方的板条上安装一个黄铜把手。你需要为抽屉把手准备两个 1¼ in（31.8 mm）长的机械螺丝，为鼓门把手准备一个 ⅜ in（9.5 mm）长的机械螺丝。

搭接式相框

当你把一张珍贵的家庭照片放在自己制作的相框中展示时，会给人一种眼前一亮的感觉。这款相框设计的特点是，边角采用了半搭接的接合方式——一种将4个框架部件连接在一起的简单而吸引人的方式。可以用一种木材制作框架，也可以搭配使用两种不同种类的木材，比如胡桃木和枫木。你甚至可以用胶合板或刨花板制作相框，然后为它上漆。决定权在你手中。

搭接式相框
解构图

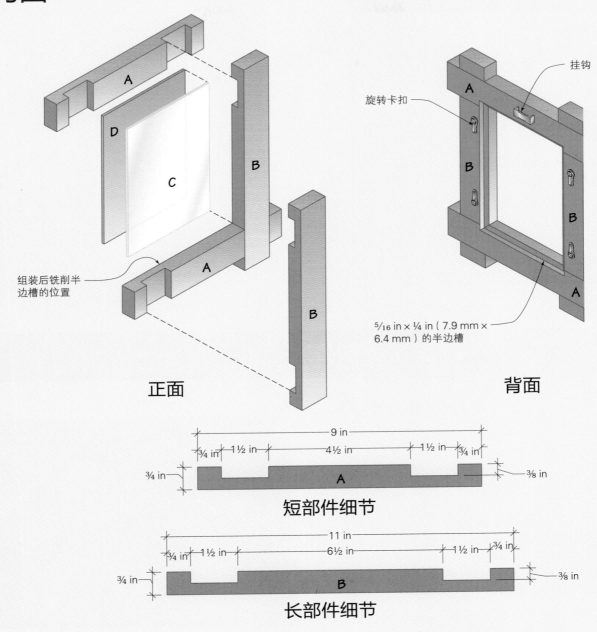

正面

背面

挂钩

旋转卡扣

组装后铣削半边槽的位置

$5/16$ in × $1/4$ in（7.9 mm × 6.4 mm）的半边槽

9 in

$3/4$ in | $1\frac{1}{2}$ in | $4\frac{1}{2}$ in | $1\frac{1}{2}$ in | $3/4$ in

$3/4$ in

$3/8$ in

A

短部件细节

11 in

$3/4$ in | $1\frac{1}{2}$ in | $6\frac{1}{2}$ in | $1\frac{1}{2}$ in | $3/4$ in

$3/4$ in

$3/8$ in

B

长部件细节

$3/4$ in

$1\frac{1}{2}$ in

$5/16$ in

$1/4$ in

半边槽细节

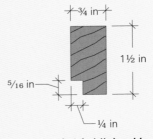

搭接式相框切割清单

部件名称	数量	尺寸	所用材料
A. 短部件	2	$3/4$ in × $1\frac{1}{2}$ in × 9 in	任何木料
B. 长部件	2	$3/4$ in × $1\frac{1}{2}$ in × 11 in	任何木料
C. 玻璃	1	$1/8$ in × 5 in × 7 in	任何木料
D. 背衬板	1	$1/8$ in × 5 in × 7 in	硬质纤维板

注：1 in ≈ 25.4 mm，1 ft ≈ 304.8 mm。

购物清单

- ☐ 1 in × 2 in × 4 ft 的木料
- ☐ (1) ⅛ in × 5 in × 7 in 的窗玻璃
- ☐ (1) ⅛ in × 5 in × 7 in 的硬质纤维板
- ☐ (4) ⅞ in 的旋转卡扣
- ☐ (1) 锯齿挂钩
- ☐ 木工胶
- ☐ 表面处理材料

注：1 in ≈ 25.4 mm，1ft ≈ 304.8 mm。

制作步骤

制作长、短框架

❶ 将短部件、长部件横切到所需长度。

❷ 铣削搭接半边槽。因为所有框架部件的半边槽具有相同的深度和宽度，所以可以使用相同的电木铣设置完成所有部件半边槽的铣削。首先在短部件上切割半边槽。为电木铣安装直径 ¾ in（19.1 mm）的直边铣头，将切割深度设置为 ⅜ in（9.5 mm）。接头尺寸设计为 1½ in（38.1 mm），将两个短部件末端对齐，然后将这对部件夹在两块 ¾ in（19.1 mm）厚的废木料之间。这些废木料作为垫块，可以为电木铣提供支撑，防止铣头在退出半边槽时撕裂木料。在短部件组件上夹住一块直边的废木料，放置好，使电木铣铣头沿切割线铣削。每次铣削一半槽口，铣头同时切过废木料和短部件。松开夹具，重新定

照片 A　先铣削短部件的接头，然后铣削长部件的接头。将部件成对对齐，用夹具和两块废木料垫块夹紧部件，为电木铣提供支撑，并通过直边废木料引导铣头铣削。通过两次铣削完成半边槽的制作。

位短部件，对准铣头，以便铣削另一半槽口，重新夹紧组件并再次铣削，完成一组接头的切割。电木铣设置不变，将短部件组件掉头，铣削另一端的接头（见照片 A）。

❸ 使用与步骤 2 中相同的电木铣设置和操作步骤，为长部件铣削半搭接接头。

组装框架结构

❹ 干接长、短部件，检查搭接接头是否匹配。可以将铣削区域打磨得稍宽或稍深一些，以提高匹配度。

❺ 在铣削区域涂抹胶水，将框架部件组装在一起并夹紧（见照片B）。

❻ 围绕框架的背面内侧边缘铣削一圈半边槽，用来安装玻璃、照片和背衬板。使用 ¼ in（6.4 mm）的导向开槽铣头，把深度设置为 ⁵/₁₆ in（7.9 mm）进行铣削（见照片C）。

❼ 用锋利的凿子把背面半边槽的边角凿切平直。

收尾

❽ 依次用 150 目和 220 目的砂纸打磨框架表面，然后使用选好的产品做表面处理。

❾ 环绕框架背面的半边槽固定 4 个旋转卡扣，用于将玻璃、照片和背衬板固定到位。

❿ 将玻璃、照片和靠衬板插入相框，并将旋转卡扣旋转到位。

⓫ 小心地将锯齿挂钩固定在框架背面顶部的短部件上（见照片D）。可能需要先把玻璃、照片和背衬板取出来。

其他框架尺寸

　　技术图纸、操作步骤和切割清单对应的照片尺寸为 5 in × 7 in（127.0 mm × 177.8 mm）。如果需要为其他常用尺寸的照片制作类似的相框，请根据下面列出的部件尺寸进行制作。

对于 4 in × 6 in（101.6 mm × 152.4 mm）照片

短 部 件：¾ in × 1½ in × 8 in（19.1 mm × 38.1 mm × 203.2 mm）

长 部 件：¾ in × 1½ in × 10 in（19.1 mm × 38.1 mm × 254.0 mm）

玻璃和背衬板：⅛ in × 4 in × 6 in（3.2 mm × 101.6 mm × 152.4 mm）

对于 8 in × 10 in（203.2 mm × 254.0 mm）照片

短 部 件：¾ in × 1½ in × 12 in（19.1 mm × 38.1 mm × 304.8 mm）

长 部 件：¾ in × 1½ in × 14 in（19.1 mm × 38.1 mm × 355.6 mm）

玻璃和背衬板：⅛ in × 8 in × 10 in（3.2 mm × 203.2 mm × 254.0 mm）

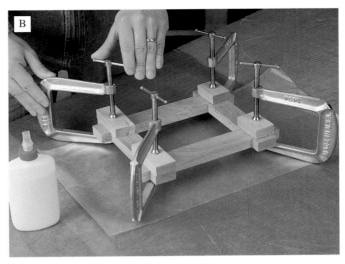

照片 B　在搭接接口处涂抹胶水，将部件组装在一起并夹紧。

照片 C　围绕框架的背侧内缘，铣削一圈宽 ¼ in（6.4 mm）、深 ⁵/₁₆ in（7.9 mm）的半边槽，用来安装玻璃、照片和背衬板。用凿子把半边槽的边角凿切平直。

照片 D　在相框背面安装旋转卡扣和锯齿挂钩。

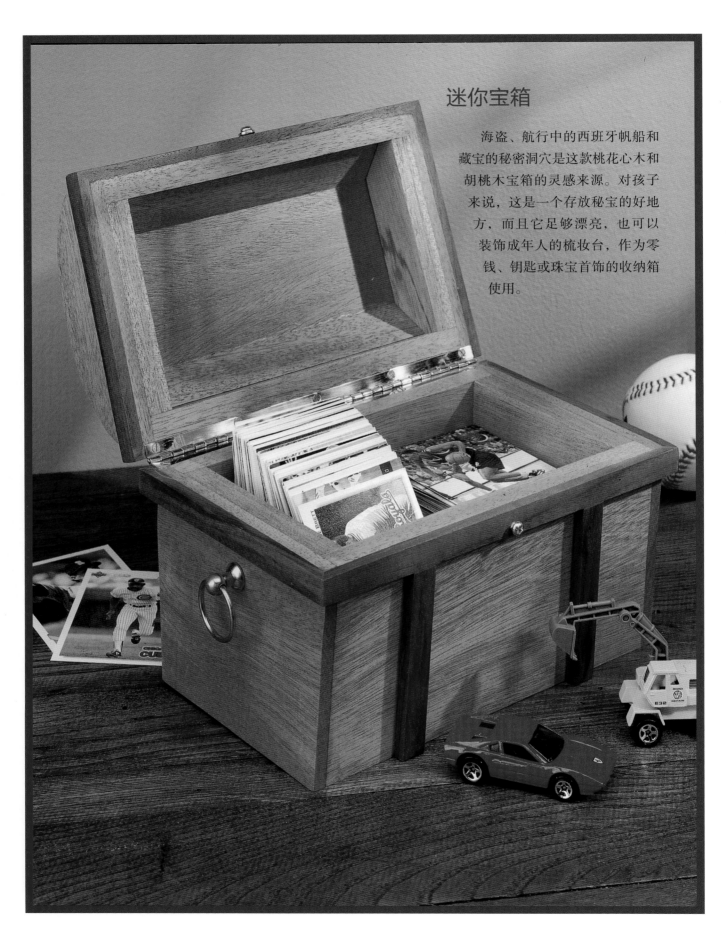

迷你宝箱

海盗、航行中的西班牙帆船和藏宝的秘密洞穴是这款桃花心木和胡桃木宝箱的灵感来源。对孩子来说，这是一个存放秘宝的好地方，而且它足够漂亮，也可以装饰成年人的梳妆台，作为零钱、钥匙或珠宝首饰的收纳箱使用。

重要信息

类型：珠宝 / 首饰箱
整体尺寸：宽 5½ in（139.7 mm），高 6¼ in（158.8 mm），长 8 in（203.2 mm）
材料：洪都拉斯桃花心木、胡桃木
接合方式：对接接合和横向槽接合
制作细节：
· 拱形盖子是由 7 个手工刨削成型的部件胶合而成的
· 箱体前后板的锥度是手工刨削出来的
· 弯曲的胡桃木盖顶捆扎木是用圆规在平整的木板上画线，然后用带锯切割成型的
· 底板在箱体前板、背板和端板的凹槽中浮动
· 用黄铜钢琴铰链将盖子固定在箱体上
表面处理：喷涂缎面光泽的合成漆

制作时长

 准备木料
2 小时

 绘图和标记
1~2 小时

 切割部件
4~5 小时

 组装
2 小时

 表面处理
1 小时

总计：10~12 小时

使用的工具

· 台锯
· 开槽锯片（可选）
· 电木铣和 ¼ in（6.4 mm）直边铣头（可选）
· 带锯
· 夹背锯
· 夹具
· 手工刨
· 带式砂光机
· 辊式砂光机
· 手持式电钻 / 螺丝刀
· 凿子

购物清单

☐ (1)⁴/₄ in × 8 in × 6 ft 洪都拉斯桃花心木木板
☐ (1)½ in × 4 in × 2 ft 胡桃木木板
☐ (1)⅝ in × 8 in 黄铜钢琴铰链
☐ (1)1 in 黄铜钩锁和安装螺丝
☐ (2) 1 in 直径的拉环
☐ 木工胶
☐ 喷胶
☐ 表面处理材料

注：1 in ≈ 25.4 mm，1ft ≈ 304.8 mm。

迷你宝箱解构图

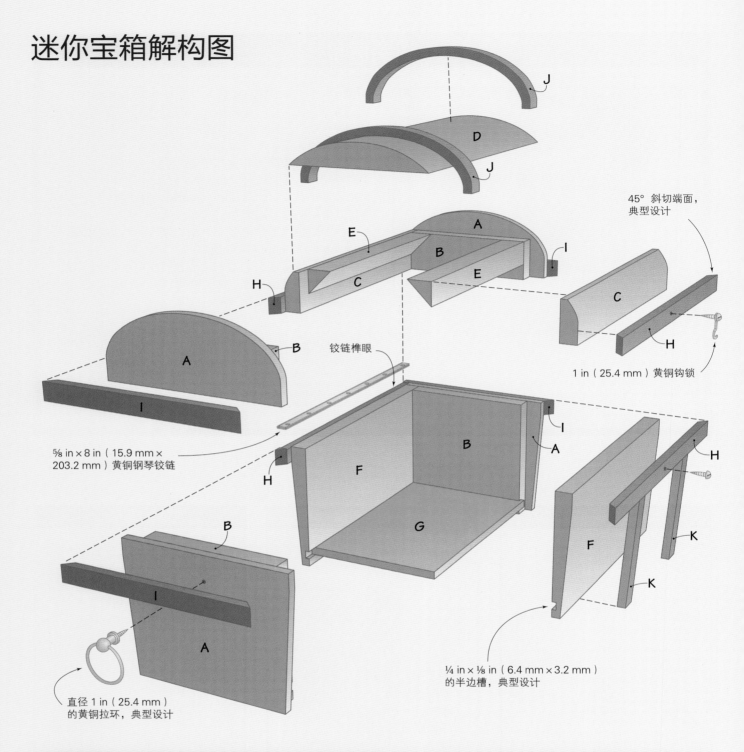

45° 斜切端面，典型设计

1 in（25.4 mm）黄铜钩锁

铰链榫眼

⅝ in × 8 in（15.9 mm × 203.2 mm）黄铜钢琴铰链

¼ in × ⅛ in（6.4 mm × 3.2 mm）的半边槽，典型设计

直径 1 in（25.4 mm）的黄铜拉环，典型设计

迷你宝箱切割清单

部件名称	数量	尺寸	所用材料	部件名称	数量	尺寸	所用材料
A. 端板	2	¼ in × 6 in × 5 in	桃花心木	G. 底板	1	¼ in × 4¼ in × 6¾ in	桃花心木
B. 内端板	2	½ in × 5¼ in × 4 in	桃花心木	H. 前后边沿木	4	¼ in × ½ in × 8½ in	胡桃木
C. 盖子前板和背板	2	¾ in × 1¼ in × 7½ in	桃花心木	I. 端边沿木	4	¼ in × ½ in × 5½ in	胡桃木
D. 盖子顶板	1	¼ in × 4½ in × 7½ in	桃花心木	J. 盖顶捆扎木	2	¼ in × ½ in × 5½ in	胡桃木
E. 三角撑木	2	¾ in × ¾ in × 6½ in	桃花心木	K. 箱体捆扎木	4	¼ in × ½ in × 3½ in	胡桃木
F. 箱体前板和背板	1	½ in × 4 in × 7½ in	桃花心木				

注：1 in ≈ 25.4 mm，1 ft ≈ 304.8 mm。

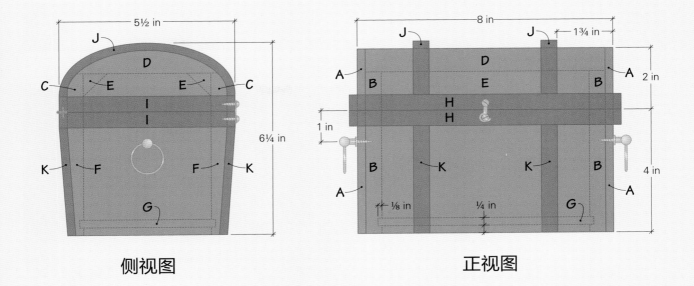

侧视图   正视图

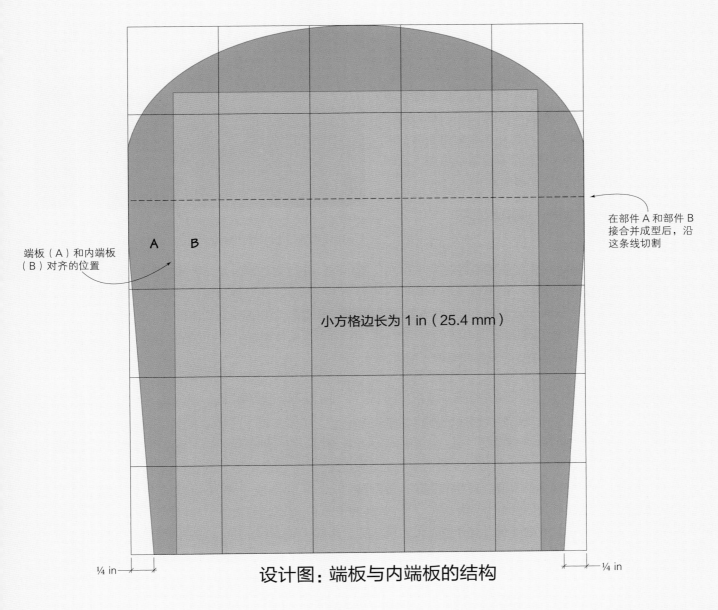

端板（A）和内端板
（B）对齐的位置

在部件 A 和部件 B
接合并成型后，沿
这条线切割

小方格边长为 1 in（25.4 mm）

设计图：端板与内端板的结构

准备红木原料

　　这款作品的主体是用 ¾ in（19.1 mm）、½ in（12.7 mm）和 ¼ in（6.4 mm）厚度的桃花心木制作的。大多数木材厂不会储备这些特定厚度的桃花心木木板，因此你必须从厚 4/4 in（25.4 mm）的木板开始加工。在开始制作前，你应该首先评估要如何减小 4/4 in（25.4 mm）的桃花心木木板的厚度，以为所有宝箱部件提供厚度正确的坯料。为了最有效地利用桃花心木，可以使用带锯重新锯切木板，然后将锯切出的较薄木板刨削到需要的厚度。这样相比将木板直接刨削到所需厚度浪费要少很多。

制作盖子端板与箱体端板

❶ 将端板切割成型。制作两个全尺寸的端板纸样（参阅设计图：端板与内端板的结构），并用喷胶将其粘贴在 ¼ in（6.4 mm）厚的桃花心木上。用带锯将两个端板切割成型，注意沿纸样轮廓线的外侧切割（见照片 A）。使用美工刀和直尺沿纸样上的画线标记出内端板的位置。同样在端板部件上标记出盖子端板与箱体端板的分割线。然后撕下纸样。

❷ 制作内端板。从 ½ in（12.7 mm）厚的坯料上纵切和横切内端板部件。然后在每个内端板部件的内侧距离底部边缘 ¼ in（6.4 mm）的位置横向切割一个 ¼ in（6.4 mm）宽、⅛ in（3.2 mm）深的凹槽，用来安装宝箱的底板。为台锯安装开槽锯片锯切这两个凹槽，或者用装有 ¼ in（6.4 mm）直边铣头的电木铣铣削这两个凹槽。

❸ 将内端板安装到端板上。在内端板没有开槽的面上涂抹胶水，将内端板与端板上的标记线对齐。夹紧组件，部件的底部边缘应保持齐平。

照片 A　用喷胶将纸样粘在端板部件上，并用带锯切下部件。暂时保留纸样，以标记内端板的位置。

❹ 切开端板 / 内端板组件，将盖子端板与箱体端板分开。最好的方法是，将一块引导木块沿分割线夹紧，为夹背锯提供引导以锯切部件。切断部件，做出两个盖子端板组件和两个箱体端板组件（见照片 B）。

制作盖子

　　拱形盖子实际上由 5 种、7 个部件组成：盖子的前板和背板、盖子顶板、三角撑木和盖子端板。首先要把部件胶合在一起，然后在台锯上修整组件顶部方正的前缘和后缘，用手工刨和带式砂光机打磨出拱形。

❺ 在台锯上将盖子组件切割至所需尺寸。从 ¾ in（19.1 mm）厚的坯料上纵切和横切箱子顶板。先纵切斜面，然后从 ¾ in（19.1 mm）厚的坯料上横切出两个尺寸合适的三角撑木。从 ½ in（12.7 mm）厚的坯料上切下盖子的前板、背板部件。对于上述所有部件，其纹理方向

应该沿部件的长度方向延伸，以便于刨削。

❻ 将盖子部件胶合在一起。组装部件，环绕内端板安装盖子的前板、背板和顶板。在三角撑木的方正边缘涂抹胶水，组装部件，并把盖子的内角位置夹紧（见照片C）。

❼ 为盖子的顶部塑形，使其与端板组件的圆弧形状一致。首先，将台锯锯片倾斜45°，锯切掉盖子顶部沿长度方向的边角。这样可以减少手工刨刨削的工作量。然后将盖子组件用台钳夹紧，分别刨削盖子的顶板、前板和背板，直到其形状与端板组件的拱形轮廓一致。这一过程进行得相当快，因为桃花心木质地较软，很容易加工。以长而平稳的笔画顺纹理进行刨削（见照片D），并在距离端板轮廓约 1/16 in（1.6 mm）的位置停止刨削。最后用带式砂光机和150目的砂纸将盖子打磨成型。

组装箱体

箱体端板的顶部比底部更宽。在箱体组装完成后，你需要立即刨削出箱体前板和背板的锥度，使之与端板的形状匹配。这些部件过薄、过宽，无法使用台锯或带锯安全地切割出锥度，因此需要用手工刨和砂光机进行制作。

❽ 制作箱体前板和背板。从 ½ in（12.7 mm）的坯料中纵切和横切出这些部件。然后参考"设计图：端板与内端板的结构"，标记箱体前板和背板部件两端，为锥度刨削提供参考。依次把每个部件用台钳固定在木工桌上，按照画线用手工刨刨削锥度面（见照片E）。刨削完成后，用带式砂光机把锥度面打磨光滑。然后在箱体前板和背板的内侧距离底部边缘 ¼ in（6.4 mm）的位置切割或铣削 ¼ in

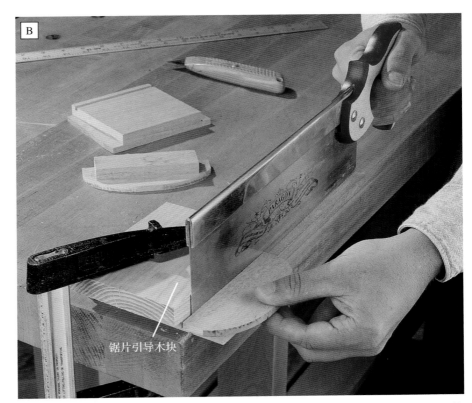

照片B　将内端板粘到端板上，然后夹紧一个锯片引导木块，辅助标记盖子端板与箱体端板的分割线，然后用夹背锯紧靠引导木块，沿分割线将端板和内端板锯开。

照片C　首先胶合盖子的顶板、前板、背板和端板，然后将三角撑木用胶水固定到盖子内侧长边的棱角处，加固部件的胶合，并用弹簧夹将三角撑木夹紧到位。

照片 D　将锯片倾斜 45°，在台锯上锯切盖子顶部沿长度方向的边角。然后将盖子组件用台钳固定在木工桌上，以端板轮廓作为参考将其刨削成型。使用锋利的手工刨，以长而平稳的笔画浅刨削，刮去废木料。

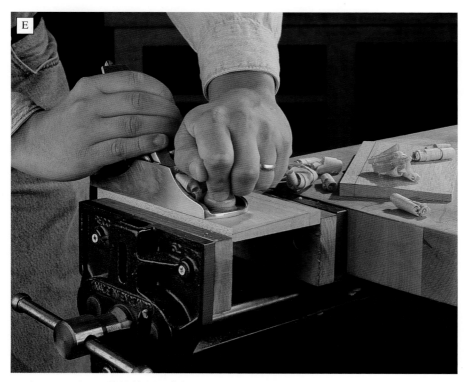

照片 E　用手刨为箱体前板和背板的外表面刨削锥度轮廓。在每个部件的端面标记锥度线。用手工刨沿画线去除废木料，然后用砂纸将锥度区域打磨光滑。

（6.4 mm）宽、1/8 in（3.2 mm）深的凹槽。凹槽应横贯这些部件的长边。

9 将 1/4 in（6.4 mm）厚的底板切割到所需尺寸。

10 胶合箱体部件并夹紧。紧靠内端板，把箱体前板和背板干接在端板之间。将底板也安装到凹槽中。如果没有问题，拆卸部件，将部件内表面打磨光滑。然后，在箱体前板和背板部件的端面以及内端板的端面涂抹胶水，组装箱体并将其夹紧，同时插入底板。

添加装饰性边沿木

11 切割 3 条胡桃木木条，用于制作直边的边沿木。设置台锯的锯片，使其距离靠山 1/4 in（6.4 mm），然后纵切坯料，得到 3 条 2 ft（609.6 mm）长的边沿木。

12 将边沿木切割至所需长度。横切，得到 4 个前后边沿木以及 4 个端边沿木。在这些部件的端面进行 45° 斜切。横切 4 条捆扎木到指定长度。将边沿木表面打磨光滑。

13 安装直边边沿木。将前后边沿木和箱体捆扎木用胶水粘到盖子和箱体的对应位置，夹紧。这里不需要钉子。

14 制作盖子捆扎木。首先，切取两块 2 in×8 in（50.8 mm×203.2 mm）的胡桃木坯料。将每个胡桃木坯料夹在盖子的端板上，在胡桃木上画出盖子的轮廓线。然后，在圆规上装上一支白铅笔，将半径设置为 1/4 in（6.4 mm），在胡桃木上围绕盖子画轮廓线，形成盖子捆扎木的内外切割线（见照片 F）。用带锯或线锯沿切割线外侧切取盖子捆扎木。在鼓式砂光机上打磨盖子捆扎木，直到其各部分的曲率与盖子表面弧度完全一致。

15 用胶水将盖子捆扎木固定到位。

收尾

⑯ 安装铰链。首先，用锋利的凿子在盖子和箱体的后边沿木上为铰链凿切浅榫眼。先为铰链螺丝钻取一些小的引导孔，然后将铰链连接到箱体和盖子上。

⑰ 涂抹表面处理产品。我们决定保留桃花心木和胡桃木的天然色调，而不是擦拭木料染色剂。可以喷涂3层很薄的合成漆涂层。每个涂层凝固后，都要用0000号钢丝绒或320目的砂纸打磨涂层表面，以去除任何颗粒，并将涂层表面打磨光滑。

⑱ 安装黄铜钩锁和拉环。在盖子和箱体的前边沿木上钻取引导孔，用于固定盖扣，然后用螺丝将盖扣固定到位。如果你愿意，可以购买和安装一个带钥匙的珠宝盒锁具。为了增加美观度，我们在箱子两端分别安装了一个装饰性的黄铜拉环（见照片G）。

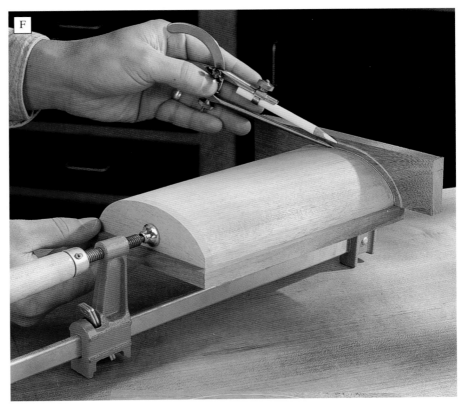

照片 F　用装有白铅笔的圆规在 ½ in（12.7 mm）厚的胡桃木板上绘制盖子捆扎木的内外切割线，然后刻划白铅笔画出的外侧切割线。设置圆规半径，使捆扎木厚度为 ¼ in（6.4 mm）。注意要始终紧贴盖子的弧形表面绘制切割线，以便捆扎木在切割和安装后能够与前后边沿木紧密对接。

照片 G　将黄铜钩锁和拉环安装到箱子上。一定要预先为钩锁螺丝钻取引导孔，以防撕裂前边沿木。

第 258 页

第 312 页

第 248 页

第 270 页

第 294 页

第 304 页

第 230 页

第 262 页

第 278 页和第 286 页

第 234 页

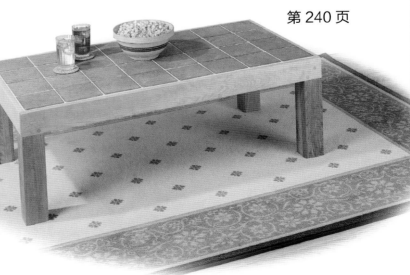
第 240 页

第 8 章 室内家具

五板长凳

    正如它的名字一样，这款长凳只包含 5 个部件，因此你可以在几个小时内完成部件的切割和组装。我们的设计可以让两个大人或 3 个小孩很舒服地坐在上面。

五板长凳解构图

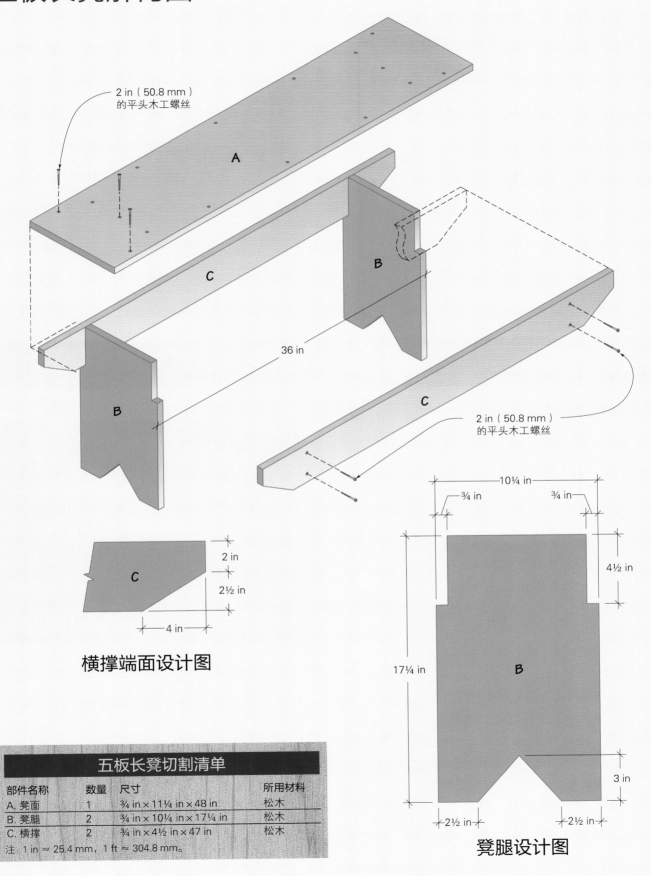

2 in（50.8 mm）
的平头木工螺丝

A

C

B

B

36 in

C

2 in（50.8 mm）
的平头木工螺丝

2 in

2½ in

C

4 in

横撑端面设计图

10¼ in

¾ in

¾ in

4½ in

17¼ in

B

3 in

2½ in

2½ in

凳腿设计图

五板长凳切割清单			
部件名称	数量	尺寸	所用材料
A. 凳面	1	¾ in × 11¼ in × 48 in	松木
B. 凳腿	2	¾ in × 10¼ in × 17¼ in	松木
C. 横撑	2	¾ in × 4½ in × 47 in	松木

注：1 in ≈ 25.4 mm，1 ft ≈ 304.8 mm。

重要信息

类型：五板长凳
整体尺寸：长 48 in（1219.2 mm），宽 11¼ in（285.8 mm），高 18 in（457.2 mm）
材料：松木
接合方式：胶水和螺丝加固的对接接合
制造细节：
• 将横撑嵌入凳腿的切口中
• 可以成对切割凳腿和横撑部件，以加快制作速度
表面处理：底漆和面漆
制作时长：2~3 小时

购物清单

- [ ] (1)1 in × 12 in × 8 ft 松木板
- [ ] (1)1 in × 12 in × 4 ft 松木板
- [ ] #8 × 2 in 平头木工螺丝
- [ ] ⅜ in 直径圆木榫（可选）
- [ ] 木工胶
- [ ] 表面处理材料

注：1 in ≈ 25.4 mm，1 ft ≈ 304.8 mm。

制作步骤

为部件画线

❶ 测量和切割凳腿和横撑部件的坯料。为凳腿切割 35 in（889.0 mm）长的松木板，为横撑切割 47 in（1193.8 mm）长的木板。将凳腿坯料纵切到 10¼ in（260.4 mm）宽，并横切为两块 17¼ in（438.2 mm）长的部件。将长 47 in（1193.8 mm）的坯料纵切为两块 4½ in（1193.8 mm）宽的部件。

❷ 为凳腿画线。首先，沿每条凳腿的顶部外缘测量并标记出两个 ¾ in（19.1 mm）深、4½ in（114.3 mm）长的横撑切口。然后，在每条凳腿的底部绘制 V 形切口，形成凳脚。V 形切口的顶点相对于每条凳腿的宽度居中，距离凳腿底部 3 in（76.2 mm）。在凳腿底部距离两侧边缘 2½ in（63.5 mm）的位置画出参考标记线，以标记凳脚的宽度。用直尺辅助，连接 V 形切口的参考标记线（见照片 A）。

❸ 在横撑部件两端画出锥度线。参考横撑端面设计图测量和标记切割线。

照片 A　使用直尺在凳腿上绘制横撑切口和 V 形切口。

切割部件

❹ 用竖锯修整每块横撑的两端，制作出部件端面的锥形。

❺ 切割凳腿。你可以每次切割一条凳腿及其细节，不过大多数竖锯锯片都足够长，可以同时切割两条凳腿。为此，需要将两条凳腿坯料以相同的方向堆叠在一起。然后用夹具将组件夹紧到木工桌上，使横撑的切口区域悬空在木工桌之外。沿画线切割，在两条凳腿部件上切出两个横撑切口。切割时要缓慢小心，防止竖锯锯片发生

弯曲和偏斜。完成横撑切口的切割后，松开夹具，在台面上把部件转过来，使 V 形切口区域悬空在木工桌之外，然后重新夹紧部件，完成剩余的切割操作（见照片 B）。

组装长凳

❻ 将横撑固定到凳腿上。在每块横撑距离两端 5⅞ in（149.2 mm）处沿宽度方向绘制参考线，用来标记凳腿的位置。在凳腿的横撑切口处涂抹胶水。将凳腿相对于刚才绘制的参考线居中对齐，放置到位，然后夹紧凳腿和横撑组件。穿过横撑钻取一对埋头引导孔，一直钻入凳腿中，然后用 #8 × 2 in（50.8 mm）的平头木工螺丝固定部件。

❼ 安装凳面。把凳面放在横撑 / 凳腿组件上，使其四周均匀地悬空，并在凳面底部标记出接触位置。如果之前的测量和切割非常准确，悬空部分的宽度应为 ½ in（12.7 mm）。取下凳面，沿横撑顶部边缘均匀涂抹胶水，将凳面固定到位。将埋头螺丝钉入凳腿和横撑以固定凳面（每条凳腿 3 根螺丝，每条横撑 5 根螺丝，间隔均匀）（见照片 C）。

收尾

❽ 填补螺丝头留下的孔。由于我们会给长凳上漆，所以我们使用木粉腻子来掩盖螺丝。也可以使用木塞，这样可以使长凳在染色和上漆后看起来更自然。

❾ 逐渐增加砂纸目数到 150 目，将长凳的所有表面打磨光滑。最后进行表面处理，先刷涂一层底漆，再刷涂几层面漆。

照片 B　将两块凳腿坯料对齐夹在一起，这样可以使用竖锯一次完成切割。

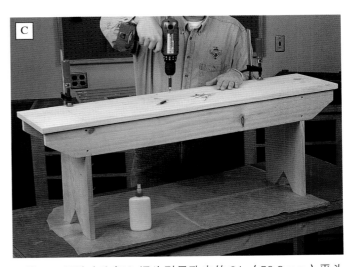

照片 C　用胶水和钉入埋头引导孔中的 2 in（50.8 mm）平头木工螺丝组装长凳部件。

五板长凳

　　五板长凳一直是美国家具的代表性作品。实用的造型和简单的结构使其成为谷仓、工房甚至是长餐桌旁常见的用具。你会发现，五板长凳几乎可以用任何木料制作，并且可以有各种长度和高度。当然，最常见的五板长凳是用松木制作并经过上漆处理的。凳腿通常会通过在底部开拱形或切口的方式形成凳脚。很多短凳的凳面上也会制作用作手柄的切口。如果你打算制作户外用的五板长凳，需要用天然的耐候性木材（比如雪松木或白橡木）代替松木。

简易书架

售价低于 100 美元的高质量预制书架很难买到。但如果把这笔钱中的一小部分用来购买材料，就可以制作出一个经久耐用的书架。这款书架的高度正好适合孩子们的身高，而且它对于任何房间来说都是坚固实用的组成部分。只需一个下午，你就可以用一张胶合板将它制作出来。

简易书架解构图

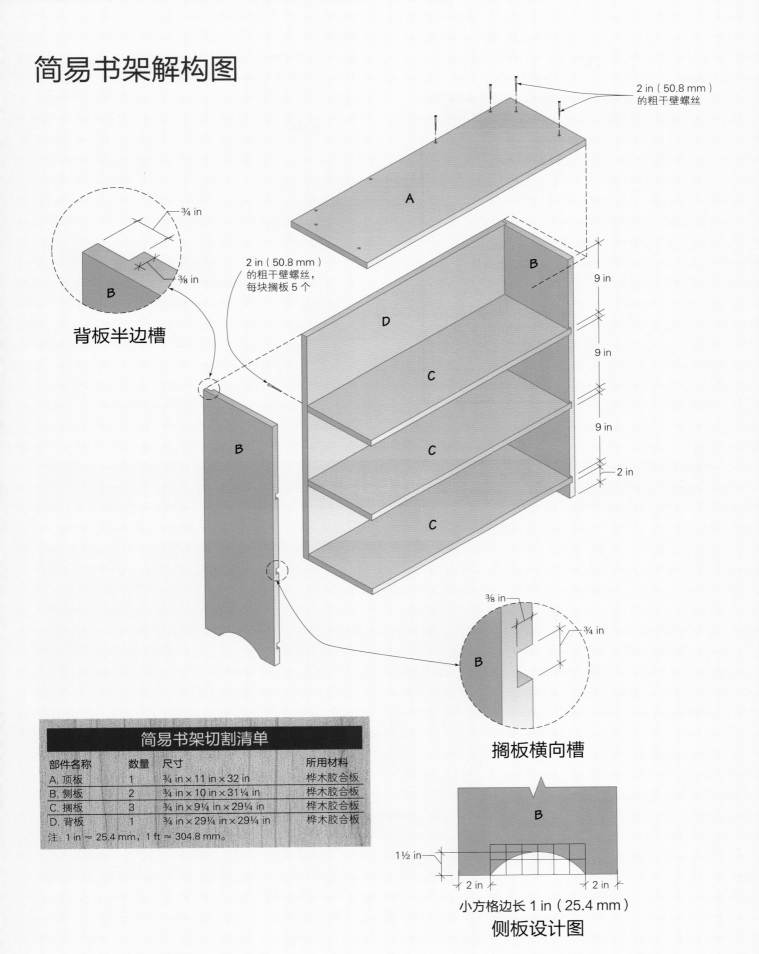

2 in（50.8 mm）
的粗干壁螺丝

¾ in

B

⅜ in

背板半边槽

2 in（50.8 mm）
的粗干壁螺丝，
每块搁板 5 个

A

B

D

C

C

C

B

B

9 in

9 in

9 in

2 in

⅜ in

¾ in

B

搁板横向槽

简易书架切割清单			
部件名称	数量	尺寸	所用材料
A. 顶板	1	¾ in × 11 in × 32 in	桦木胶合板
B. 侧板	2	¾ in × 10 in × 31¼ in	桦木胶合板
C. 搁板	3	¾ in × 9¼ in × 29¼ in	桦木胶合板
D. 背板	1	¾ in × 29¼ in × 29¼ in	桦木胶合板
注：1 in ≈ 25.4 mm，1 ft ≈ 304.8 mm。			

B

1½ in

2 in

2 in

小方格边长 1 in（25.4 mm）

侧板设计图

重要信息

类型：书架

整体尺寸：长 32 in（812.8 mm），高 32 in（812.8 mm），深 11 in（279.4 mm）

材料：桦木胶合板

接合方式：横向槽和半边槽接合，胶水和螺丝加固的对接接合

制作细节：

· 搁板由开在书架侧板内侧的横向槽支撑

· 背板边缘隐藏在书架侧板内侧的半边槽中

表面处理：底漆和油漆

制作时长：4~5 小时

购物清单

☐ (1)¾ in×4 ft×8 ft 桦木胶合板（或者任何油漆级的单板芯胶合板）

☐ 2 in（50.8 mm）的干壁螺丝

☐ 木工胶

☐ 表面处理材料

注：1 in ≈ 25.4 mm，1 ft ≈ 304.8 mm。

制作步骤

部件切割

❶ 通过纵切和横切，得到所需尺寸的书架背板和顶板坯料。

❷ 纵切一条 10 in（254.0 mm）宽、62⅝ in（1590.7 mm）长的胶合板，然后将胶合板横切成两半，制成书架的两个侧板。

❸ 沿大块胶合板的长边以首尾相接的方式画出 3 块搁板的轮廓线，然后切下整块搁板板条。沿画线将胶合板横切为 3 块搁板（见照片 A）。

照片 A 在胶合板上绘制书架部件的轮廓线，然后把它们锯切到合适大小。我们在胶合板上以首尾相接的方式画出搁板轮廓线，这样就可以先锯下整条搁板板条，再通过两次横切，得到 3 块搁板。

制作侧板

❹ 沿侧板的底缘绘制并切割出拱形。首先根据侧板设计图在侧板底部画出拱形，然后使用竖锯切出拱形，并用锉刀和砂纸将切割边缘打磨光滑。

❺ 在侧板内侧为搁板铣削横向槽。在铣削之前，可以将两块侧板并排夹在一起，使其对齐（可以通过拱形端面的对齐进行检查）。参考部件分解图，在两张侧板内侧横向标记出搁板的位置。使用直径 ¾ in（19.1 mm）的直边铣头铣削横向槽，铣削深度 ⅜ in（9.5 mm）。可以沿侧板宽度方向夹上一把平尺，引导电木铣底座推进，在两块侧板上铣削出横向槽（见照片 B）。

❻ 沿侧板的内侧后缘为背板铣削半边槽。使用与铣削搁板横向槽相同的铣头和深度设置（详见背板半边槽的图解），在切割半边槽时，沿侧板长度方向夹住一把平尺，以引导电木铣底座推进（见照片 C）。

组装书架

❼ 将搁板和背板干接到侧板上，确保部件与对应凹槽匹配。注意，有些胶合板的厚度略大于 ¾ in（19.1 mm），因此搁板与横向槽的匹配有可能会偏紧。如果你的胶合板存在这种情况，可以用锉刀略微拓宽横向槽，直到搁板可以不受力地插入。

❽ 组装搁板和侧板。在横向槽中涂抹胶水，将搁板放置到位并夹紧。确保搁板前缘与侧板前缘保持齐平（见照片 D）。

❾ 安装背板。首先，在背板上对应搁板中线的位置用铅笔画线，用于后面安装螺丝。然后在半边槽中涂抹胶水，将背面固定到位，保持侧板和背板的顶部边缘齐平。沿铅笔画线以均

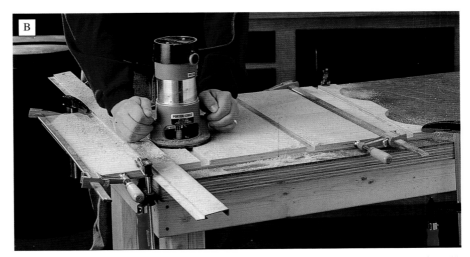

照片 B　将两块侧板并排夹在一起，标记出搁板横向槽的位置，然后在两块侧板上铣削出横向槽。沿宽度方向夹紧一把平尺可以为电木铣提供引导。

照片 C　沿每块侧板的内侧后缘为背板铣削 ¾ in（19.1 mm）宽、⅜ in（9.5 mm）深的半边槽。在铣削半边槽时，确保将每块侧板牢牢固定在木工桌上，并使用平尺为电木铣提供引导。

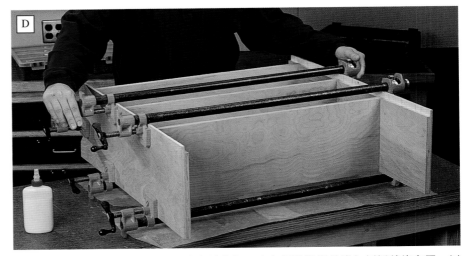

照片 D　将搁板胶合到侧板横向槽中并夹紧。注意保持搁板前缘与侧板前缘齐平，以免妨碍背板的安装。

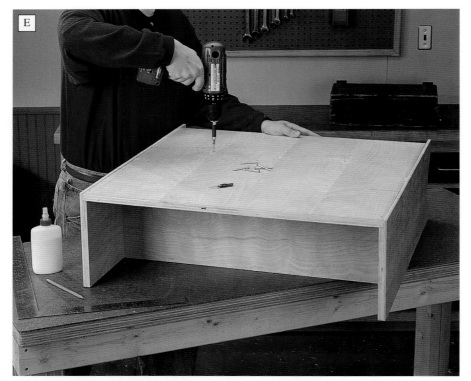

匀的间隔将 2 in（50.8 mm）的埋头干壁螺丝穿过背板钉入搁板中（见照片 E）。

❿ 安装顶板。将顶板在书架上放置到位，使顶板后缘与背板齐平。顶板的两端和正面应均匀悬空。在顶板上对应侧板和背板中线的位置用铅笔画线，以便于将螺丝钉入侧板和背板。沿铅笔画线钻取埋头引导孔，用 2 in（50.8 mm）的干壁螺丝将顶板固定到位（见照片 F）。

收尾

⓫ 用木粉腻子填补螺丝孔、搁板横向槽周围的缝隙以及胶合板上的任何孔隙（见照片 G）。

⓬ 用 150 目的砂纸将腻子区域和所有表面打磨平滑。

⓭ 用胶辊或刷子为书架先涂抹一层底漆，再涂抹两层油漆（见照片 H）。

照片 E　用胶水和螺丝把书架背板固定到位。为了准确地拧入螺丝，需要首先在背板对应搁板的位置画线。

照片 F　将顶板在书架上放置到位，用 2 in（50.8 mm）的干壁螺丝钉入埋头引导孔中将其固定。

照片 G 用木粉腻子填补胶合板上的螺丝孔和任何孔隙。待腻子干燥后，用砂纸把腻子表面打磨光滑。

照片 H 为所有外露表面涂抹一层底漆，然后涂抹两层油漆。

强化长搁板

决定书架宽度的主要因素是搁板的承重能力。¾ in（19.1 mm）厚度的胶合板搁板可以在不借助外力支撑的情况下，保持约 30 in（762.0 mm）的跨度而不出现下垂。如果你决定修改这款书架，使用更长的搁板，第一种方法是，沿搁板前缘，用胶水和钉子固定一条 1½ in（38.1 mm）宽的实木条或胶合板条来强化搁板。第二种方法，可以通过粘上另外一层 ¾ in（19.1 mm）厚的胶合板使搁板厚度加倍。第三种方法（也是比较复杂的方法）是在每层搁板中间增加一块垂直隔板。

瓷砖面咖啡桌

高度耐用和清新的外观是选择瓷砖桌面的两个最佳理由。瓷砖作为一种日益流行的设计元素，为木质家具增添了新的质感和色彩。如你所见，当瓷砖桌面与坚固、简约的桦木桌子框架结合在一起时，产生的视觉冲击是相当惊人的。

重要信息

类型：咖啡桌

整体尺寸：长 49½ in（1257.3 mm），宽 25½ in（647.7 mm），高 15 in（381.0 mm）

材料：桦木和瓷砖

接合方式：胶水和螺丝加固的搭接接合和对接接合

制作细节：

- 桌面由 32 块陶瓷地砖铺在中密度纤维板框架上制成
- 桌腿上方切割的半边槽构成了框架横梁的壁架
- 硬木防滑钉为桌面提供支撑
- 埋头孔用木塞填补

表面处理：瓷砖增强了透明涂层的休闲感和现代感；此外，也可以给桦木染色，使其呈现大多数其他木材的特征。

制作时长

准备木料：
2 小时

绘图和标记
2 小时

切割部件
3~5 小时

组装
2~4 小时

表面处理
2~4 小时

总计：11~17 小时

使用的工具

- 台锯
- 平刨
- 压刨
- 横切锯
- 平切锯
- 卷尺
- 36 in（914.4 mm）或更长的带夹或管夹 (6)
- 木槌
- 组合角尺
- 手持式电钻 / 螺丝刀
- 沉孔 / 埋头钻头
- 开槽锯片
- 凹口泥刀
- 泥浆抹板

购物清单

- ☐ (1)4 in × 4 in × 6 ft 桦木板
- ☐ (2)¾ in 或 ⁴⁄₄ in × 4 in × 8 ft 桦木板
- ☐ (2)1½ in × 1½ in × 8 ft 廉价硬木
- ☐ (1)¾ in × 24 in × 48 in 中密度纤维板刨花板
- ☐ (32)6 in × 6 in 陶瓷地砖
- ☐ 瓷砖胶和水泥浆（乳胶添加剂可选）
- ☐ 木工胶
- ☐ #10 × 2 in 木工螺丝
- ☐ ⅜ in × ⅜ in 木塞
- ☐ 表面处理材料

注：1 in ≈ 25.4 mm，1ft ≈ 304.8 mm。

瓷砖面咖啡桌
解构图

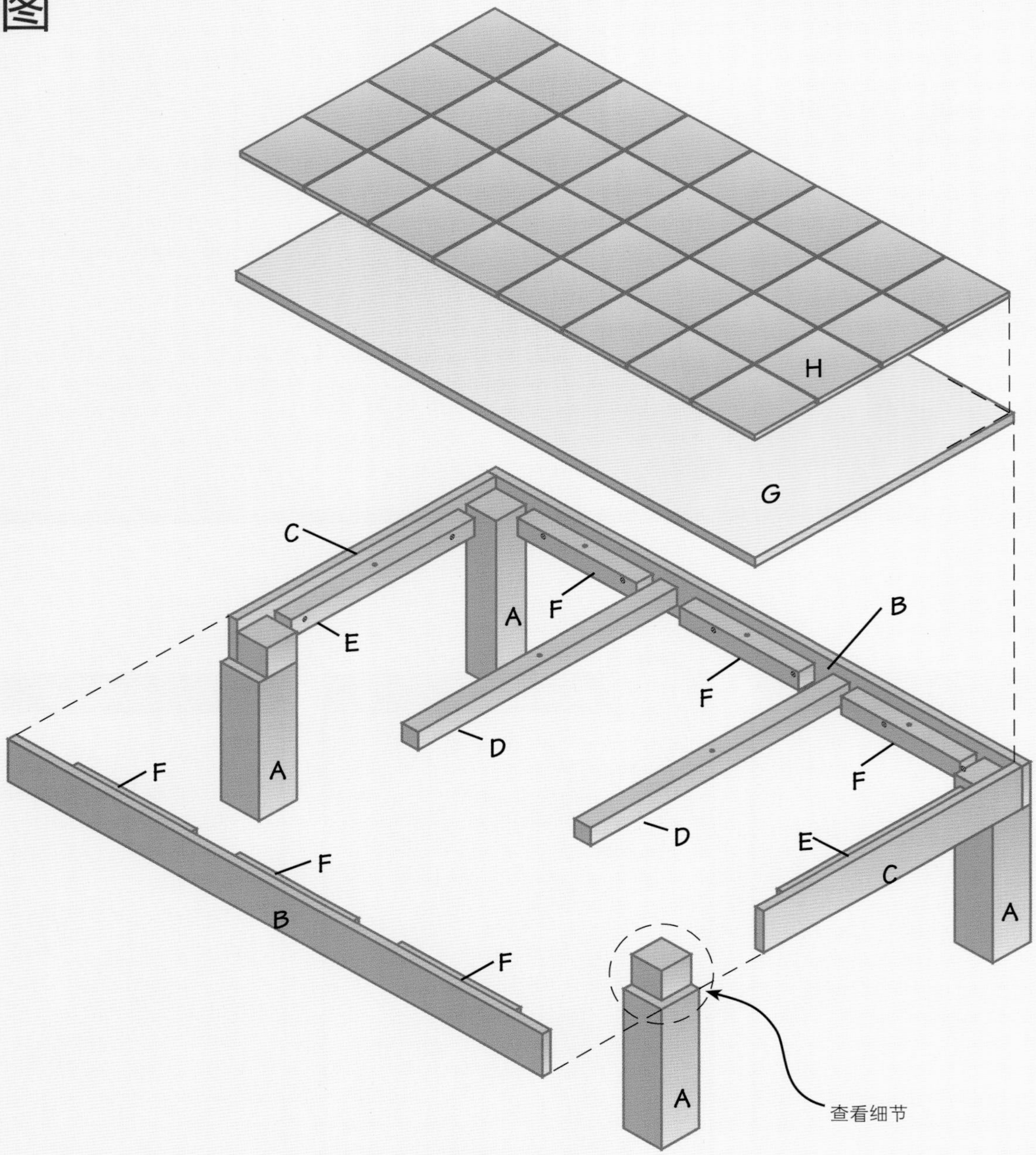

H

G

C

E

F

A

F

B

D

F

B

F

F

D

E

C

A

A

A

查看细节

瓷砖面咖啡桌切割清单			
部件名称	数量	尺寸	所用材料
A. 桌腿	4	3½ in × 3½ in × 14 in	桦木
B. 前后框架横梁	2	¾ in × 3½ in × 49½ in	桦木
C. 端框架横梁	2	¾ in × 3½ in × 24 in	桦木
D. 防滑木条（中间）	2	1½ in × 1½ in × 24 in	硬木
E. 防滑木条（端部）	2	1½ in × 1½ in × 17 in	硬木
F. 防滑木条（前后）	6	1½ in × 1½ in × 11 in	硬木
G. 基板	1	¾ in × 24 in × 48 in	中密度纤维板
H. 瓷砖	32	¼ in × 6 in × 6 in	瓷砖

注: 1 in ≈ 25.4 mm，1 ft ≈ 304.8 mm。

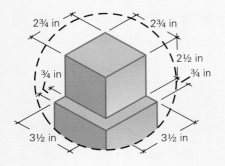

细节（桌腿顶部）

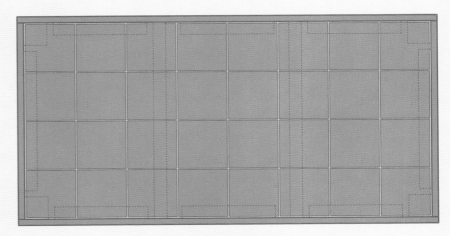

俯视图

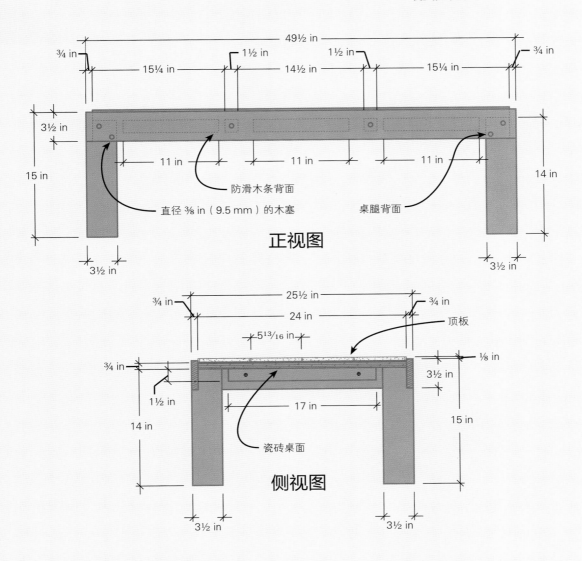

正视图

防滑木条背面

直径 ⅜ in（9.5 mm）的木塞

桌腿背面

顶板

瓷砖桌面

侧视图

由于瓷砖的实际尺寸在不同风格和制造商之间可能存在很大差异，我们强烈建议你在制作咖啡桌之前先购买瓷砖。你可能会发现，标称为 6 in × 6 in（152.4 mm × 152.4 mm）的瓷砖实际上可以是边长 5½~6 in（139.7~152.4 mm）范围内的任何尺寸。与其将瓷砖切割到合适的尺寸匹配桌子框架，不如购买自己喜欢的风格和颜色，然后干法排列瓷砖，将其平铺到咖啡桌的桌面大小——按照书中的尺寸制作，瓷砖桌面的尺寸为 24 in × 48 in（609.6 mm × 1219.2 mm）。测量干法排列的瓷砖的宽度和长度，并以此为基础确定框架横梁和基板的尺寸。如果瓷砖没有自动留出灌浆缝，不要忘记在瓷砖之间留出 1/16~1/8 in（1.6~3.2 mm）的缝隙用于灌浆。

制作桌腿

咖啡桌的桌腿是用 4 in（101.6 mm）厚的桦木制作的。如果找不到这种厚度的木料，只需将较薄的木板层压在一起来制作桌腿坯料。选用其他种类的木材遵循同样的原则。

❶ 用平刨将桌腿坯料刨削到 3½ in（88.9 mm）厚。理想情况下，坯料至少要有 58 in（1473.2 mm）长。为了准备坯料，需要将木料相邻的两个平面用平刨刨削平整，然后纵切木料，形成厚度略大于 3½ in（88.9 mm）的正方形截面。继续使用平刨或压刨刨削木料，形成 3½ in（88.9 mm）的正方形截面。横切坯料，做出 4 根长 14 in（355.6 mm）的桌腿部件。

❷ 在桌腿顶部的外侧面开半边槽，以构建框架横梁的壁架。在每条桌腿顶部下方 2½ in（63.5 mm）处，在相邻表面上绘制垂直于长度方向的线来标记肩部。如果将桌腿叠放在一起做标记，每个侧面的纹理方向是一致的（即平视时，两条桌腿在某一侧的表面应该是同样的边缘纹理或正面纹理）。

❸ 在台锯上安装开槽锯片锯切半边槽。如果时间充裕的话，也可以使用带锯甚至是手锯锯切半边槽。将开槽锯片设置为最大切割宽度，将切割高度调整为 ¾ in（19.1 mm）。使用定角规引导每个部件横向穿过开槽锯片，

照片 A　在每条桌腿顶部的外侧面（包含两个相邻表面）切割半边槽，为框架横梁制作壁架。使用开槽锯片开槽。使用定角规引导进料，以确保切割方正。

从端面开始，逐渐向肩线方向移动（见照片 A）。

制作框架横梁并组装咖啡桌框架

❹ 将前后框架横梁和端框架横梁切割到最终尺寸。

❺ 将两条桌腿间隔 4 ft（1219.2 mm）放在台面上，使半边槽开口朝上、朝外。将前后框架横梁放在桌腿顶部的半边槽中。调整桌腿，使其外角与框架横梁的两端齐平，框架横梁的下边缘紧靠半边槽的肩部。将框架横梁夹紧到位，并穿过框架横梁为每条桌腿钻取两个埋头引导孔，一直钻入桌腿中。埋头孔的直径和深度均为 ⅜ in（9.5 mm），以便容纳标准尺寸的木塞。在配对表面均匀涂抹胶水，然后将 #10 × 2 in（50.8 mm）的平头木工螺丝拧入埋头引导孔，将框架横梁固定在桌腿上。重复上述操作，将另一块框架横梁安装到另外两条桌腿上，做好前后框架组件。

❻ 将前后框架组件立起，把端框架横梁安装到前后框架组件中（见照片 B）。确保端框架横梁的两端紧靠前后框架横梁的内表面。

❼ 在框架横梁顶部边缘向下 1 in（25.4 mm）处，将瓷砖桌面的基板放在桌腿顶部。为了支撑基板和瓷砖的重

量，我们在基板下方增加了防滑木条，防滑木条的顶部应与桌腿顶部齐平。为了标记防滑木条的位置，需要在框架横梁内表面距离顶部边缘 1 in（25.4 mm）处绘制一圈参考线。

❽ 准备好 1½ in × 1½ in（38.1 mm × 38.1 mm）的木料（任何硬木都可以）切割出 10 根指定长度的防滑木条。在每根防滑木条的一个侧面上钻取两个间隔均匀的埋头螺丝孔，用于固定自身。

❾ 用胶水和钻入埋头引导孔的 2 in（50.8 mm）平头木工螺丝将防滑木条固定在网格图所示的位置。确保防滑木条的顶部与参考线对齐（见照片 C）。对于中间防滑木条，需要从前后框架横梁的外表面钻取埋头引导孔，将螺丝穿过框架横梁，钻入防滑木条的端面将其固定。

❿ 在 ¾ in（19.1 mm）厚的刨花板或胶合板上按尺寸切取基板。我们选用的是中密度纤维板刨花板，其性能优于胶合板或普通定向刨花板。

⓫ 在防滑木条顶面涂抹胶水。放上基板，把整张桌子倒过来放在垫块上。用 2 in（50.8 mm）的螺丝穿过防滑木条底部的埋头孔，钻入基板底面（见照片 D）。

⓬ 用木塞填补埋头螺丝孔。3/8 in × 3/8 in（9.5 mm × 9.5 mm）的标准桦木木塞很容易获得。如果想获得更好的匹配效果，可以使用安装在台钻上的木塞刀，用部件的边角料切取木塞。在木塞一端涂抹胶水，用木槌将其敲入螺丝孔中。使用平切锯将木榫末端修剪到与前后框架横梁的外表面齐平（见照片 E）。

⓭ 依次使用 150 目和 180 目的砂纸打磨所有锋利的棱角。用选好的表面处理产品处理框架横梁和桌腿（注意不要涂抹在基板上）。我们使用的是

照片 B　将前后框架横梁和端框架横梁固定到桌腿上，每个接合部位需要使用两根螺丝。两根螺丝应左右错开，以防止相邻面的螺丝相互干扰。使用木塞将螺丝孔填平。

照片 C　用胶水和螺丝把防滑木条固定在框架横梁上。安装之前，在防滑木条底部钻取埋头引导孔（用于固定基板）。

照片 D　将 2 in（50.8 mm）的螺丝穿过防滑木条的埋头孔，拧入基板的底面。如果你的手持式电钻带有离合器，将它设置到低挡位，以免螺丝钻入过深。

透明的丹麦油（见照片 F）。

安装瓷砖

⓮ 使用遮蔽胶带覆盖框架横梁的顶部边缘，以保护木料不受瓷砖胶黏剂的影响。

⓯ 在基板上涂抹瓷砖胶黏剂。可以是稀砂浆，也可以是胶泥。用凹口泥刀把胶黏剂均匀涂抹在基板的整个表面（见照片 G）。

⓰ 将瓷砖放在胶黏剂上（见照片 H）。在放置瓷砖时不要向下施加过大的压力，否则会挤出瓷砖底部的所有胶黏剂，破坏黏合效果。如果瓷砖没有自留间隔，需要在每块瓷砖的四面保持 $1/16 \sim 1/8$ in（1.6~3.2 mm）的间隔。

⓱ 待胶黏剂完全凝固（参考制造商提供的时间），对瓷砖进行灌浆。选择与瓷砖颜色互补的浆料颜色。小贴士：为了增加抗裂性，可以在干浆混

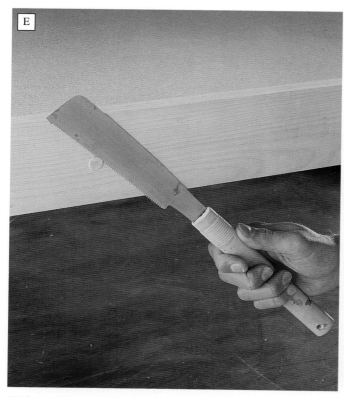

照片 E　使用制作桌子部件的边角料切割木塞，以填补螺丝孔（如果你有木塞刀）。胶水凝固后，使用平切锯修齐木塞末端。

照片 F　用砂纸打磨桌子框架，然后涂上选好的表面处理产品。我们简单地在桌子表面涂抹了 3 层透明的丹麦油，从而保留了木料的天然色调。

照片 G 使用凹口泥刀，在基板上涂抹一层中等厚度的瓷砖胶黏剂（干固砂浆或胶泥）。注意粘贴胶带以保护已完成表面处理的部件。

照片 H 将瓷砖放入胶黏剂层中，注意保持瓷砖间距均匀，缝隙一致。向下轻轻按压每块瓷砖，使其沉入胶黏剂层，但注意不要施力过大。在瓷砖与框架横梁的顶部之间留出约 ⅛ in（3.2 mm）的间隙。努力将瓷砖一次性放置到位，尽量减少移动瓷砖和进行调整。

照片 I 使用泥浆抹板将浆料分散到瓷砖之间的接缝处（以及瓷砖桌面周围的边缘处）。在灌浆操作时一定要戴上橡胶手套。在浆料中使用乳胶添加剂有助于防止泥浆碎裂，并提高浆料与瓷砖的黏合力。

照片 J 在浆料完全凝固之前，用湿海绵擦去瓷砖表面的多余浆料。在浆料完全凝固后，用软布擦拭瓷砖，使其更有光泽。

合物中加入乳胶添加剂来代替水。使用橡胶泥浆抹板沿对角线方向涂抹灌浆。将桌面的所有缝隙填满（见照片 I）。当浆料开始凝固时，用湿润的海绵擦除瓷砖表面的多余浆料（见照片 J）。不断擦拭，直到瓷砖表面干净（浆料一旦凝固是很难清理干净的）。沿对角线方向横向穿过接缝擦拭，注意不要把接缝内的浆料擦掉。

❶❽ 移除框架横梁顶部的遮蔽胶带，要慢慢将其拉下。

尿布台 / 梳妆台

当你为婴儿制作这款引人注目且高效的尿布台时，你会在满月派对上大受赞扬。简洁的线条和时尚风格会为宝宝房增添设计感。易于清理的塑料层压板台面会受到新手父母的青睐。注意，如果你打算把这款尿布台作为礼物的话，再加上一张换洗的尿布，会让新手父母备感贴心、充满感激的。当宝宝不再需要换尿布的时候，可以很容易地将其作为卧室和浴室的梳妆台或收纳柜使用。

重要信息

类型：尿布台 / 梳妆台

整体尺寸：长 40 in（1016.0 mm），宽 20 in（508.0 mm），高 32 in（812.8 mm）

材料：枫木或桦木胶合板、桃花心木或桦木板、刨花板、塑料层压板

接合方式：饼干榫、斜孔螺丝和企口接合（抽屉）

制作细节：

· 桌面、门和抽屉正面需要覆盖易清洁的塑料压层板
· 箱体侧板和正面冒头 / 支撑腿向外锥度变化
· 左侧为自由浮动式抽屉，右侧为带有可调节搁板的内柜
· 桌面装有角撑

表面处理：缎面光泽的聚氨酯漆，处理枫木部件

制作时长

准备木料
2~4 小时

绘图和标记
2~4 小时

切割部件
2~4 小时

组装
6~8 小时

表面处理
4~6 小时

总计：16~26 小时

使用的工具

· 台锯
· 鼓式砂光机和带式砂光机
· 电圆锯
· 竖锯
· 直角尺
· 电木铣和倒装台，转角轴承铣头、修平铣头和半径 ¼ in（6.4 mm）的圆角铣头
· 开槽锯片
· 小型水平仪
· 直尺
· 层压修边机（或电木铣）
· 平尺导轨
· J 形辊
· 带锯（可选）
· 层压板锉刀
· 饼干榫接合机
· 带夹、管夹或杆夹
· 手持式电钻 / 螺丝刀
· 斜孔螺丝钻孔夹具

购物清单

☐ (1)½ in × 4 ft × 4 ft 枫木胶合板
☐ (1)¾ in × 4 ft × 8 ft 枫木胶合板
☐ (1)¾ in × 4 ft × 8 ft 刨花板
☐ ¾ in × 4 in × 40 in 桦木板
☐ ¹⁄₃₂ in × 4 ft × 4 ft 层压板
☐ (1)8 ft 枫木封边条
☐ (2) 欧式面框铰链
☐ (4)1¼ in 门把手和抽屉把手
☐ (6)16 in 低位抽屉滑轨套装
☐ (6)3 in 抽屉滑轨安装托座
☐ (8)1¼ in 搁板托架
☐ (4)9½ in 角撑
☐ 1¼ in 斜孔螺丝
☐ #20 饼干榫
☐ 木工胶和表面处理材料

注：1 in ≈ 25.4 mm，1ft ≈ 304.8 mm。

尿布台 / 梳妆台
解构图

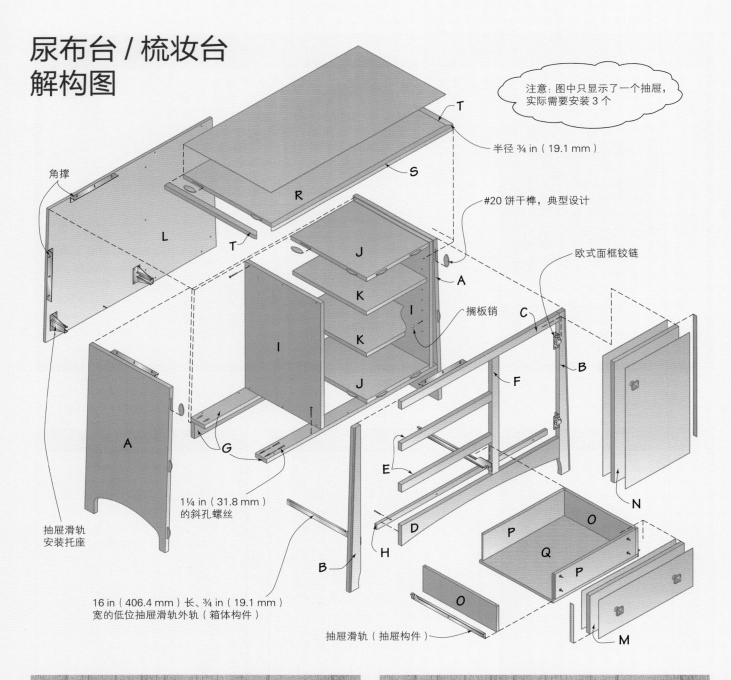

注意: 图中只显示了一个抽屉，实际需要安装 3 个

半径 ¾ in（19.1 mm）

角撑

#20 饼干榫，典型设计

欧式面框铰链

搁板销

抽屉滑轨安装托座

1¼ in（31.8 mm）的斜孔螺丝

16 in（406.4 mm）长、¾ in（19.1 mm）宽的低位抽屉滑轨外轨（箱体构件）

抽屉滑轨（抽屉构件）

箱体切割清单			
部件名称	数量	尺寸	所用材料
A. 侧板	2	¾ in × 17⁷⁄₁₆ in × 31¼ in	枫木胶合板
B. 梃	2	¾ in × 2½ in × 31¼ in	桦木
C. 上冒头	1	¾ in × 1½ in × 34 in	桦木
D. 下冒头	1	¾ in × 4 in × 34 in	桦木
E. 抽屉冒头	2	¾ in × 1½ in × 19½ in	桦木
F. 竖撑	1	¾ in × 1½ in × 22¼ in	桦木
G. 垫板	3	¾ in × 3 in × 37 in	枫木胶合板
H. 前防滑木条	1	¾ in × 1 in × 37 in	桦木
I. 内柜侧板	2	¾ in × 16⁷⁄₁₆ in × 24½ in	枫木胶合板
J. 固定搁板	2	¾ in × 16⁷⁄₁₆ in × 13⅜ in	枫木胶合板
K. 可调节搁板	2	¾ in × 16 in × 13⅛ in	枫木胶合板
L. 背板	1	½ in × 37⅛ in × 25½ in	枫木胶合板
注: 1 in ≈ 25.4 mm, 1 ft ≈ 304.8 mm。			

抽屉 / 门切割清单			
部件名称	数量	尺寸	所用材料
M. 抽屉芯板	3	¾ in × 7⁷⁄₁₆ in × 20⁷⁄₁₆ in	刨花板
N. 柜门芯板	1	¾ in × 13¹⁵⁄₁₆ in × 23⁷⁄₁₆ in	刨花板
O. 抽屉侧板	6	½ in × 5 in × 16 in	枫木胶合板
P. 抽屉前板、背板	6	½ in × 5 in × 17¹⁵⁄₁₆ in	枫木胶合板
Q. 抽屉底板	3	½ in × 16 in × 18⁷⁄₁₆ in	枫木胶合板

桌面切割清单			
部件名称	数量	尺寸	所用材料
R. 顶板	1	¾ in × 19 in × 38 in	刨花板
S. 前封边条	1	¹³⁄₁₆ in × 1 in × 40 in	桦木
T. 侧封边条	2	¹³⁄₁₆ in × 1 in × 20 in	桦木
注: 1 in ≈ 25.4 mm, 1 ft ≈ 304.8 mm。			

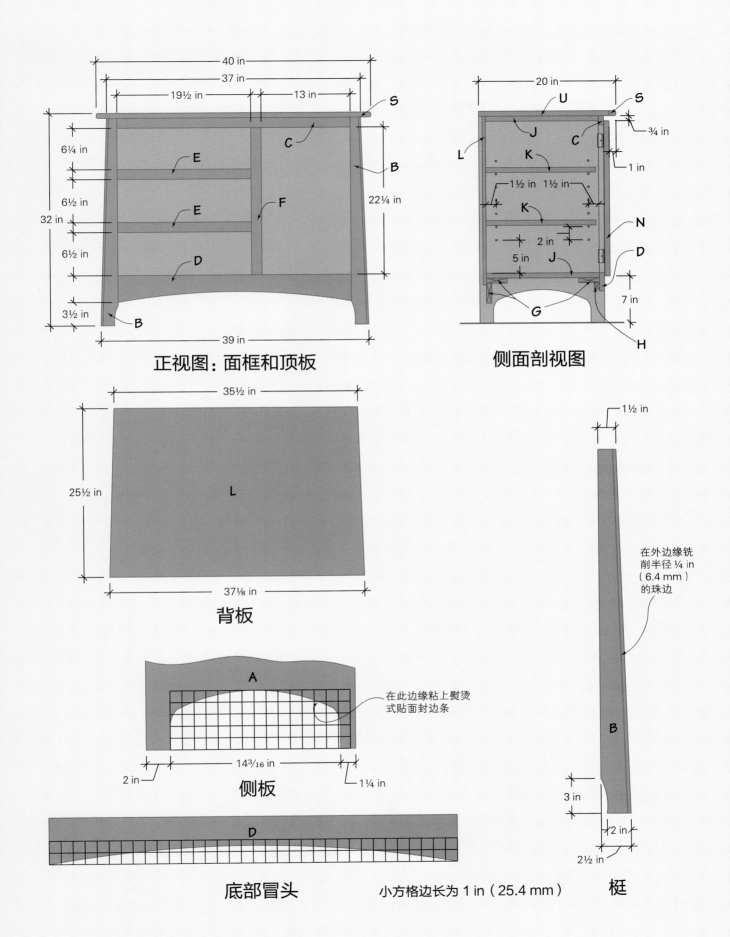

40 in
37 in
19½ in 13 in
S
C
6¼ in
E
B
6½ in
E F
22¼ in
32 in
6½ in
D
3½ in
B
39 in

正视图：面框和顶板

20 in
U
S
J C
¾ in
L
1 in
K
1½ in 1½ in
K N
2 in
5 in J D
G 7 in
H

侧面剖视图

35½ in

L

25½ in

37⅛ in

背板

1½ in

在外边缘铣
削半径 ¼ in
（6.4 mm）
的珠边

A

在此边缘粘上熨烫
式贴面封边条

B

14³⁄₁₆ in
2 in 1¼ in

侧板

D

3 in

2 in
2½ in

梃

底部冒头   小方格边长为 1 in（25.4 mm）

制作箱体

❶ 从 ¾ in（19.1 mm）厚的枫木胶合板上按尺寸切取两块侧板。由于侧板略微向外倾斜，因此其顶部和底部边缘需要切出一个角度才能与地板平行。将台锯锯片倾斜2°，然后把锯片放低，使其稍稍高出于台面。用夹子或双面胶带将一个辅助胶合板或刨花板靠山固定到纵切靠山上。使用胶合板废料（最好来自同一块胶合板）进行试切，调整纵切靠山和锯片高度，使锯片切入辅助胶合板的深度，刚好能够在胶合板边缘切割出斜面，同时不会减少胶合板的总体长度。然后用此设置切割每块侧板的上下边缘，确保斜面彼此平行。

❷ 参考侧板下方的拱形切口设计图，用 ¼ in（6.4 mm）厚的硬质纤维板制作一个模板。将模板切割成型，并用鼓式砂光机将其边缘打磨光滑。在模板上标记出前腿和后腿部分，因为两者的宽度不同，前腿在设计上还需要考虑面框的厚度。将模板放到侧板的外表面上，画出拱形的轮廓，注意确保带有斜面的上边缘和下边缘正确对齐（见照片 A）。用竖锯靠近画线进行切割，然后依次将模板夹在、钉在或用双面胶带粘在每块侧板上，使用电木铣和修平铣头（模板切割）将拱形轮廓修整至与模板轮廓对齐。

❸ 从桦木板上切取箱体的面框部件，包括梃、上冒头、下冒头、抽屉冒头和竖撑部件。另外，把桦木前防滑木条也切割到所需尺寸。梃部件的外缘宽度呈锥度变化，从底部的 2½ in（63.5 mm）逐渐变细到顶部的 1½ in（38.1 mm）。我们使用直尺作为模板，在电木铣倒装台上安装修平铣头铣削这个锥度面。也可以使用锥度切削夹具和台锯进行加工。参考法国曲线或柔性样条曲线以及

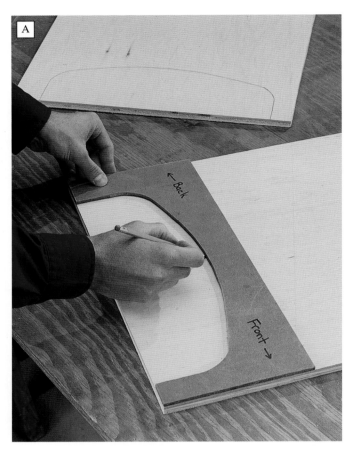

照片 A　制作一个硬质纤维板模板，用于切割侧板底部的拱形轮廓。用模板在每块侧板的底部画出拱形轮廓线（确保底部边缘的斜面朝向正确的方向）。

测量值，在每个梃部件的底部内侧边缘画出装饰性切口。用带锯或竖锯完成切割，然后用鼓式砂光机将切割边缘打磨光滑。

❹ 借助用边角料制作的柔性细木条在下冒头的底部边缘画出拱形。用带锯或竖锯切割拱形，然后用鼓式砂光机将切割边缘打磨光滑。

❺ 在面框部件上画出接头，并在所有冒头部件和中心竖撑的内表面钻取斜孔。每个接头处钉入两根斜孔螺丝。

❻ 用胶水和斜孔螺丝组装面框（见照片 B）。在钉入螺丝时，要用夹具将部件牢牢固定在一起。用湿布擦去挤出的多余胶水。

❼ 通过饼干榫将侧板前缘连接到梃部件上，实现侧板与面框的连接。先将部件对接在一起，然后在接头区域画出并切割 #20 饼干榫的插槽。将饼干榫胶合到梃部件的

背面插槽中，并在侧板前缘涂抹胶水，然后用带有垫片的杆夹或管夹将组件夹紧。确保侧板和梃部件的顶部和底部边缘都保持齐平，并且接合方正（可以使用组合角尺进行检查，或是横向测量组件前后的尺寸——测量值应相等）。把挤出的胶水擦干净。

❽ 用胶水和埋头螺丝将前防滑木条固定到下冒头的内表面、冒头上边缘向下 1½ in（38.1 mm）的位置。

❾ 从 ¾ in（19.1 mm）厚的胶合板上切取 3 条垫板。在每块侧板的内表面，在距离底部边缘 6 in（152.4 mm）处测量并做标记，前后都要标记。用直尺连接两点，在每块侧板上创建一条参考线。这是安装垫板的高度。在每条垫板的两端钉入斜孔螺丝。用埋头螺丝穿过前垫板拧入前防滑木条中，用斜孔螺丝将前垫板固定到侧板上。垫板下表面应紧靠侧板上的参考线。用胶水、夹子和（或）螺丝，按照侧面剖视图将剩余的两条垫板做成 L 形组件。用斜孔螺丝将 L 形组件固定到侧板上，使上垫板的下表面与侧板上绘制的参考线对齐（见照片 C）。L 形组件的后缘应相对于侧板后缘内收 1 in（25.4 mm），为箱体背板

留出空间。由于内柜结构是放在垫板上的，所以箱体底板的上表面应与下冒头的上边缘平齐。

❿ 为电木铣安装转角珠边铣头，沿每个梃部件的正面外缘铣削装饰性的珠边（见照片 D）。

照片 B　胶合面框接头，并将部件夹紧，确保所有面齐平。拧入斜孔螺丝，将面框部件固定在一起。

照片 C　用斜孔螺丝将垫板固定在箱体内部。安装垫板时，使其下表面与侧板底面边缘向上 6 in（152.4 mm）处的直线对齐。

照片 D　用电木铣搭配转角珠边铣头，沿每个梃部件的正面外缘铣削转角珠边。

照片E　使用直角尺和直尺在背板的右侧画一条线。这条线应垂直于背板的顶部和底部边缘，并展示出边缘的倾斜角度。这会为将内柜固定到背板上提供参考线。

照片F　切割饼干榫插口，用于将内柜的顶部和底部前缘连接到面框内侧。

制作内柜

为了简化作品的组装，我们将其设计为柜中柜。内柜结构方正可以单独组装，然后再将其安装到较大的箱体框架内。

⓫ 从 ¾ in（19.1 mm）厚的胶合板上切取内柜侧板、固定搁板和可调节搁板，以及背板。背板的两侧边缘需要倾斜一定角度，以匹配倾斜的箱体。根据背板的设计图，用直尺画出角度线。用平尺导轨引导电圆锯进行切割。然后，使用直角尺和直尺从背板的右上角起始，向下画一条垂直线（见照片 E），为将内柜固定在背板上提供参考线。

⓬ 切割用于组装内柜的 #20 饼干榫插槽，将固定搁板固定在两块侧板之间。然后，在侧板上钻取直径 ¼ in（6.4 mm）的搁板销孔（确保这些孔间隔均匀，且尺寸适合你的搁板销）。使用台钻或手持式电钻搭配直角钻孔引导器钻孔。

⓭ 胶合内柜部件并夹紧，用饼干榫加固接合。根据需要调整夹具的位置，保持箱体方正。清理挤出的胶水。

⓮ 参照背板内表面上绘制的参考线，用埋头螺丝将背板固定到内柜上。背板有助于保持箱体正确对齐。背板的底部会超出内柜下缘 1 in（25.4 mm）。

⓯ 在可调节搁板的前缘贴上熨烫式贴面封边条，然后用手工修边机或锋利的凿子剪掉多余的部分。

连接内柜和箱体

⓰ 画出并切割 #20 饼干榫的插槽，以便将内柜的顶部前缘连接到上冒头的内侧面，将内柜的底部前缘连接到下冒头的内侧面（见照片 F）。将饼干榫胶合到面框的插槽中，然后干接组件测试匹配程度。背板应安装在两块侧板之间，并与其紧密贴合。

⓱ 拆下组件，在内柜前缘涂抹胶水。用带夹或管夹将内柜胶合并夹紧到面框上。使用垫片可以分散夹具的压力。使用五金件配套的螺丝，将金属角撑固定在左侧板与背板的接合处，以及侧板、背板和抽屉部分的上冒头的顶部边缘（见照片 G）。

制作并挂上门和抽屉

⓲ 从 ½ in（12.7 mm）厚的胶合板上切取抽屉侧板、前板、背板和底板。抽屉采用企口式的接合方式。在台锯上将开槽锯片的宽度和高度都调整为 ¼ in（6.4 mm），

在距离每块抽屉侧板末端 ¼ in（6.4 mm）处切割 ¼ in × ¼ in（6.4 mm × 6.4 mm）的凹槽（见照片 H）。然后，通过在抽屉前板和背板的一端切割 ¼ in × ¼ in（6.4 mm × 6.4 mm）的半边槽，制作出与侧板凹槽匹配的榫舌（见照片 I）。

⓳ 用砂纸打磨抽屉部件的内表面。在配对部件上涂抹胶水，将抽屉侧板与前板、背板组装在一起并用带夹或快速夹夹紧。确保抽屉在组装过程中保持方正。用湿布把挤出的胶水擦干净。

⓴ 用 1 in（25.4 mm）的埋头螺丝将抽屉底板固定到抽屉上（见照片 J），确保抽屉边缘和底板齐平。

㉑ 根据制造商的说明，将抽屉滑轨的外轨部分安装到面框上。使用安装托座将每个滑轨外轨的后端固定到箱体背板上，使外轨保持水平。将配套的抽屉滑轨部件安装到抽屉侧板上，并确保它们能够正常运行。滑轨的位置应该低一些，使每个抽屉悬挂在其正面框架开口时，上方和下方各有 ½ in（12.7 mm）的距离。

㉒ 从 ¾ in（19.1 mm）厚的刨花板上切取抽屉芯板和柜门芯板。切割塑料层压板覆盖芯板，层压板在每个方向上至少要比芯板多出 ¼ in（6.4 mm）。因为层压板很薄，所以在使用台锯切割层压板时，需要将一块胶合板辅助靠山固定在纵切靠山上，以防止在切割时层压板滑入纵切靠山下面。

㉓ 首先层压抽屉芯板和门芯板的边缘，然后层压芯板的大面。在部件的垂直边缘及与其配对的层压板条上滚涂接触型胶黏剂。当胶黏剂凝固不再有黏性时，贴上层压板条，并用 J 形辊用力滚压。使用层压修边机和导向修平铣头剪去凸出的层压板。重复此过程，为所有部件的水平边缘贴上层压板条。然后层压部件背面，最后层压部件正面，每次都使用层压修边机或者电木铣和修平铣头剪去凸出的层压板。锉平所有层压板边缘，使其与部件齐平，并钝化任何锋利边缘。

㉔ 根据制造商的说明安装欧式铰链，然后将门悬挂在箱体上。

㉕ 将底部抽屉滑入箱体。使用双面胶带将抽屉的层压面板安装到抽屉上。抽屉与门的距离应该是 ½ in（12.7 mm），抽屉底部边缘应与门的底部边缘齐平。用同样的方法将其他的抽屉层压面板安装到位，抽屉之间的间隔应为 ½ in（12.7 mm）。从箱体上取下抽屉，在抽屉内钻取引导孔，然后用平头螺丝将抽屉层压面板永久固定（穿过抽屉前板的引导孔直径可以大一些，这样便于

照片 G　通过饼干榫将内柜胶合到面框内侧，用夹子夹紧，借助垫片来分散夹子的压力。穿过金属角撑，将背板固定到左侧板上。同时沿抽屉部件的顶部边缘安装角撑，作为柜子顶板的安装支架。

照片 H　加工抽屉接合件的第一步，是在距离每块侧板一端 ¼ in（6.4 mm）处切割 ¼ in × ¼ in（6.4 mm × 6.4 mm）的横向槽。

照片 I　在抽屉前板和背板末端切割 ¼ in × ¼ in（6.4 mm × 6.4 mm）的半边槽，以形成与抽屉侧板凹槽匹配的榫舌。

照片 J　使用 1 in（25.4 mm）埋头螺丝将底板固定到抽屉上。如果底板切割得很方正，则可以通过保持抽屉框架的外表面与底板边缘齐平的方式使抽屉保持方正。

调整抽屉层压面板的相对位置）。在抽屉层压面板和层压门的正面钻孔并安装把手。根据需要调整层压门和抽屉层压面板，使其保持笔直并正确对齐。

制作并安装顶板

❷❻ 从 ¾ in（19.1 mm）厚的刨花板上切取顶板的芯板。切割尺寸略大于芯板的塑料层压板。相比在台锯上切割，可以直接用钢直尺沿画线切割层压板，这样更方便。与制作抽屉芯板和门芯板一样，将层压板胶合在顶板芯板上，并剪去超出的部分。

❷❼ 切取前面和侧面的实木封边条。斜切前封边条的两端和侧封边条的前端，用封边条包裹芯板的边缘。在封边条内侧和顶板芯板的边缘切割 #20 饼干榫的插槽，将封边条胶合到芯板上。还要记住用胶水胶合斜接部分。

❷❽ 以 ¾ in（19.1 mm）的半径为顶板前角倒圆角，使用带式砂光机进行打磨。然后用安装了 ¼ in（6.4 mm）半径圆角铣头的电木铣处理顶部和底部边缘（见照片 K）。

❷❾ 将顶板居中安装到箱体顶部，使其三边均匀悬空。使用埋头螺丝从箱体内部拧入，将顶板固定到内柜上。驱动螺丝，直到螺丝头与木板表面齐平。通过面框顶部的金属角撑将顶板左侧连接到箱体上。

收尾

❸❿ 拆下五金件，用砂纸打磨所有表面。选择合适的表面处理产品。我们使用的是缎面光泽的透明聚氨酯漆。

❸❶ 待涂料完全凝固后，重新组装并安装门和抽屉（见照片 L）。安装把手。将缓冲器安装到抽屉前板和门的背面。插入搁板销并安装可调节搁板。

照片K 在将顶板的尖角倒圆后，使用安装了 ¼ in（6.4 mm）半径圆角铣头的电木铣处理封边条的顶部和底部边缘。

照片L 待涂料凝固后，重新安装并调整门和抽屉面板，使其正确对齐。

进门长凳

　　这款受到沙克风格启发设计的板条长凳可以放在任何房间，提供舒适的小坐空间。这款长凳由一整块胶合板切割制作，可以同时容纳 3 名成年人就座，同时它足够轻便，一个人就可以轻松移动。

进门长凳解构图

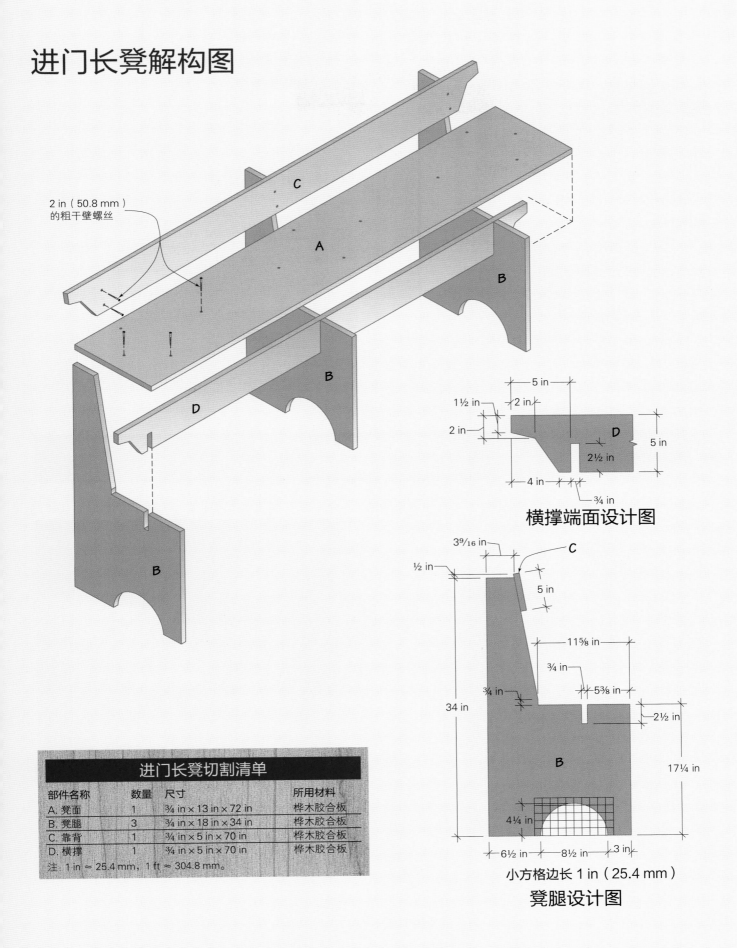

2 in（50.8 mm）
的粗干壁螺丝

C

A

B

B

B

B

D

横撑端面设计图

5 in

1½ in

2 in

2 in

D

5 in

2½ in

4 in

¾ in

C

3⁹⁄₁₆ in

½ in

5 in

11⅝ in

¾ in

¾ in

5⅜ in

2½ in

34 in

B

17¼ in

4¼ in

6½ in

8½ in

3 in

小方格边长 1 in（25.4 mm）

凳腿设计图

进门长凳切割清单			
部件名称	数量	尺寸	所用材料
A. 凳面	1	¾ in × 13 in × 72 in	桦木胶合板
B. 凳腿	3	¾ in × 18 in × 34 in	桦木胶合板
C. 靠背	1	¾ in × 5 in × 70 in	桦木胶合板
D. 横撑	1	¾ in × 5 in × 70 in	桦木胶合板
注：1 in ≈ 25.4 mm，1 ft ≈ 304.8 mm。			

重要信息

类型：靠背长凳
整体尺寸：长 72 in（1828.8 mm），高 34 in（863.6 mm），深 19⅜ in（492.1 mm）
材料：桦木胶合板
接合方式：用胶水和螺丝加固的对接接合、半搭接接合
制作细节：
· 半搭接接合件，用竖锯切割，将横撑连接到凳腿上以增加强度
· 切割时注意使横撑和靠背的端部轮廓相匹配
表面处理：底漆和油漆
制作时长：4~6 小时

购物清单

☐ (1)¾ in x 4 ft x 8 ft 桦木胶合板
☐ 2 in（50.8 mm）的干壁螺丝
☐ 木工胶
☐ 表面处理材料

注：1 in ≈ 25.4 mm，1ft ≈ 304.8 mm。

制作步骤

这款长凳的独特之处是，在凳腿上切出缺口，然后以半搭接的方式将横撑接合在凳腿上。半搭接接合有助于防止长凳组装完成后凳腿变形，并允许这个横撑部件横跨所有凳腿。

制作凳腿和座面

❶ 粗切出凳腿部件。为了使用一张胶合板完成长凳的制作，其中两条凳腿必须沿胶合板的长度方向切割，另一条凳腿沿胶合板的宽度方向切割。先从胶合板的一端横切下 18 in（457.2 mm）宽、48 in（1219.2 mm）长的木板，用于制作一条凳腿，然后在剩余板材上纵切出一条 18 in（457.2 mm）宽的木板，用于制作另外两条凳腿。

❷ 画出 3 条凳腿的切割线。根据凳腿设计图绘制凳腿轮廓线、半搭接接头的切口和底部圆形切口。用圆规画出半径 4¼ in（108.0 mm）的圆弧切口（见照片 A）。

❸ 用竖锯将 3 条凳腿切割成型。为了切出底部方正的半

照片 A 在 18 in（457.2 mm）宽的胶合板上划出 3 条凳腿的切割线。用圆规画出半径 4¼ in（108.0 mm）的底部圆弧，形成凳腿的支脚。

搭接接头的切口，应首先在切口底部位置钻取直径 ⅜ in（9.5 mm）的引导孔，从而为竖锯锯片在切口底部转向留出空间。切出切口。用窄锉刀和砂纸将每个切口的底部打磨方正。

❹ 将凳面部件切割到指定尺寸。

制作靠背和横撑

❺ 将横撑和靠背切割到所需尺寸。

❻ 为了横撑和靠背的端面轮廓相匹配，需要根据横撑的端面设计图标记两个部件的端面。用竖锯将部件端面切割成型。

❼ 标记出横撑上的 3 个半搭接接头切口，其中两个距离端面 5 in（127.0 mm），另一个沿长度方向居中。像切割凳腿上的切口那样切割横撑切口。首先在切口底部钻出引导孔，然后用竖锯切去废木料部分。将切口边角锉削方正（见照片 B）。

❽ 在凳腿上滑动横撑，使两种部件上的切口互锁，来测试半搭接接头的匹配程度（见照片 C）。如果横撑的顶部边缘能够与凳腿的切口顶部边缘（凳面处）齐平，就说明两种部件是完全匹配的。如果匹配不佳，可以用锉刀稍微加宽或加深切口进行修整。

组装长凳

❾ 在横撑和凳腿的切口处涂抹胶水，将这些部件组装在一起。

❿ 将凳面放在凳腿的适当位置并进行调整，使凳面两端分别超出横撑两端 1 in（25.4 mm）。在凳面下表面标记出这一位置，同时在凳面上表面画出对应横撑和凳腿中心线的标记线，用于定位螺丝。将胶水涂抹在凳腿上接触凳面的位置。将凳面重新放在凳腿上，并用 2 in（50.8 mm）埋头干壁螺丝将凳面固定到位。

⓫ 将靠背放在凳腿顶端并夹紧，使靠背每端分别超出两侧凳腿 5 in（127.0 mm），靠背顶部高出凳腿上缘 ½ in（12.7 mm）。在靠背上标记出钻入每条凳腿的成对螺丝的位置。在凳腿边缘固定靠背的位置涂抹胶水，将靠背夹紧到位，并用 2 in（50.8 mm）的埋头干壁螺丝将其固定到凳腿上（见照片 D）。

收尾

⓬ 用木粉腻子填充螺丝孔和胶合板的空隙，并用砂纸将整个长凳表面打磨光滑。最后刷涂或滚涂一层底漆和两层油漆，完成表面处理。

照片 B　用竖锯切割横撑部件上的 3 个切口。首先在切口底部钻取直径 ⅜ in（9.5 mm）的引导孔，以便于转动锯片切割出方正的底部。

照片 C　将凳腿和横撑的切口对在一起，检查半搭接接头的匹配情况。如有必要，可将切口锉宽或锉深一些，以提高匹配程度。

照片 D　用胶水和 2 in（50.8 mm）的干壁螺丝（需要预先钻取埋头引导孔）将凳面和靠背安装到凳腿组件上。

套桌

　　制作这款套桌，只需一张桌子的空间就可以放置 3 张桌子。我们的樱桃
木桌尺寸合适，可以放在沙发和椅子旁边，也可以作为植物或陶器的完美展
示架。把这样的套桌放在家里，还可以为棋牌游戏做好准备。

重要信息

类型：套桌

整体尺寸：大桌长 24 in（609.6 mm），宽 24 in（609.6 mm），高 24 in（609.6 mm）

中桌长 19 in（482.6 mm），宽 19 in（482.6 mm），高 20¾ in（527.1 mm）

小桌长 14 in（355.6 mm），宽 14 in（355.6 mm），高 17½ in（444.5 mm）

材料：樱桃木、樱桃木胶合板

接合方式：圆木榫、斜接和对接接合

制作细节：

· 胶合板桌面，用实木封边

· 桌腿为两面锥度变化设计

· 桌腿和望板之间用圆木榫接合

· 用简单的三角木固定桌面

表面处理：可以用丹麦油；如果桌子受潮的风险大，可以涂抹 3 层缎面光泽的聚氨酯清漆。

制作时长

准备木料
1~2 小时

绘图和标记
2~3 小时

切割部件
2~3 小时

组装
2~3 小时

表面处理
3~4 小时

总计：10~15 小时

使用的工具

· 平刨
· 台锯
· 不规则轨道砂光机
· 手持式电钻 / 螺丝刀
· 锥度夹具
· 圆木榫定位夹具
· 日式拉锯或细齿夹背锯
· 带夹或管夹
· C 形夹

购物清单

☐ (1)¾ in × 4 ft × 4 ft 樱桃木胶合板

☐ (3)⁸⁄₄ in × ⁸⁄₄ in × 8 ft 樱桃木板

☐ (1)¾ in × 8 in × 8 ft 樱桃木板

☐ (1)⅜ in × 6 ft 硬木圆木榫

☐ #8 × 1¼ in 的平头木工螺丝

☐ 木工胶

☐ 表面处理材料

注：1 in ≈ 25.4 mm，1ft ≈ 304.8 mm。

桌子解构图

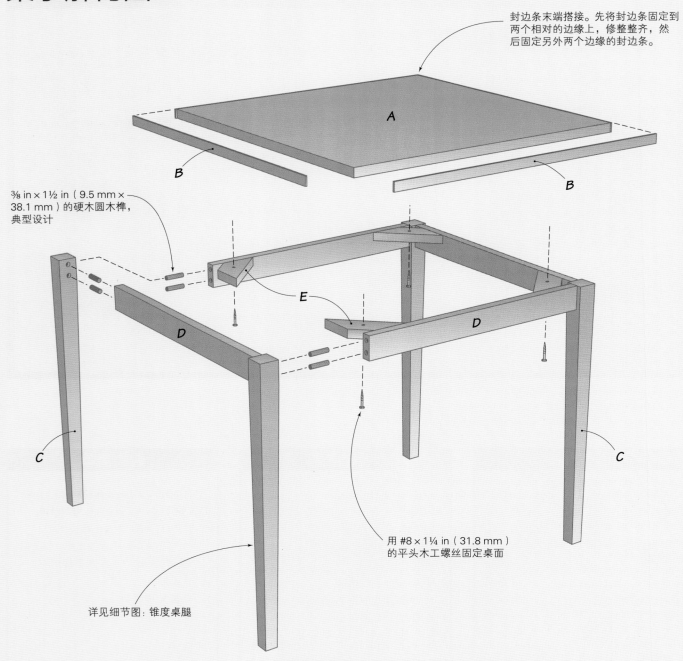

封边条末端搭接。先将封边条固定到两个相对的边缘上，修整整齐，然后固定另外两个边缘的封边条。

A

B

B

⅜ in × 1½ in（9.5 mm × 38.1 mm）的硬木圆木榫，典型设计

E

D

D

C

C

用 #8 × 1¼ in（31.8 mm）的平头木工螺丝固定桌面

详见细节图：锥度桌腿

套桌切割清单

部件名称	数量	尺寸（大）	尺寸（中）	尺寸（小）	所用材料
A. 桌面	1	¾ in × 23¾ in × 23¾ in	¾ in × 18¾ in × 18¾ in	¾ in × 13¾ in × 13¾ in	樱桃木胶合板
B. 封边条	4	⅛ in × $^{13}/_{16}$ in × *	⅛ in × $^{13}/_{16}$ in × *	⅛ in × $^{13}/_{16}$ in × *	樱桃木
C. 桌腿	4	1½ in × 1½ in × 23¼ in	1½ in × 1½ in × 20 in	1½ in × 1½ in × 16¾ in	樱桃木
D. 望板	4	¾ in × 2 in × 20 in	¾ in × 2 in × 15 in	¾ in × 2 in × 10 in	樱桃木
E. 三角木	4	¾ in × 2 in × 6 in	¾ in × 2 in × 6 in	¾ in × 2 in × 6 in	樱桃木

注：给出的部件数量仅限于一张桌子，1 in ≈ 25.4 mm，1 ft ≈ 304.8 mm。   * 合适尺寸

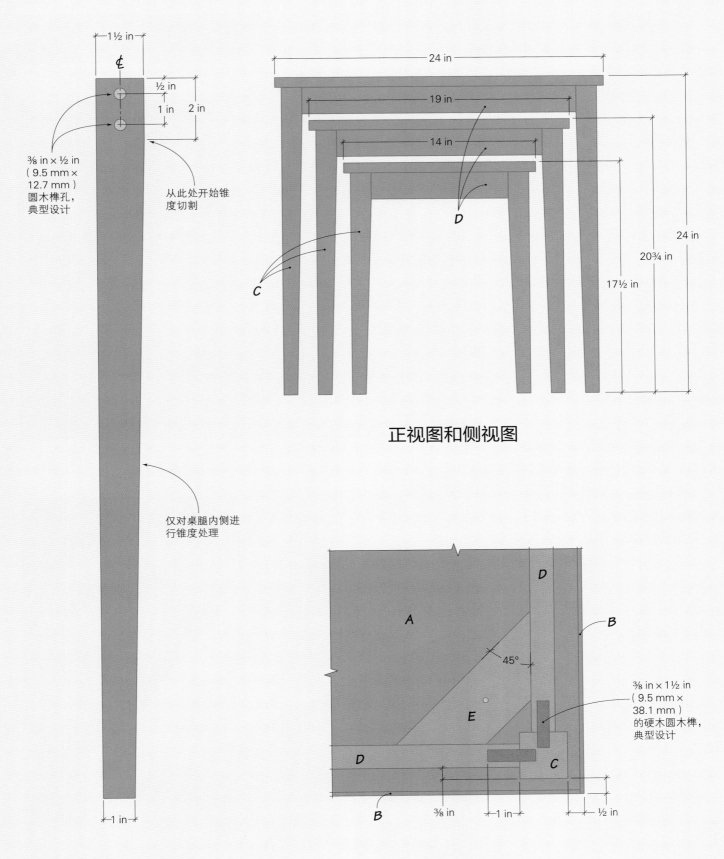

1½ in

℄

½ in

1 in

2 in

⅜ in × ½ in
（9.5 mm ×
12.7 mm）
圆木榫孔，
典型设计

从此处开始锥
度切割

24 in

19 in

14 in

D

C

24 in

20¾ in

17½ in

正视图和侧视图

仅对桌腿内侧进
行锥度处理

D

A

B

45°

E

⅜ in × 1½ in
（9.5 mm ×
38.1 mm）
的硬木圆木榫，
典型设计

D

C

B

⅜ in

1 in

½ in

1 in

细节图：锥度桌腿

桌角剖面图

照片 A　用胶水将封边条胶合到胶合板桌面的两个相对边缘，然后用电工胶带将封边条暂时固定到位。先用胶带固定封边条的中间，然后向两端延伸。

3 张桌子的制作步骤是相同的，唯一的区别在于部件的尺寸。根据个人喜好，你可以将一张桌子作为单独的作品从头到尾制作出来，也可以合并步骤同时完成 3 张桌子的制作。

制作桌面

❶ 将胶合板桌面切割到指定尺寸。

❷ 将 4 条 ⅛ in（3.2 mm）厚的桌面封边条切割到指定尺寸。制作封边条的樱桃木至少要有 ¹³⁄₁₆ in（20.6 mm）厚。先把樱桃木的一侧边缘用平刨刨削平直，然后将其顶紧靠山，用带锯纵切出 ⅛ in（3.2 mm）厚的木条。

❸ 将木条横切为 4 条封边条，其长度要比切割列表中的数值多出 2 in（50.8 mm），以盖住胶合板的分层痕迹和空隙。

❹ 将封边条粘在桌面的两个相对边缘上。选择桌面的一面作为顶面，并将封边条放置到位，使其下边缘与胶合板的底面对齐，其上边缘略高于顶面。稍后用砂纸打磨上边缘，使其与顶面齐平即可。沿配对表面均匀涂抹胶水，并每间隔约 4 in（101.6 mm）用一条电工胶带将封边条"夹紧"到胶合板上（见照片 A）。待胶水凝固后，撕下胶带。

锥度夹具

❺ 修剪封边条超出的部分，使其与胶合板的外露边缘齐平（见照片 B）。

照片 B　剪去多余封边条，使其与胶合板边缘齐平。我们使用的是日式锯，实际上任何细齿手锯都可以。将桌面在木工桌上夹紧，以确保其在切割时保持稳定。

照片 C　打磨高出桌面的封边条边缘，使其与桌面齐平。可以先横跨封边条的上边缘用铅笔画短线，然后打磨上边缘至铅笔线消失。

照片 D　为桌腿切割锥度，我们在台锯上安装了一个锥度夹具。在每条桌腿的两个相邻边缘进行锥度切割。用推料板来引导部件进料。

锥度夹具

使用细齿夹背锯或日式手锯操作。然后用小号手工刨来回刨削几次整平凸出部分。

❻ 将其余两条封边条胶合到胶合板的另外两侧边缘，其末端可超出已经胶合到位的封边条。待胶水凝固，取下胶带，并修整边缘的凸出部分，使其搭靠并覆盖另外两侧封边条的末端。

❼ 打磨封边条的上边缘，使其与桌面齐平。为了避免过度打磨，跨过封边条上边缘画上铅笔标记，用砂纸打磨边缘至铅笔线消失（见照片 C）。

切割锥度桌腿

❽ 从至少 1½ in（38.1 mm）见方的方木上按长度尺寸切下桌腿部件。用平刨将桌腿部件的一侧边缘铣削平直。

❾ 沿每条桌腿的两个相邻边缘画出锥度线。锥度线自桌腿顶部下方 2 in（50.8 mm）处起始，向下延伸到桌腿的底部，桌腿横截面积减少至 1 in（25.4 mm）见方（见照片 D）。我们使用带有可调锥度夹具的台锯来制作锥度面（有关使用锥度夹具的详细信息，请参阅下文）。将锥度

使用锥度夹具切割锥度面

在部件上画出所需的锥度，将部件放在夹具中，保持夹具紧贴靠山。调整夹具角度和靠山，直到锯片可以沿锥度线锯切。锁定夹具角度，然后沿靠山推动夹具，同时保持部件紧靠夹具，以切割锥度面。可以使用推料板来引导部件。

照片 E 在望板和桌腿上钻取圆木榫孔。我们使用了圆木榫定位夹具。为了获得最佳效果，应首先在望板上钻孔。在钻头周围缠上遮蔽胶带以标记钻孔深度。在所有望板上钻孔，然后在桌腿上标记孔的位置并钻孔。

边缘打磨光滑。

制作桌子框架

⑩ 根据切割清单将望板纵切和横切至所需尺寸，然后用砂纸把切口打磨光滑。

⑪ 采用圆木榫将桌腿接合到望板上。为了精确起见，可以将圆木榫定位夹具固定在部件上，以钻取完全垂直的榫孔。在桌腿和望板上画出榫孔的位置，并使用定位夹具钻取直径 ⅜ in（9.5 mm）的榫孔（见照片 E）。首先在望板上钻孔，使孔相对于望板厚度居中（开孔位置参考细节图：锥度桌腿），钻取两个 ½ in（12.7 mm）深的孔。

⑫ 在靠近桌腿顶部的锥度面上钻取一对 1 in（25.4 mm）深的榫孔，与望板上的榫孔对应。桌腿榫孔的深度应为 1 in（25.4 mm）。

⑬ 切割硬木圆木榫。用砂纸打磨圆木榫的末端边缘，为每个圆木榫的末端倒棱。经过倒棱的圆木榫在胶合过程中更容易插入桌腿和望板的榫孔中。

⑭ 将桌腿连接到望板上。首先，在圆木榫孔中涂抹胶水，插入圆木榫将两条桌腿与望板接合在一起。夹紧组件，在钳口之间垫上废木料以保护部件表面。然后以同样的

照片 F 安装望板。首先把一块望板连接到两条桌腿之间并夹紧。待胶水凝固，插入圆木榫，将剩余的两块望板接合到两个桌腿 / 望板组件上，完成望板的组装。

方式将另外两条桌腿和另一块望板接合在一起。等待胶水凝固，拆下夹具。

⑮ 将圆木榫插入榫孔中，把两个桌腿 / 望板组件与剩余的两块望板接合并夹紧（见照片 F）。通过测量每条桌腿内角之间的对角线长度检查桌子的框架组件是否方正。调整夹具，直到框架组件方正。

固定桌面

⑯ 从一块 2 in（50.8 mm）宽的枫木板上切取 4 块三角木，并以 45° 斜切三角木的直角（正确的斜切方向参阅桌角剖面图）。三角木可以为螺丝提供依托，从而将桌面固定到框架上。

⑰ 穿过三角木的上下表面分别钻取一个直径 ⅛ in（3.2 mm）的引导孔。孔相对于三角木的宽度和长度方向居中。稍后，用螺丝穿过这些孔将桌面固定到望板上。沿三角木的 45° 斜面涂抹胶水，将其放置在桌子框架的四角，使其与框架组件顶部齐平。夹紧。注意，为了将三角木夹紧到位，可能需要制作匹配每条桌腿外角的带切口夹垫。此外，夹紧三角木的夹具钳口应配有软垫，以防止夹具损坏桌腿表面。

⓲ 用砂纸打磨桌面和框架组件，然后进行表面处理。我们使用丹麦油处理木料表面，并涂抹 3 层聚氨酯清漆作为面漆层（见照片 G）。注意，在处理桌面时，应在桌面下方垫上间隔木，以防止涂层与下面的防尘布或报纸粘在一起。处理桌面的上下表面，以及桌面边缘和所有框架表面。

⓳ 把桌面固定在框架上。将桌面上表面朝下放在木工桌上，然后将框架放置到位，使桌面四周均匀悬空。参考三角木上孔的位置和尺寸，在桌面下表面钻取用于 #8 × 1¼ in （31.8 mm）平头木工螺丝的引导孔。注意，首先在钻头周围缠上一条遮蔽胶带，用来指示钻孔深度，防止钻透桌面。拧紧螺丝（见照片 H）。

照片 G　在连接桌面和框架组件之前，分别完成各自的表面处理。我们使用的是丹麦油和聚氨酯清漆。

照片 H　用 #8 × 1¼ in（31.8 mm）的平头木工螺丝穿过 4 块三角木拧入桌面，将其固定在框架上。

常规书架

　　这款书架使用胡桃木贴面胶合板制作主体，用胡桃木制作面框，其外观大气、正式。装饰有 S 形边缘的胡桃木搁板更凸显了这种设计。面框顶部冒头装饰的贴花突出了部件的轮廓。这是一件简单的家具，却相当吸引人。

重要信息

类型：书架

整体尺寸：宽 31½ in（800.1 mm），高 60¾ in（1543.1 mm），深 10¾ in（273.1 mm）

材料：胡桃木和胡桃木胶合板

接合方式：主体为半边槽和横向槽接合，面框为圆木榫接合

制作细节：

- 固定式中心搁板插入侧板内侧的止位横向槽中
- 书架包含 3 块可调节搁板
- 搁板边缘使用 S 形铣头铣削
- 用胡桃木染色剂处理桦木贴花

表面处理：透明漆与桐油清漆。为了使作品整体颜色更均匀，可以用浅胡桃木色染色剂加深胶合板的颜色

制作时长

准备木料
1 小时

绘图和标记
1~2 小时

切割部件
3~5 小时

组装
2~4 小时

表面处理
1~2 小时

总计：8~14 小时

使用的工具

- 电圆锯和胶合板切割锯片
- 平尺切割导轨
- C 形夹
- 电木铣倒装台，搭配 ¾ in（19.1 mm）导向 S 形铣头、¾ in（19.1 mm）直边铣头和 ⅜ in（9.5 mm）开槽铣头
- 卷尺
- 36 in（914.4 mm）或更长的带夹或管夹，6 个
- 竖锯、带锯或线锯
- 普通锤子和平头钉锤
- 组合角尺
- 圆木榫定位夹具
- 手持式电钻 / 螺丝刀
- 冲钉器
- 止位横向槽开槽夹具
- 钉板钻孔引导器

购物清单

- ☐ (1)¾ in × 4 ft × 8 ft 胡桃木单板芯胶合板
- ☐ (1)¼ in × 4 ft × 8 ft 胶合板（胡桃木或其他木料），用于制作背板
- ☐ (1)¾ in × 4 in × 8 ft 胡桃木板，用于制作面框和搁板封边条
- ☐ 上冒头装饰贴花
- ☐ (1) 直径 ⅜ in 圆木榫，用作搁板销
- ☐ 表面处理材料
- ☐ 1 in 细钢线钉，4d 无头钉
- ☐ 木工胶

注：1 in ≈ 25.4 mm，1ft ≈ 304.8 mm。

常规书架解构图

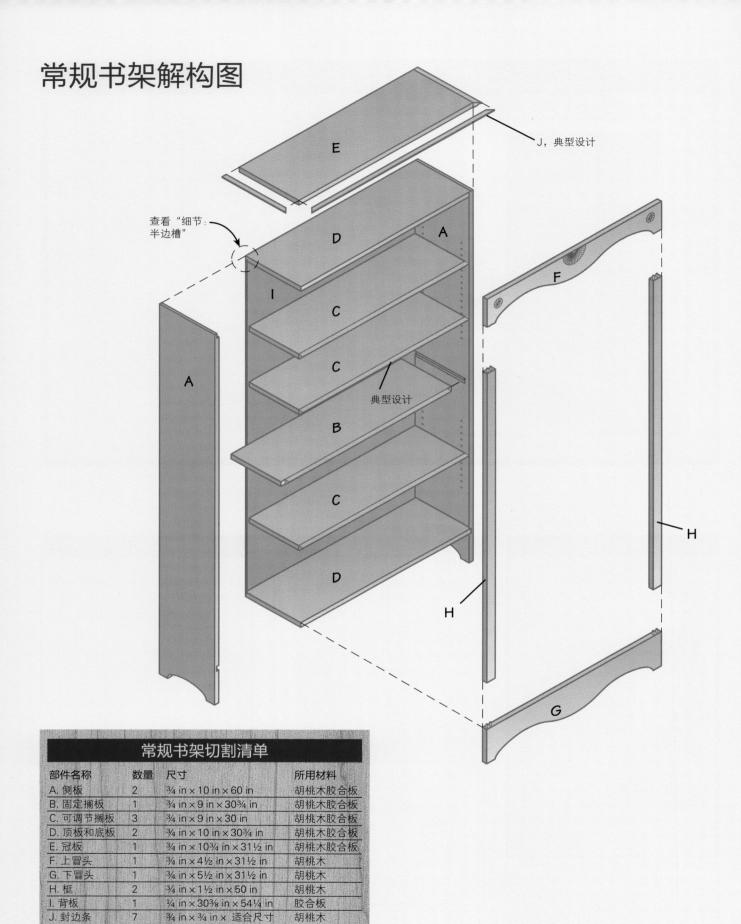

J，典型设计

查看"细节：
半边槽"

E

D   A

I

C

C

B

C

D

A

F

H

H

G

典型设计

常规书架切割清单			
部件名称	数量	尺寸	所用材料
A. 侧板	2	¾ in × 10 in × 60 in	胡桃木胶合板
B. 固定搁板	1	¾ in × 9 in × 30¾ in	胡桃木胶合板
C. 可调节搁板	3	¾ in × 9 in × 30 in	胡桃木胶合板
D. 顶板和底板	2	¾ in × 10 in × 30¾ in	胡桃木胶合板
E. 冠板	1	¾ in × 10¾ in × 31½ in	胡桃木胶合板
F. 上冒头	1	¾ in × 4½ in × 31½ in	胡桃木
G. 下冒头	1	¾ in × 5½ in × 31½ in	胡桃木
H. 梃	2	¾ in × 1½ in × 50 in	胡桃木
I. 背板	1	¼ in × 30⅜ in × 54¼ in	胶合板
J. 封边条	7	¾ in × ¾ in × 适合尺寸	胡桃木

注：1 in ≈ 25.4 mm，1 ft ≈ 304.8 mm。

每个小方格边长为 1 in（25.4 mm）

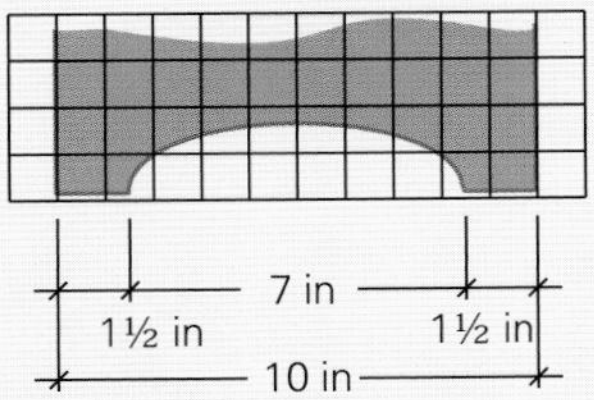

1½ in — 7 in — 1½ in
10 in

安装背板的半边槽

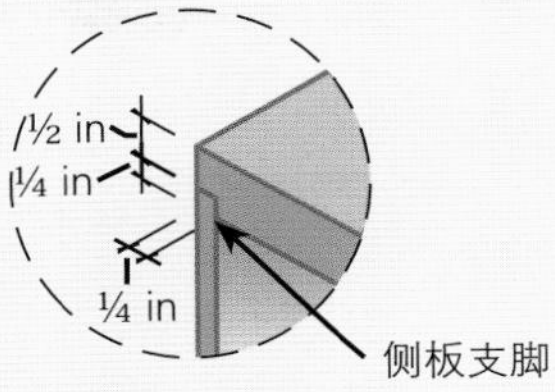

½ in
¼ in
¼ in
侧板支脚

细节：半边槽

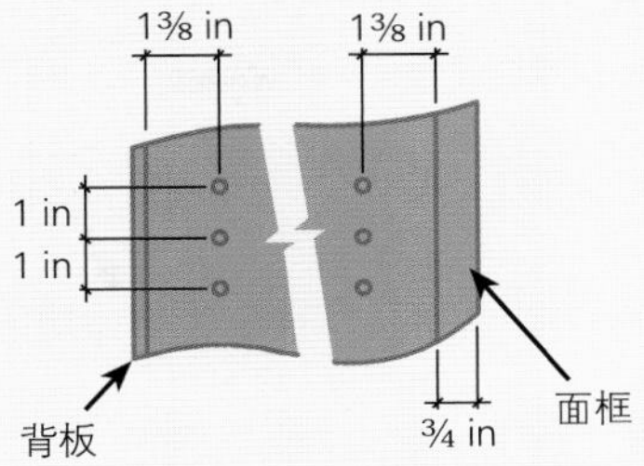

1⅜ in   1⅜ in
1 in
1 in
¾ in
背板   面框

细节：搁板销孔

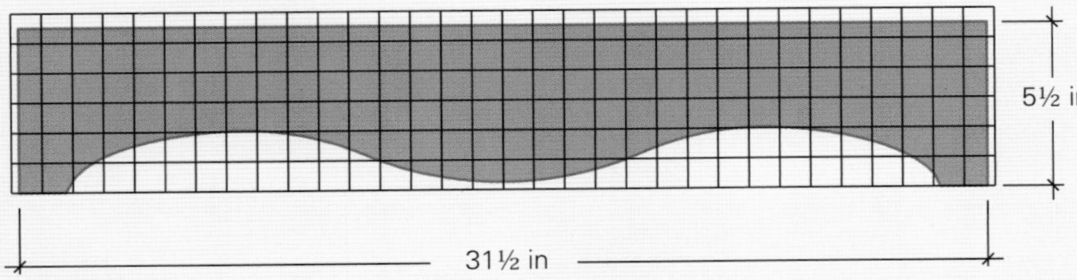

5½ in
31½ in

上冒头 / 下冒头

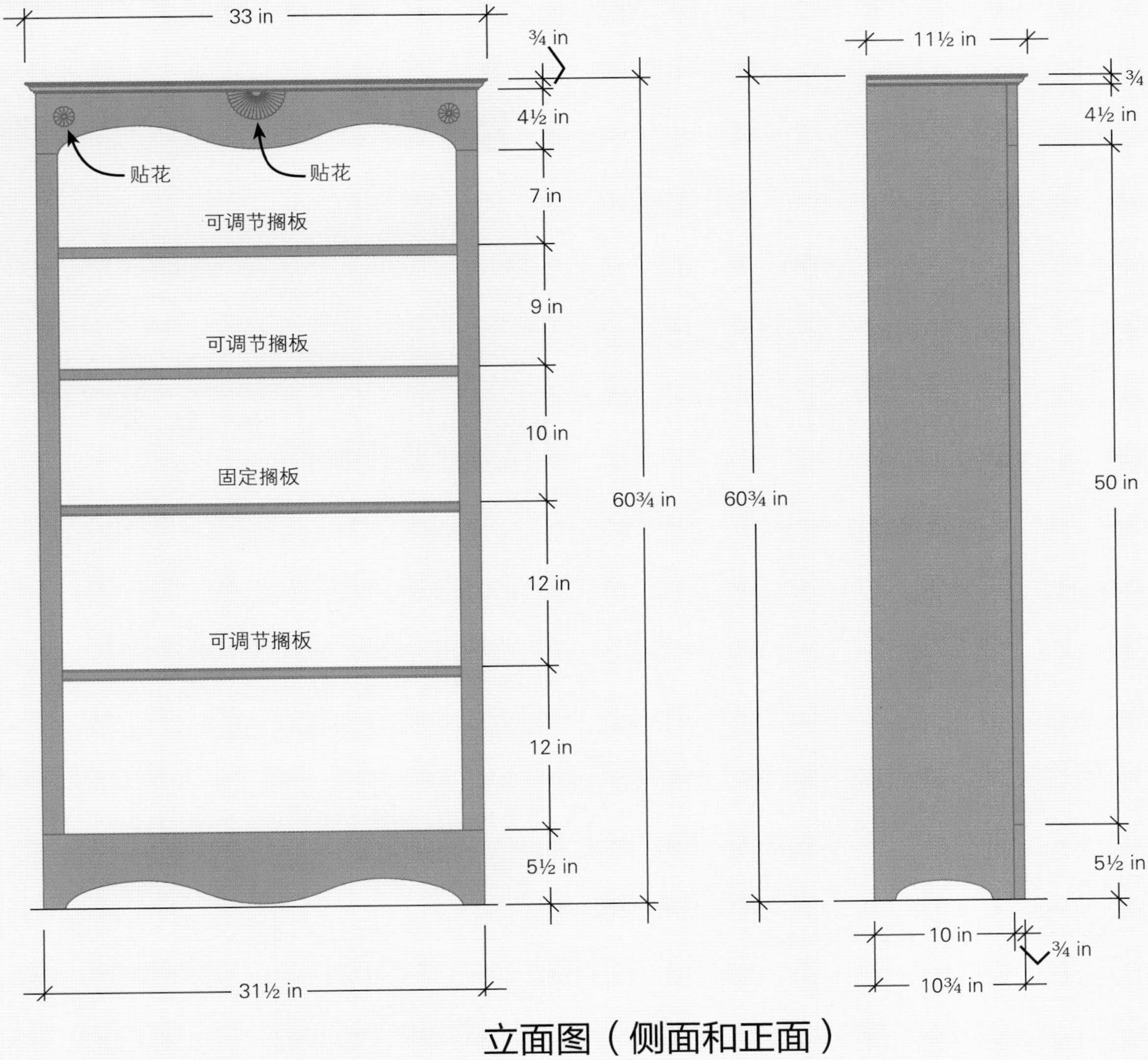

33 in
¾ in
4½ in
7 in
贴花   贴花
可调节搁板
9 in
可调节搁板
10 in
固定搁板
60¾ in
12 in
可调节搁板
12 in
5½ in
31½ in

11½ in
¾ in
4½ in
60¾ in
50 in
5½ in
10 in
¾ in
10¾ in

立面图（侧面和正面）

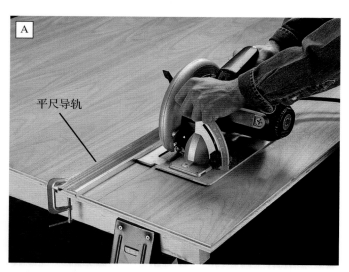

照片 A　用电圆锯和平尺导轨切割胶合板部件。胶合板应该正面朝下。

切割胶合板部件

除了 ¼ in（6.4 mm）厚的背板，这个书架的所有胶合板部件都是从同一块 ¾ in（19.1 mm）厚的胶合板上切下来的。由于我们需要一个大气、正式的外观，所以我们使用的是胡桃木贴面胶合板，并使用胡桃木制作的面框作为边饰。胡桃木胶合板在大多数木材厂都可以买到，但在普通的建筑中心可能找不到，因为它是最昂贵的胶合板之一。为了经济起见，你可以用橡木胶合板和橡木制作的面框边饰，仍然可以得到非常吸引人的书架。无论使用哪种胶合板，都要确保板材的两面都使用的是橱柜级贴面。注意，为了经济起见，在开始切割部件之前先画一张切割草图。

❶ 首先从胶合板上纵切得到两条 9 in（228.6 mm）宽的坯料，用于制作固定搁板和 3 块可调节搁板（见照片 A）。纵切 10 in（254.0 mm）宽的坯料，用于制作顶板、底板和两块侧板。为冠板纵切 10¾ in（273.1 mm）宽的坯料。然后根据切割清单将所有部件横切至所需长度。

制作搁板

我们使用封边条来掩盖胶合板搁板的边缘。搁板封边条是通过在电木铣倒装台上将胡桃木板的边缘铣削出造型，然后将造型边缘纵切到相应宽度制成的。如果你喜欢，也可以简单地纵切出 ¾ in（19.1 mm）宽的实木条，为其边缘倒圆角或倒棱。如果用橡木或松木制作书架，你可能需要准备预制好的搁板封边条。

❷ 为电木铣安装 ½ in（12.7 mm）的导向塑形铣头——我们这里使用的是 ¾ in（19.1 mm）的 S 形铣头。用平刨将 ¾ in（19.1 mm）厚的胡桃木板的一侧边缘刨削平直，然后将该边缘推过铣头，制作出边缘造型（见照片 B）。使用台锯从完成塑形的木板边缘纵切得到 ¾ in（19.1 mm）宽的木条。继续上述边缘塑形和纵切边缘木条的过程，

照片 B　使用安装在电木铣上的 S 形铣头，为胡桃木板条刨削平直的边缘塑形。将轮廓边缘锯成 ¾ in（19.1 mm）宽。

直到获得足够所有搁板和冠板的正面、侧面使用的封边条——总长度约 16 ft（406.4 mm）。

❸ 切割 4 条 30 in（762.0 mm）长的搁板封边条——封边条两端距离固定搁板的两端约 ⅜ in（9.5 mm）。用胶水和间隔 8~10 in（203.2~254.0 mm）、通过引导孔钻入的 1 in（25.4 mm）细钢线钉来安装搁板封边条。暂时不要将封边条固定到冠板上。

制作侧板

❹ 根据网格图将侧板底部圆弧切口的尺寸标记到部件上。注意，用白铅笔在胡桃木这样深色的木料上画切割线效果较好。使用带锯、竖锯或线锯来切割圆弧（为了得到

一致的结果，可以将两块侧板叠放在一起同时切割）。沿切割线的废木料侧切割。用粗锉、细锉或包裹圆木榫的砂纸将切口打磨光滑。

❺ 在每块侧板的内侧切割宽 ¾ in（19.1 mm）、深 ⅜ in（9.5 mm）的止位横向槽，用于安装固定搁板。横向槽的顶部应距离侧板底部 29½ in（800.1 mm），横向槽前端（止位端）应距离侧板前缘 ¾ in（19.1 mm），铣削后应用凿子将其修整方正（见照片 C）。可以使用电木铣搭配直边铣头和一个限位块铣削止位横向槽。如照片 C 所示，我们制作了一个可以夹在部件上的 L 形夹具辅助铣削。夹具的尺寸能够容纳铣头与电木铣底座边缘的距离。只要定位正确，夹具能够确保电木铣沿直线切割，同时提供限位控制。至少铣削两次，以逐步增加铣削深度。

❻ 用电木铣和直边铣头（或使用台锯）在每块侧板的底部内表面切割宽 ¾ in（19.1 mm）、深 ⅜ in（9.5 mm）的止位横向槽。止位横向槽的顶部距离侧板底部 5½ in（139.7 mm）。

❼ 在每块侧板的顶部切割一个宽 ¾ in（19.1 mm）、深 ⅜ in（9.5 mm）的半边槽，用于安装顶板。

组装框架

❽ 将上冒头、下冒头和固定搁板放置到位，对书架框架进行干接测试。这一步很重要，你可以对接头进行任何必要的调整，以保证部件完全匹配。这也是检验既定的夹具使用方略是否合适的机会。拆下部件时，保持夹具处于相同的设置并放在手边。将部件摆放好，在横向槽和半边槽中均匀涂抹胶水。夹住框架，使用 ¾ in（19.1 mm）的垫木保护木料表面并将压力均匀分散到侧板上。安装好所有夹具后，测量书架框架的对角线，检验框架是否方正（见照片 D）。通过移动夹具来调整框架，直到两个对角线的测量值相等。在胶水开始凝固后，用旧凿子把挤出的胶水刮掉。静置，直到胶水完全凝固。

❾ 将框架正面朝下放置，在框架的背面内侧边缘切割半边槽，用于安装背板（见照片 E）。使用电木铣搭配 ¼ in（6.4 mm）的导向开槽铣头，铣削一圈 ¼ in × ¼ in（6.4 mm × 6.4 mm）的半边槽。将电木铣底座抵靠在框架的后缘，在铣头抵靠胶合板内侧开槽时，小心地保持电木铣笔直前进、垂直下切。铣头会在边角处停止，留下一个圆角的、不完整的半边槽。你需要用凿子把半边槽的边角修整方正，并在靠近固定搁板时停止铣削，因为固定搁板会挡住铣头。

照片 C 制作一个夹具，用于为侧板切割止位横向槽。图中这样的 L 形夹具可以同时提供引导电木铣直线铣削的直边和限位控制。

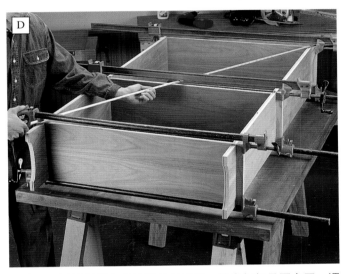

照片 D 测量框架内角的两条对角线，检查框架是否方正。调整夹具，直到两条对角线长度相等。

照片 E 在框架的背面内边缘铣削一圈 ¼ in × ¼ in（6.4 mm × 6.4 mm）的半边槽，用于安装背板。用凿子把边角处修整方正。

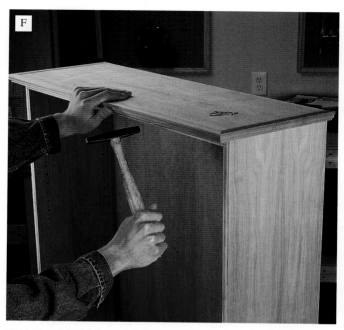

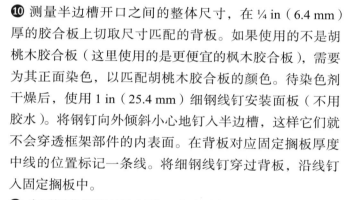

照片 F　在冠板的正面和侧面边缘用无头钉安装装饰封边条，斜接封边条。

照片 G　用带锯或竖锯为框架的上下冒头部件切割装饰形的曲面轮廓。

❿ 测量半边槽开口之间的整体尺寸，在 ¼ in（6.4 mm）厚的胶合板上切取尺寸匹配的背板。如果使用的不是胡桃木胶合板（这里使用的是更便宜的枫木胶合板），需要为其正面染色，以匹配胡桃木胶合板的颜色。待染色剂干燥后，使用 1 in（25.4 mm）细钢线钉安装面板（不用胶水）。将钢钉向外倾斜小心地钉入半边槽，这样它们就不会穿透框架部件的内表面。在背板对应固定搁板厚度中线的位置标记一条线。将细钢线钉穿过背板，沿线钉入固定搁板中。

⓫ 为可调节搁板钻取销孔。由穿孔加压硬质纤维板（配挂板）制成的钻孔导轨可以使均匀钻孔变得更加容易。切取一条配挂板，使其与书架侧板的顶部和底部匹配。纵切一侧边缘，使其距离一排孔的中心线 1⅜ in（34.9 mm）。从底部向上 6 in（152.4 mm）和从顶部向下 6 in（152.4 mm）的位置开始标记穿过配挂板孔的钻孔点。在钻头上 ⅜ in（9.5 mm）的位置做好深度标记（比如粘贴胶带）进行钻孔。尽量保持钻头垂直向下钻孔。

固定冠板

⓬ 测试冠板的匹配程度，然后用胶水和 4d 无头钉将其固定在书架框架顶部。冠板应与框架的外缘和后缘齐平，其正面前伸 ¾ in（19.1 mm）。斜切 3 条封边条为冠板做封边处理，用胶水和 4d 无头钉固定封边条（见照片 F）。

制作并固定面框

⓭ 从 ¾ in（19.1 mm）厚的胡桃木板上为面框纵切两条 1½ in（38.1 mm）宽、50 in（1270.0 mm）长的梃部件。切割 4½ in × 31½ in（114.3 mm × 800.1 mm）的上冒头和 5½ in × 31½ in（139.7 mm × 800.1 mm）的下冒头部件（一定要根据书架的实际尺寸检查测量值，以确保准确匹配）。

⓮ 参照网格图，在上冒头距两端 1½ in（38.1 mm）处绘制曲面轮廓线。用带锯或竖锯切割轮廓，并用砂纸或锉刀将切口边缘处理光滑（见照片 G）。

⓯ 以上冒头作为模板，绘制下冒头的曲面轮廓线。切割下冒头的轮廓，并用砂纸将切口打磨光滑。

⓰ 面框应单独组装，然后安装到框架上。我们用圆木榫加固面框转角处的对接接合。也可以用饼干榫、方栓、斜孔螺丝，甚至无头钉代替。要进行圆木榫接合，需要使用圆木榫定位夹具，在冒头和梃之间的每个接合处钻取两个榫孔（见照片 H）。使用胶水和夹具组装面框。测量对角线或者用木工角尺测量内角角度，检查面框是否方正。

⓱ 用胶水和 4d 无头钉将面框安装到书架框架上。为了避免撕裂木料，在钉入无头钉之前一定要钻取引导孔。可以使用小钻头，或者把一个无头钉剪掉钉头充当钻头。最后用冲钉器处理钉头（见照片 I）。

照片 H　加固面框的转角接合。我们使用圆木榫定位夹具来钻取榫孔。

照片 I　将所有裸露的钉头用冲钉器处理，然后用胡桃木色的木粉腻子填充钉孔。依次用 150 目和 180 目的砂纸打磨所有木料表面。

收尾

上冒头的装饰性木贴花增加了趣味性，使书架看起来更有品质。可以购买未做表面处理的木贴花。我们这里使用的是桦木木贴花。

⓲ 为木贴花染色，使其与面框的颜色匹配。我们使用的是浅胡桃木色的染色剂。染色剂干燥后，将贴花放在上冒头上进行调整，直到你对其位置感到满意。用白铅笔或胶带在贴花周围做出小的参考标记（见照片 J）。根据标记把贴花胶合到位，然后用夹具夹住或用重物压住贴花，直到胶水完全凝固。

⓳ 用胡桃木色的木粉腻子填充所有钉孔。依次用 150 目和 180 目的砂纸打磨所有表面，包括可调节搁板。用粘布擦拭表面除去粉尘。根据制造商的说明，用选好的产品处理所有部件。我们使用的是 1/3 松节油、1/3 亚麻籽油和 1/3 清漆自配的混合物，并涂抹了 3 层。

⓴ 将搁板销（黄铜或圆木榫）插入所需高度的销孔中，然后安装可调节搁板。

照片 J　用胶带或白铅笔为贴花标记参考线，然后将贴花粘到上冒头上。

胡桃木写字桌

　　这款沙克风格的写字桌可以为你创造一个专有的书信空间。对于图书馆、书房或者家里的其他房间来说，这款写字桌都是一件颇具吸引力的家具。这款设计简洁、风格低调且胡桃木色调浓郁的桌子看起来很像一件硬木作品——但这是一个秘密：这张桌子几乎完全是用贴面胶合板和中密度纤维板制作的，因此节省了不少钱。桌腿的两个侧面呈锥度变化，如果需要移动或存放桌子，可以去掉这个设计。

制作配套的桌面搁架，可以增加存储空间。

重要信息

类型：带抽屉写字桌

整体尺寸：长 48 in（1219.2 mm），宽 30 in（762.0 mm），高 30 in（762.0 mm）

材料：胡桃木贴面胶合板、胡桃木木皮、胡桃木、桦木胶合板、中密度纤维板

接合方式：饼干榫接合、面胶层压接合、转角企口接合、斜接接合

制作细节：

- 桌腿使用面胶中密度纤维板，并进行了锥度和贴木皮处理
- 通过金属角撑将桌腿固定到望板上
- 切割胡桃木胶合板时应注意，使其纹理与前望板和抽屉面板的纹理匹配
- 使用熨烫式贴面封边条
- 胶合板抽屉匹配齐平式抽屉面板，并使用企口接合结构

表面处理：两层缎面光泽的聚氨酯清漆

制作时长

准备木料
2 小时

绘图和标记
2~4 小时

切割部件
2~4 小时

组装
2~3 小时

表面处理
2~3 小时

总计：10~16 小时

使用的工具

- 台锯
- 锥度夹具
- 夹子
- 带锯
- 长刨
- 饼干榫接合机
- 手持式电钻 / 螺丝刀
- 直角钻孔引导器或台钻
- 斜孔螺丝夹具
- 电木铣，搭配 ⅜ in（9.5 mm）的圆角铣头

购物清单

- ☐ (1)4 in × 4 in × 6 ft 胡桃木胶合板
- ☐ (1)¾ in × 48 in × 48 in 的胡桃木胶合板
- ☐ (1)¾ in × 48 in × 48 in 的中密度纤维板
- ☐ ½ in × 18 in × 48 in 桦木胶合板
- ☐ ¼ in × 24 in × 24 in 桦木胶合板
- ☐ 1/64 in × 10 in × 48 in 胡桃木木皮
- ☐ (4)¾ in × 1 ½ in × 4 ft 胡桃木板
- ☐ (1)13/16 in × 8 ft 胡桃木封边条
- ☐ (4) 金属桌腿角撑
- ☐ (8)¼ in × 2 in 吊挂螺栓、垫圈和蝶形螺母
- ☐ (2) 20 in 全扩展抽屉滑轨
- ☐ (8) 1 in L 形黄铜支架
- ☐ #20 饼干榫
- ☐ #8 × 1 ¼ in 平头木工螺丝

注：1 in ≈ 25.4 mm，1 ft ≈ 304.8 mm。

胡桃木写字桌
解构图

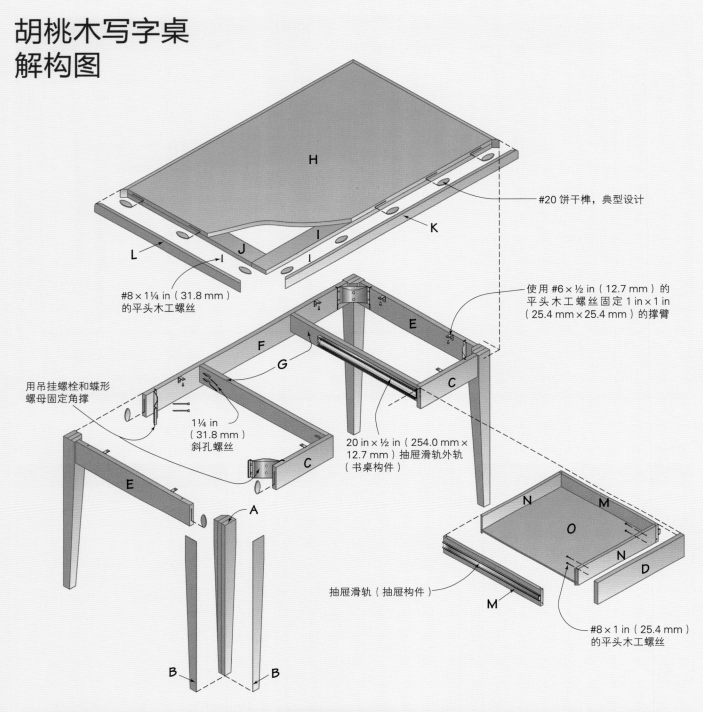

#20 饼干榫，典型设计

使用 #6 × ½ in（12.7 mm）的平头木工螺丝固定 1 in × 1 in（25.4 mm × 25.4 mm）的撑臂

#8 × 1¼ in（31.8 mm）的平头木工螺丝

用吊挂螺栓和蝶形螺母固定角撑

1¼ in（31.8 mm）斜孔螺丝

20 in × ½ in（254.0 mm × 12.7 mm）抽屉滑轨外轨（书桌构件）

抽屉滑轨（抽屉构件）

#8 × 1 in（25.4 mm）的平头木工螺丝

胡桃木写字桌切割清单

部件名称	数量	尺寸	所用材料	部件名称	数量	尺寸	所用材料
A. 桌腿坯料	12	¾ in × 2½ in × 29 in	中密度纤维板	I. 顶框前后横梁	2	¾ in × 3 in × 46½ in	中密度纤维板
B. 桌腿木皮	16	1/64 in × 2½ in × 29 in	胡桃木木皮	J. 顶框侧横梁	2	¾ in × 3 in × 22½ in	中密度纤维板
C. 前望板	2	¾ in × 4 in × 11¾ in	胡桃木胶合板	K. 前后封边条	2	¾ in × 1½ in × 48 in	胡桃木
D. 抽屉面板	1	¾ in × 3⅞ in × 17¹¹⁄₁₆ in	胡桃木胶合板	L. 侧面封边条	2	¾ in × 1½ in × 30 in	胡桃木
E. 侧面望板	2	¾ in × 4 in × 23½ in	胡桃木胶合板	M. 抽屉侧板	2	½ in × 3 in × 20 in	枫木胶合板
F. 后望板	1	¾ in × 4 in × 41½ in	胡桃木胶合板	N. 抽屉前板、背板	2	½ in × 3 in × 16½ in	枫木胶合板
G. 横撑	2	¾ in × 3 in × 26 in	胡桃木胶合板	O. 抽屉底板	1	¼ in × 19½ in × 16½ in	枫木胶合板
H. 桌面	1	¾ in × 28½ in × 46½ in	胡桃木胶合板				

注：1 in ≈ 25.4 mm，1 ft ≈ 304.8 mm。

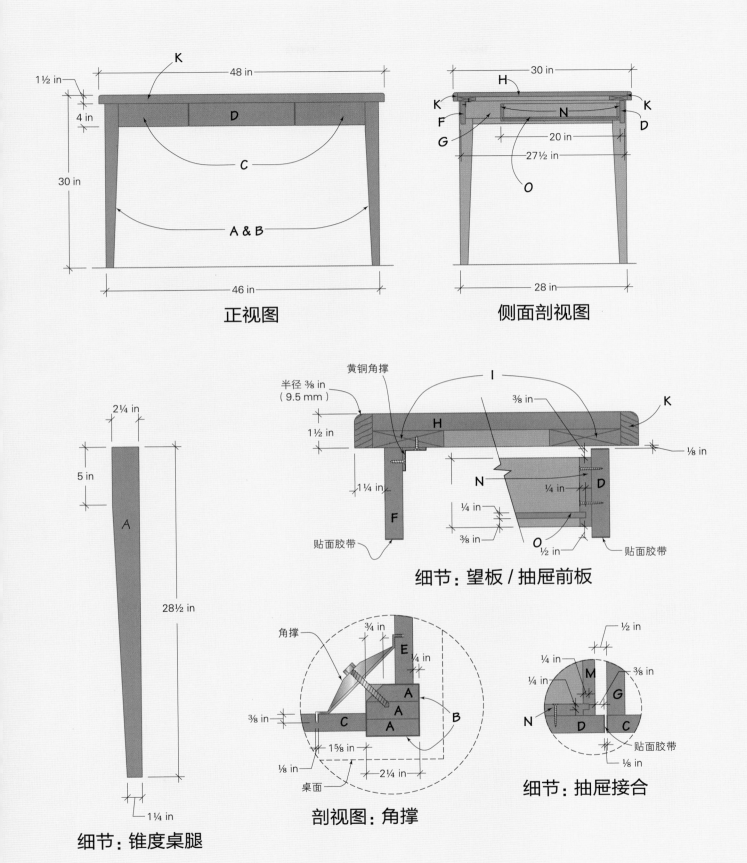

48 in

K

1½ in

4 in

D

C

30 in

A & B

46 in

正视图

30 in

H

K

F

G

N

K

D

20 in

27½ in

O

28 in

侧面剖视图

2¼ in

5 in

A

28½ in

1¼ in

细节：锥度桌腿

半径 ⅜ in
（9.5 mm）

黄铜角撑

I

⅜ in

K

1½ in

H

1¼ in

N

¼ in

D

F

¼ in

⅛ in

O   ½ in

贴面胶带

⅜ in

贴面胶带

细节：望板 / 抽屉前板

角撑

¾ in

E

¼ in

A

A

C

A

B

⅜ in

⅛ in

1⅝ in

2¼ in

桌面

剖视图：角撑

½ in

¼ in

M

¼ in

G

⅜ in

N

D

C

贴面胶带

⅛ in

细节：抽屉接合

制作步骤

制作桌腿

① 从 ¾ in（19.1 mm）厚的中密度纤维板上切取 12 条桌腿坯料。坯料尺寸应比最终尺寸略大，可以在将坯料胶合成 4 条桌腿后，再将桌腿切割到所需尺寸。在坯料的胶合面涂抹胶水，将每条桌腿的 3 块坯料胶合并夹紧。使用大量间隔均匀的夹具保持胶合线闭合，夹具间距约为 6 in（152.4 mm）。待胶水凝固，用油漆刮刀刮掉挤出的胶水（戴上护目镜，保护眼睛不受胶屑的伤害）。

② 将桌腿纵切到 2¼ in（57.2 mm）的宽度，横切到 28½ in（723.9 mm）的长度。

③ 对每条桌腿的两个相邻面进行锥度处理。锥度从距离桌腿顶部 5 in（127.0 mm）的位置起始，一直向下延伸到桌腿底部，底部边长减少到 1¼ in（31.8 mm）。绘制锥度线条，并在台锯上安装锥度夹具切割锥度面。调整夹具角度和纵切靠山，使锯片沿锥度线锯切，同时推动夹具和桌腿沿靠山滑动。切割锥度面，用推料板保持每条桌腿紧靠锥度夹具（见照片 A）。切割出第一个锥度面后，在夹具中转动桌腿，使切好的锥度面朝上，然后对其相邻面进行锥度切割。用砂纸打磨锯片留下的任何不平整表面消除锯切痕迹。

④ 用胡桃木木皮覆盖桌腿表面。用单板锯或美工刀为每条桌腿的 4 个侧面切割胡桃木木皮条。在切割木皮时，保持锯片或刀片紧靠直尺边缘，尤其是在顺纹理方向切割时，因为刀口很容易跟随纹理的走向并割裂纹理。木皮条的宽度和长度都应比最终尺寸大约 ¼ in（6.4 mm），以保证木皮完全覆盖桌腿表面。在桌腿的两个相对表面上（不是在木皮上）均匀地涂抹一薄层胶水，将木皮夹紧到位，注意在夹具钳口与木皮之间使用垫片。垫片应完全覆盖桌腿表面的木皮，以便将整块木皮压平。注意，为垫片垫上一层蜡纸，以防止从垫片中流出的胶水将垫

照片 A　使用台锯和锥度夹具为每条桌腿的两个相邻侧面切割锥度。在切割中等密度纤维板时，应佩戴防颗粒面罩，因为锯切中等密度纤维板会产生细小的锯末。

片粘到木皮上。桌腿的每个锥度面需要两块单独的垫片，一块用于锥度面上方的部分，另一块用于覆盖锥度面。胶水凝固后，用电木铣和修边铣头、短刨或锋利的凿子小心地修去多余的木皮。注意顺纹理切割而不是横向于纹理切割，这样任何裂开的纹理都会向着远离木皮，而不是深入木皮的方向延伸。然后用同样的方法处理每条桌腿的其余两个面。

⑤ 沿每条桌腿的顶部内角（分隔桌腿两个锥度面的角）切割一个止位倒角。倒角可以为用于连接桌腿和望板的金属角撑提供空间。要给倒角画线，需要在构成顶部内角的两个相邻桌腿侧面上分别绘制一条平行于中棱并距其 ¾ in（19.1 mm）的、3 in（76.2 mm）长的画线。用 V 形夹具做支架，在带锯上切割倒角，使桌腿与锯片呈45° 角（见照片 B）。要制作 V 形夹具，需要将一块 2 × 4 规格的木料的边缘和上下表面刨削得平直方正。将台锯锯片倾斜 45° 进行两次切割，沿木料表面切出一个 1 in（25.4 mm）深的 V 形切口。注意斜切的是斜面，这样才能使 V 形切口沿长度方向延伸。将 V 形夹具连接到一块

足够长的胶合板（被夹紧固定在锯台上）上，并与胶合板的一侧边缘齐平。在 V 形槽中放置一条桌腿，使倒角画线超出胶合板边缘，并与锯片对齐。把夹具组件固定在锯台上。沿 V 形夹具依次滑动 4 条桌腿，切割倒角至画线处。然后松开夹具组件，旋转组件使其垂直于刀片，并为桌腿提供支撑，通过横切去除倒角废木料。

组装框架

❻ 从 ¾ in（19.1 mm）厚的胡桃木胶合板上按尺寸切取前望板、抽屉面板、侧望板、后望板和横撑。从同一条 4 in（101.6 mm）宽的长胶合板上切取前望板和抽屉面板，使整个桌子正面的纹理完全匹配（见照片 C）。将抽屉面板的顶部长边缘切掉 ⅛ in（3.2 mm），为桌面下方留出空隙。

❼ 在后望板和侧望板的端面以及前望板远离抽屉面板的端面为 #20 饼干榫切割插槽，并使这些插槽相对于端面居中。在插槽中插入饼干榫有助于在组装过程中使望板与桌腿对齐。然后在每条桌腿倒角的两个面上为 #20 饼干榫切割插槽（不在倒角区域）。这些插槽位于距离倒角两侧边缘 ⁹⁄₁₆ in（14.3 mm）的位置，插槽中心位于桌腿顶部下方 2 in（50.8 mm）处。这样，就可以在桌腿和望板之间形成 ¼ in（6.4 mm）的装饰性开口。将饼干榫胶合到望板端面的插槽中，并清除多余的胶水。

❽ 将望板和桌腿组装在一起并倒放在木工桌上，将角撑放在桌腿倒角的正确位置。在桌腿的倒角区域标记角撑吊挂螺栓孔的位置。同时在望板内侧标记凹槽，用于安装每个角撑部件两端的唇边。拆下望板，使用直角钻孔引导器或将 V 形夹具夹紧到台钻上，在每条桌腿上为吊挂螺栓钻取直孔。通过将两个螺母拧到螺栓上并相互拧紧螺母来安装吊挂螺栓。然后用扳手扣住顶部螺母，将螺栓拧入部件中（见照片 D）。螺栓就位后拆下螺母。

❾ 根据步骤 8 的画线在望板内侧切割 ¼ in（6.4 mm）深的凹槽，用于容纳角撑的唇边。在后望板、侧望板和前望板的底部边缘粘上熨烫式胡桃木贴面封边条。为面向抽屉的前望板端面以及抽屉面板的 4 个边缘进行封边处理。

❿ 在木工桌上重新组装望板和桌腿，通过测量桌腿之间的对角线，使组件保持方正。使用蝶形螺母将桌腿固定到角撑和望板上（见照片 E）。注意，将望板饼干榫胶合到桌腿插槽中以加固接合是没有必要的。角撑可以牢牢固定桌腿，并在需要拆卸桌子进行运输时，使桌腿拆卸更加容易。

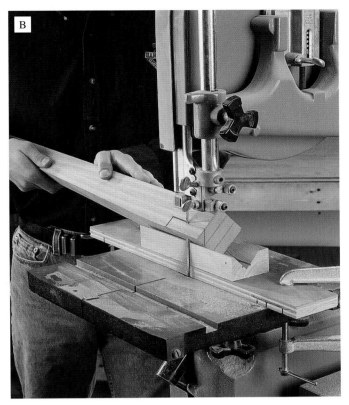

照片 B 使用带锯和自制的 V 形块夹具在每条桌腿的顶部内侧转角处切割一个止位倒角。首先切割倒角长边，然后将夹具旋转 90°，将废木料切割干净，制作出用于安装五金件的凹槽。

照片 C 从一块胡桃木胶合板上切下前望板和抽屉面板，使纹理与三个部件匹配。

照片 D　将悬挂螺栓"螺栓"侧的两个螺母拧紧作为"头部"。使用扳手将每个悬挂的"拉力螺丝"侧拧入桌腿的孔中。然后拆下螺母。

拉力螺丝侧　　螺栓侧

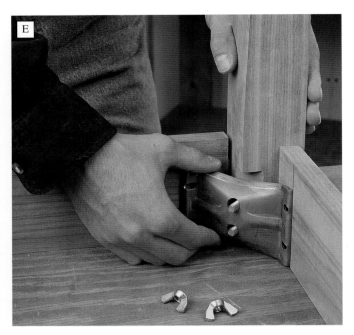

照片 E　用蝶形螺母将桌腿固定到角撑和望板上，完成桌腿和望板部件的组装。拧紧蝶形螺母以封闭接头，不需要胶水。

制作并安装桌面

⓬ 从 ¾ in（19.1 mm）厚的胡桃木胶合板上按尺寸切取桌面。从 ¾ in（19.1 mm）厚的中密度纤维板上切取顶板框架的前、后和侧面横梁。用胶水和 1¾ in（44.5 mm）的平头木工螺丝（预先钻取埋头孔）将横梁固定到桌面的底部，保持横梁边缘与桌面的外部边缘齐平。

⓭ 从 ¾ in（19.1 mm）厚的胡桃木板上为桌面切取前、后和侧面封边条，注意两端要长一些。对封边条末端进行斜切，使封边条可以环绕桌面紧密贴合。每隔 12 in（304.8 mm）切取一个 #20 饼干榫的插槽，辅助对齐封边条。在所有配对表面和斜切表面均匀涂抹胶水，胶合封边条并将其夹紧到位。在夹爪之间垫上垫片以保护封边条。待胶水凝固后，取下夹具，用半径 ⅜ in（9.5 mm）的圆角铣头环绕桌面的顶部边缘倒圆。

⓮ 桌面底面朝上放置，将望板组件居中放在上面，用 L 形黄铜撑臂将望板固定到桌面的框架横梁上。每个望板需要两个撑臂，使用 ½ in（12.7 mm）螺丝将其固定到位（见照片 F）。将前望板的撑臂放在靠近横撑的位置，在其承受抽屉重量的位置固定横撑和望板。由于金属 L 形撑臂有槽可以进行调整，因此可以将其放在每个望板的上边缘略向下的位置。这样，当你将每个撑臂固定到桌面横梁上时，螺丝可以使桌面紧贴望板。

照片 F　用黄铜 L 形撑臂和 ½ in（12.7 mm）螺丝将桌面固定到望板组件上。调整撑臂，用螺丝拉紧桌面，使其紧靠望板组件。

⓫ 将横撑切割到所需尺寸，并在其两端为斜孔螺丝钻孔，然后将横撑固定到前望板和后望板上。将每个横撑定位在距离近侧桌腿 11 in（279.4 mm）的位置，并确保横撑的顶部边缘与望板的顶部齐平。

制作抽屉

⑮ 从 ½ in（12.7 mm）厚的桦木胶合板上按尺寸切取抽屉前板、背板和侧板。从 ¼ in（6.4 mm）厚的桦木胶合板上切取抽屉底板。使用台锯和开槽锯片，或者电木铣倒装台和直边铣头，在抽屉部件的两端和边缘制作可以互锁的 ¼ in × ¼ in（6.4 mm × 6.4 mm）半边槽接头（详见"细节：抽屉接合"）。在底部边缘向上 ⅜ in（9.5 mm）处，沿所有抽屉部件的内表面切割 ¼ in × ¼ in（6.4 mm × 6.4 mm）的半边槽，用来固定抽屉底板。打磨所有抽屉部件的内表面。在半边槽的接合面涂抹胶水（抽屉底部的凹槽内不需要涂抹胶水），将抽屉底板滑入到位，并使用夹具和垫片固定抽屉的箱体部件（见照片 G）。用湿布擦去多余胶水。通过测量对角线来检查抽屉是否方正。可根据需要重新定位夹具，确保抽屉方正。

收尾

⑯ 打磨所有桌子部件并进行表面处理。我们涂抹了两层缎面光泽的聚氨酯清漆，并在每层清漆凝固后用 0000 号钢丝绒擦拭涂层。如果你喜欢，可以在涂抹清漆之前，为桦木抽屉部件染色，使其与其他部分的胡桃木色协调匹配。

⑰ 根据制造商的说明，将金属抽屉滑轨五金件安装到桌子的横撑和抽屉侧板上。将抽屉居中放在开口中，使前望板的底部边缘与抽屉面板的底部边缘对齐。

⑱ 将抽屉滑入望板，并将抽屉面板安装到抽屉主体上。使用小弹簧夹夹住抽屉面板下方，将其临时固定到位，调整抽屉位置，使其在桌面下方和前望板之间就位。对抽屉面板的位置满意后，钻取引导孔，用 1 in（25.4 mm）的平头螺丝从抽屉内侧将面板固定（见照片 H）。

照片 G 将抽屉底板插入半边槽中，将抽屉部件胶合并夹紧。通过短的木垫片将夹紧力分散在整个接合部位。

照片 H 将抽屉安装在金属滑轨上，用弹簧夹将抽屉面板临时固定到位。然后用螺丝将抽屉面板固定到抽屉主体上。

桌面搁架

　　制作这款漂亮的桌面搁架，可以为桌面增加新的存储空间。这款简洁的搁架是专门为匹配胡桃木写字桌而设计的，它将难以利用的空间转换为带有5个小隔间和顶层搁板的有用存储空间。这款家具只用不到一天时间就可以完成，并且所有部件都来自同一块胡桃木胶合板。

重要信息

类型：桌面搁架

整体尺寸：长 46 in（1168.4 mm），高 18 in（457.2 mm），深 13 in（330.2 mm）

材料：胡桃木胶合板

接合方式：对接接合

制作细节：

· 用饼干榫和钉子加固的简单对接接合

· 使用熨烫式贴面封边条为胶合板边缘封边

表面处理：涂抹两层缎面光泽的聚氨酯清漆；如果要把这款作品作为写字桌的配套组件，应选择与胡桃木写字桌匹配的产品

制作时长

 准备木料
2 小时

 绘图和标记
1 小时

 切割部件
2~3 小时

 组装
2~3 小时

 表面处理
1 小时

总计：8~10 小时

使用的工具

· 组合角尺
· 斜角规
· 竖锯
· 直尺
· 平尺
· 饼干榫机
· 夹具
· 深夹延长器（可选）
· 锤子
· 冲钉器

购物清单

☐ (1)¾ in × 4 ft × 8 ft 胡桃木胶合板
☐ 胡桃木封边条
☐ #20 饼干榫
☐ 2 in 无头钉
☐ 木工胶
☐ 表面处理材料

注：1 in ≈ 25.4 mm，1ft ≈ 304.8 mm。

桌面搁架解构图

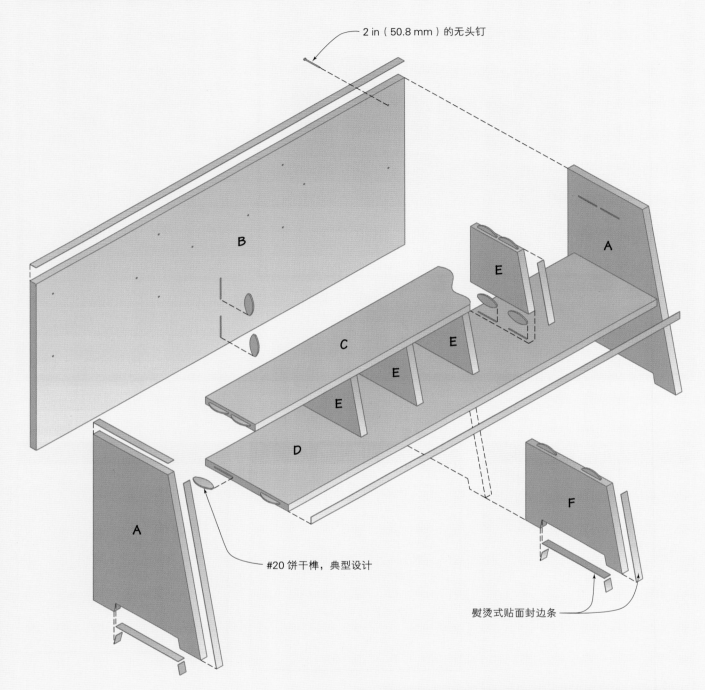

2 in（50.8 mm）的无头钉

B

A

E

A

C

E

E

E

E

D

F

#20 饼干榫，典型设计

熨烫式贴面封边条

桌面搁架切割清单			
部件名称	数量	尺寸	所用材料
A. 端板	2	¾ in × 13 in × 18 in	胡桃木胶合板
B. 背板	1	¾ in × 44½ in × 18 in	胡桃木胶合板
C. 顶部搁板	1	¾ in × 6 in × 44½ in	胡桃木胶合板
D. 底部搁板	1	¾ in × 10 in × 44½ in	胡桃木胶合板
E. 中间隔板	4	¾ in × 7 in × 6 in	胡桃木胶合板
F. 底部隔板	1	¾ in × 11⅝ in × 8½ in	胡桃木胶合板

注：1 in ≈ 25.4 mm，1 ft ≈ 304.8 mm。

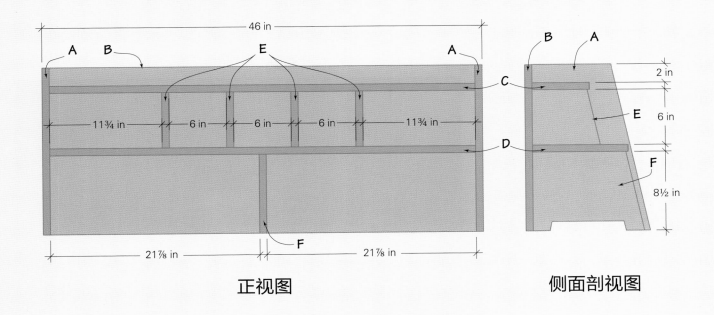

正视图　　　　　　　侧面剖视图

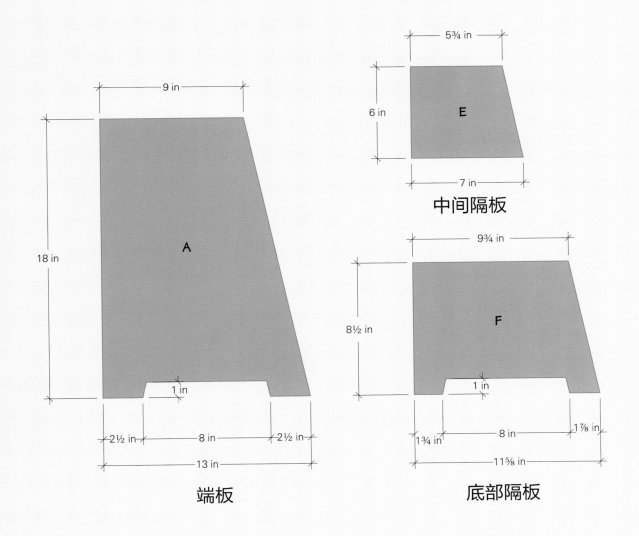

端板　　　　　　　中间隔板

底部隔板

制作端板和隔板

❶ 从 ¾ in（19.1 mm）厚的胡桃木胶合板上按尺寸切取搁架端板。沿一块端板的顶部边缘，从后缘起始量取至少 9 in（228.6 mm）并做参考标记。用直尺画一条线，将这一点与端板的前底角连接起来，画出搁架的前缘轮廓线。

❷ 继续在步骤 1 的端板上画出底部轮廓线。沿底部边缘在距离前后底角各 2½ in（63.5 mm）处标记一对参考点。将组合角尺设置为 1 in（25.4 mm），并将角尺的头部抵靠在端板的底部边缘。用铅笔抵住角尺的末端，沿端板的底部边缘滑动角尺，画出底部轮廓的上边缘。设置斜角规，使其与端板前缘的角度匹配，并使用此设置来画出切口前后的倾角（见照片 A）。

❸ 将搁架端板切割成型。为此，需要将做好标记的端板与另一块端板夹在一起，使其边缘对齐，然后一次性切割出两块端板。首先用竖锯去除切口区域的废木料，使用细齿锯片可以最大限度地减少表面木皮的碎裂。（锯切边缘应当平滑，稍后要用胡桃木木皮将其封闭。）之后将平尺夹紧到位，引导竖锯沿每块端板的前缘轮廓线切割。最后用砂纸打磨所有切割边缘。

❹ 为底部隔板画线，并将其切割到所需尺寸。底部隔板的切口和前缘角度应与端板轮廓匹配。采用与制作端

照片 A　从端板的后缘起始，沿上边缘向前量取至少 9 in（228.6 mm），做标记，并将标记与下前角连接起来，画出端板的前缘轮廓线。根据该角度设置斜角规，画出底部切口前后的倾角，并用组合角尺画出切口的深度线。用平尺引导竖锯进行切割。

板相同的方式画出底部隔板的切口，这次需要从前后底角分别向内量出 1⅞ in（47.6 mm）的距离。使用一块搁架端板作为模板，画出底部隔板的切口及其前缘的角度。同样用竖锯完成切口和前缘轮廓的切割。

❺ 根据中间隔板的尺寸图，测量并切割出 4 块中间隔板。每块中间隔板的前缘角度应与端板和底部隔板中的角度一致。

❻ 使用熨烫式胡桃木贴面封边条为搁架端板的前边缘和顶部边缘做封边处理。同样为隔板的前边缘做封边处理。然后用封边条分别为端板切口和底部隔板切口的 3 个边缘做封边处理。为切口封边时，应先在长边缘粘贴封边条，然后在短边缘粘贴封边条，使胶带在切口转角处对接整齐。小贴士：如果预先用锋利的凿子在贴面胶带的末端切出一个小斜面，胶带在转角处的对接会更严密。用凿子、修边器或美工刀剪去多余的胶带。

切割搁板和背板

❼ 从 ¾ in（19.1 mm）厚的胡桃木胶合板上切取搁架的背板以及顶部和底部搁板。在背板的顶部边缘和搁板的前边缘贴上贴面胶带封边，其余边缘可以不做封边处理，因为在搁架组装完成后，它们会被隐藏起来。

切割饼干榫插槽

由于桌面搁架的承重能力很小，我们使用 #20 饼干榫和胶水来组装所

有部件。小贴士：在切割饼干榫插槽时，将一个部件正面朝上放在台面上，然后将配对部件放在其顶部对齐并夹紧，以便对齐两个部件上的画线。将靠山设置为90°，将饼干榫机的底座对接抵靠在配对部件的端部以切割插槽。然后将饼干榫机翻转，使其底座平贴在第一个部件的正面，在配对部件的端面切割插槽。

❽ 首先在顶部和底部搁板的上表面标记出中间隔板的饼干榫插槽位置（参考正视图）。将隔板与搁板的后边缘对齐，在这些部件上为饼干榫插槽画线，并切割插槽。在底部搁板的下表面标记出底部隔板的位置，并在每个部件上切割出两个饼干榫插槽。

❾ 标记并切割饼干榫插槽，用饼干榫将搁板连接到端板上（见照片B）。底部搁板的底部边缘距离端板的底部边缘 8½ in（215.9 mm）。顶部搁板的顶部边缘距离端板的顶部边缘 2 in（50.8 mm）。由于背板安装在两块端板之间，因此在定位搁板插槽时一定要考虑背板的厚度。

❿ 沿底部隔板的后边缘和背板的正面切割插槽。干接所有搁架部件以检查匹配情况，然后拆下部件做进一步的准备。

内表面修整

⓫ 一旦搁架完成胶合组装，就很难对隔间和内部边角做表面处理了。因此，应在组装前对搁架部件的所有内表面进行处理。用砂纸打磨搁架部件的所有内表面，以及封边条与胶合板表面接合处的尖锐边缘。用刷子清除所有粉尘，再用粘布仔细擦拭。用胶带盖住插槽，以保持饼干榫插槽干燥。放置好所有部件并刷涂清漆（见照片C），注意不要处理任何裸露的、

照片 B　在所有搁架部件上画线并切割饼干榫插槽。为了便于观察，可以用粉笔标记插口的位置。在部件正面切割插槽时，使用其中一个部件作为直尺来对齐饼干榫机的靠山。如果可能，依次切割每个部件的两个插槽，以保持部件方向明确。

照片 C　用胶带保护配对面，然后为所有内表面刷涂清漆。如果首先组装搁架，搁架中的隔间会很难刷涂。

带有饼干榫插槽的端部。我们刷涂了两层缎面光泽的聚氨酯清漆。

组装搁架

⓬ 首先用胶水将中间隔板胶合在顶部搁板和底部搁板之间并夹紧（见照片 D）。使用垫片或深夹延长器将夹持压力均匀分散在饼干榫的接合面上。在夹紧时，确保隔板和搁板的后边缘保持齐平。如果需要做一些细微调整，饼干榫插槽可以使部件之间留出一些间隙。使用蜡纸保护台面，避免不小心将搁架组件粘到上面。用湿布把挤出的胶水擦干净。

⓭ 用组合角尺和卷尺在背板外侧画线，标记出隔板和搁板的位置。这些线条可以引导你用钉子将背板固定到位。顶部搁板的中心线距离背板上边缘 2⅜ in（60.3 mm）。底部搁板的中心线距离背板底部边缘 8⅞ in（225.4 mm）。

⓮ 在胶水凝固后，将搁板和背板胶合到两块端板之间并夹紧，使背板与两块端板的顶部边缘齐平。参照背板上的参考线，把钉子穿过背板钉入搁板和中间隔板中（见照片 E）。使用冲钉器处理钉头。

⓯ 使用饼干榫将底部隔板连接到背板和底部搁板的底部。将底部隔板夹紧到位（见照片 F）。

⓰ 打磨搁架的外表面，并消除任何剩余的尖锐边缘。对所有剩余表面进行表面处理。

照片 D　将中间隔板胶合到顶部和底部搁板上。使用废木料垫片或深夹延长器均匀分散接合处压力。我们同时使用了自制的废木料垫片和工房配备的夹具延长器。

照片 E　将搁板和背板胶合到端板上，并用夹具夹紧。将无头钉穿过背板钉入搁板和中间隔板中，并使用冲钉器将钉头敲入表面之下。

照片 F　用胶水和饼干榫将底部隔板固定在底部搁板和背板上，并夹紧到位。为夹具垫上废木料垫片。确保底部隔板与搁板垂直。

将搁架固定到写字桌上

　　如果这款书桌搁架是作为写字桌的配套部件制作的，这里给出了一些将搁架固定在桌面上的提示：在搁架背板的背面与桌面后边缘之间安装一个 1½ in（38.1 mm）长的黄铜补板（在任何五金店都可以买到）。如果桌子被搬动或受到震动，补板可以防止搁架移位。

工艺美术书柜

这款迷人的橡木书柜体现了流行的工艺美术家具风格（类似于使命派风格）。它简单而优雅，适合几乎任何房间。而且它主要由橡木胶合板制作，成本相对较低。

重要信息

类型：书柜

整体尺寸：宽 30 in（762.0 mm），高 48 in（1219.2 mm），深 13 in（330.2 mm）

材料：白橡木、白橡木胶合板

接合方式：饼干榫接合、横向槽接合、半搭接接合、斜接接合和对接接合

制作细节：

- 底座上的装饰性拱形切口
- 将玻璃板平齐安装在柜门的半搭接窗格条上
- 柜子顶部采用倒棱橡木封边条装饰
- 使用熨烫式贴面封边条封闭框架上暴露的胶合板边缘

表面处理：对于传统的工艺美术风格的家具，其表面处理应先用深色的木料染色剂染色（比如中等深度或深色的胡桃木色染色剂），然后涂抹缎面光泽的面漆（我们使用的是桐油）。如果希望获得更加时尚的外观，需要使用颜色较浅的木料染色剂，或者只涂抹面漆。

制作时长

准备木料
2~3 小时

绘图和标记
2~3 小时

切割部件
3~4 小时

组装
2~3 小时

表面处理
1~2 小时

总计：10~15 小时

使用的工具

- 平刨
- 台锯
- 压刨
- 电木铣，搭配 ⅛ in（3.2 mm）导向开槽铣头、½ in（12.7 mm）和 ¾ in（19.1 mm）直边铣头、⅜ in（9.5 mm）开槽铣头
- 竖锯、带锯或线锯
- 饼干榫机
- 带夹、管夹、C 形夹
- 斜切锯（电动的或手动的）
- 台钻
- 手持式电钻 / 螺丝刀
- 直角钻孔引导器
- ¾ in（19.1 mm）的平翼开孔钻头

购物清单

- ☐ 白橡木胶合板
- ☐ (1)¼ in × 4 ft × 4 ft 桦木胶合板，用于制作背板
- ☐ (5)⁴⁄₄ in × 4 in × 8 ft 白橡木板（最好是径切板）
- ☐ (6)1⅜ in × 2½ in 黄铜对接铰链
- ☐ (2)1⅛ in × 1⅛ in 木制门拉手
- ☐ (20) 玻璃旋转卡扣
- ☐ 搁板支撑销
- ☐ #6 × 1¼ in 平头木工螺丝
- ☐ #20 饼干榫
- ☐ ⅛ in（3.2 mm）钢化玻璃（用于制作门板；切割到合适尺寸）
- ☐ 表面处理材料

注：1 in ≈ 25.4 mm，1ft ≈ 304.8 mm。

工艺美术书柜
解构图

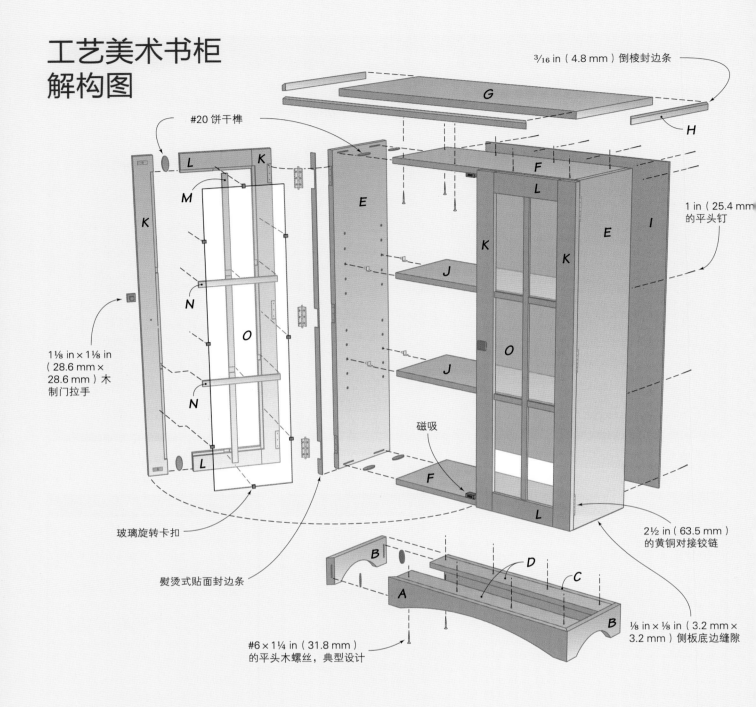

3/16 in（4.8 mm）倒棱封边条

#20 饼干榫

1 in（25.4 mm）的平头钉

1⅛ in × 1⅛ in（28.6 mm × 28.6 mm）木制门拉手

磁吸

玻璃旋转卡扣

熨烫式贴面封边条

2½ in（63.5 mm）的黄铜对接铰链

⅛ in × ⅛ in（3.2 mm × 3.2 mm）侧板底边缝隙

#6 × 1¼ in（31.8 mm）的平头木螺丝，典型设计

工艺美术书柜切割清单

部件名称	数量	尺寸	所用材料	部件名称	数量	尺寸	所用材料
A. 底座前板	1	¾ in × 4 in × 28½ in	白橡木	I. 背板	1	¼ in × 27¾ in × 42½ in	白橡木胶合板
B. 底座侧板	2	¾ in × 4 in × 11¼ in	白橡木	J. 搁板	2	¾ in × 9⅞ in × 26¾ in	白橡木胶合板
C. 底座背板	1	¾ in × 4 in × 27 in	边角料	K. 梃	4	¾ in × 2½ in × 43 in	白橡木
D. 横撑	2	¾ in × 3 in × 27 in	边角料	L. 冒头	4	¾ in × 2½ in × 9³⁄₁₆ in	白橡木
E. 侧板	2	¾ in × 10⁷⁄₁₆ in × 43¼ in	白橡木胶合板	M. 窗格条（垂直）	2	¼ in × ¾ in × 38¾ in	白橡木
F. 箱体底板和顶板	2	¾ in × 10⁷⁄₁₆ in × 27 in	白橡木胶合板	N. 窗格条（水平）	4	¼ in × ¾ in × 9¹⁵⁄₁₆ in	白橡木
G. 橱柜顶板	1	¾ in × 12¾ in × 29½ in	白橡木胶合板	O. 窗玻璃	2	⅛ in × 9⅞ in × 38¹¹⁄₁₆ in	玻璃
H. 封边条	3	¼ in × ⅞ in × *	白橡木				

注：1 in ≈ 25.4 mm，1 ft ≈ 304.8 mm。

* 合适尺寸

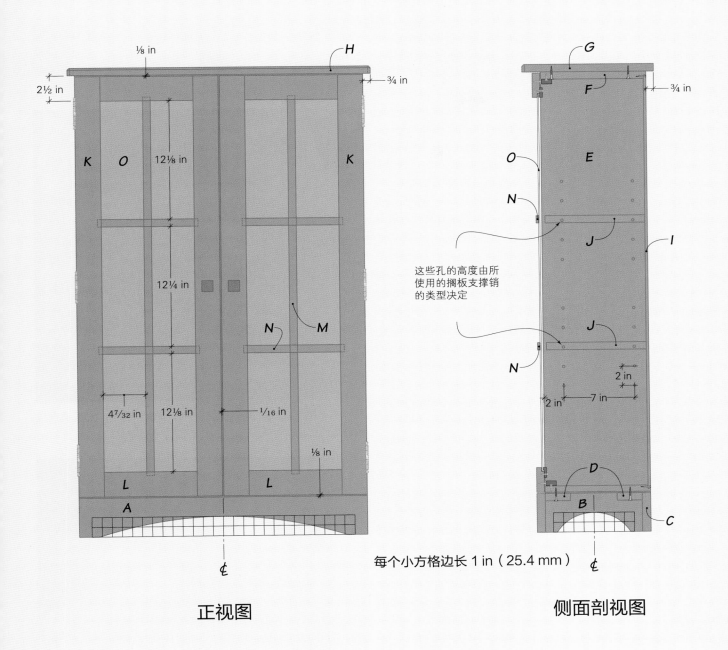

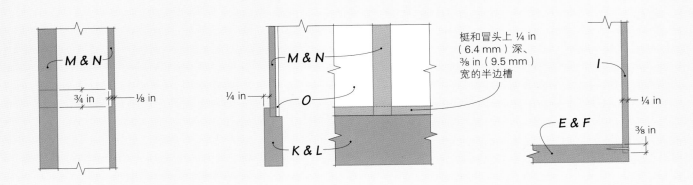

正视图

每个小方格边长 1 in（25.4 mm）

侧面剖视图

窗格半搭接接合

门梃和冒头

安装背板的半边槽

照片 A　用熨烫式贴面封边条为箱体侧板、顶板、底板和搁板的前边缘封边。

制作书柜

这款书柜的箱体是使用 ¾ in（19.1 mm）厚的白橡木胶合板制作的（如果有条件，并且你愿意多花点钱，也可以搭配使用径切的白橡木木皮）。与任何用于制作家具的胶合板一样，你需要将裸露的边缘隐藏起来。要做到这一点有两种选择：在胶合板边缘贴上薄的实木封边条（就像我们装饰橱柜顶板时所做的那样），或者使用熨烫式贴面封边条。

❶ 从 ¾ in（19.1 mm）厚的橡木胶合板上按尺寸切取箱体侧板、顶板、底板、搁板和橱柜顶板。为了尽量减少撕裂，应在台锯上使用密齿胶合板锯片。

❷ 切割熨烫式贴面封边条以覆盖箱体侧板、顶板、底板和搁板的前边缘——我们为此订购了一卷 ¹³/₁₆ in（20.6 mm）厚、50 ft（15.2 m）长的白橡木贴面封边条。剪取的封边条要比待覆盖的边缘长 1 in（25.4 mm）左右。一些专用熨斗可以用来激活贴面封边条上的黏合剂，但大多数情况下，旧的家用熨斗完全可以胜任。我们用箔纸覆盖熨斗表面，以保护其免受黏合剂的影响，并使热量分布更加均匀。将熨斗开到中挡。确保胶合板边缘清洁无碎屑，然后保持部件面板边缘朝上夹在台钳上。沿边缘铺设封边条（如果有保护性衬条，请将其去除），并进行调整，使封边条超出顶部和底部边缘。用熨斗轻轻熨烫封边条上的几个位置，使其粘牢。然后，从一端开始进行熨烫，每个位置都要停留几秒钟，并尽可能覆盖所有表面。你会看到黏合剂开始熔化。取下熨斗后，立即用小号木辊或小木块滚压胶带使其固定。沿面板的边缘一直滚压到末端（见照片 A）。

照片 B　剪掉贴面封边条的多余部分，使封边条与每个部件的表面齐平。我们使用的是带有刀片的手工修剪机。

❸ 在贴面封边条粘牢且黏合剂冷却后，将凸出部分剪掉，使封边条与面板表面和两端齐平。我们使用了一种专门的贴面封边条修剪机（见照片 B）。如果你足够小心并使用直尺提供引导，也可以用美工刀或锋利的凿子切掉多余部分。

❹ 在每块侧板上分别钻取两排孔（前侧和后侧），用来固定搁板支撑销（见照片C）。将一条穿孔硬质纤维板（配挂板）切割到面板的宽度作为钻孔模板。每间隔一个配挂板孔安排一个支撑销孔，这样的间距是足够的。钻孔前，用永久性记号笔在模板上圈出所需的孔，并在侧板前后两侧距离底部边缘相同的高度夹紧模板，以保证两排孔处于相同的高度。为搁板钻取正确尺寸和深度的孔。注意，如果你对搁板的位置有非常不错的想法，那么只需在目标位置为每块搁板的末端钻取两三个孔，这样不仅可以节省时间，还能避免在柜子内部形成一排难看的孔。

❺ 沿每块侧板的底部外边缘统一切割 1/8 in × 1/8 in（3.2 mm × 3.2 mm）的半边槽。这会在箱体下面形成一个 1/8 in（3.2 mm）的缝隙，它在视觉上会与门下方的 1/8 in（3.2 mm）缝隙重合。我们使用电木铣搭配 1/8 in（3.2 mm）的导向开槽铣头来铣削半边槽。

❻ 在侧板、顶板和底板的接合处切割饼干榫插槽，用于后期组装。

❼ 沿顶板、底板和侧板的背面内边缘切割深 3/8 in（9.5 mm）、宽 1/4 in（6.4 mm）的半边槽，用来安装背板（见照片D）。

❽ 干接箱体构件，没有问题后用砂纸（直到150目）打磨所有部件。在打磨贴面封边条时要轻轻接触，避免磨穿封边条。

❾ 用胶水将饼干榫胶合到位，夹住框架（见照片E）。在夹紧之前，确保所有部件的前缘对齐。测量箱体的对角线，确保箱体方正，并根据需要进行调整。为夹具垫上废木料垫片，使压力均匀分布在接合处。用湿抹布把挤出的胶水擦干净。

照片C 以穿孔硬质纤维板为模板，使用直角钻孔引导器在两块侧板上为搁板支撑销钻孔。

开槽铣头

照片D 使用电木铣搭配 3/8 in（9.5 mm）的开槽铣头（见插图）在顶板、底板和侧板的背面内边缘铣削深 3/8 in（9.5 mm）、宽 1/4 in（6.4 mm）的半边槽，用来安装背板。

❿ 从 1/4 in（6.4 mm）厚的胶合板上按尺寸切取背板（我们使用的是便宜的桦木胶合板，因为它可以染色，能够匹配几乎任何类型的硬木，包括白橡木）。为了保持柜子方正，要确保背板面是方正的，并能紧密固定在半边槽中。打磨背板内表面，然后将其安装到框架上，并用 1 in（25.4 mm）平头钉固定（不需要胶水）。

⓫ 在将装饰性的橱柜顶板固定在框架顶部之前，应使用白橡木封边条对其进行封边处理。用带锯或台锯对较厚的木料进行重锯，切下约 60 in（1524.0 mm）长的 1/4 in × 7/8 in（6.4 mm × 22.2 mm）规格的白橡木封边条。将其切割到所需长度，斜切

侧面封边条的前角和前面封边条的两端，然后把封边条粘到顶板的前面和侧面边缘，并用夹子和全长垫片将封边条夹紧。尽量使封边条与橱柜顶板的上表面齐平。如果无法保持齐平，可以在胶水凝固后，用锋利的手工刨或橱柜刮刀将边缘与胶合板表面修齐。

⓬ 在封边条的顶部外缘铣削 3/16 in（4.8 mm）的倒棱（见照片 F）。用砂纸打磨橱柜顶板，并将 #6 × 1¼ in

（31.8 mm）的平头木工螺丝从箱体顶板下表面的埋头引导孔钻入橱柜顶板中，将其固定到箱体上。柜子顶板在侧面和背面应分别超出箱体 ¾ in（19.1 mm）。

制作柜门

⓭ 在白橡木木板上按尺寸切取柜门框架的门梃和冒头。注意，为了确保柜门部件能够正确组装，料料的刨平和刨直是很重要的。在将粗糙木板的一个大面刨平后，用压刨为木板的两个大面去除等量的木料，此时只需完成部分刨削，然后在木板之间垫上窄胶合板条或贴纸，使空气可以在木板周围均匀流动。放置一夜，然后再次用平刨将木板刨平，并用压刨将其刨削至最终厚度。在将部件纵切割至所需宽度之前，确保将其一侧边缘刨削平直。

⓮ 切割饼干榫插槽，将冒头连接到门梃上，然后将门框部件胶合在一起并夹紧（见照片 G）。通过测量对角线，确保框架绝对方正，并根据需要进行调整。待胶水凝固后，取下夹具，用刮刀将接合处刮平。

⓯ 要为窗玻璃制作凹槽，需要在门框的内侧边缘铣削一圈深 ¼ in（6.4 mm）、宽 ⅜ in（9.5 mm）的半边槽，并用凿子将半边槽的边角修整方正。

⓰ 我们在门框上添加了装饰性木条（窗格条），以产生多块玻璃板的效果（工艺美术风格的家具设计中，玻璃门的标准处理方法）。窗格条通过半搭接的方式组装在一起，其末端插入门框内侧边缘用于安装玻璃的半边槽的小榫眼中。要切割榫眼，应首先沿半边槽的内侧边缘标记中心点（榫眼间距参阅正视图）。为台钻安装 ¾ in

照片 E　用胶水和饼干榫组装箱体。测量对角线以确保箱体是方正的，并根据需要调整夹具。

照片 F　为橱柜顶板的前缘和侧缘铣削 3/16 in（4.8 mm）的倒棱。

照片 G　用胶水和饼干榫将门框部件对接在一起并夹紧。

（19.1 mm）的平翼开孔钻头，钻取深 ¼ in（6.4 mm）的榫眼，然后用凿子将榫眼内壁修整方正（见照片 H）。将 ½ in（12.7 mm）厚的废木料夹在框架内部边缘附近，提供一个允许钻头超出框架边缘的钻孔表面。

⓱ 将白橡木木条重新锯切至 ¼ in（6.4 mm）厚、¾ in（19.1 mm）宽，用来制作窗格条。带锯是切割窗格条这样小而薄的部件最安全的工具。横切木条，使其长度适合门框内部。

⓲ 通过半搭接的方式连接垂直窗格条和水平窗格条。为接合区域画线，并用电木铣搭配 ¾ in（19.1 mm）的直边铣头铣削出 ⅛ in（3.2 mm）深、¾ in（19.1 mm）宽的横向槽（见照片 I）。将两根垂直窗格条夹在一起，并在背面一次性铣削出横向槽。将 4 根水平窗格条夹在一起，一次性在 4 根窗格条的正面中心铣削出横向槽。夹紧一把平尺为铣削提供引导，并用一块废木料做衬板防止撕裂木条。

⓳ 在半搭接的接合处涂抹胶水，将窗格条夹在一起，确保两种部件彼此垂直。用砂纸打磨门框和窗格条的内外两面，然后将窗格条组件安装到柜门上，用胶水和夹具将窗格条组件固定到位（见照片 J）。

制作底座

⓴ 用平刨和压刨将白橡木木板刨削至 ¾ in（19.1 mm）厚，然后将底座的前板和侧板纵切至 4 in（101.6 mm）宽。将部件切割到所需长度。对前板两端和侧板前端进行 45°斜切（侧板后端仍方正）。

㉑ 参考网格设计图，在底座前板和侧板上画出拱形切口的端点和顶点。将每个部件的外表面朝下放在一块废胶合板上。沿部件下边缘对应端点的位置，在胶合板上钉上一根长无头钉。然后，在部件的顶点标记下方 ⅛ in（3.2 mm）处再钉入一根无头钉。在 ⅛ in（3.2 mm）厚的热处理硬质纤维板上切下一条宽 1 in（25.4 mm）、长 32 in（812.8 mm）的木条。将木条中间滑动到顶部钉子之上，将其两端放在端点钉子后面，使其均匀弯曲。沿木条的上边缘绘制切口轮廓线（见照片 K）。

㉒ 从 ¾ in（19.1 mm）厚的废硬木板或胶合板上按尺寸切取底座背板和两根横撑。在底座部件的接合处切割 #20 饼干榫的插槽（见照片 L）。

㉓ 干接底座部件，确保其与箱体的背面和侧面齐平，其前缘超出箱体前缘 ¾ in（19.1 mm）。根据需要进行调整，然后用 #20 饼干榫胶合组件并夹紧（见照片 M）。待胶水

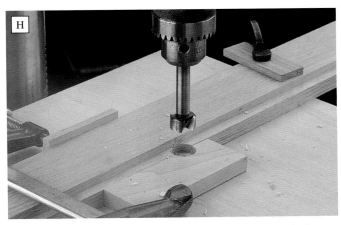

照片 H 使用 ¾ in（19.1 mm）的平翼开孔钻头清除 ¼ in（6.4 mm）深的榫眼中的废木料，用来插入窗格条的末端。夹在部件上的废木料提供了额外的钻孔表面。

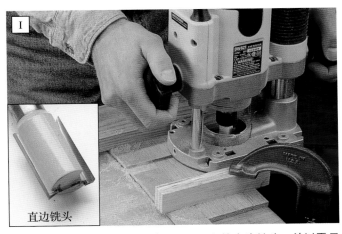

直边铣头

照片 I 用电木铣搭配 ¾ in（19.1 mm）的直边铣头，并以平尺提供引导，在窗格条上铣削半搭接用的横向槽。在铣削横向槽之前，把对应的窗格条拼接在一起。

照片 J 把窗格条胶合在一起，然后将组件插入并胶合到门框的榫眼中。

照片 K　将一块 ⅛ in（3.2 mm）厚的热处理硬质纤维板弯曲出平滑的弧度，用于画出底座前板和侧板上的切口轮廓线。

照片 L　在底座部件上切割饼干榫插槽。对于前端斜接面，将饼干榫机的靠山调整为 45° 操作。对于后面和横撑的饼干榫插槽，靠山角度仍为 90°。

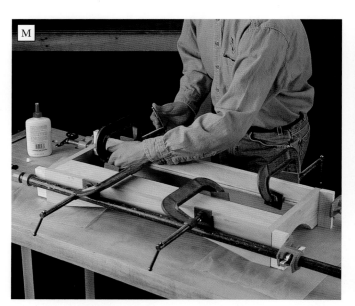

照片 M　将底座部件胶合在一起并夹紧。前端的斜接位置应在两个方向上夹紧。

凝固，确保清除所有胶水，并用砂纸打磨底座。

悬挂柜门

㉔ 用锋利的凿子在门框和箱体侧板上切割安装对接铰链的榫眼。我们在每扇门上安装了 3 个 1⅜ in × 2½ in（34.9 mm × 63.5 mm）的黄铜对接铰链。安装铰链并悬挂柜门，确保其能够正确打开和关闭。

㉕ 拆下门和铰链，对部件进行表面处理。为了获得传统的深色工艺美术风格的效果，我们使用深色胡桃木染色

照片 N　将 #6 × 1¼ in（31.8 mm）的平头木工螺丝向上穿过底座横撑，钻入箱体底部，将底座固定到箱体上。

剂处理部件，并涂抹了 3 层桐油。在进行表面处理之前，务必彻底打磨所有部件，并用粘布擦拭所有表面以除去粉尘。为了防止部件翘曲，请按照与书柜其余部分相同的处理方法处理背板。

㉖ 待涂层完全凝固，使用 #6 × 1¼ in（31.8 mm）的平头木工螺丝将底座组件连接到书柜箱体底部（见照片 N）。

㉗ 将窗玻璃安装到门框中。我们为这款家具准备了两块 ⅛ in（3.2 mm）厚的钢化玻璃。相比普通玻璃，钢化玻璃更不容易破碎。不过，我们一直等到完成表面处理并

将柜门悬挂到位才订购玻璃，以防玻璃尺寸与切割列表中给出的尺寸有出入。要安装玻璃，需要将每块玻璃放入门框凹槽中，然后在玻璃后面安装旋转卡扣，将窗玻璃固定到位（见照片 O）。

㉘ 在内侧门梃上钻取贯通孔，用来安装门拉手。我们使用的是 1⅛ in（28.6 mm）的方木拉手。

㉙ 重新安装柜门，小心取放，以免打碎玻璃（见照片 P）。

㉚ 根据制造商的说明，在书柜顶部和底部安装磁性门吸。

㉛ 安装搁板支撑销，并将搁板安装在所需高度。如果它们能够与水平窗格条对齐，看起来会更美观。

照片 O 用螺丝将旋转卡口固定在门梃和冒头上，通过卡扣将玻璃固定在门框的凹槽内。每扇门使用 10 个旋转卡扣。

照片 P 用螺丝把铰链拧进榫眼，悬挂柜门。确保柜门可以正常开合。如有必要可调整铰链。

壁角橱柜

　　这款作品成功地将厨房或餐厅未使用的角落变成了展示区。我们的橱柜使用标称松木制作，并具有波状外形的面框，还有 3 个用于展示的开放式搁板区域。橱柜通过隐藏的法式防滑木条挂在墙上。

重要信息

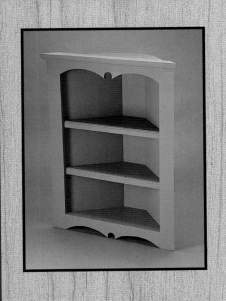

类型：壁角橱柜

整体尺寸：宽 34 in（863.6 mm），高 42¾ in（1085.9 mm），深 11 in（279.4 mm）

材料：松木

接合方式：面框使用饼干榫接合，框架使用加固的对接接合

制作细节：

· 弧形的面框细节突出了作品风格

· 节省空间的转角设计提供了充足的显示区域

· 为松木上漆可以使橱柜更为经济

· 橱柜通过隐藏的法式防滑木条挂在墙上

表面处理：使用底漆和油漆，或者是深色的染色剂搭配透明面漆

制作时长

准备木料
2 小时

绘图和标记
2~4 小时

切割部件
2~4 小时

组装
2~3 小时

表面处理
1~2 小时

总计：9~15 小时

使用的工具

· 平刨
· 台锯
· 电动斜切锯
· 带有边缘导板的电圆锯
· 电木铣，搭配半径 5/32 in（4.0 mm）的罗马 S 形铣头和半径 ½ in（12.7 mm）的拱形铣头
· 饼干榫机
· 带夹或管夹
· 竖锯
· 夹背锯或日式拉锯
· 锤子和冲钉器
· 手持式电钻 / 螺丝刀
· 台钻
· 鼓式砂光机或轴式砂光机

购物清单

☐ (5)¾ in×5¼ in×10 ft 松木板（标称 1×6）

☐ (1)¾ in×9¼ in×8 ft 松木板（标称 1×10）

☐ #20 饼干榫

☐ 木工胶

☐ #8 平头木工螺丝，1 in、1½ in 和 2½ in 规格

☐ 3d、4d、6d 无头钉

☐ 表面处理材料

☐ 重型墙锚和螺钉

注：1 in ≈ 25.4 mm，1ft ≈ 304.8 mm。

壁角橱柜解构图

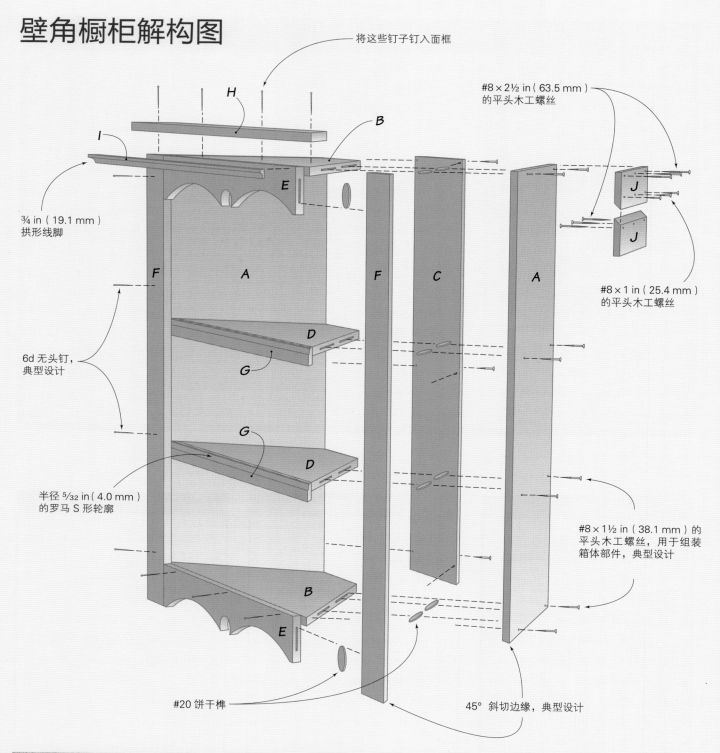

将这些钉子钉入面框

#8 × 2½ in（63.5 mm）
的平头木工螺丝

H

B

I

E

¾ in（19.1 mm）
拱形线脚

F

A

F

C

A

J

J

#8 × 1 in（25.4 mm）
的平头木工螺丝

6d 无头钉，
典型设计

D

G

半径 ⁵⁄₃₂ in（4.0 mm）
的罗马 S 形轮廓

G

D

#8 × 1½ in（38.1 mm）的
平头木工螺丝，用于组装
箱体部件，典型设计

B

E

#20 饼干榫

45° 斜切边缘，典型设计

壁角橱柜切割清单

部件名称	数量	尺寸	所用材料	部件名称	数量	尺寸	所用材料
A. 侧板	2	¾ in × 15⅝ in × 38¾ in	松木	F. 面框梃	2	¾ in × 3½ in × 42 in	松木
B. 顶板和底板	2	¾ in × 10½ in × 27 in	松木	G. 搁板封边条	2	¾ in × 1½ in × 27 in	松木
C. 背板	1	¾ in × 8 in × 38¾ in	松木	H. 冠板	1	¾ in × 3 in × 34 in	松木
D. 固定搁板	2	¾ in × 9¾ in × 25½ in	松木	I. 拱形线脚	1	¾ in × ¾ in × 34 in	松木
E. 面框冒头	2	¾ in × 4 in × 25 in	松木	J. 法式防滑木条	4	½ in × 3 in × 12 in	松木

注：1 in ≈ 25.4 mm，1 ft ≈ 304.8 mm。

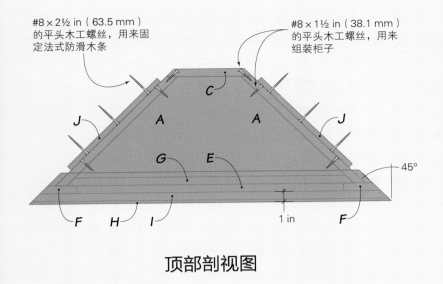

#8 × 2½ in（63.5 mm）
的平头木工螺丝，用来固
定法式防滑木条

#8 × 1½ in（38.1 mm）
的平头木工螺丝，用来
组装柜子

45°

1 in

顶部剖视图

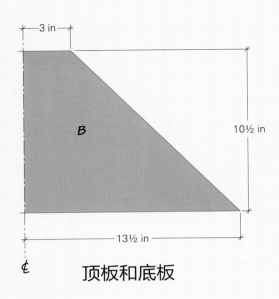

3 in

10½ in

13½ in

顶板和底板

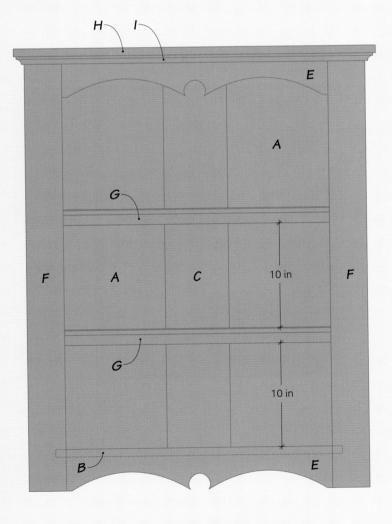

10 in

10 in

正面视图

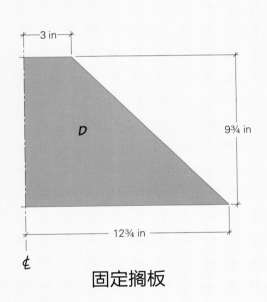

3 in

9¾ in

12¾ in

固定搁板

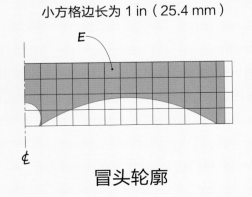

小方格边长为 1 in（25.4 mm）

冒头轮廓

照片 A 为箱体侧板的两侧长边斜切 45° 斜面。两个斜面应该是平行的。将羽毛板夹在锯台和靠山上，以便在切割时牢牢固定木板。

组装箱体

❶ 箱体的侧板、顶板和底板都使用边对边胶合的面板制作。我们使用的是 1×6 规格的松木。确保先拼接所有边缘。拼接得到的面板应至少厚 1 in（25.4 mm），长度和宽度略大于成品部件。胶水凝固后，用手工刨或木工刮刀和不规则轨道砂光机将面板表面处理平滑。

❷ 以 45° 角斜切每块箱体侧板的一侧长边，然后在对侧长边进行平行斜切，并将面板切割到所需宽度（见照片 A）。接下来将侧板切割到所需长度。

❸ 为箱体顶板、底板和固定搁板画线。由于箱体顶板、底板和固定搁架的尺寸相同，因此，可以将这些部件的面板边缘对齐两两堆叠在一起，只在顶部的面板上画线。然后用螺丝穿过每块面板的废木料区域，把面板拧在一起（远离锯切路径）。使用平尺引导电圆锯切割出部件的成角度边缘（见照片 B）。注意，也可以为锯片自制一个边缘切割导轨。具体做法是，将边对边拼接的 1×4 规格的废木料用螺丝拧到 ¼ in（6.4 mm）厚的硬质纤维板木条上，然后沿着 1×4 木料的边缘锯切硬质纤维板，形成一个锯切参考边缘。将切割导轨对准画线并夹紧到一组堆叠好的部件上，同时切割两个箱体部件。然后，再切割另一组部件。

❹ 在箱体侧板上标记出箱体顶板、底板和固定搁板的位置。箱体的顶板和底板与侧板的两端齐平。固定搁板距离箱体底板上表面的距离分别为 11½ in（292.1 mm）和 23 in（584.2 mm）。在固定搁板、顶板、底板和侧板上为 #20 饼干榫做出参考标记，每个接合面使用 4 个饼干榫

照片 B 一次性将箱体的顶板和底板切割到所需尺寸，然后一次性切割固定搁板。将边缘切割导轨夹在部件和台面上，以确保直线切割。

（见照片 C）。然后在每个接合面的配对部件上切割出饼干榫插槽。

❺ 将两条搁板封边条纵切和横切到合适尺寸。使用半径 ⁵⁄₃₂ in（4.0 mm）的罗马 S 形铣头铣削出搁板封边条的装饰性边缘。我们使用电木铣倒装台完成该操作，手持式

照片 C 为所有箱体部件画线，并画出饼干榫的对齐标记。在画线和标记部件时，务必记住侧面斜面的方向。

罗马 S 形铣头

照片 D 使用半径 5/32 in（4.0 mm）的罗马 S 形铣头（见插图），沿两条搁板封边条的一侧边缘铣削出装饰线。为了确保手指远离铣头，这个阶段的封边条尺寸比最终尺寸要大。

电木铣也是可以的（见照片 D）。

❻ 将搁板封边条胶合到固定搁板的前缘，使装饰性边缘与每块搁板的顶部齐平。当胶水开始凝固时，用胶带将封边条固定到位。此时的封边条尺寸偏大，会超出搁板的两端。待胶水完全凝固，撕下胶带。

❼ 使用夹背锯或密齿的日式拉锯沿搁板的成角度边缘切去超出搁板边缘的封边条。将搁板夹在木工桌上以便于切割（见照片 E）。切割时要小心操作，避免撕裂封边条的边缘。

❽ 从 1×10 规格的木板上按宽度尺寸切取箱体背板，并用台锯对其两侧长边进行 45° 斜切。两个斜面应朝向相反的方向。然后将背板横切至所需长度。

❾ 对箱体部件进行打磨，并使用饼干榫将箱体组装到位，检查各部件的匹配情况。应该首先把两块侧板固定到箱体的顶板、底板和固定搁板上，之后再将背板固定到侧板上。预先钻取埋头引导孔，使用 1½ in（38.1 mm）的平头木工螺丝将箱体部件固定在一起。用螺丝将箱体侧板固定到搁板上，然后穿过背板钻取斜角引导孔，一直钻入侧板中，将背板滑入到位，并拧入螺丝固定（见照片 F）。

❿ 将面框梃部件纵切并横切至所需尺寸。在台锯上将每

照片 E 将固定搁板夹在木工桌上，修整搁板封边条，使其两端与搁板的成角度边缘匹配。我们使用日式密齿拉锯进行切割。

个梃部件的一侧边缘斜切 45°。

⓫ 根据切割清单，将面框冒头纵切和横切到所需尺寸。将半边冒头的网格图纸放大到全尺寸，沿轮廓剪下，将其粘到一块胶合板废木料上。将胶合板切割成型，制作出冒头部件的半边模板。根据模板绘制冒头的半边切割

照片 F　使用 #8 × 1½ in（38.1 mm）平头木工螺丝组装箱体，并加固接合。通过斜角引导孔将螺丝穿过背板拧入侧板中，将橱柜背板固定到位。

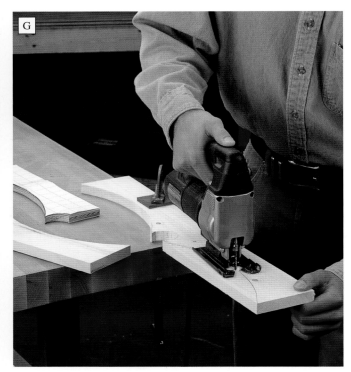

照片 G　为面框冒头制作一个模板，并用它在冒头上画出切割线。使用竖锯、带锯或线锯切割冒头。

线，然后翻转模板，在冒头的剩余部分画出冒头的另一半切割线。同法画出第二条冒头的切割线。使用竖锯，也可以用带锯或线锯来切割冒头，并将切割边缘打磨光滑（见照片 G）。注意，把鼓式砂光机或轴式砂光机的打磨配件安装在台钻上同样可以将所有曲面切口打磨光滑。

固定面框

⓬ 将面框部件排列在一起。冒头的两端应与梃部件的平整边缘对接；正确定位梃部件的边缘斜面，使其朝向背板方向。切割用于 #20 饼干榫的插槽，将面框冒头的两端连接到梃上，每个接合位置设计一个饼干榫。然后在平整的工作台面上胶合面框并夹紧。注意，可能需要为夹具钳口设计带凹口的垫块，使其匹配梃部件的斜面，防止部件被夹具损坏。

⓭ 将面框与箱体的前部对齐，使面框顶部冒头的上边缘与箱体的顶部齐平，使梃部件的两侧悬空并均匀超出箱体侧板。使用木工胶和 4d 无头钉固定面框。用冲钉器将钉头敲入面框表面之下（见照片 H）。用木粉腻子填充钉孔，并用 180 目的砂纸将面框打磨光滑。

⓮ 粗切出冠板——长约 36 in（914.4 mm），然后以 45°角斜切其端面，以匹配面框的斜面。使用台锯或电动斜

切锯切割部件斜面。用砂纸打磨冠板的前边缘，然后用胶水和 4d 无头钉将其固定在箱体顶部和面框上。冠板两端应分别超出面框冒头两端 1 in（25.4 mm）。

⓯ 切割一条适合冠板和面框之间缝隙的线脚。我们在一条线脚木料中铣削了罗马 S 形轮廓，然后用台锯将线脚纵切到所需宽度（见照片 I）。也可以铣削拱形轮廓来代替。斜切线脚两端，得到所需长度，确保线脚两端与冠板和面框边缘匹配。用胶水和 3d 无头钉固定线脚。

收尾

在使用法式防滑木条固定橱柜之前，先为橱柜的正面进行表面处理。由于松木是软木，我们先为其涂抹底漆，然后涂抹了两层缎面光泽的面漆。（我们选择了长春花蓝色，因为它的色调与相应风格家具常用的蓝色牛奶漆相似）。

⓰ 从松木边角料上按尺寸切取法式防滑木条，并将每个木条的一侧边缘斜切出 45° 斜面。沿橱柜顶部边缘，分别将防滑木条用胶水和钉子固定在橱柜一侧，使防滑木条的斜面朝下，朝向橱柜。每个防滑木条需要使用 3 根 #8 × 1 in（25.4 mm）的平头木工螺丝（见照片 J）。

⓱ 要将橱柜悬挂到位，需要把剩下的两个法式防滑木

条分别固定在两面墙上，使斜面朝上，朝向墙壁。保持防滑木条处于相同的高度，距离转角处均为7 in（177.8 mm）。穿过防滑木条将#8 × 2½ in（63.5 mm）的平头木工螺丝拧入墙壁，一定要碰到墙体立柱。由于橱柜及其内容物品的全部重量都由防滑木条支撑，所以如果无法将防滑木条固定到墙体立柱上，需要使用墙锚和适当的螺丝。

⓲ 通过法式防滑木条的互锁把橱柜挂在墙上。防滑木条斜面会迫使橱柜紧贴墙壁。每侧用一根螺丝穿过侧板和防滑木条，将橱柜固定在墙上。

照片 H 用胶水和 4d 无头钉将面框固定在箱体上。用冲钉器处理钉头，将其敲入面框表面之下。

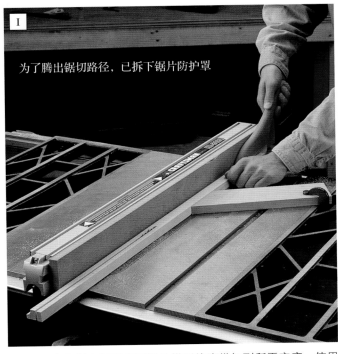

照片 I 在台锯上把橱柜冠板的拱形线脚纵切到所需宽度。使用羽毛板和推料板进料。

照片 J 将法式防滑木条固定在橱柜两侧，并与框架顶部齐平。防滑木条斜面朝下，朝向侧板。

防滑木条斜面朝下，朝向箱体侧板

摇椅

　　这款漂亮的摇椅是真正的经典木工作品，具有使命派家具最受欢迎和经久耐用的所有特征。这款摇椅线条简洁、优雅，具有径切橡木的独特美感，以及牢固的榫卯接合。这款摇椅具有传家宝的品质，无论是制作它还是使用它都是一件令人愉悦的事。

重要信息

类型：摇椅
整体尺寸：宽 26 in（660.4 mm），高 36 in（914.4 mm），深 28 in（711.2 mm）
材料：白橡木
接合方式：加固的榫卯接合、螺丝接合
制作细节：
- 用 ¼ in（6.4 mm）的橡木条层压制作的摇板
- 在背板板条的两端制作榫头，与冒头的榫眼匹配
- 对靠背上冒头进行加工，得到装饰性的峰顶
- 为座椅装上软垫

表面处理：中等深度至深色的胡桃木染色剂和保护性面漆。应形成颜色较深的仿古风格外观。

制作时长

 准备木料
3~4 小时

 绘图和标记
3~4 小时

 切割部件
14~18 小时

 组装
4~6 小时

 表面处理
4~6 小时

总计：28~38 小时

使用的工具

- 带锯
- 台锯
- 台钻
- 电动斜切锯
- 手持式电钻 / 螺丝刀
- 手动修边锯
- 40 in（1016.0 mm）或更长的杆夹或管夹（8）
- 木槌
- ¼ in（6.4 mm）凿子
- 锉刀
- 电动砂光机
- 组合角尺 / 划线规
- 圆木榫定位夹具
- 便携式钻孔导轨
- 2 in（50.8 mm）直径的孔锯
- 重锯导轨
- 开榫夹具
- 钉钉器（电动或气动）

购物清单

- ☐ (1) ⁶⁄₄ in × 5½ in × 8 ft 的白橡木板，弦切
- ☐ (1) ⁶⁄₄ in × 3½ in × 8 ft 的白橡木板，弦切
- ☐ (2) ¾ in × 6 in × 8 ft 的白橡木板，径切
- ☐ (1) ¾ in × 4 in × 8 ft 的白橡木板，径切
- ☐ ¾ in 厚的胶合板废料
- ☐ 表面处理材料
- ☐ #10 × 2½ in 木工螺丝
- ☐ 墙壁螺丝，1¼ in 和 2 in 规格
- ☐ 装饰面料，36 in × 36 in
- ☐ 4 in × 16 in × 19 in 泡沫
- ☐ 直径 ⅜ in 的白橡木木塞
- ☐ 直径 ¼ in 的胡桃木圆木榫

注：1 in ≈ 25.4 mm，1ft ≈ 304.8 mm。

摇椅解构图

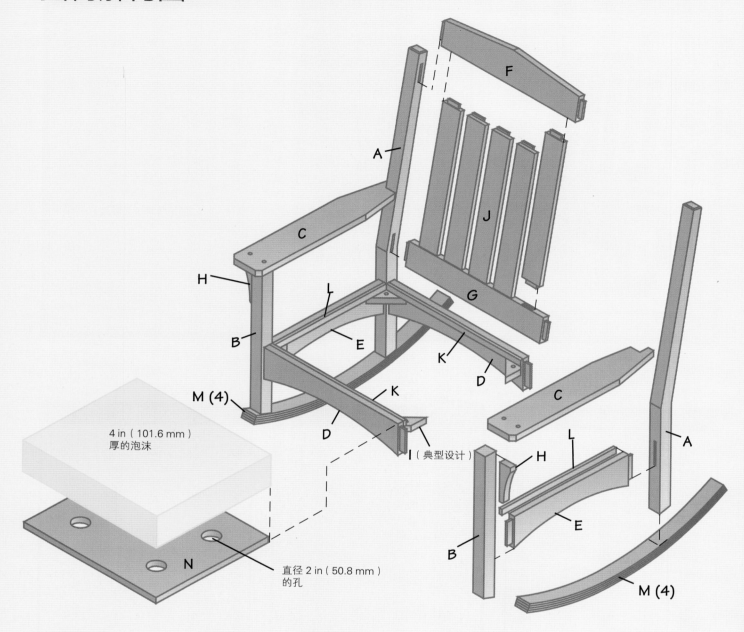

A

F

C

H

B

L

E

J

G

K

D

D

M (4)

4 in（101.6 mm）
厚的泡沫

N

直径 2 in（50.8 mm）
的孔

K

D

I（典型设计）

C

L

H

A

B

E

M (4)

摇椅切割清单

部件名称	数量	尺寸	所用材料	部件名称	数量	尺寸	所用材料
A. 后腿	2	1½ in × 5½ in × 36 in	白橡木	H. 托臂	2	¾ in × 1½ in × 5 in	白橡木，径切
B. 前腿	2	1½ in × 1½ in × 19 in	白橡木	I. 三角木	4	¾ in × 1½ in × 4 in	白橡木
C. 扶手	2	¾ in × 4 in × 21 in	白橡木，径切	J. 靠背板条	5	½ in × 2½ in × 18 in	白橡木，径切
D. 前后横档	2	¾ in × 4 in × 20½ in	白橡木，径切	K. 前后填充条	2	⅜ in × ¾ in × 19 in	白橡木
E. 端横档	2	¾ in × 4 in × 17½ in	白橡木，径切	L. 侧面填充条	2	⅜ in × ¾ in × 16 in	白橡木
F. 靠背上冒头	1	¾ in × 4 in × 20 in	白橡木，径切	M. 摇板木条	8	¼ in × 2¼ in × 32 in	白橡木，弦切
G. 靠背下冒头	1	¾ in × 3 in × 20½ in	白橡木，径切	N. 座面	1	¾ in × 15⅝ in × 18⅝ in	白橡木胶合板

注：1 in ≈ 25.4 mm，1 ft ≈ 304.8 mm。

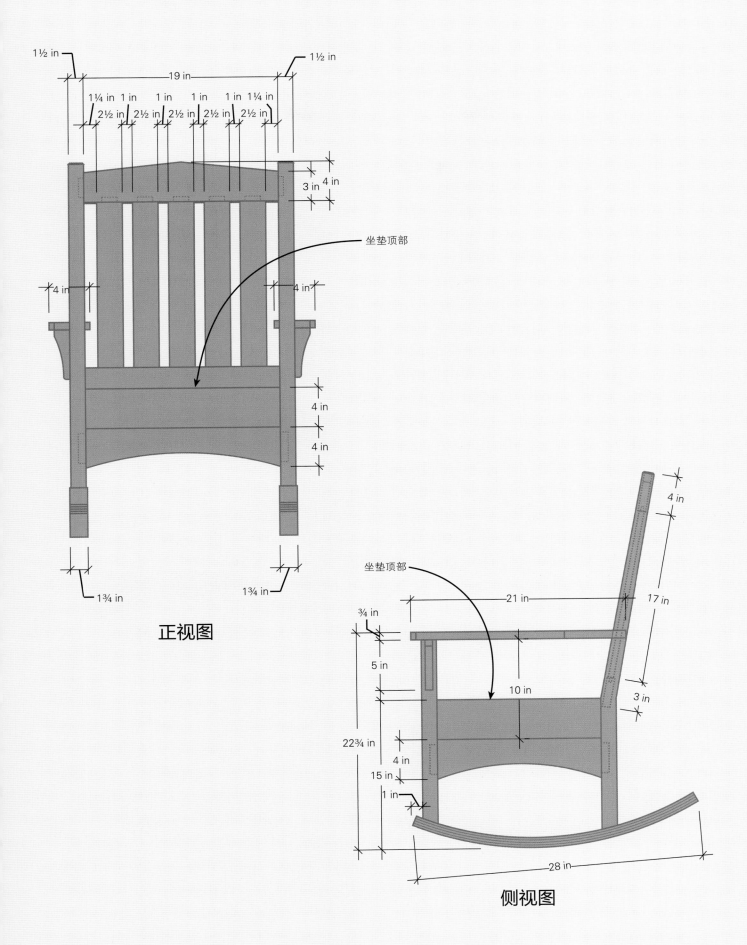

1½ in   1½ in

19 in

1¼ in   1 in   1 in   1 in   1 in   1¼ in

2½ in   2½ in   2½ in   2½ in   2½ in

3 in   4 in

坐垫顶部

4 in   4 in

4 in

4 in

1¾ in   1¾ in

正视图

4 in

坐垫顶部

21 in   17 in

¾ in

5 in

10 in

3 in

22¾ in

4 in

15 in

1 in

28 in

侧视图

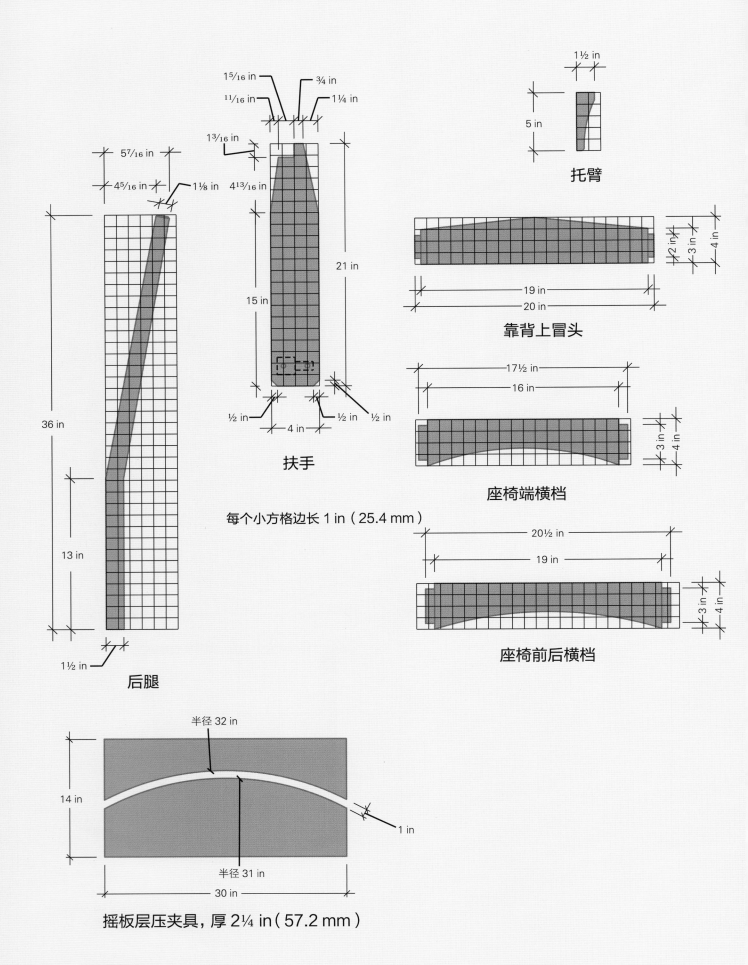

$1\frac{1}{2}$ in

5 in

托臂

$1\frac{5}{16}$ in　$\frac{3}{4}$ in

$^{11}/_{16}$ in　$1\frac{1}{4}$ in

$1^{3}/_{16}$ in

$4^{13}/_{16}$ in

$5^{7}/_{16}$ in

$4^{5}/_{16}$ in　$1\frac{1}{8}$ in

21 in

15 in

36 in

13 in

$\frac{1}{2}$ in　$\frac{1}{2}$ in　$\frac{1}{2}$ in

4 in

扶手

每个小方格边长 1 in（25.4 mm）

$1\frac{1}{2}$ in

后腿

$\frac{1}{2}$ in　3 in　4 in

19 in

20 in

靠背上冒头

$17\frac{1}{2}$ in

16 in

3 in　4 in

座椅端横档

$20\frac{1}{2}$ in

19 in

3 in　4 in

座椅前后横档

半径 32 in

14 in

半径 31 in

1 in

30 in

摇板层压夹具，厚 $2\frac{1}{4}$ in（57.2 mm）

A 注意：为了方便看到锯片和夹具，图中的锯片防护罩被升起。在实际操作中，应把防护罩定位在距离部件 ¼ in（6.4 mm）内的位置。

锯片防护罩

照片 A 　使用带锯搭配重新锯切导轨切割背板和用于制作摇板的薄橡木条。

准备木料

为了制作这款摇椅，除了常规的刨方和刨平，还需要将木料重新锯成薄木条。你可以购买铣削到 ½ in（12.7 mm）厚的橡木板，用于制作靠背板条，购买铣削到 ¼ in（6.4 mm）厚的橡木板，用于制作摇板的薄木板，但通常，自己重新锯切较厚的木板制作薄木条更为经济。我们使用带锯搭配带有"支点"的重新锯切夹具切割薄木条。

❶ 选择弦切橡木板重新锯切出 ¼ in（6.4 mm）厚的薄木条，用于制作层压摇板（使用纹理平行于边缘的弦切木板，并使纹理走向匹配摇板的弧度）。将每块薄木条的一侧边缘刨平，然后将木条纵切至 2¼ in（57.2 mm）宽，横切至 32 in（812.8 mm）长。

❷ 使用带锯和重新锯切夹具（见右侧提示）或者台锯和纵切靠山，将木板重新锯切至 ¼ in（6.4 mm）厚。我们使用 ½ in（12.7 mm）宽、4 tpi（每英寸的锯齿数）的跳齿锯片来完成该操作。在重新锯切时，将木条切割得稍厚一点，然后锯切到所需宽度，因

为切割完成后需要将木条刨削平滑。将锯片放在锯台上，将刨平的边缘朝下放置，以确保垂直切割。将木料送入锯片，并根据需要调整木板角度，使其紧贴重新锯切导轨（见照片 A）。慢慢地送入木料，既要使锯片免受压力，又不能因为进料速度过慢导致木料灼烧。切割足够的木料，制作出所有 8 个摇板薄木条，然后用压刨将木条厚度刨削至 ¼ in（6.4 mm）。

❸ 选择厚度为 ½ in（12.7 mm）的木板制作背板板条。我们使用径切橡木板制作能够展现椅子外观的部件，包括背板。由于锯切过程的特性，弦

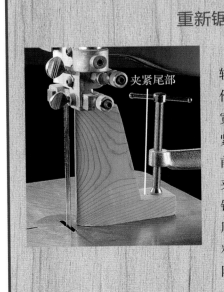

重新锯切导轨

夹紧尾部

制作一个带有支点的重新锯切导轨，用于在带锯上完成重新锯切操作。导轨应略高于重新锯切的木板的宽度，并具有特征性的尾部用于夹紧。对夹具两侧进行锥度处理，使其前端汇聚在一起（像船头一样）。将夹具夹紧到带锯台面上，使其前端到锯片的距离等于重新锯切木板的预期厚度。与靠山不同，该夹具允许在进料过程中进行调整，以抵消薄锯片跟随部件纹理移动的趋势。

照片 B 使用台钻和 ¼ in（6.4 mm）的布拉德尖端钻头，或者电木铣和 ¼ in（6.4 mm）的直边铣头去除榫眼区域的废木料。用 ¼ in（6.4 mm）的凿子把榫眼修整平直并清理干净。

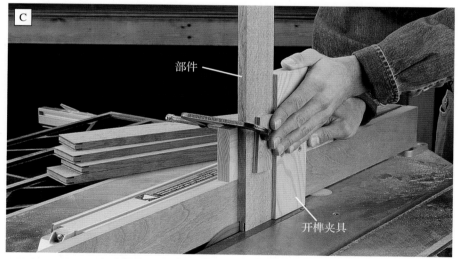

部件

开榫夹具

照片 C 在台锯上切割榫头的颊部，选择尺寸合适，水平构件可以跨在靠山顶部，垂直构件可以平贴台面的开榫夹具。

切木板最容易获得较薄尺寸的木板。我们选择 ¾ in（19.1 mm）厚的木板制作背板板条，通过重新锯切去除 ³⁄₁₆ in（4.8 mm）的木料，然后将木板刨削至 ½ in（12.7 mm）的厚度。

④ 根据切割清单中列出的厚度和宽度尺寸，使用平刨和压刨对其余椅子部件进行刨削，并完成纵切。注意遵照有关纹理图案的注释进行操作。

切割和加工部件

因为方料更容易切割榫头，所以

在榫头切割完成之前，先不要切割横档和靠背上冒头的轮廓。通常，应首先切割榫眼，然后画出与之匹配的榫头并完成切割。

⑤ 切割尺寸为 1½ in × 5½ in × 36 in（38.1 mm × 139.7 mm × 914.4 mm）的坯料，用于制作椅子后腿。在将剩余的椅子部件切割到所需尺寸之前，将后腿的轮廓线画在坯料上——应该能够从后腿切割后留下的木料区域切割出几个部件，包括前腿。参考网格设计图，将后腿轮廓线绘制到一块坯

料上。使用带锯或竖锯，沿画线切割椅腿。将后腿打磨至最终形状，并消除任何不平整的切割痕迹，然后使用此椅腿作为模板制作第二条后腿。

⑥ 根据切割清单中的尺寸，切割出第二条后腿和剩余的椅子部件。打磨第二条后腿，使其与第一条后腿外观一致。

⑦ 使用带倒棱铣头的电木铣、固定式圆盘砂光机或锉刀，为后腿顶部的 4 个边缘倒棱。

⑧ 画线并切割椅子腿和靠背上下冒头上的所有榫眼。所有榫眼宽度应为 ¼ in（6.4 mm）。为靠背板条和上冒头制作的榫眼深度为 ½ in（12.7 mm），为靠背下冒头和座椅横档制作的榫眼深度为 ¾ in（19.1 mm）。每个榫眼的长度比其对接部件的宽度短 1 in（25.4 mm），即每侧短 ½ in（12.7 mm）。使用划线规画出每个榫眼的轮廓线，然后用直径 ¼ in（6.4 mm）的布拉德尖头钻头或者电木铣和直边铣头去除榫眼区域的废木料。然后用 ¼ in（6.4 mm）的锋利的凿子将每个榫眼的边角和侧壁修整平直（见照片 B）。

⑨ 为靠背板条、上下冒头和座椅横档末端的榫头画线并完成切割。使用榫头夹具配合台锯切割榫头。首先切割 ½ in（12.7 mm）和 ¾ in（19.1 mm）长的榫颊（见照片 C），根据需要重新设置锯片高度及其与靠山的距离。然后将部件夹在夹具上，使部件边缘紧贴靠山，切割榫头侧面的颊部（见照片 D）。使用定角规辅助切割榫肩，控制每个部件通过锯片。在锯片靠近进料台的一侧夹紧一块安全木块以控制切割（见照片 E）。测试每个榫头与榫眼的匹配程度，如果榫头偏大，用凿子对其进行修整。

⑩ 参考网格设计图，绘制并切割座

照片 D 完成颊部切割后，使用榫头夹具修整榫头两侧。设置靠山，从每侧切除 ½ in（12.7 mm）木料。

安全木块

照片 E 切割榫肩，使用定角规辅助部件通过锯片。将安全木块夹在锯片的进料台侧，并用它来设置切割。务必根据需要重新设置锯片高度，以便准确切割每个榫头。

椅横档下边缘的拱形。同时绘制并切割上冒头的峰顶。此时也可以切割出扶手的基本形状，但是在椅子组装完成后，还需要根据后腿的倾斜角度切割扶手切口的斜面。

组装椅子

⓫ 打磨所有裸露的部件表面，并消除锋利的边缘。不要用砂纸打磨榫头或任何接合表面。

⓬ 干接靠背部件，包括上下冒头和 5

照片 F 组装靠背。首先将靠背板条胶合到下冒头中，然后胶合上冒头，并夹紧组件，使用垫片以保护部件。

照片 G 斜切座椅横档榫头的末端内侧，使相邻横档的榫头可以在插入腿部榫眼后形成整齐的斜接。我们使用的是滑动复合斜切锯，也可以用台锯切割。

根板条。测试没有问题后，在榫眼和榫头上涂抹胶水进行组装，并夹紧组件（见照片 F）。测量对角线，并根据需要调整夹具，使靠背保持方正。

⓭ 座椅横档的榫头设计用于与腿部的榫眼榫接。在每个榫头的末端内侧切割 45° 的斜面，这样相邻横档的榫头插入后可以整齐地斜接在一起。我们使用电动斜切锯斜切斜面（见照片 G）。

⓮ 将靠背组件和座椅后横档胶合到

两个后腿上并夹紧。接下来将座椅前横档胶合到两个前腿上并夹紧（见照片 H）。

⓯ 现在，借助端横档将前腿组件胶合到后腿组件上并夹紧（见照片 I）。

照片 H　分段组装椅子，以控制操作流程。图中所示的正是把座椅前横档安装在两条前腿之间的阶段。

照片 I　将侧横档固定到后腿上，然后将前腿组件连接到侧横档上。夹紧整个框架，检查对角线以确保其是方正的。

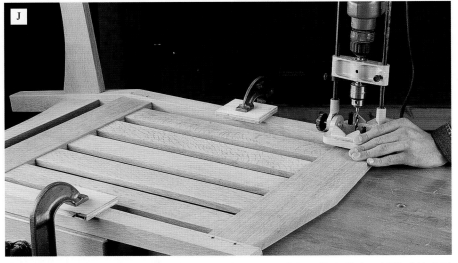

照片 J　为 ¼ in（6.4 mm）的圆木榫钻取引导孔，用来加固榫卯接合。便携式钻孔引导器可确保钻取正确深度的垂直孔。

检查以确保所有部件之间的垂直关系，并在胶水凝固前根据需要调整夹子的压力。

⓰ 为直径 ¼ in（6.4 mm）的圆木榫画线并钻孔，用于加固插入前腿和后腿中的榫接。我们使用胡桃木圆木榫，以获得颜色对比鲜明的外观。每个接头使用两个圆木榫，注意对齐圆木榫的引导孔。我们使用便携式钻孔引导器，确保圆木榫孔保持垂直且足够深，能够一直穿过榫头，进入每个榫眼另一侧的木料中（见照片 J）。除了装饰效果，圆木榫还能用于锁定榫头。在每个圆木榫的末端涂抹胶水，然后用木槌将其钉紧到位。待胶水凝固，将圆木榫凸出的部分修剪齐平。

⓱ 将 4 个座椅填充条粘贴并夹紧在座椅横档的内侧。它们的顶部边缘应与横档的顶部边缘齐平。填充条会在座面上形成一个方形开口。

⓲ 在每个三角木的下表面分别钻取一个埋头螺丝孔，用于将座面拧紧。在每块三角木的外露面分别钻取两个埋头斜孔，用于将三角木固定在座椅横档上，填充条下方的位置。用胶水和 1¼ in（31.8 mm）的墙壁螺丝固定三角木（见照片 K）。

安装扶手

⓳ 用胶水把托臂固定在前腿上。它们应该相对于椅子腿居中，并与椅子腿的顶部齐平。

⓴ 将每只扶手在前腿和托臂上放置到位。保持扶手水平，其后端紧靠后腿。从顶部凹口的末端起始，在每个扶手的侧面边缘画出与后腿前面相同的倾斜角度（见照片 L）。取下扶手，使用手动修边锯或夹背锯沿画线切割斜面。

㉑ 将扶手居中放在前腿 / 托臂组件上，并将它们固定到位。钻取埋头孔，

照片 K　涂上胶水，然后用 1¼ in（31.8 mm）的墙壁螺丝将三角木固定在紧挨填充条的下方。

照片 L　保持扶手水平并搭在前腿上，比照后腿前侧的倾斜角度，画出斜面的切割线，以切割扶手凹口中的斜面。

照片 M　用胶水和螺丝将扶手固定到椅子框架上，其中两根螺丝拧入前腿 / 托臂支架中，一根螺丝拧入后腿中。

然后分别拧入两根 2 in（50.8 mm）的墙壁螺丝将扶手拧紧（见照片 M）。还要拧入一根螺丝，用于将扶手固定到后腿上。

❷ 用直径 ⅜ in（9.5 mm）的白橡木木塞填补螺丝孔，然后用砂纸将其打磨齐平。

制作摇椅

❷ 用 3 层胶合板或刨花板废木料制作弯曲夹具（见"摇板层压夹具"图示），用胶水胶合后制成 2¼ in × 14 in × 30 in（57.2 mm × 355.6 mm × 762.0 mm）的坯料。

❷ 在坯料上绘制两条半径相差 1 in（25.4 mm）的弧线，然后用带锯沿弧线切割。切割一块 30 in（762.0 mm）见方的胶合板用于制作夹具底座，并将半块夹具拧到上面。把短胶合板木条固定在夹具顶部的底座边缘（当摇板木条被夹在夹具之间时，这有助于

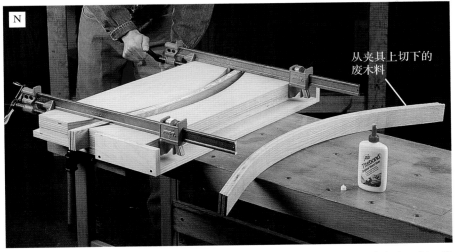

照片 N　在层压夹具中将摇板木条层压在一起，以便木条可以面对面胶合在一起。胶合板底座和短边有助于在胶合过程中保持两个半块的夹具对齐。让胶水干燥过夜，然后取下完成胶合的摇板。

保持夹具的可移动部分与固定部分对齐）。为夹具的弧形表面上蜡，以防止胶水黏附。

❷ 在 4 根 ¼ in（6.4 mm）厚的摇板木条的配对面上涂抹胶水，并将它们面对面堆叠在一起。

❷ 将胶合好的摇板木条放置在两个

半块的层压夹具之间，并开始拧紧两端的夹子，调整摇板木条，使其在夹具中居中，并保持木条的边缘对齐（见照片 N）。每次拧紧一点夹子，并且两端交替进行，直到摇板木条被紧紧压在一起。注意在中间位置添加一个夹子。

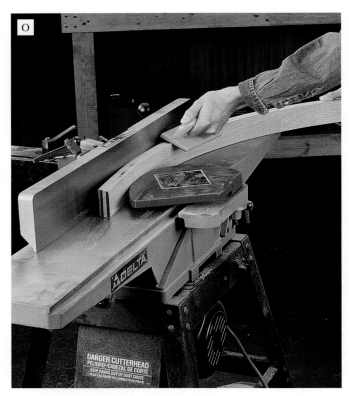

照片 O　层压完成后，用平刨将每块摇板的一侧边缘刨削平直。保持摇板的外表面紧贴靠山，并小心地使用推料板引导部件，顺应摇板的弧度进料。

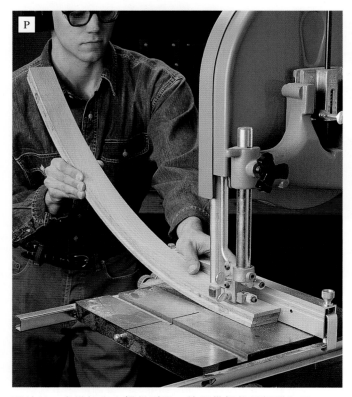

照片 P　由纵切靠山提供引导，使用带锯将摇板纵切至 1¾ in（44.5 mm）的宽度。保持刨削平直的边缘贴靠靠山。如果没有纵切靠山，可以在台面上夹紧一把平尺提供引导。

㉗ 将摇板木条放在夹具中过夜。从夹具中取出摇板，然后以同样的方式制作另一个摇板。

㉘ 使用油漆刮刀从每个摇板的一侧边缘尽可能地刮掉干燥的胶水。把边缘清理干净后，用平刨将其刨削平直，注意保持摇板的外表面贴靠靠山（见照片 O）。

㉙ 使用带锯和纵切靠山将摇板纵切到 1¾ in（44.5 mm）的宽度（见照片 P）。

㉚ 将摇板的两端切割方正。可以画一条直线，在带锯上把末端切割方正，也可用台锯、裁断锯锯切，或者用夹背锯在斜切辅锯箱上进行切割。摇板的最终长度应为 28 in（711.2 mm），从一端到另一端以直线测量。

㉛ 将每个摇板固定在前腿和后腿的合适位置，并在椅子腿的底部画出摇板的曲线。从椅子腿的内侧起始，沿底部边缘画线（见照片 Q）。用手锯清除废木料，然后用锉刀或砂光机将切口处理平滑。

㉜ 完成摇板的打磨。将椅子倒置，由扶手提供支撑。将摇板放在椅子腿部的底面上，使椅子腿相对于摇板居中，同时调节摇板，使其前端凸出于前腿 1 in（25.4 mm）。钻取埋头引导孔，然后用胶水和一根 #10 × 2½ in（63.5 mm）的螺丝（每条腿）固定摇板（见照片 R）。用白橡木木塞填补埋头孔。

收尾

㉝ 用砂纸修整任何粗糙区域，然后进行表面处理。我们使用的是胡桃木色丹麦油和桐油面漆。

㉞ 从 ¾ in（19.1 mm）厚的胶合板废木料上按尺寸切割座面。使用孔锯钻取 4 个直径 2 in（50.8 mm）的通风孔。

㉟ 切割一块与座板尺寸相同的、4 in（101.6 mm）厚的高密度泡沫，然后将其居中放置在一块 36 in（914.4 mm）见方的装饰面料下方。将装饰面料整齐地沿边角向下折叠并收拢，然后使用气动钉钉器或衬垫钉将面料固定在座面底部（见照片 S）。你可能需要一个室内装修工来制作这个座面，特别是如果你想用皮革面料的话。

㊱ 将 1¼ in（31.8 mm）的墙壁螺丝拧入三角木的引导孔中，以安装座面软垫（见照片 T）。

照片 Q　将摇板暂时固定在椅子腿的合适位置，用铅笔将摇板的弧度画到椅子腿的底部。沿切割线修剪椅子腿的底部，先用手锯去除大部分木料，再用砂光机或锉刀将切口修整光滑。

照片 R　用胶水和穿过埋头引导孔的 #10 × 2½ in（63.5 mm）的木工螺丝把摇板固定在椅子腿上。使用直径 ⅜ in（9.5 mm）的木塞填补埋头孔。

照片 S　可以用 4 in（101.6 mm）厚的泡沫和 36 in（914.4 mm）见方的装饰面料，以及气动或电动钉钉器自行装配座面。在制作转角时要小心。

防尘布

照片 T　用螺丝穿过三角木上的引导孔和座面木板，将座面固定到位。

第 386 页

第 356 页

第 380 页

第 394 页

第 326 页

第 338 页

第 9 章 户外家具

第 364 页

第 404 页

第 346 页

第 414 页

第 374 页

第 332 页

第 9 章 户外家具

庭院茶几

　　无论是享用咖啡、阅读早报，还是享用清凉的下午茶，都可以在这个迷人的庭院茶几旁享受美好的休闲时光。你会发现，宽大的桌面和下部的置物架有许多用途：从为口渴的孩子提供周到的服务到玩纸牌游戏。我们的桌子使用雪松木制作，这是一种廉价的木材，天然耐候且易于使用。

庭院茶几解构图

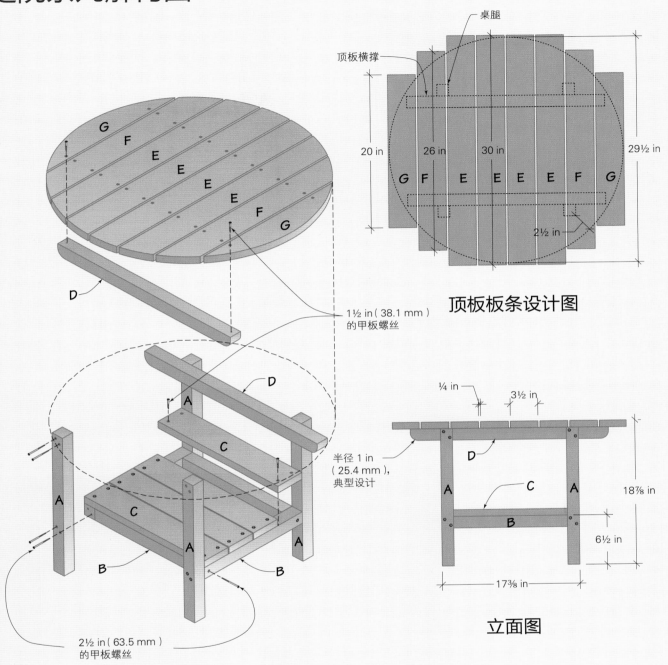

桌腿

顶板横撑

20 in

26 in

30 in

29½ in

G F E E E E F G

2½ in

顶板板条设计图

G F E E E E F G

D

1½ in（38.1 mm）
的甲板螺丝

A

D

C

半径 1 in
（25.4 mm），
典型设计

A

C

A

B

B

2½ in（63.5 mm）
的甲板螺丝

¼ in

3½ in

D

A C A

B

18⅞ in

6½ in

17⅜ in

立面图

庭院茶几切割清单			
部件名称	数量	尺寸	所用材料
A. 桌腿	4	1½ in × 1½ in × 18 in	雪松木
B. 搁板框架	4	1½ in × 1½ in × 14⅜ in	雪松木
C. 搁板板条	4	⅞ in × 4 in × 17⅜ in	雪松木
D. 横撑	2	1½ in × 1½ in × 25 in	雪松木
E. 桌面长板条	4	⅞ in × 4 in × 30 in	雪松木
F. 桌面中板条	2	⅞ in × 4 in × 26 in	雪松木
G. 桌面短板条	2	⅞ in × 4 in × 20 in	雪松木

注：1 in ≈ 25.4 mm，1 ft ≈ 304.8 mm。

重要信息

类型：户外茶几
整体尺寸：直径 29½ in（749.3 mm），高 18⅞ in（479.4 mm）
材料：雪松
接合方式：用螺丝加固的对接接合
制作细节：
· 使用自制的圆形切割夹具提供引导，用竖锯将圆形桌面切割成型
· 在安装过程中，将搁板和顶部板条用分割木隔开，以促进水分散失
表面处理：透明甲板封闭剂或不做任何处理
制作时长：6~8 小时

购物清单

☐ (3)1 in×4 in×8 ft 雪松木板
☐ (2)2 in×2 in×8 ft 雪松木板
☐ 甲板螺丝，1½ in 和 2½ in 规格
☐ 表面处理材料

注：1 in ≈ 25.4 mm，1ft ≈ 304.8 mm。

制作步骤

组装搁板

❶ 根据切割清单，按所需长度切取搁板框架部件和 4 根隔板板条。

❷ 组装搁板框架。将框架部件分成内外两对，将内侧部件的端面贴靠在外侧部件靠近两端的内侧面，组装出边缘平齐的框架。将框架组件夹紧到位，使用垫片防止损坏部件表面。在每个转角钻取一个引导孔，并用 2½ in（63.5 mm）的甲板螺丝将框架部件固定在一起（见照片 A）。

照片 A　用 4 个搁板框架部件组装出框架并夹紧，使一对部件的端面与另一对部件的两端内侧面贴合，然后在每个接合处拧入一个甲板螺丝固定框架部件。在夹爪和部件之间垫上垫片，以防止损坏部件表面。

❸ 安装搁板板条。首先放置一根板条，使其与框架的一侧长边齐平。在板条上钻取埋头引导孔，用4根¼ in（6.4 mm）的甲板螺丝固定板条。接下来将剩余的3根板条放在框架上，使第4根板条与搁板框架的另一侧长边齐平。调整中间的两根板条，使所有板条间隔均匀，间距约为¼ in（6.4 mm）。不过，这个间距可能并不固定，具体数值取决于购买的雪松木板的实际宽度。准备一对厚度与预期的板条间距尺寸匹配的废木料垫片，然后为每根板条钻取引导孔，并在插入垫片的情况下依次安装剩余的板条（见照片B）。

制作桌腿组件

❹ 将桌腿和横撑部件横切到所需长度，然后用圆规在横撑的两端分别画半径1 in（25.4 mm）的圆弧。

❺ 用竖锯锯切出横撑末端的圆角（见照片C）。

❻ 将桌腿固定在横撑上。在每个横撑上放置一对桌腿，使桌腿的顶端与横撑的顶部（平坦）边缘齐平。注意：横撑的圆角应朝向桌腿的底端。每个桌腿距离横撑末端3¾ in（95.3 mm）。垫上垫块，穿过每个桌腿钻取两个引导孔，一直钻入横撑中，并用2½ in（63.5 mm）的甲板螺丝固定部件（见照片D）。

连接搁板组件和桌腿组件

❼ 将桌腿组件固定到搁板组件上。首先用2×4规格的废木料切割4个5 in（127.0 mm）长的支撑块，以便在将搁板组件连接到桌腿组件时支撑搁板。将搁板放在支撑块的顶部端面。将桌腿组件分别贴靠搁板的每侧长边放置，使横撑部件朝内，同时桌腿的外边缘与搁板框架的端部齐

照片B　保持一根框架板条与搁板框架的一侧长边齐平，并将其固定到框架上。借助临时垫片，将剩余的板条以均匀的间隔固定在框架上。板条的端部和边缘不应该超出框架。

照片C　在横撑两端画半径1 in（25.4 mm）的圆弧，然后用竖锯切出圆角。在切割之前，务必用夹子将部件夹紧。

平。穿过每条桌腿分别钻取两个埋头孔，一直钻入框架部件中，然后拧入 2½ in（63.5 mm）的甲板螺丝，将桌腿固定到搁板框架上（见照片 E）。小心定位螺丝，使它们不会碰到搁板框架内的螺丝。

顶板的成型与安装

❽ 布置并将桌面板条固定到横撑上。请注意，桌面板条的长度根据其在桌面上的位置而变化。将两根短板条放在横撑末端，然后放置中板条。4 根长板条构成了桌面的中间部分。最中间的两根长板条之间的缝隙应标记为横撑的中线。在板条之间插入垫片，以保证它们间隔均匀。用 1½ in（38.1 mm）的甲板螺丝将桌面板条固定到横撑上，每个连接处拧入两根甲板螺丝（见照片 F）。

照片 D　将桌腿固定在横撑上，使桌腿的顶端与横撑的顶部（平坦）边缘对齐。用 2×4 规格的废木料为桌腿提供水平支撑，同时用埋头螺丝将桌腿固定到横撑上。

照片 E　使用 2×4 规格的废木料制作 4 个 5 in（127.0 mm）长的支撑块，将搁板相对于桌腿支撑在合适的高度。将桌腿组件贴靠搁板的每侧长边放置，使横撑位于内侧。在桌腿上钻取偏置引导孔，用 2½ in（63.5 mm）的甲板螺丝将桌腿固定到搁板框架上。

照片 F　将桌面板条横向于横撑排列并固定。短板条应该悬挂在横撑两端，然后向内依次是中板条和长板条。使用垫片将板条均匀地分隔开。从中心向两端作业，推进到哪里就在哪里插入垫片，并用 1½ in（38.1 mm）的甲板螺丝拧入埋头孔中固定板条。

⑨ 用竖锯将桌面切割成型。我们使用了一种简单的圆形切割夹具，它包含一条 3 ft（914.4 mm）长的胶合板木条，木条一端装有一个框架，用来固定竖锯底座。在框架内的锯片区域切割一个孔，为锯片提供间隙。夹具围绕钉在圆心的钉子旋转。通过锯片到钉子的距离确定圆的半径。如果选择使用此夹具而不是徒手切割，请先找到桌面中心点，以确定夹具枢轴钉的位置。由于桌面的中心落在最中间的两根长板条之间的缝隙处，所以可以将一块薄板钉在桌面上，为枢轴钉提供钉钉表面。我们这里使用的是一块 ⅛ in（3.2 mm）厚的硬质纤维板。将枢轴点到锯片的距离设置为 14¾ in（374.7 mm），然后将枢轴钉固定到位。最好将铅笔插入锯片孔中并在开始切割之前画出整个圆；通过这种方式，你可以监控锯片沿画线切割的过程。然后将锯片插入夹具，将桌面修剪成型，尽可能靠近其中一块短板条的边缘起始切割（见照片 G）。

收尾

⑩ 对所有部件进行彻底打磨，特别是在桌面的曲面边缘，以消除所有锋利的棱角。

⑪ 如果你愿意，可以只涂抹几层透明的甲板封闭剂作为面漆层，以保持雪松的天然色调（见照片 H）。

枢轴钉

照片 G 圆形切割夹具制作方便，可以准确地切割出桌面。由于圆心位于板条之间，因此需要将薄板钉在桌面上，为枢轴钉提供稳定的锚固面。首先使用夹具用铅笔画出切割线。然后插入锯片，围绕枢轴钉转动夹具，切割出桌面。

照片 H 用砂纸打磨桌子，以去除碎屑和磨圆棱角。然后刷涂几层透明的甲板封闭剂，以保护木料免受侵害。

雪松鸟舍

如果有一些鸟类朋友居住在你设计的这款作品中，鸟儿会赞美你的。我们的雪松鸟舍很容易制作，侧面的铰链使其很容易清理。

雪松鸟舍解构图

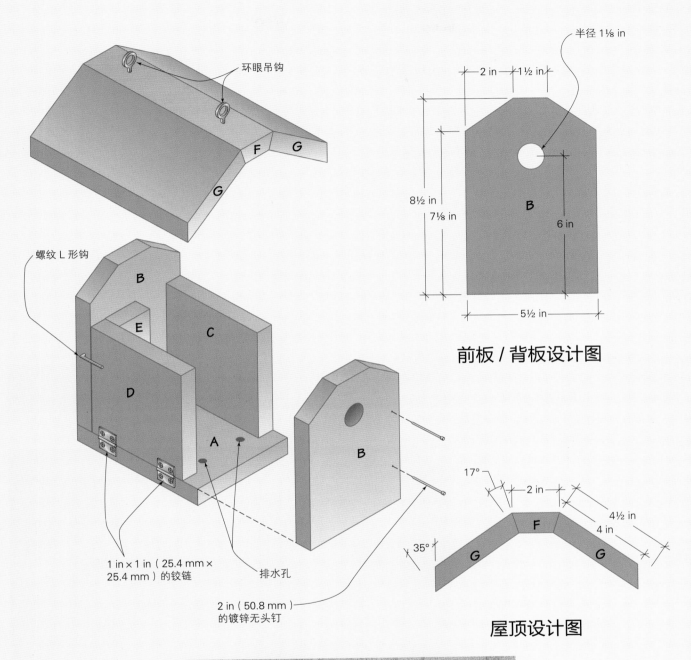

环眼吊钩

半径 1⅛ in

2 in 1½ in

8½ in
7⅛ in

B

6 in

5½ in

前板 / 背板设计图

螺纹 L 形钩

B

E

C

D

A

B

17°

2 in

4½ in
4 in

35°

F

G   G

屋顶设计图

1 in × 1 in（25.4 mm × 25.4 mm）的铰链

排水孔

2 in（50.8 mm）的镀锌无头钉

雪松鸟舍切割清单			
部件名称	数量	尺寸	所用材料
A. 底板	1	⅞ in × 5½ in × 7 in	雪松木
B. 前板和背板	2	⅞ in × 5½ in × 8½ in	雪松木
C. 侧板	1	⅞ in × 5½ in × 5¾ in	雪松木
D. 屋门	1	⅞ in × 5½ in × 5¾ in	雪松木
E. 门挡	1	⅞ in × 2 in × 5¾ in	雪松木
F. 屋顶中板	1	⅞ in × 2 in × 9½ in	雪松木
G. 屋顶侧板	2	⅞ in × 4½ in × 9½ in	雪松木

注：1 in ≈ 25.4 mm，1 ft ≈ 304.8 mm。

制作步骤

制作鸟舍部件

❶ 将鸟舍的底板、前板、背板、侧板和屋门切割到所需长度。

❷ 为门挡横切一块 5¾ in（146.1 mm）长的木料，然后再将其宽度纵切至 2 in（50.8 mm）。

❸ 使用遮蔽胶带及其切割清单的字母标签标记各个部件，以便识别。

❹ 标记前板和背板部件的屋顶角度（见照片 A），并切割顶角。

❺ 在底板上钻取排水孔。在底板上标记 4 个排水孔，使它们与底板端面和边缘的间距均为 1½ in（38.1 mm）。用直径 ⅜ in（9.5 mm）的钻头钻孔。

照片 A 切割出前板、背板、底板、侧板、屋门和门挡部件。标记部件，以免造成混淆。在前板和背板上画出屋顶角度，并用竖锯切割出这些部件的屋顶轮廓。

6 在前板上钻取进入孔。以部件宽度为中心，把前板底部边缘向上 6 in（152.4 mm）处标记为入口孔的中心点。用铲形钻头钻孔（见照片 B）。注意，请参阅下面的色框内容，了解适合特定种类鸟类的入口孔尺寸。

组装鸟舍

7 将前板、背板、侧板和底板放在一起，使鸟舍倒置在工作台上。检查部件的匹配情况。底板边缘应与前板、背板和侧板的底部边缘平齐，侧板位于前板和背板之间。

8 在部件的配对表面涂抹防潮木工胶，并按照步骤 7 中的方位将部件组装在一起并夹紧。将屋门滑入到位，不需要胶水，这样可以将其作为分隔木使用。用 2 in（50.8 mm）镀锌无头钉加固胶水的接合，注意不要钉入屋门中（见照片 C）。

9 安装屋门。首先，检查屋门与鸟舍组件的匹配程度。如果屋门与前板和背板的贴合过紧，则需要打磨屋门边缘，直到它可以在开口处自由移动。否则，木料很可能会因为暴露在户外吸水膨胀，导致门无法打开。用两个铰链将屋门固定在房屋底部，两个铰链距离屋门两侧边缘均为 ½ in（12.7 mm）（见照片 D）。

10 把门挡粘到鸟舍的背板上，与屋门的背缘平齐。

11 制作屋顶中板。首先在 1×6 规格的木板上横切长 9½ in（241.3 mm）的坯料，这样在你将细窄的中板切割到所需宽度时，会有足够的额外材料来支撑竖锯底座。画出屋顶中板的长斜面切割线，使中板从顶部的 2 in（50.8 mm）逐渐减小到底面的 1½ in（38.1 mm）。

12 使用竖锯斜切屋顶中板的斜面。设置斜角规以匹配斜

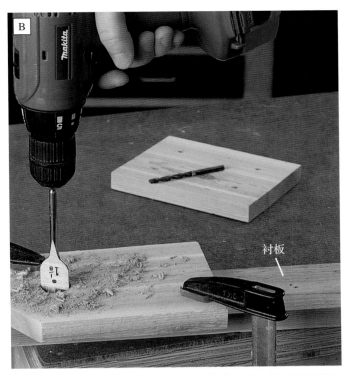

照片 B　在鸟舍前板上标记出入口孔的中心点，并用铲形钻头钻孔。在钻孔之前，将一块衬板夹在鸟屋前板下方，以防止钻头退出时撕裂木板。

衬板

照片 C　用胶水组装鸟舍的前板、背板、侧板和底板并夹紧。插入屋门（无须胶水）作为分隔木。钉入钉子加固胶合面，并用冲钉器处理钉头。

不同鸟类的建议入口孔尺寸

　　鸟舍上的入口孔尺寸可能会影响入住的鸟类种类。下面给出了一些吸引不同鸟类的入口孔的推荐尺寸。

1⅛ in（28.6 mm）孔洞

北美山雀、蓝翅黄林莺

1¼ in（31.8 mm）孔洞

银喉长尾山雀、红胸鸸、绒啄木鸟、莺鹪鹩

1⅜ in（34.9 mm）孔洞

白胸鸸、紫绿树燕

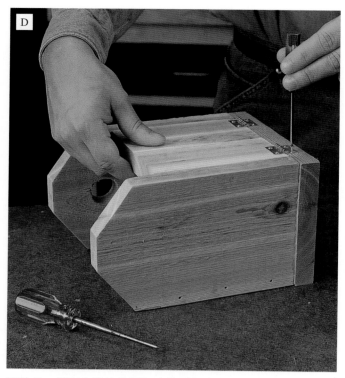

面角度，并用其将锯片和竖锯底座调整到相同的角度（见照片 E）。切割屋顶中板的斜面。

⓭ 横切出两块屋顶侧板的坯料。根据屋顶设计图，在每个屋顶侧板的边缘画出斜面切割线。使用量角器确定并标记屋顶侧板上的 17° 和 35° 斜面，然后相应地设置竖锯底座以斜切边缘斜面（见照片 F）。

⓮ 在鸟屋主体上干接屋顶部件，以检查斜面接头的匹配情况。如果存在偏差，打磨或锉削斜面以改善匹配，并闭合接头。

制作和安装屋顶

⓯ 安装屋顶。在屋顶部件的胶合边缘以及鸟舍前板和背板的顶部边缘均匀涂抹胶水。将屋顶夹紧，使屋顶从前到后均匀悬空（见照片 G）。用 2 in（50.8 mm）的无头钉穿过屋顶部件，向下钉入鸟舍的前板和背板中，以进一步固定部件。

照片 D　用两个铰链将屋门连接到鸟舍底部。首先用划线锥标记铰链螺丝的引导孔。

照片 E　根据屋顶部件的斜面角度设置竖锯的切割角度。斜角规可以使这个过程变得简单。

照片 F　使用平尺提供引导，用竖锯完成屋顶中板和侧板的边缘斜切。将部件和平尺在台面上夹紧，以便在切割时保持稳定。

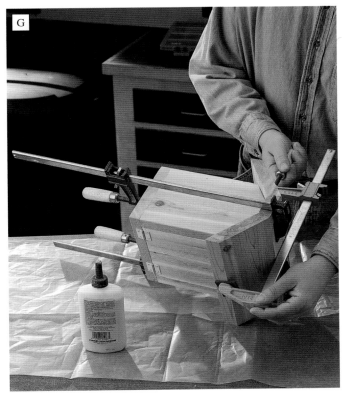

照片 G　将屋顶部件胶合并夹在鸟舍主体上，然后用镀锌无头钉固定屋顶。

照片 H　将带螺纹的环眼吊钩拧入屋顶中板的引导孔中，用来悬挂鸟舍。使用螺丝刀可以更容易地旋紧挂钩。

收尾

16 如果需要挂起鸟舍，请将一对环眼吊钩安装在屋顶中板的引导孔中，吊钩距离中板末端 1½ in（38.1 mm）（见照片 H）。

17 将螺纹 L 形钩拧入鸟舍背板靠近门的边缘，形成一个"螺丝扣式"门闩。将 L 形钩旋转到门前，可使门保持关闭状态。

18 如果你愿意，可以涂抹一层透明的甲板封闭剂作为面漆，以保留雪松的天然颜色。

悬挂说明

19 把鸟舍挂在结实的树枝、屋檐或其他支撑物上，使其距离地面至少 6 ft（1.8 m）。鸟舍应避开盛行风向。

安装选项

　　如果你宁愿将这个鸟舍安装到柱子上而不是将其悬挂，可以穿过底板钻取引导孔，从鸟舍内部将镀锌无头钉或螺丝钉入柱子中。另一个选择是将鸟舍安装在带有小型镀锌或黄铜角架的支柱上。

基础花园长椅

　　花园长椅风格多样。这款休闲风格的长椅使用雪松木制作，采用了螺丝外露的设计风格，并且仍属于周末木工的范畴。与我们的许多设计一样，这款作品也可以根据你的需要进行调整。只需将表面处理产品改为亮面漆或者修改背板轮廓，你就可以拥有满足个人品位或匹配自家环境的完美长椅。这是一款可以抵御四季天气变化的家具，在户外风吹雨打一段时间后，它看起来会像花园里的报春花和矮牵牛花一样自然。

重要信息

类型：花园长椅
整体尺寸：长 59½ in（1511.3 mm），宽 24½ in（622.3 mm），高 36 in（914.4 mm）
材料：雪松
接合方式：用镀锌甲板螺丝加固的对接接合
制作细节：
• 宽大的座面和适度倾斜的靠背可以确保舒适度
• 靠背板条的柔和轮廓设计可以很容易地改成其他形状
• 裸露的螺丝增强了户外家具外观上的质朴感
• 组装 3 个组件，即靠背组件、座面组件和椅子腿 / 扶手组件，可以简化制作过程
表面处理：涂抹渗透型防紫外线封闭剂，或者不做表面处理，任由长椅自然变灰

制作时长

 准备木料
0 小时

 绘图和标记
2~4 小时

 切割部件
2~4 小时

 组装
4~6 小时

 表面处理
2~3 小时

总计：10~17 小时

使用的工具

• 电圆锯或电动斜切锯
• 竖锯
• 手持式电钻 / 螺丝刀
• 夹具
• 组合角尺
• 木工角尺

购物清单

☐ (1)2 in × 6 in × 4 ft 雪松木板
☐ (5)2 in × 4 in × 8 ft 雪松木板
☐ (1)2 in × 2 in × 4 ft 雪松木板
☐ (1)1 in × 8 in × 4 ft 雪松木板
☐ (2)1 in × 6 in × 8 ft 雪松木板
☐ (1)1 in × 6 in × 6 ft 雪松木板
☐ (3)1 in × 4 in × 8 ft 雪松木板
☐ 镀锌甲板螺丝，1½ in、2½ in 和 3 in 规格
☐ 防紫外线封闭剂
☐ #20 饼干榫
☐ #8 × 1¼ in 平头木工螺丝

注：1 in ≈ 25.4 mm，1ft ≈ 304.8 mm。

基础花园长椅
解构图

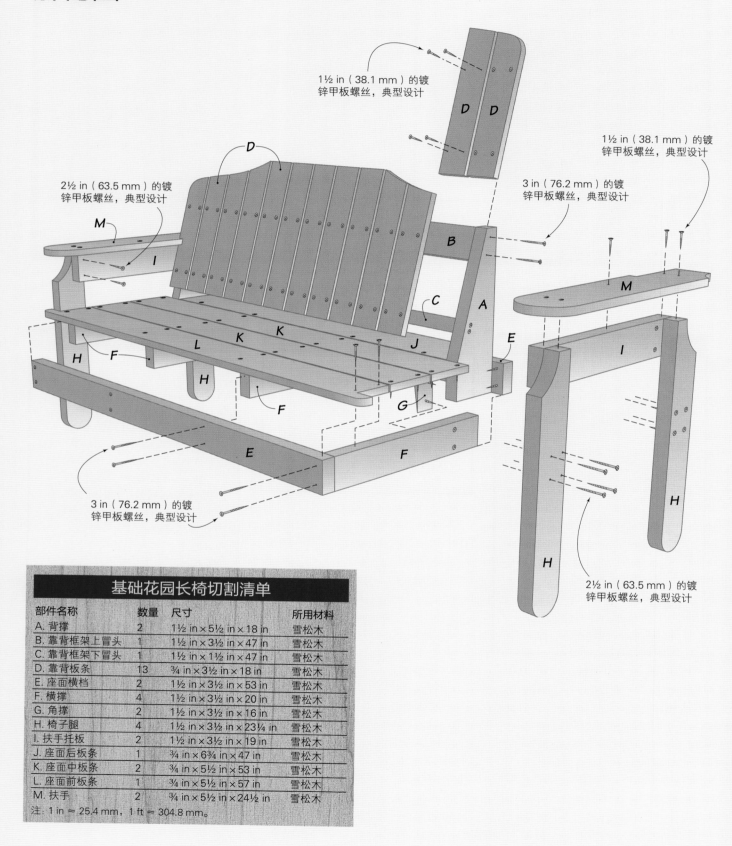

1½ in（38.1 mm）的镀锌甲板螺丝，典型设计

1½ in（38.1 mm）的镀锌甲板螺丝，典型设计

3 in（76.2 mm）的镀锌甲板螺丝，典型设计

2½ in（63.5 mm）的镀锌甲板螺丝，典型设计

3 in（76.2 mm）的镀锌甲板螺丝，典型设计

2½ in（63.5 mm）的镀锌甲板螺丝，典型设计

基础花园长椅切割清单			
部件名称	数量	尺寸	所用材料
A. 背撑	2	1½ in × 5½ in × 18 in	雪松木
B. 靠背框架上冒头	1	1½ in × 3½ in × 47 in	雪松木
C. 靠背框架下冒头	1	1½ in × 1½ in × 47 in	雪松木
D. 靠背板条	13	¾ in × 3½ in × 18 in	雪松木
E. 座面横档	2	1½ in × 3½ in × 53 in	雪松木
F. 横撑	4	1½ in × 3½ in × 20 in	雪松木
G. 角撑	2	1½ in × 3½ in × 16 in	雪松木
H. 椅子腿	4	1½ in × 3½ in × 23¼ in	雪松木
I. 扶手托板	2	1½ in × 3½ in × 19 in	雪松木
J. 座面后板条	1	¾ in × 6¾ in × 47 in	雪松木
K. 座面中板条	2	¾ in × 5½ in × 53 in	雪松木
L. 座面前板条	1	¾ in × 5½ in × 57 in	雪松木
M. 扶手	2	¾ in × 5½ in × 24½ in	雪松木

注：1 in ≈ 25.4 mm，1 ft ≈ 304.8 mm。

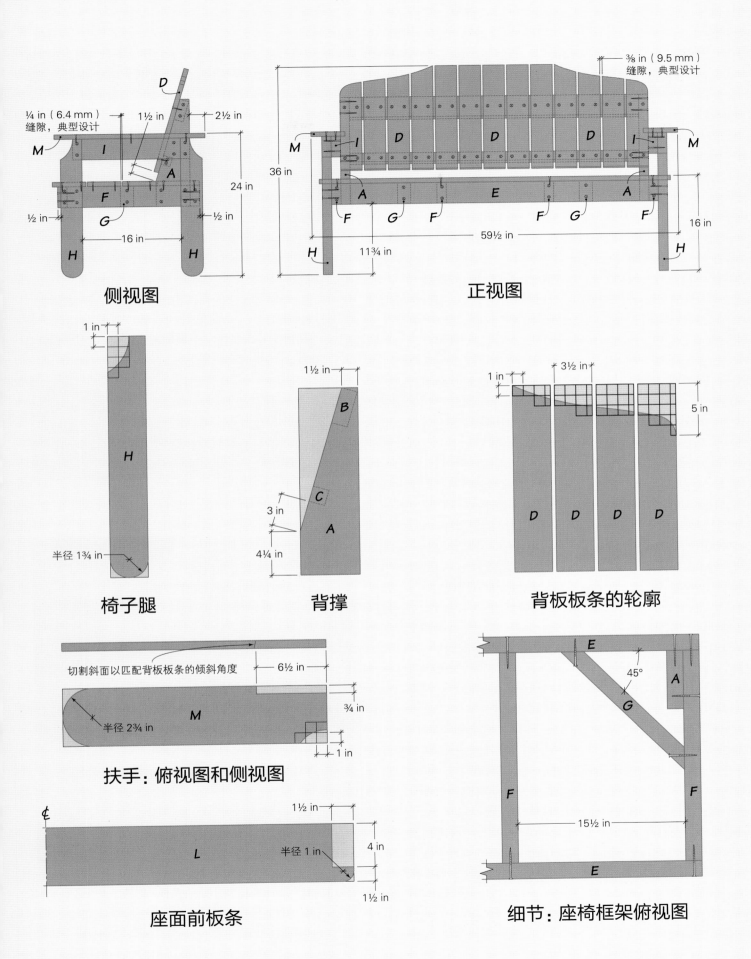

¼ in（6.4 mm）
缝隙，典型设计

1½ in

2½ in

D

M

I

A

24 in

F

½ in

G

½ in

16 in

H

H

侧视图

⅜ in（9.5 mm）
缝隙，典型设计

36 in

M

I

D

D

D

I

M

A

E

A

F

G

F

F

G

F

H

11¾ in

59½ in

16 in

H

正视图

1 in

H

半径 1¾ in

椅子腿

1½ in

B

C

3 in

A

4¼ in

背撑

1 in

3½ in

5 in

D

D

D

D

背板板条的轮廓

切割斜面以匹配背板板条的倾斜角度

6½ in

¾ in

半径 2¾ in

M

1 in

扶手：俯视图和侧视图

E

45°

A

G

F

F

15½ in

E

细节：座椅框架俯视图

₵

1½ in

4 in

L

半径 1 in

1½ in

座面前板条

照片 A 将背撑切割到所需长度，并在部件上画出斜面的切割线。将背撑固定在台面上，用竖锯沿画线切割。

这款长椅的风格样式在很大程度上取决于靠背、扶手和椅子腿等部件的外形。只需稍加思考和规划，在不影响部件基本构造方法和尺寸的情况下改变这些部件的轮廓是可行的。想展现更为天马行空的设计来表达自己？这是一个机会。

制作靠背

❶ 制作带角度的背撑。从 2×6 的雪松木料上按长度尺寸切取坯料。参考背撑设计图，标记出背撑的斜面角度。将每个坯料夹在台面上，用竖锯切割斜面（见照片 A）。

❷ 在背撑上安装上下冒头。将上下冒头切割到所需长度。将冒头夹紧在背撑之间，使其正面与背撑的倾斜边缘齐平。下冒头位于背撑的倾斜部分底缘向上 3 in（76.2 mm）处，上冒头与背撑的顶角平齐。在钻取埋头引导孔时，使用长夹具将冒头固定在背撑之间。用 3 in（76.2 mm）的镀锌甲板螺丝固定部件。

❸ 制作靠背板条。从 1×4 的木料上切取所需长度的板条。把一根板条放在靠背框架上，并在板条上标记两个冒头部件的中心。这些标记是将来定位螺丝的参考点。将所有板条整齐排列在一起，将参考标记延伸到所有板条的正面。

❹ 安装靠背板条。先放好两根端部板条，使其外边缘与背撑的外表面齐平，并用 1½ in（38.1 mm）的镀锌甲板螺丝固定它们。横跨两根板条的下边缘夹紧一把平尺，然后加入其他板条，使所有板条的末端保持对齐。使用厚 ⅜ in（9.5 mm）的垫片形成板条之间一致的间隙，并用镀锌甲板螺丝将板条固定在冒头上（见照片 B）。

照片 B 首先安装两根端部板条，使其外边缘与背撑的外表面平齐，然后横跨两根板条的下边缘夹紧一把平尺，以此加入中间板条。在将中间板条固定到位时，使用厚 ⅜ in（9.5 mm）的垫片来保持板条之间的间隙一致。

❺ 切割靠背板条的轮廓。你可以为靠背制作独特的轮廓，或者根据靠背板条的轮廓图制作一个硬质纤维板模板辅助切割。沿靠背板条的顶部边缘画出轮廓线，然后将靠背组件在台面上夹紧，用竖锯切割板条的轮廓（见照片 C）。将切口边缘打磨光滑。

制作和安装座面框架

❻ 从 2×4 的木料上按长度尺寸切取 2 根座面横档和 4 根横撑。

❼ 组装座面框架。把横撑在横档之间放置到位并夹紧。内部横撑与端部横撑的间距为 15½ in（393.7 mm）。钻取埋头引导孔，用 3 in（76.2 mm）的镀锌甲板螺丝将横档固定到横撑上（见照片 D）。

❽ 切割并安装两个角撑。将角撑切割到所需长度，并对其两端进行45° 斜切（见照片 E）。将角撑放在座面框架的后角内，在角撑的末端附近钻取埋头引导孔，并用 2½ in（63.5 mm）的镀锌甲板螺丝固定。

❾ 将靠背组件固定在座面框架上。将靠背组件直立放置在座面框架内，使背撑与座面框架的后角对接在一起。穿过两端横撑钻取埋头引导孔，一直钻入背撑中，然后用 2½ in（63.5 mm）的镀锌甲板螺丝将座面框架连接到背撑上（见照片 F）。

制作和安装椅子腿组件

❿ 制作椅子腿。将椅子腿切割到所需长度，然后按照椅子腿的设计图或根据自己的想法设计椅子腿的轮廓（见照片 G）。用竖锯将椅子腿切割成型，并将切口边缘打磨光滑。

⓫ 将扶手托板横切到所需长度，并将其夹在前后腿之间（确保椅子腿的轮廓取向是正确的）。钻取埋头引导孔，并用 2½ in（63.5 mm）的镀锌甲

照片 C　在靠背组件上画出轮廓线（可以自行设计，也可以使用图纸中的轮廓）后，沿轮廓线切割，并将切口处理光滑。

照片 D　先把端部横撑夹在座面横档之间以起始座面的组装，之后按照 15½ in（393.7 mm）的间距安放内部横撑。然后用 3 in（76.2 mm）的镀锌甲板螺丝将横档固定到横撑上。

照片 E　将两个角撑部件切割到所需长度，然后对其端部进行 45° 斜切。角撑安装在座面框架内横档与末端横撑之间的区域。

照片 F　将靠背组件立起放在座面框架内角撑后面的位置。穿过两端横撑钻取埋头孔，拧入镀锌甲板螺丝将靠背连接到座面框架上。

照片 G　使用圆规绘制椅子腿底部的圆形轮廓线。制作一个小型硬质纤维板模板，以标记所有 4 条椅子腿的顶部轮廓线。然后将椅子腿切割成型。

板螺丝将托板固定在椅子腿上。将这些部件固定完成后，用木工角尺检查组件，以确保椅子腿垂直于扶手托板，且彼此平行。

⑫ 将椅子腿组件固定到座面框架上。将椅子腿组件抵靠在座面框架的两端并夹紧，使座面的底部距离椅子腿的底部 11¾ in（298.5 mm），且前腿的前缘相对于座面框架的前缘内收了 ½ in（12.7 mm）。扶手托板应位于内侧，这样它们就靠在背撑的外表面。穿过椅子腿组件进入座面框架（见照片 H），穿过扶手托板进入背撑，钻取埋头引导孔，并用 2½ in（63.5 mm）的镀锌甲板螺丝将椅子腿组件固定到位。

安装座面板条和扶手

⑬ 制作并安装座面板条。从 1×8 的木料上按长度尺寸切取座面后板条，从 1×6 的木料上按长度尺寸切取中板条。将前板条切割到所需长度，并根据座面前板条的设计图在两端切割切口，使其与前腿内侧匹配。将切口边缘打磨平滑。将板条在座面框架中放置到位。座面后板条的外边缘应与座面框架的背部齐平。安装座面前板条，使其切口与前腿匹配。然后将两块中板条以均匀的间隔放

照片 H　将椅子腿组件与座面框架和靠背组件夹在一起。座面框架的底部边缘距离椅子腿的底部 11¾ in（298.5 mm），其前缘超出前腿前缘 ½ in（12.7 mm）。

在前后板条之间。钻取埋头引导孔，用 1½ in（38.1 mm）的镀锌甲板螺丝固定椅面板条（见照片 I）。

⓮ 制作并安装扶手。将扶手部件切割到所需长度。在部件上画出扶手的轮廓线，并用竖锯切割成型。需要注意，你还需要对扶手凹口进行斜面斜切，以匹配座椅靠背的角度。将切口边缘打磨光滑。将扶手安放在椅子腿组件的顶部，钻取埋头引导孔，然后用 1½ in（38.1 mm）的镀锌甲板螺丝固定扶手（见照片 J）。

收尾

⓯ 将所有边缘和表面打磨到位，并涂抹涂料——染色剂、油漆或透明的防紫外线封闭剂。

照片 I 将座面板条切割到所需长度，并将座面后板条切割到所需宽度，然后用砂纸将板条打磨光滑。接下来钻取埋头引导孔，并用镀锌甲板螺丝将板条固定到座面框架上。注意在安装前，将座面前板条的切口切割到位。

照片 J 将扶手切割到所需尺寸和形状，用镀锌甲板螺丝将其固定到扶手托板上。还要在扶手的背部边缘切取一个带有小斜面的凹口，使其紧密贴合最外侧的靠背板条。

经典花园长椅

　　这款经典的桃花心木花园长椅非常迷人，你可以在世界各地的花园和城市公园中见到它。这款长椅线条简洁优雅而紧致，比例适当，结构坚固，经久耐用。由于采用了隐藏式圆木榫接合，并用木塞隐藏螺丝，长椅上没有裸露的金属部件，不会产生难看的金属划痕或因为太阳的照射而发烫。你所看到的和感受到的都是天然木材的美妙。

重要信息

类型：花园长椅

整体尺寸：长 58¼ in（38.1 mm）， 宽 23¼ in（38.1 mm），高 35 in（38.1 mm）

材料：洪都拉斯桃花心木

接合方式：圆木榫或木工螺丝加固的对接接合

制作细节：

· 隐蔽式接合件和紧固件完善对传统的户外长椅设计

· 将靠背板条和间隔木插入靠背冒头的凹槽中

· 座面托板和横撑的轮廓使座面坐起来更舒适

表面处理：涂抹渗透性防紫外线封闭剂或者不做表面处理，任其自然风化为灰色

制作时长

准备木料
1~2 小时

绘图和标记
3~4 小时

切割部件
4~6 小时

组装
6~8 小时

表面处理
1~2 小时

总计：15~22 小时

使用的工具

· 台锯，搭配开榫锯片
· 带锯
· 电动斜切锯
· 台钻
· 圆木榫定位夹具
· 手持式电钻 / 螺丝刀
· 电木铣，搭配 ¼ in（6.4 mm）的圆角铣头
· 平切锯
· 木槌
· 气动钉枪，或者锤子和冲钉器
· 夹具
· 组合角尺
· 针式或拉线椭圆规
· 卷尺

购物清单

☐ (1) 1¾ in × 6 in × 6 ft 洪都拉斯桃花心木木板

☐ (2) 1¾ in × 2¾ in × 8 ft 洪都拉斯桃花心木木板

☐ (2) 1¾ in × 2 in × 8 ft 洪都拉斯桃花心木木板

☐ (1) 1½ in × 1½ in × 4 ft 洪都拉斯桃花心木木板

☐ (1) ¾ in × 2¾ in × 4 ft 洪都拉斯桃花心木木板

☐ (7) ¾ in × 2½ in × 6 ft 洪都拉斯桃花心木木板

☐ (3) ¾ in × 1¼ in × 8 ft 洪都拉斯桃花心木木板

☐ 带槽圆木榫，⅜ in × 2 in 和 ⁵⁄₁₆ in × 1½ in 规格

☐ 防潮木工胶

☐ 1½ in 的平头木工螺丝

注：1 in ≈ 25.4 mm，1ft ≈ 304.8 mm。

经典花园长椅
解构图

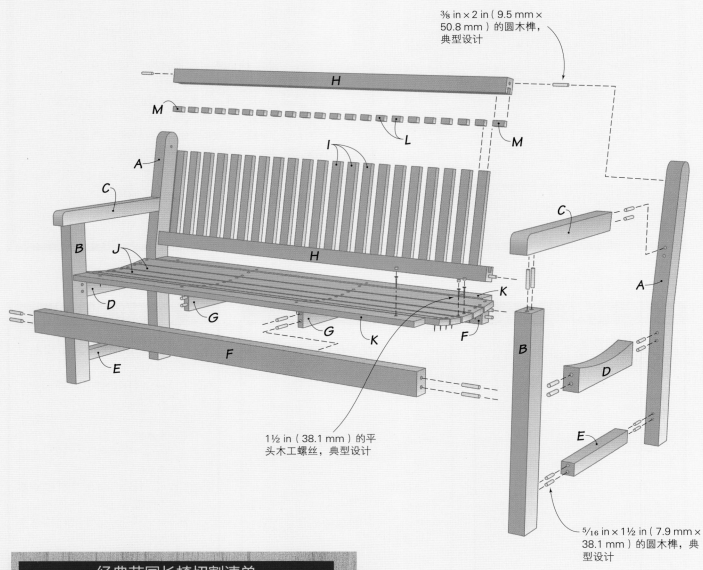

³⁄₈ in × 2 in（9.5 mm × 50.8 mm）的圆木榫，典型设计

1½ in（38.1 mm）的平头木工螺丝，典型设计

⁵⁄₁₆ in × 1½ in（7.9 mm × 38.1 mm）的圆木榫，典型设计

经典花园长椅切割清单			
部件名称	数量	尺寸	所用材料
A. 后腿	2	1¾ in × 5⅞ in × 35 in	洪都拉斯桃花心木
B. 前腿	2	1¾ in × 2¾ in × 23¼ in	洪都拉斯桃花心木
C. 扶手	2	1¾ in × 2 in × 20 in	洪都拉斯桃花心木
D. 座面托板	2	1¾ in × 2¾ in × 14½ in	洪都拉斯桃花心木
E. 端横档	2	1½ in × 1½ in × 14½ in	洪都拉斯桃花心木
F. 前后横档	2	1¾ in × 2¾ in × 54½ in	洪都拉斯桃花心木
G. 横撑	2	¾ in × 2¾ in × 14½ in	洪都拉斯桃花心木
H. 靠背冒头	2	1¾ in × 2 in × 54½ in	洪都拉斯桃花心木
I. 靠背板条	21	¾ in × 1¼ in × 13¼ in	洪都拉斯桃花心木
J. 中间座面板条	5	¾ in × 2½ in × 58 in	洪都拉斯桃花心木
K. 前后座面板条	2	¾ in × 2½ in × 54½ in	洪都拉斯桃花心木
L. 短间隔木	40	¾ in × ¾ in × 1¼ in	洪都拉斯桃花心木
M. 长间隔木	4	¾ in × ¾ in × 1⅝ in	洪都拉斯桃花心木

注：1 in ≈ 25.4 mm，1 ft ≈ 304.8 mm。

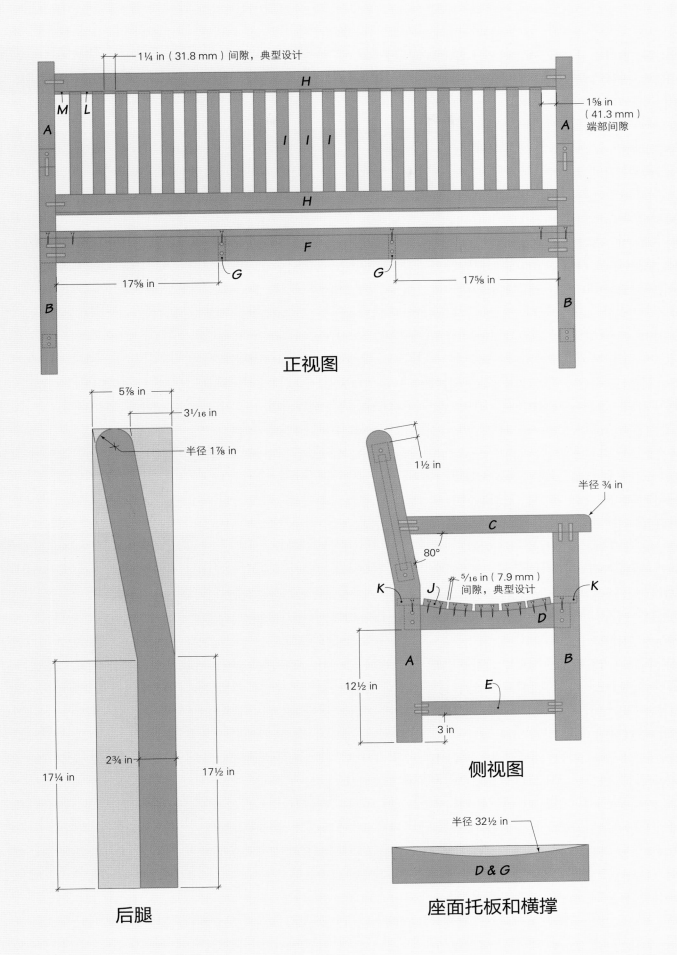

1¼ in（31.8 mm）间隙，典型设计

H

1⅝ in（41.3 mm）端部间隙

M L

A

I I I

A

H

F

G G

17⅝ in 17⅝ in

B B

正视图

5⅞ in

3¹/₁₆ in

半径 1⅞ in

1½ in

半径 ¾ in

C

80°

K J ⁵/₁₆ in（7.9 mm）间隙，典型设计 K

A D B

12½ in

E

3 in

侧视图

2¾ in 17½ in

17¼ in

后腿

半径 32½ in

D & G

座面托板和横撑

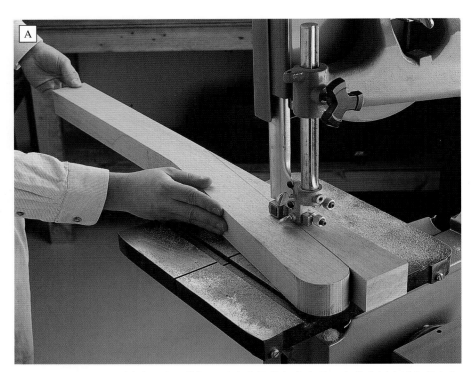

照片 A　切割后腿坯料并画线。带锯最适合在桃花心木这种厚实的木料上进行均匀切割。缓慢地将部件推过锯片，沿切割线从侧面和背面转向进行切割。

这款长椅完全由洪都拉斯桃花心木制作，这是一种质地致密且纹理细密的木材，在室外环境中具有极好的耐候性，不需要任何表面处理。为了获得 1¾ in（44.5 mm）厚的木板，你可能需要购买 8/4 in（50.8 mm）的木板，并将其刨削至最终厚度。

制作椅子腿组件

❶ 制作后腿。参考后腿的设计图，在 1¾ in（44.5 mm）厚的桃花心木坯料上画出后腿的轮廓线。用带锯切割后腿（见照片 A），然后把切割边缘打磨光滑。

❷ 制作扶手。按所需长度和宽度切取坯料。在后端斜切出 10° 斜面，并将顶部前角切割成 ¾ in（19.1 mm）半径的圆角。使用电木铣和圆角铣头为扶手的顶部边缘进行 ¼ in（6.4 mm）的倒圆。

❸ 制作座面托板。同样，按照所需长度和宽度切取 1¾ in（44.5 mm）厚的坯料。使用椭圆规在坯料顶面绘制半径 32½ in（825.5 mm）的圆弧，并用带锯切割出弧面。

❹ 将前腿和端横档坯料切割到所需的长度和宽度。

❺ 标记圆木榫的位置。将椅子腿组件的部件放置在木工桌台面上，并将它们夹在一起。横跨每个接合处标记出成对的圆木榫孔的位置，为钻孔提供参考（见照片 B）。

照片 B　在椅子腿组件的所有部件切割成型并打磨完成后，将部件放在一起并干接夹紧。横跨每个接合处画一对短线，以标记圆木榫孔的钻孔位置。

⑥ 钻取圆木榫孔。请注意，端横档中的圆木榫要比其他横档使用的圆木榫稍小，其尺寸为 $5/16$ in × $1½$ in（7.9 mm × 38.1 mm），因为端横档本身较小。使用圆木榫定位夹具提供引导（见照片 C），并钻取比设计尺寸深 $1/8$ in（3.2 mm）的孔，以容纳胶水。

⑦ 组装椅子腿组件。先将扶手放在一边。将涂好胶水的带槽圆木榫插入座面托板和端横档中。将大量胶水滴入椅子腿的圆木榫孔中，并在接合表面涂抹一层薄薄的胶水。将两组椅子腿组件分别夹紧（见照片 D），在夹具钳口内垫上木垫片，以保护椅子腿的表面。

制作座面组件

⑧ 制作横档和横撑。把所有的部件坯料切割到所需长度，然后在横撑坯料上以 $32½$ in（825.5 mm）的半径画出圆弧，用带锯完成切割。然后把切口打磨光滑。

⑨ 标记并钻取直径 $3/8$ in（9.5 mm）的圆木榫孔。参照正视图，在横档上画出对应横撑的中心线。同样在横撑的端面画出中心线。在横撑的端面和横档的内表面画出配对的圆木榫孔的位置。然后使用圆木榫定位夹具钻取引导孔。

⑩ 制作座面组件。在圆木榫的表面涂抹胶水，将其插入横撑中。同样需要在接合表面涂抹胶水。把横档和横撑组装在一起，然后夹紧组件。在胶水凝固之前，通过测量对角线来检查组件是否方正（见照片 E）。如果组件不够方正，通过调整夹具重新对齐部件。

制作靠背组件

⑪ 制作靠背冒头。从 $1¾$ in（44.5 mm）厚的木板上将坯料切割

照片 C　将椅子腿部件散开放置，将圆木榫孔的参考线延伸到部件的端面或侧面。用圆木榫定位夹具钻孔。用胶带标记钻孔深度。

照片 D　将涂好胶水的圆木榫插入座面托板和横档中，然后在配对部件的端面涂抹胶水，组装椅子腿组件。用夹具将接合部件夹紧。

照片 E　将横撑和横档用圆木榫接合起来，夹紧座面组件，并通过测量对角线检查组件是否方正。在胶水凝固前根据需要调整夹子的位置。

照片 F 在台锯上安装 ¾ in（19.1 mm）宽的开槽锯片，将切割高度设置为 ¾ in（19.1 mm）。在两个靠背冒头的一侧边缘，从一端到另一端切割凹槽，作为安装靠背板条和间隔木的通道。

照片 G 使用电动斜切锯可以快速将板条切割到相同的长度。在靠山上距离锯片 13¼ in（336.6 mm）的位置夹上一块限位块，用于切割板条。

到所需长度。在台锯上安装开榫锯片，然后沿两根冒头的边缘中心切割 ¾ in × ¾ in（19.1 mm × 19.1 mm）的凹槽（见照片 F），用于插入靠背板条和间隔木。

⓬ 制作靠背板条。在台锯上把靠背板条纵切到所需宽度。然后在电动斜切锯的靠山上夹上一个限位块，借助它将所有板条精确横切到相同的长度（见照片 G）。

⓭ 制作短间隔木。纵切出至少长 6 ft（1828.8 mm）、横截面的尺寸为 ¾ in × ¾ in（19.1 mm × 19.1 mm）的坯料。然后用斜切锯将短间隔木横切到所需长度。

⓮ 将靠背板条和间隔木安装到下冒头上。最好从中心板条开始，向两端延伸。这样即使间隔木的长度或板条宽度略有差异，端部的间隙也是相等的，板条可以精确地相对于整个靠背组件对称分布。首先测量并标记冒头顶面和底面的中心线。将下冒头凹槽朝上放在木工桌上，沿凹槽底面和侧壁涂抹木工胶。在中心板条的端面涂抹一层薄薄的胶水，然后将其插入下冒头凹槽的中央。在两块间隔木的表面涂抹胶水，在中央板条的每侧放置一个，并用钉枪钉或无头钉将其固定到位。如果你用锤子而不是气钉枪安装钉子，之后需要用冲钉器处理钉头。安装其余的板条和间隔木（见照片 H）。在到达冒头两端时，测量尺寸，切割并插入 4 块长间隔木。

⓯ 安装上冒头。在上冒头凹槽的底部和侧壁涂抹胶水。将冒头放在板条端面上方，轻轻夹紧到位，以便可以根据需要稍微调整板条。在间隔木上涂抹胶水，并将其插入板条之间（见照片 I），用钉子将间隔木固定到位。安装完所有间隔木后，检查靠背组件是否方正。没有问题后，夹紧靠背组

件，直到胶水完全凝固。

⓰ 用锋利的凿子清除从接缝中挤出并凝固的胶水。

组装椅子

⓱ 钻取圆木榫孔以连接3个组件——椅子腿组件、座面组件和靠背组件。参阅侧视图，以确定靠背组件和座面组件相对于椅子腿组件的位置。钻取成对的 ⅜ in（9.5 mm）直径的圆木榫孔，将靠背冒头和座面横档连接到椅子腿上。先用圆木榫干接上述组件，以检查部件的匹配程度。然后拆开组件，进行必要的调整。

⓲ 制作座面板条。将内侧和外侧板条切割到所需长度，用电木铣和 ¼ in（6.4 mm）的圆角铣头铣削每个板条一个大面的两侧边缘。测量并标记出固定螺丝的中心线。沿着钻有 ⅜ in（9.5 mm）引导孔的画线钻取埋头引导孔，以便装入木塞隐藏螺丝头。

⓳ 将座面后板条连接到座面组件的后横档上。安装后，座面板条的前边缘应与座面后横档的内侧边缘齐平。座面后板条现在就要固定，然后才能安装靠背组件。否则，靠背组件会妨碍钻头钻孔和安装螺丝。

⓴ 组装长椅。将一端椅子腿放在地板上。在圆木榫孔中涂抹一点胶水。将涂有胶水的带槽圆木榫插入靠背冒头和座面横档的两端，并在接合表面涂抹一层薄薄的胶水，将靠背和座面安放在椅子腿上。在其余的圆木榫上涂抹胶水，然后将其插入冒头和横档的另一端。将另一端的椅子腿组件滑动到位（见照片 J），并将整个椅子结构夹紧在一起。

㉑ 安装其余的座面板条。用 1½ in（38.1 mm）的平头木工螺丝将板条固定到位。使用厚 5/16 in（7.9 mm）的垫片分隔中间板条，确保它们能够间

照片 H　在下冒头上确定中央靠背板条的位置。从中间向两端操作，用胶水将板条和短间隔木固定在下冒头的凹槽中。将间隔木钉紧到位。我们使用的是气钉枪和配套的钉子。

照片 I　沿上冒头凹槽的3个内表面涂抹胶水，将其装入靠背组件中并夹紧。同样需要在上冒头板条之间的凹槽中安装间隔木。

照片 J　在把座面后板条固定好后，将一侧椅子腿组件放在地板上，并将靠背和座面组件安装到位。然后将另一侧椅子腿组件安装到位。使用胶水和圆木榫完成所有接合。

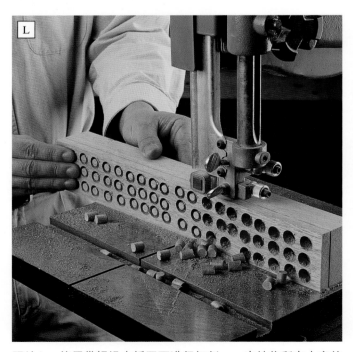

照片 L　使用带锯沿木板正面进行切割，一次性将所有木塞的长度修剪到 7/16 in（11.1 mm）。这样木塞也会自动脱落下来。

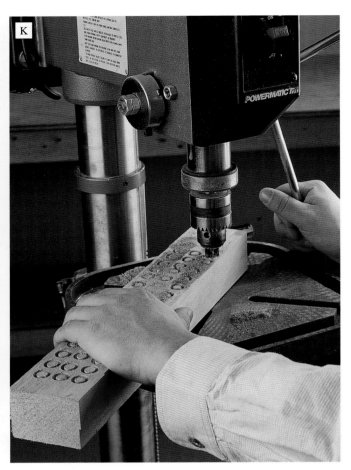

照片 K　为台钻安装 3/8 in（9.5 mm）的木塞刀头来切割木塞。沿一块桃花心木木板的正面长边切割大约 56 个木塞。木塞刀头的切入深度为 1/2 in（12.7 mm）。

隔均匀。

㉒ 切取木塞。你需要大约 56 个木塞。在台钻上安装一个木塞刀头，从同一块桃花心木木板的正面，以钻孔的方式获得木塞（见照片 K）。钻完孔后，用带锯从距离桃花心木木板正面 7/16 in（11.1 mm）处切开木板，得到木塞（见照片 L）。

㉓ 用小刷子为木塞刷涂胶水，安装木塞。将木塞插入埋头孔中，并用木槌轻敲使其就位。待胶水凝固，用平切锯（见照片 M）修整木塞，并用砂纸将木塞区域打磨平滑。

㉔ 将扶手固定到椅子腿组件上。将涂有胶水的圆木榫插入扶手中，在接合表面涂抹一层薄薄的胶水，将扶手安装到位（见照片 N）。

收尾

㉕ 用砂纸将椅子的所有表面打磨光滑。

㉖ 如果需要，可以涂抹防紫外线封闭剂。不过，洪都拉斯桃花心木通常不需要表面处理，因为它可以风化变成

柔和的灰色，与花园的自然环境融为一体。

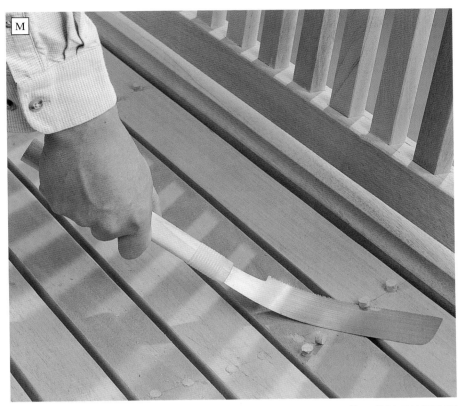

照片 M　待胶水凝固，用平切锯修平木塞。因为座面中间是下凹的，使用柔性锯片可以贴合板条表面的轮廓修剪木塞。小心修剪，不要损坏座面板条。

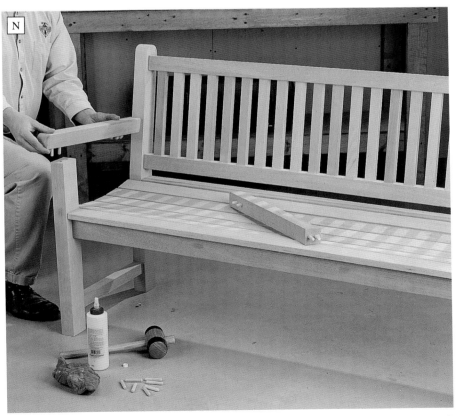

照片 N　将圆木榫胶合到先前在扶手上钻取的圆木榫孔中。在接合面上涂抹胶水，然后将扶手安装到椅子腿组件上，并用木槌将其敲打到位。

庭院桌椅

　　这套庭院桌椅比传统的野餐桌和长椅更加正式，也更容易制作。其中，桌子整体由雪松木制作，保证了全天候的耐用性和美观性，它将成为你和家人难忘的夏日大餐的核心。如果你需要一张稍大的桌子，只需加长桌子，再制作几把椅子就可以了。

重要信息

类型：庭院桌椅

整体尺寸：桌子长 48 in（1219.2 mm），宽 48 in（1219.2 mm），高 30 in（762.0 mm）

椅子长 23 in（584.2 mm），宽 18 in（457.2 mm），高 36½ in（927.1 mm）

材料：雪松木

接合方式：镀锌甲板螺丝加固的对接接合

制作细节：

· 桌椅的很多部件进行了倒棱处理，以尽量减少锋利的边缘

· 桌子的望板通过角撑加固，从而强化了桌腿的接合

表面处理：涂抹渗透性的防紫外线封闭剂，或者不做表面处理，任由雪松木自然风化为灰色

制作时长

 准备木料
0 小时

 绘图和标记
3~4 小时

 切割部件
2~3 小时

 组装
6~8 小时

 表面处理
2~4 小时

总计：13~19 小时

使用的工具

· 台锯
· 电动斜切锯
· 电木铣倒装台和导向倒棱铣头
· 手持式电钻 / 螺丝刀
· 夹具
· 组合角尺

购物清单

☐ (2)4 in × 4 in × 6 ft 或 (1)4 in × 4 in × 10 ft 雪松木板

☐ (3)2 in × 8 in × 10 ft 雪松木板

☐ (5)2 in × 6 in × 8 ft 雪松木板

☐ (4)2 in × 4 in × 8 ft 雪松木板

☐ (9)1 in × 4 in × 8 ft 雪松木板

☐ (4)1 in × 2 in × 6 ft 雪松木板

☐ 镀锌甲板螺丝，2 in 和 2½ in 的规格

☐ 表面处理材料

注：1 in ≈ 25.4 mm，1 ft ≈ 304.8 mm。

庭院桌椅解构图

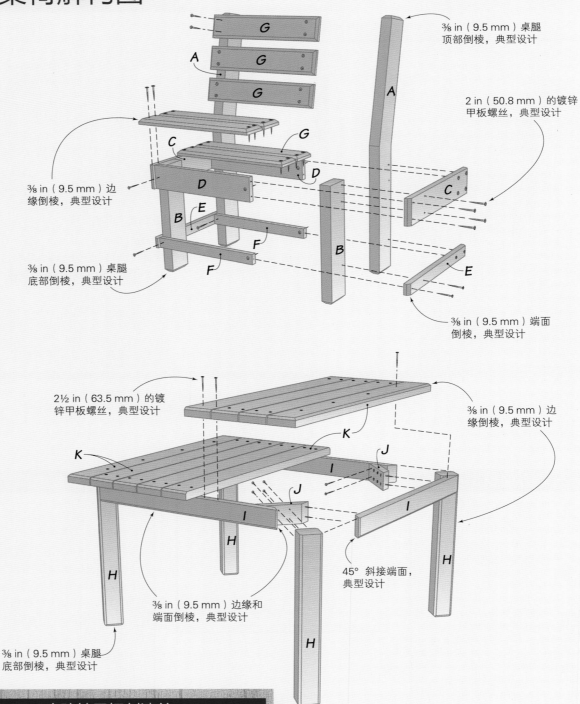

⅜ in（9.5 mm）桌腿顶部倒棱，典型设计

2 in（50.8 mm）的镀锌甲板螺丝，典型设计

⅜ in（9.5 mm）边缘倒棱，典型设计

⅜ in（9.5 mm）桌腿底部倒棱，典型设计

⅜ in（9.5 mm）端面倒棱，典型设计

2½ in（63.5 mm）的镀锌甲板螺丝，典型设计

⅜ in（9.5 mm）边缘倒棱，典型设计

⅜ in（9.5 mm）边缘和端面倒棱，典型设计

45° 斜接端面，典型设计

⅜ in（9.5 mm）桌腿底部倒棱，典型设计

庭院椅子切割清单

部件名称	数量	尺寸	所用材料
A. 后腿	2	1½ in×7¼ in×36½ in	雪松木
B. 前腿	2	1½ in×3½ in×16½ in	雪松木
C. 上框架端横梁	2	¾ in×3½ in×17½ in	雪松木
D. 上框架前后横梁	2	¾ in×3½ in×16 in	雪松木
E. 下框架端横档	2	¾ in×1½ in×17½ in	雪松木
F. 下框架前后横档	2	¾ in×1½ in×16 in	雪松木
G. 座面板条	7	¾ in×3½ in×18 in	雪松木

注：1 in ≈ 25.4 mm，1 ft ≈ 304.8 mm。

庭院桌子切割清单

部件名称	数量	尺寸	所用材料
H. 桌腿	4	3½ in×3½ in×28½ in	雪松木
I. 望板	4	1½ in×3½ in×38 in	雪松木
J. 角撑	4	1½ in×3½ in×9⅛ in	雪松木
K. 桌面板条	9	1½ in×5⅛ in×48 in	雪松木

注：1 in ≈ 25.4 mm，1 ft ≈ 304.8 mm。

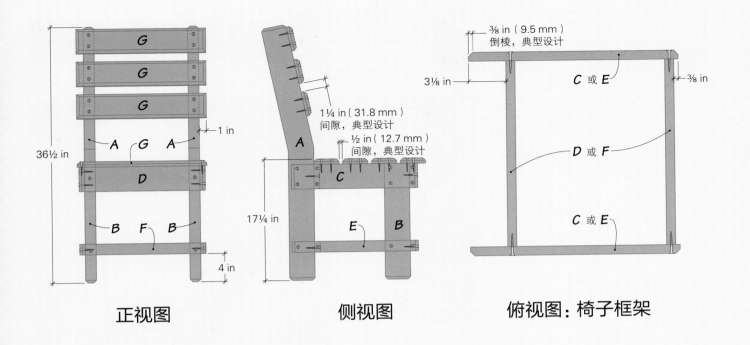

正视图

侧视图

俯视图：椅子框架

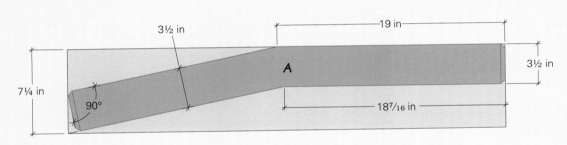

椅子后腿

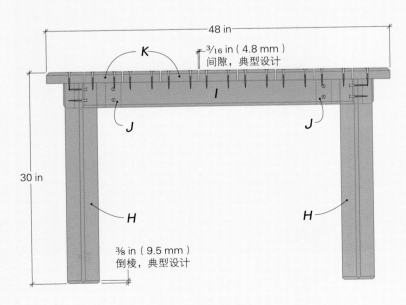

正视图

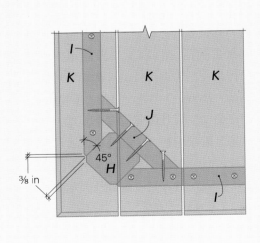

俯视图：转角细节

制作步骤

照片 A　画线并切割 8 条椅子后腿。根据椅子后腿设计图来绘制椅子后腿轮廓的参考点，并用直尺将其连接起来。

制作椅子

由于你需要制作 4 把相同的椅子，因此可以同时切割所有椅子的部件并制作它们。在这种情况下，在切割部件之前，务必确保部件尺寸的准确性。

❶ 制作椅子后腿。从 2×8 规格的木板上切取坯料到所需长度，并根据椅子后腿的尺寸图为部件画线（见照片 A）。用竖锯切割椅子后腿，待部件成型后，在电木铣倒装台上使用导向倒棱铣头为椅子后腿的顶部和底部边缘进行 ⅜ in（9.5 mm）的倒棱。

❷ 制作上下椅子框架。两个框架结构相同，但部件的宽度不同。将上下框架的前后部件以及端部件切割到所需尺寸。为端部件的外侧端面进行 ⅜ in（9.5 mm）倒棱。根据"俯视图：椅子框架"设计图定位各个部件，并将每个框架组装在一起夹紧。然后穿过端部件钻取埋头引导孔，并用 2 in（50.8 mm）的镀锌甲板螺丝固定框架（见照片 B）。

❸ 制作椅子前腿。从 2×4 的木板上切取坯料到所需长度，并对椅子腿底部的 4 个边缘进行倒棱。

照片 B　制作每把椅子的上下框架。注意，每个框架前面的部件相对于端部件的前端内收 ⅜ in（9.5 mm），后面的部件距离端部件的后端 3⅛ in（79.4 mm）。将框架部件夹在一起，然后使用 2 in（50.8 mm）的镀锌甲板螺丝穿过端部件，拧入前后部件中，完成框架组装。

❹ 用螺丝把椅子腿和框架固定在一起。先将框架固定在椅子后腿上，使上框架的顶部边缘距离椅子腿底部 16½ in（419.1 mm），再把下框架固定在距离椅子腿的底部 4 in（101.6 mm）的位置。然后将椅子前腿夹在两个框架前角内侧的合适位置，并用镀锌甲板螺丝固定（见照片 C）。

❺ 制作板条。所有板条的长度和形状均相同，只是靠背板条和座面板条钉入螺丝的位置不同。从 1×4 的木板上切取所需长度的板条坯料，并对每根板条一个大面的所有 4 个边缘进行倒棱。选定 12 根板条（每把椅子 3 根）作为靠背板条，并标记出拧入螺丝的中心线。将靠背板条固定在椅子后腿上。接下来，测量并标记座面板条上拧入螺丝的中心线。将座面板条固定在上框架的端部件上。沿所有板条上的画线钻取埋头引导孔，每个接合部位使用两根螺丝。

❻ 安装板条。参考正视图和侧视图，对齐最上面那根靠背板条的上边缘，并在板条之间留出 1¼ in（31.8 mm）的间隙。在座面板条之间留出 ½ in（12.7 mm）的间隙，后面那根座面板条应紧贴椅子后腿。钻取埋头孔，用镀锌甲板螺丝固定板条（见照片 D）。

制作桌子

桌腿、望板和桌面板条所有可见的边角和端面都要倒棱。虽然可以使用手持式电木铣和导向倒棱铣头处理，但使用电木铣倒装台可使操作更快捷、更轻松。所有部件的倒棱高度均设置为 ⅜ in（9.5 mm）。

❼ 制作桌腿。从 4×4 的木板上切取桌腿坯料到所需长度。对所有 4 个长边和桌腿底部边缘进行倒棱。

❽ 制作望板和角撑。将望板和角撑切割到所需长度，并对部件末端进行

照片 C 用镀锌甲板螺丝将上下框架安装到后腿和前腿上。

垫片

照片 D 要形成均匀的板条间距，请使用厚 ³⁄₁₆ in（4.8 mm）的垫片定位座面板条，使用厚 1¼ in（31.8 mm）的垫片定位靠背板条。从椅子腿成角度部分的底部开始安装靠背板条。在安装座面板条时，注意最后面那根座面板条要紧贴椅子后腿。

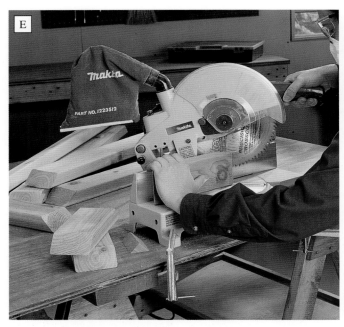

照片 E　对桌腿角撑和桌子望板的末端进行 45° 斜切。最安全的斜切方法（特别是对于较短的角撑）是使用电动斜切锯或台锯，而非电圆锯。

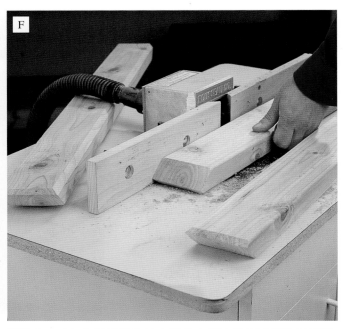

照片 F　对每个望板部件外表面的底部边缘和两端进行倒棱。在电木铣倒装台上操作，使用导向倒棱铣头，将其高度设置为 ⅜ in（9.5 mm）进行铣削。

照片 G　组装桌腿、望板和角撑。穿过角撑上的埋头引导孔，用 2½ in（63.5 mm）的镀锌甲板螺丝将部件组装在一起。使用一对螺丝，以一定的角度将角撑两端固定在望板上，同时使用 4 根螺丝将每个角撑固定至桌腿。在拧紧螺丝时，确保桌腿紧靠望板和角撑。

45° 斜切（见照片 E）。斜切部件时要特别小心，务求准确。

❾ 在每个望板的外表面底部边缘和两端进行倒棱（见照片 F）。由于望板末端经过了斜切，因此在倒棱时用于引导电木铣倒装台靠山的表面较小。解决该问题的一个方案是，将望板夹在一起，并保持末端齐平，一次性完成末端的倒棱。注意，如果使用手持式电木铣，斜切末端无法为倒棱铣头轴承提供引导表面。此时需要将望板夹在一起放在木工桌台面上，保持望板两端平齐，然后横跨望板夹上一把平尺，在进行切割之前为电木铣底座提供引导。

❿ 组装桌腿、望板和角撑。首先在角撑上钻取 6 个埋头引导孔，其中 4 个用于连接桌腿，两个位于角撑两端的成角度孔用于连接望板，如"俯视图：转角细节"所示。将桌腿倒置在地板或台面上，并将望板和角撑在每条桌腿周围定位到位，然后用镀锌甲板螺丝固定部件（见照片 G）。

⑪ 制作 9 根桌面板条。将板条切割到所需长度，然后用台锯纵切到所需宽度（见照片 H）。在电木铣倒装台上对两块端板条的外侧边缘进行倒棱，然后对所有桌面板条的顶部末端边缘进行倒棱。

⑫ 在板条上钻取引导孔。在桌面框架上铺上一根板条，使其两端凸出于框架相同的距离。在板条边缘标记出望板中心对应的点，并将标记延伸至板条的表面。使用这根板条提供引导，在所有板条上标记出螺丝的位置。在所有板条的标记位置钻取埋头引导孔，每个接合位置两个孔。

⑬ 安装板条。确定桌面的中心线，并在此线上安装中央板条。使用两个 ³⁄₁₆ in（4.8 mm）厚的垫片来维持板条间的间隙。从中心板条起始向外安装板条，并用镀锌甲板螺丝固定（见照片 I）。

收尾

⑭ 将桌子和椅子的表面和边缘打磨平滑。确保所有螺丝都埋头在木料表面之下。

⑮ 涂抹透明的防紫外线封闭剂，或者不做表面处理，任由雪松木自然风化为灰色。

滚柱架

照片 H 将 2×6 的坯料纵切为宽 5⅛ in（130.2 mm）的桌面板条。可以使用电圆锯搭配平尺导轨进行切割，但最好的选择是使用台锯搭配纵切靠山操作。对于离开锯台的部件部分，可以用滚柱架提供支撑。

照片 I 使用 2½ in（63.5 mm）的镀锌甲板螺丝将桌面板条固定到望板上。首先固定中央板条，然后向外操作。这样，板条悬空在桌子两端的长度都可以保持一致，板条也会被均匀定位。使用一对厚 ³⁄₁₆ in（4.8 mm）的垫片来保持板条之间的均匀间隙。

瓷面烧烤推车

　　你享受木炭的味道吗？户外烹饪是夏日聚会的重点，当你与家人朋友聚在一起烤肋排、烤牛排或者多汁的汉堡时，这款迷人的户外烧烤推车可以大大提高厨师的工作效率，使其可以自由地享受谈话。你还可以在不经意间让人们知道，制作这台多功能手推车只用了一个周末的时间。这是一件多么令人骄傲的事情！

重要信息

类型：烧烤推车
整体尺寸：长 44¼ in（1124.0 mm），宽 26⅞ in（682.6 mm），
高 35½ in（901.7 mm）
材料：雪松木、瓷砖
接合方式：用镀锌甲板螺丝加固的对接接合
制作细节：
• 将瓷砖铺设在胶合板框架上
• 一体式的把手和车轮便于移动
• 嵌入式调味品搁板
表面处理：涂抹渗透型的防紫外线封闭剂、户外涂料，或者
不做表面处理，任由雪松木自然风化为灰色

制作时长

 准备木料
0 小时

 绘图和标记
1~2 小时

 切割部件
2~3 小时

 组装
5~6 小时

 表面处理
2~3 小时

总计：10~14 小时

使用的工具

• 电圆锯
• 电动斜切锯
• 圆规
• 竖锯
• 手持式电钻 / 螺丝刀
• 夹具
• 锤子、冲钉器
• 组合角尺
• 瓷砖铺设工具，包括 ¼ in
（6.4 mm）凹口泥刀、泥浆抹
板和海绵
• 弓锯

购物清单

☐ (1)¾ in × 4 ft × 4 ft 户外胶合板
☐ (1) 直径 ¾ in、长 24 in 的硬木圆
木榫
☐ (2)2 in × 6 in × 8 ft 雪松木板
☐ (1)2 in × 4 in × 6 ft 雪松木板
☐ (2)1 in × 6 in × 8 ft 雪松木板
☐ (2)1 in × 6 in × 6 ft 雪松木板
☐ 镀锌甲板螺丝，2 in 和 3 in 规格
☐ 6d 镀锌无头钉
☐ (48)4¼ in × 4¼ in 釉面浴室瓷砖
☐ 薄砂浆、瓷砖勾缝剂
☐ (2) 直径 6 in 的车轮；直径 ½ in、
长 24 in 的钢棒；垫圈和开口销
☐ 防紫外线封闭剂

注：1 in ≈ 25.4 mm，1ft ≈ 304.8 mm。

瓷面烧烤推车
解构图

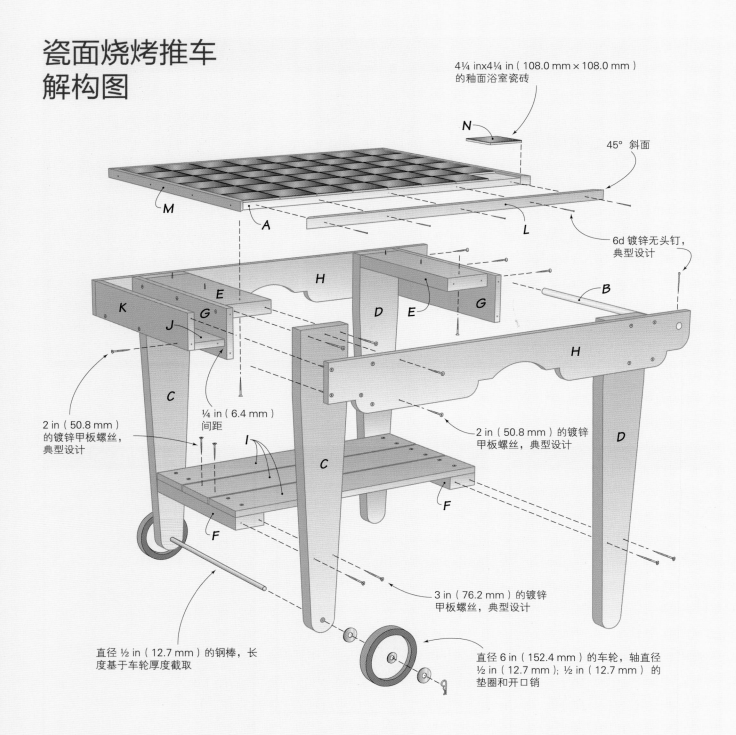

4¼ inx4¼ in（108.0 mm×108.0 mm）的釉面浴室瓷砖

45° 斜面

6d 镀锌无头钉，典型设计

2 in（50.8 mm）的镀锌甲板螺丝，典型设计

¼ in（6.4 mm）间距

2 in（50.8 mm）的镀锌甲板螺丝，典型设计

3 in（76.2 mm）的镀锌甲板螺丝，典型设计

直径 ½ in（12.7 mm）的钢棒，长度基于车轮厚度截取

直径 6 in（152.4 mm）的车轮，轴直径 ½ in（12.7 mm）；½ in（12.7 mm）的垫圈和开口销

瓷面烧烤推车切割清单

部件名称	数量	尺寸	所用材料	部件名称	数量	尺寸	所用材料
A. 胶合板顶板	1	¾ in × 26⅛ in × 34⅞ in	户外胶合板	H. 侧望板	2	¾ in × 5½ in × 44¼ in	雪松木
B. 把手	1	直径 ¾ in，长 21½ in	硬木圆木榫	I. 搁板板条	3	¾ in × 5½ in × 31¾ in	雪松木
C. 前腿	2	1½ in × 5½ in × 32⅞ in	雪松木	J. 调料格搁板	1	¾ in × 3½ in × 20 in	雪松木
D. 后腿	2	1½ in × 5½ in × 34½ in	雪松木	K. 调料格前板	1	¾ in × 4 in × 20 in	雪松木
E. 上横撑	2	1½ in × 5½ in × 17 in	雪松木	L. 桌面侧封边条	2	¾ in × 1 in × 36⅜ in	雪松木
F. 下横撑	2	1½ in × 3½ in × 17 in	雪松木	M. 桌面端封边条	2	¾ in × 1 in × 27⅞ in	雪松木
G. 前后望板	2	¾ in × 5½ in × 20 in	雪松木	N. 瓷砖	48	¼ in × 4¼ in × 4¼ in	釉面浴室瓷砖

注：1 in ≈ 25.4 mm，1 ft ≈ 304.8 mm。

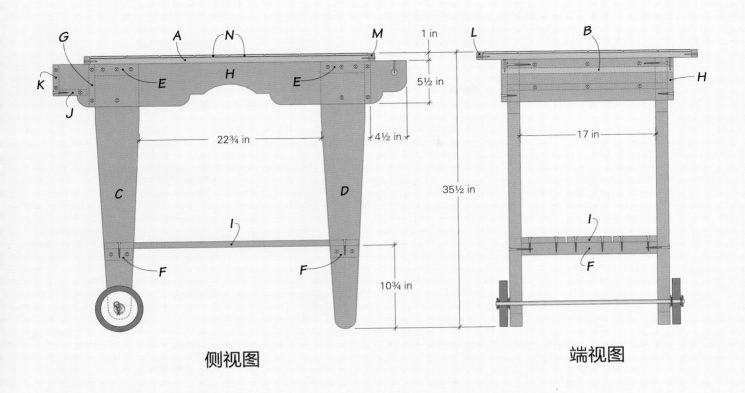

侧视图   端视图

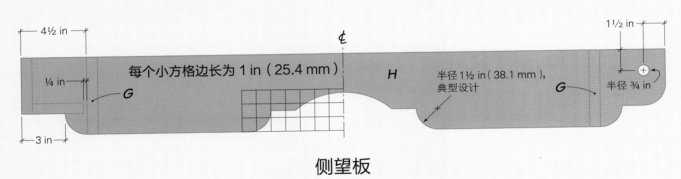

每个小方格边长为 1 in（25.4 mm）

侧望板

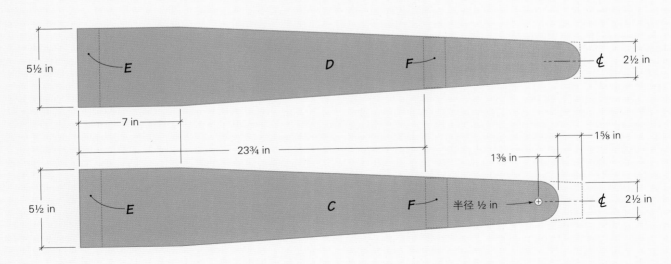

前腿和后腿设计图

制作桌腿组件

❶ 将桌腿横切到所需尺寸。虽然为了安装车轮，最终的前腿要比后腿略短，但 4 条桌腿的坯料仍要按相同的尺寸切割。

❷ 在桌腿内侧测量并标记出下横撑的位置。下横撑的上表面应距离地面 10¾ in（273.1 mm）。使用组合角尺环绕桌腿延伸画线。

❸ 为 4 条桌腿切割相同的锥度（参考"前腿和后腿设计图"）。锥度处理从桌腿顶部向下 7 in（177.8 mm）处起始，桌腿截面边长逐渐减小到底部的 2½ in（63.5 mm）。用圆规在两条后腿上画出桌腿圆弧。

❹ 根据设计将前腿底部切掉 1⅝ in（41.3 mm），然后在新的底端绘制 1⅜ in（34.9 mm）半径的圆弧。绘制桌腿圆弧时，把圆规的枢轴点标记为轮轴的中心。

❺ 将每条桌腿夹在台面上，用竖锯切割出桌腿的圆弧轮廓（见照片 A）。

❻ 在前腿上钻取直径 ½ in（12.7 mm）的车轴孔。可能需要将钻头安装在直角钻孔引导器中，以确保轴孔笔直。

❼ 将上下横撑切割到所需长度。将横撑放在桌腿之间的正确位置，并用夹子夹紧。钻取埋头引导孔，穿过桌腿一直钻入横撑中，用 3 in（76.2 mm）的镀锌甲板螺丝将桌腿固定到横撑上（见照片 B）。

照片 A　在对桌腿完成锥度处理并切短前腿后，画出桌腿底部的圆弧，并用竖锯完成切割。将桌腿固定在台面上更容易锯切。

照片 B　使用镀锌甲板螺丝将桌腿固定在上下横撑上。下横撑的上表面应距离地面 10¾ in（273.1 mm）。

切割剩余部件

通常，市售的雪松木板是一面光滑，一面粗糙的。对于用 1× 规格木料制作的望板、板条和调料格部件，你可以根据外观的需要，自行决定粗糙面朝外或朝内。不过，光滑的面朝外有助于减少后期的撕裂，并且更容易保持清洁。

❽ 制作侧望板。将两块侧望板坯料切割到所需长度。根据侧望板设计图在坯料上画出部件的轮廓线，并标记出把手圆木榫孔的中心点。将标记好的坯料叠放在未标记的坯料之上，保持边缘对齐，然后将坯料夹在台面上。用竖锯同时切割出两块望板。将切口边缘打磨光滑。

❾ 在侧望板仍夹在一起时，钻取直径 ¾ in（19.1 mm）的把手圆木榫孔。

❿ 将前后望板、搁架板条和手柄切割到所需长度。

⓫ 将调料格的搁板和前板切割到所需尺寸。首先纵切 1×6 的木板得到所需的宽度（见切割清单），然后将坯料横切至所需长度。

组装框架

⓬ 用 2 in（50.8 mm）的镀锌甲板螺丝将前后望板固定到桌腿组件上。将螺丝穿过望板一直拧入上横撑和桌腿中，将部件固定。注意，确保较长的后腿和把手圆木榫孔都位于望板的同一端。

⓭ 将侧望板固定在桌腿组件上。将桌腿组件倒置在台面上，使前后望板朝外。将侧望板夹紧到位，使其两端分别超出前后望板 4½ in（114.3 mm）。钻取埋头引导孔，用 2 in（50.8 mm）的镀锌甲板螺丝将侧望板连接到桌腿组件上，每个接合部位需要 4 根螺丝（见照片 C）。

照片 C　将前后望板连接到桌腿上，然后将桌腿组件上下颠倒，将侧望板固定到位。在拧入螺丝的时候，用夹子将组件固定到位。

⓮ 安装搁板板条。将推车主体正面朝上放在地板上。在较短的前腿下方垫上一块 1½ in（38.1 mm）厚的木板，使推车接近水平。放置搁板条，使其末端与下横撑的外侧边缘齐平，板条之间保持相等的间隙。穿过板条钻取埋头引导孔，一直钻入下横撑中，然后用螺丝将板条固定到位。

⓯ 安装调料格搁板和前板。首先在侧望板上与推车把手相对的一端钻取埋头引导孔。将搁板定位在距离侧望板末端 ¾ in（19.1 mm）处，以留出安装调料格前板的空间。确保搁板与前望板之间留出大约 ¼ in（6.4 mm）的间隙，以便于排水。用 2 in（50.8 mm）的螺丝将调料格搁板固定在侧望板之间，将前板固定在侧望板和搁板上（见照片 D）。

制作桌面

胶合板顶板和封边条的尺寸是基于瓷砖边长 4¼ in（108.0 mm），瓷砖之间的灌浆线 ⅛ in（3.2 mm）设定的。我们没有在瓷砖和封边条之间留出明显的灌浆线，因为该作品是用于户外的，实木封边条会随着环境湿度的变化膨胀或收缩。如果使用不同尺寸的瓷砖，则需要修改顶板的整体尺寸。任何时候都不要忘记灌浆线所需的空间。

⓰ 通过铺设瓷砖来确定胶合板顶板的尺寸，并标记出顶板的长度和宽度（见照片 E）。将胶合板顶板切割到所需尺寸，注意切割方正。

⓱ 把胶合板顶板固定在框架上。将胶合板顶板放置到位，使其四边均匀悬空，然后用 2 in（50.8 mm）的螺丝从下方穿过上横撑，将顶板固定（从下方固定顶板可以保证稍后卸下顶板时不会破坏瓷砖）。

⓲ 使用 ¼ in（6.4 mm）的凹口泥刀在顶板表面均匀涂抹一层薄砂浆。在使用砂浆或水泥浆时务必戴上手套。

⓳ 将瓷砖嵌入砂浆中（见照片 F）。

照片 D　将搁板板条固定到位，然后将调料格搁板和前板固定到侧望板上。在调料格搁板与前望板之间留出 ¼ in（6.4 mm）的间隙（见"侧望板设计图"），以便于排水。用 2 in（50.8 mm）的镀锌甲板螺丝固定部件。

照片 E　排列瓷砖，以确定桌面的长度和宽度。如果瓷砖边缘没有自间距的设置，可能需要留出间隔区域以铺设灌浆线。瓷砖的整体尺寸将决定胶合板顶板的尺寸。

如果你不是经验丰富的瓷砖工匠，且瓷砖没有自留间距，建议从顶板的一个角开始粘贴，横向铺设一行瓷砖，再纵向铺设一行瓷砖。这样可以验证灌浆线的确切尺寸。如果这些瓷砖需要调整位置，操作起来也要比重新定位所有瓷砖更容易。将瓷砖牢牢压入薄砂浆中，确保它们完全就位且不会松动。等待砂浆彻底干燥，然后继续操作。

❷⓪ 制作并安装封边条。从 1×6 的木板上切取 ¾ in × 1 in（19.1 mm × 25.4 mm）的木条，然后将其横切至所需长度。对木条末端进行 45°斜切。钻取引导孔，并用胶水和 6d 镀锌无头钉将封边条固定到桌面边缘（见照片 G）。用冲钉器处理钉头。

❷① 涂抹勾缝剂。选择与瓷砖颜色互补的勾缝剂。一般来说，相比浅色勾缝剂，深色勾缝剂形成的斑点和污点要少得多。根据制造商的说明混合粉状勾缝剂，形成相对干燥的混合物（用手将混合物捏成球形，其形状可以保持）。用遮蔽胶带保护实木封边条的顶部表面。

❷② 使用泥浆抹板将勾缝剂涂抹在瓷砖表面，并将勾缝剂挤入接缝（见照片 H）。沿桌面对角线操作，以免在填充其他接缝时从一些接缝中刮走勾缝剂。

❷③ 擦掉多余的勾缝剂。再次沿对角线操作，使用海绵从瓷砖表面擦除多余勾缝剂（见照片 I）。期间要反复清洗海绵，并在勾缝剂完全凝固之前将瓷砖清理干净。因为随着勾缝剂的干燥，任何残留物都会在瓷砖上留下雾状的薄膜。最后，用柔软的干布把瓷砖表面擦拭干净。

安装车轮

❷④ 用弓锯将直径 ½ in（12.7 mm）的

钢棒切割至所需长度的支撑轮轴。为了容纳垫圈和开口销，轮轴每端必须超出桌腿至少 ¾ in（19.1 mm），并加上每侧轮子的厚度。轮子的尺寸会有不同。因此，如果轮子厚度为 1 in（25.4 mm），则轮轴长度至少要 23½ in（596.9 mm）。

㉕ 在轮轴上为开口销钻孔。为了轻松钻孔，可以将一块 2×4 规格的木料切割到 8~12 in（203.2~304.8 mm）的长度，然后将锯片角度设置为 45°，经过两次锯切，得到一个带有 V 形槽的夹具。将夹具固定在尺寸稍大的、厚 ¾ in（19.1 mm）的废木料上。在钻孔时，将夹具夹在台钻台面上以支撑轮轴。然后将轮轴放在夹具凹槽中，在其两端分别钻取一个直径 ⅛ in（3.2 mm）的孔（确认准确位置）（见照片 J）。注意，使用慢速钻头设置，并滴上一滴轻质机油润滑钻头，防止钻头过热。

㉖ 安装车轮。将轮轴在桌腿上滑动到位，将垫圈滑动至靠近桌腿的位置作为垫片，将车轮和另一组垫圈滑动到轮轴上，然后插入开口销，将车轮锁定到位（见照片 K）。

收尾

㉗ 检查所有钉头是否已经过冲钉处理，所有螺丝头是否略低于木料表面。可使用木粉腻子填充钉头和螺丝头凹槽，或者不做处理，以获得更加质朴的外观。

㉘ 打磨所有外露的表面和边缘，然后进行表面处理。为保留和突出木材的自然美感，我们使用的是具有良好防紫外线性能的透明户外用木料封闭剂。也可以根据瓷砖的颜色选择涂料颜色，以获得更靓丽的外观。或者，与其他雪松木家具一样，不做任何处理，任由木料自然风化变成灰色。

照片 F　使用 ¼ in（6.4 mm）凹口泥刀在顶板上涂抹一层薄薄的砂浆。有条不紊地将瓷砖压入砂浆中，从一个边角起始，纵向和横向铺设瓷砖。密切注意瓷砖间距，以确保所有瓷砖都能铺设在顶板上。

照片 G　用 ¾ in×1 in（19.1 mm×25.4 mm）的雪松木封边条环绕瓷砖台面进行封边处理，封边条的末端需要进行斜切。用木工胶和 6d 镀锌无头钉将封边条固定在胶合板顶板上。用冲钉器处理钉头。

照片 H 　使用泥浆抹板将勾缝剂压入瓷砖之间的接缝中。沿对角线操作，将泥浆抹板拉向自己。沿对角线操作有助于最大限度地减少将勾缝剂从已经填平的接缝中意外拉出的概率。

照片 I 　擦去多余的勾缝剂，用水沾湿海绵抹平接缝线。再次沿对角线操作，把瓷砖表面擦拭干净，期间需要反复冲洗海绵并拧干，直至把瓷砖清理干净。最后用柔软的干布擦去勾缝剂留下的雾状薄膜。

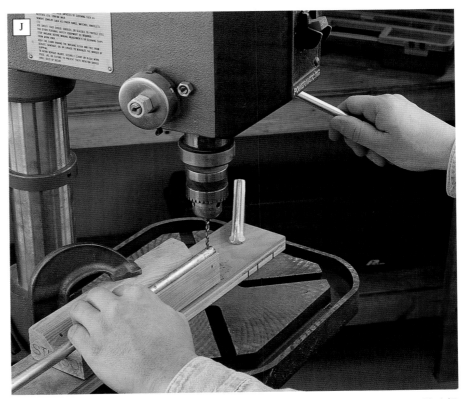

照片 J　在 2×4 规格的废木料上切割 V 形槽制成夹具，为在轮轴上钻取开口销孔提供支撑。将夹具固定在另一块废木料上，然后将夹具夹在台钻台面上，将钻头设置为低速，以稳健而不过度的力度钻孔。

照片 K　将轮轴穿过前腿上的孔，然后安装垫圈、车轮和开口销。开口销旁边的垫圈可防止车轮在转动时摩擦开口销。

儿童野餐桌

孩子们都很喜欢这件特别为他们设计的野餐家具。这款作品用雪松木制作，其尺寸可以让 4 个孩子舒服地围坐。无论把桌子放在室外还是室内，它都会成为孩子们最喜爱的午餐和晚餐场所。这款桌子没有锋利的边角或缺乏支撑的独立凳面，你可以放心使用。

儿童野餐桌解构图

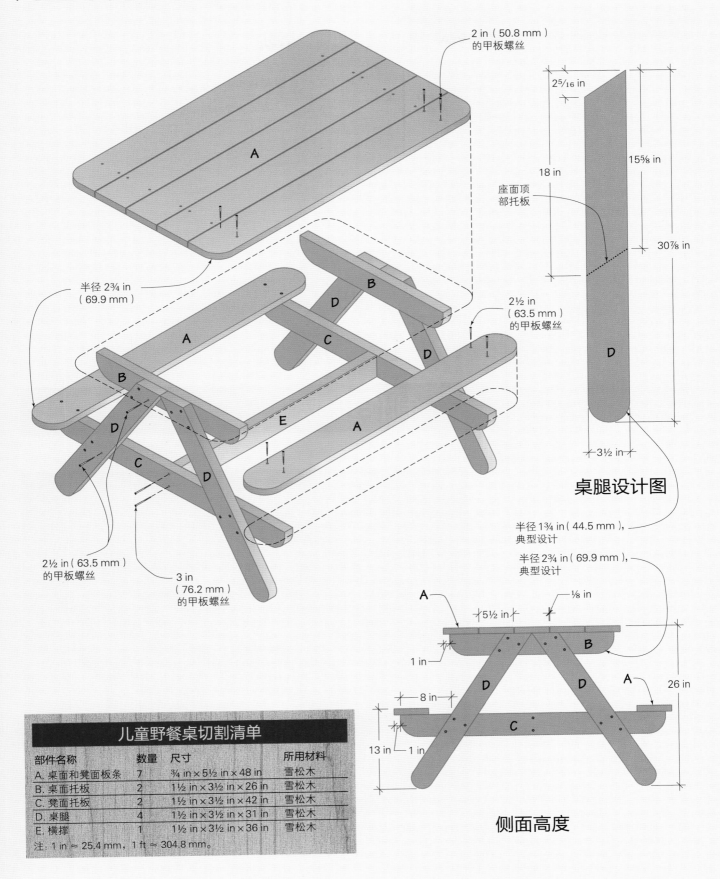

2 in（50.8 mm）
的甲板螺丝

2⁵/₁₆ in

18 in

15⁵/₈ in

座面顶
部托板

30⁷/₈ in

A

半径 2¾ in
（69.9 mm）

B

D

C

A

B

D

2½ in
（63.5 mm）
的甲板螺丝

D

A

E

D

C

3½ in

D

D

桌腿设计图

2½ in（63.5 mm）
的甲板螺丝

3 in
（76.2 mm）
的甲板螺丝

半径 1¾ in（44.5 mm），
典型设计

半径 2¾ in（69.9 mm），
典型设计

A

5½ in

⅛ in

1 in

B

A

D

D

26 in

8 in

13 in

1 in

C

侧面高度

儿童野餐桌切割清单

部件名称	数量	尺寸	所用材料
A. 桌面和凳面板条	7	¾ in × 5½ in × 48 in	雪松木
B. 桌面托板	2	1½ in × 3½ in × 26 in	雪松木
C. 凳面托板	2	1½ in × 3½ in × 42 in	雪松木
D. 桌腿	4	1½ in × 3½ in × 31 in	雪松木
E. 横撑	1	1½ in × 3½ in × 36 in	雪松木

注: 1 in ≈ 25.4 mm，1 ft ≈ 304.8 mm。

制作步骤

画线和切割框架部件

❶ 横切桌腿、桌面托板和凳面托板以及横撑部件至所需长度。使用竖锯可以轻松切割雪松木板，但是使用电圆锯可以切割得更加平直。

❷ 为桌腿部件画线。参考桌腿设计图，标记桌腿一端以切割顶部斜角。为了标记桌腿另一端的圆弧桌角，需要把圆规半径设置为 1¾ in（44.5 mm），并确定所有桌腿圆弧的中心。画出圆弧桌脚（见照片 A）。

照片 A　为桌腿和托板画线。用圆规为桌腿的弧形末端和托板曲面画轮廓线，按照设计图给出的半径进行设置。

❸ 为桌面托板和凳面托板画线。像桌腿一样，需要对部件末端进行倒角。不过要注意，只有托板底角需要倒角，顶角仍要保持平直，以支撑桌面或凳面板条。将圆规半径重新设置为 2¾ in（69.9 mm），并在托板上画出曲线（见照片 A）。

❹ 用竖锯将桌腿和托板切割成型。夹紧一把平尺为锯片提供引导，以切割桌腿斜面。

组装框架

❺ 连接桌面托板和桌腿。首先，沿每个桌面板条的长度方向找到中心，并在桌面的平直边缘上标记此点。然后把桌腿成对放在木工桌上，使两根桌腿的顶端斜面彼此对齐，两根桌腿形成 V 字形。把托板部件放置到位，保持托板的上边缘与两根桌腿的顶端斜面齐平。用 2½ in（63.5 mm）的镀锌甲板螺丝将托板钉在桌腿上，每根桌腿一根螺丝。待托板固定，可继续拧入其他螺丝。

❻ 在桌腿组件上安装凳面托板。根据桌腿设计图，在桌腿上标记出凳面托板的位置。将凳面托板放在桌腿组件上，使托板的上边缘与桌腿上的参考线对齐。稍微向内或向外旋转桌腿，使桌腿的外侧边缘与凳面托板末端的距离为 8 in（203.2 mm），使用 2½ in（63.5 mm）的镀锌甲板螺丝固定桌面和凳面托板，每个接合位置对应 4 根螺丝（见照片 B）。

❼ 通过将横撑固定在桌腿组件上来完成框架的制作。将桌腿组件倒置在台面上，将横撑夹紧在凳面托板之间，相对于托板长度居中的位置。将成对的 3 in（76.2 mm）镀锌甲板螺丝穿过凳面托板，拧入横撑末端将其固定（见照片 C）。

照片 B　将桌腿成对放在木工桌上并向外张开，同时对齐顶端斜面。将桌面托板的上边缘与桌腿的顶端斜面对齐，并安装凳面托板，使其两端相对于桌腿悬空 8 in（203.2 mm）。钻取埋头引导孔，用 2½ in（63.5 mm）的镀锌甲板螺丝固定部件，形成两个桌腿组件。

照片 C　将桌腿组件倒置在台面上，将横撑固定在它们之间。用夹子将横撑夹紧到位，使其相对于凳面托板居中。最后，用 3 in（76.2 mm）的镀锌甲板螺丝穿过凳面托板拧入横撑末端。

照片 D　将框架竖直放在地板上，将凳面固定到位。凳面两端应分别超出两侧凳面托板约 4½ in（114.3 mm），凳面的外侧边缘应超出凳面托板末端 1 in（25.4 mm）。

照片 E　将桌面板条在桌面托板上安放到位，画出螺丝孔的对齐线，在板条之间插入垫片，我们使用的是 ¼ in（6.4 mm）厚的硬质纤维。将桌面板条夹在一起并对齐，用 2 in（50.8 mm）的镀锌甲板螺丝将其固定在桌面托板上。

制作并固定凳面

❽ 横切凳面板条至所需长度。

❾ 圆规半径设置不变，仍为 2¾ in（69.9 mm），在凳面板条的末端绘制圆弧。

❿ 用竖锯切割凳面末端的圆弧，然后用锉刀将曲面处理光滑。

⓫ 将凳面安装到框架上。凳面两端应延伸超过两侧的凳面托板，且每侧超出约 4½ in（114.3 mm），同时凳面板条的外侧边缘应超出托板末端 1 in（25.4 mm）。将凳面板条安放到位，用 2½ in（63.5 mm）的镀锌甲板螺丝穿过凳面板条，一直拧入凳面托板中（见照片 D）。

安装桌面

⓬ 将 5 根桌面板条切割到所需长度，并安放在桌面托板上，使板条两端均匀悬空。不要担心板条之间的间隙。使用直尺，横向于板条对准桌面托板中心线画线，以确定螺丝孔的位置。

⓭ 将桌面板条固定在桌面托板上。首先在板条之间插入垫片，以形成均匀的间隙。我们使用的硬质纤维板垫片厚度为 ¼ in（6.4 mm）。因为并非所有尺寸的木板都具有相同的宽度，所以需要根据选用的木板情况确定板条之间的间距。将桌面板条夹在一起并固定到位。在板条上沿画线钻取成对的埋头引导孔，然后用 2 in（50.8 mm）的镀锌甲板螺丝固定板条（见照片 E）。

⓮ 圆规半径不变，仍设置为 2¾ in（69.9 mm），在桌面的 4 个外角画圆弧。切割转角，并将切口边缘打磨光滑（见照片 F）。

收尾

⓯ 用不规则轨道砂光机和 150 目砂

纸打磨所有外露表面（见照片 G）。

编者提示：由于大部分涂料不适合用于儿童餐桌，所以没有对该餐桌进行表面处理。

照片 F　在桌面四角画出 2¾ in（69.9 mm）半径的圆弧，并用竖锯切出转角。

照片 G　由于雪松木容易开裂，因此需要仔细打磨桌子，将部件边缘处理圆润。最好使用不规则轨道砂光机完成此操作。在打磨雪松木时注意戴上防尘口罩，以免吸入粉尘刺激呼吸道。

框架式砂箱

　　关闭电视机，收起视频游戏，拿出旧铲子、平底锅、汽车和卡车。这是一件简单的作品，但可以为你的孩子带来数小时的乐趣。如果幸运的话，他们会邀请你一起参与游戏。该作品完全由 2×4 规格的木板制作，即使没有人帮忙，你也可以只用一个周末将其轻松完成。如果选择使用雪松木而非经过处理的木料，并且最后不做表面处理，那么只要一个下午就可以轻松完成。如果玩耍的孩子比较多，那么只需增加侧板长度，使砂箱的尺寸适合。

重要信息

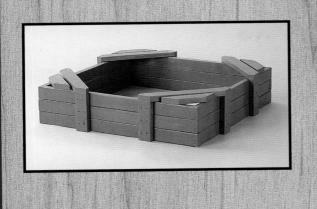

类型：框架式砂箱

整体尺寸：长51 in（1295.4 mm），宽51 in（1295.4 mm），高12 in（304.8 mm）

材料：经过处理的木料

接合方式：用镀锌甲板螺丝加固的对接接合

制作细节：

· 开放式设计，便于调整

· 角撑数量是凳面数量的两倍

· 侧面板条的边角接合设计成交替层叠的方式，以增加强度

· 直接的接合方式可以加快制作速度

表面处理：户外乳胶底漆和户外油漆

制作时长

准备木料
0 小时

绘图和标记
1~2 小时

切割部件
1~2 小时

组装
1~2 小时

表面处理
2~4 小时

总计：5~10 小时

使用的工具

· 电动斜切锯或电圆锯
· 手持式电钻 / 螺丝刀
· 组合角尺

购物清单

☐ (9)2 in×4 in×8 ft 的经过处理的木料

☐ 镀锌甲板螺丝，2½ in 和 3 in 的规格

☐ 户外乳胶底漆

☐ 户外油漆

注：1 in ≈ 25.4 mm，1ft ≈ 304.8 mm。

框架式砂箱解构图

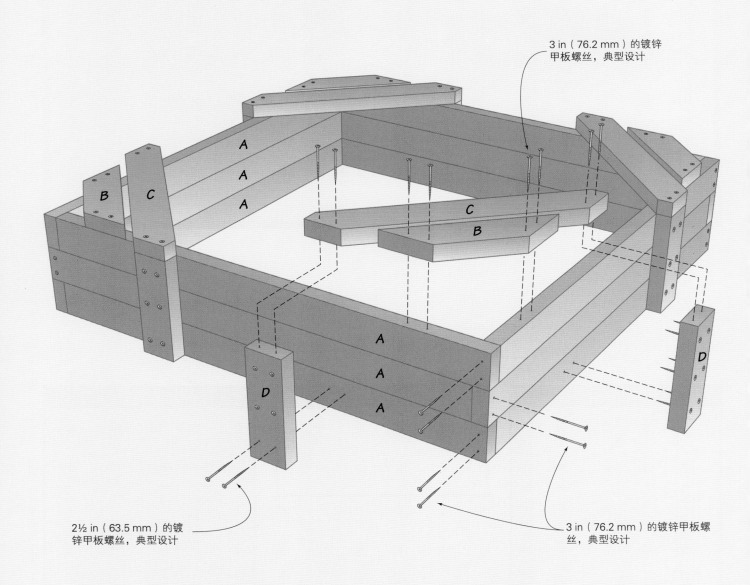

3 in（76.2 mm）的镀锌甲板螺丝，典型设计

A

A

A

B

C

C

B

A

A

A

D

D

2½ in（63.5 mm）的镀锌甲板螺丝，典型设计

3 in（76.2 mm）的镀锌甲板螺丝，典型设计

框架式砂箱切割清单			
部件名称	数量	尺寸	所用材料
A. 侧板板条	12	1½ in × 3½ in × 46½ in	处理的木料
B. 短凳面	4	1½ in × 3½ in × 14½ in	处理的木料
C. 长凳面	4	1½ in × 3½ in × 25 in	处理的木料
D. 角撑	8	1½ in × 3½ in × 10½ in	处理的木料

注：1 in ≈ 25.4 mm，1 ft ≈ 304.8 mm。

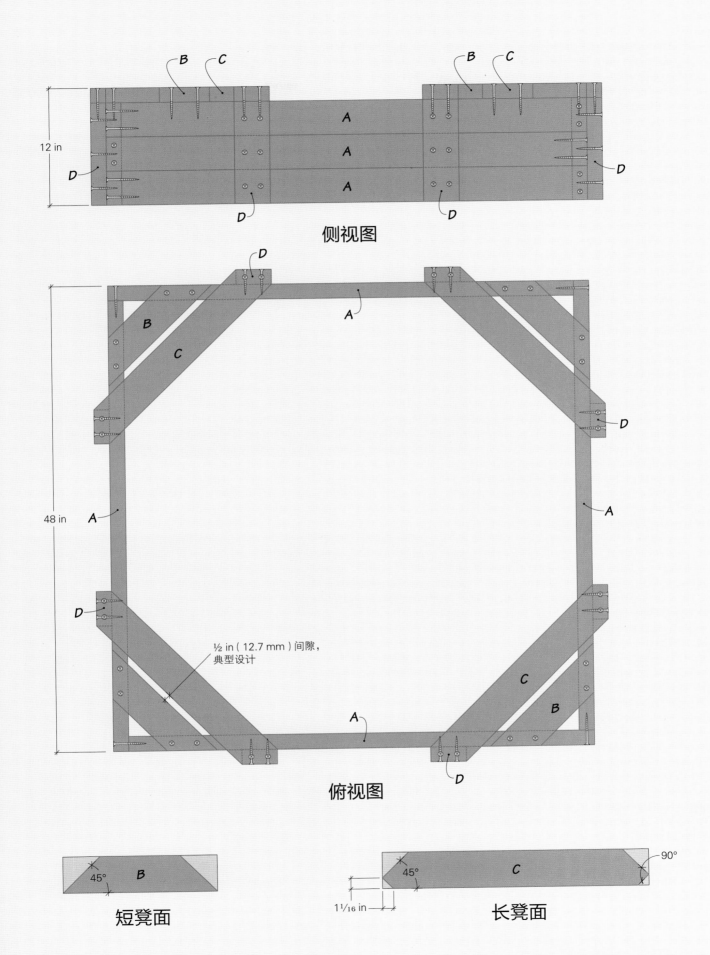

侧视图

12 in

48 in

½ in（12.7 mm）间隙，
典型设计

俯视图

45° B

短凳面

1¹/₁₆ in

45° C 90°

长凳面

❶ 用 2×4 的木板切取 12 根侧板板条到所需长度。

❷ 制作 3 层框架。对齐每层侧板板条。每层形成 4 个对接接头，使每根侧板板条的一端搭在另一根板条的侧面。然后用 3 in（76.2 mm）的镀锌甲板螺丝组装每层侧板（见照片 A）。

照片 A 把构成侧板的每层部件放置在台面上，以交替对接的方式接合部件。钻取埋头引导孔，使用 3 in（76.2 mm）的镀锌甲板螺丝固定部件。在使用经过处理的木料时最好戴上手套。

❸ 制作长凳面。将坯料切割到所需长度，然后根据长凳面设计图测量并标记部件末端的轮廓线。用电动斜切锯把部件两端切割成型。

❹ 制作短凳面。将坯料切割到所需长度，然后对其两端（见照片 B）进行 45° 斜切。

❺ 将 8 根角撑切割到所需长度。

❻ 制作 4 个凳面组件。穿过长凳面的末端，分别钻取两个埋头引导孔，并用 3 in（76.2 mm）的镀锌甲板螺丝将角撑固定到长凳面的末端（见照片 C）。

❼ 组装砂箱。将 3 层框架堆叠在一起，交替排列转角接头方向。把长凳面组件安放在转角处。穿过角撑钻取埋头引导孔，用 2½ in（63.5 mm）的镀锌甲板螺丝将角撑固定在每层侧板上（见照片 D）。

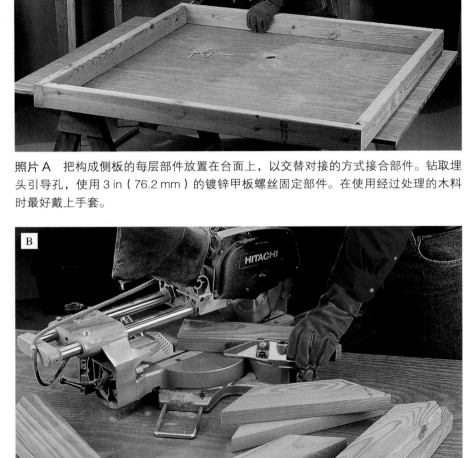

照片 B 将长凳面和短凳面部件锯切到所需长度，然后将部件末端斜切成型。使用电动斜切锯会很方便。

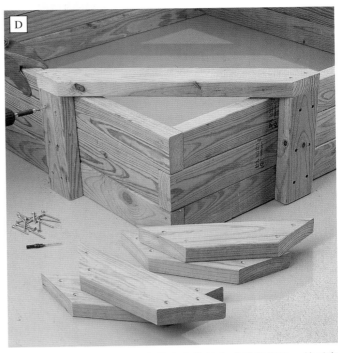

照片 C　将长凳面放在两个角撑的顶部，并穿过凳面部件的两端钻取埋头引导孔，一直钻到角撑中。使用 3 in（76.2 mm）的镀锌甲板螺丝固定部件。

照片 D　将 3 层框架以转角接头交替的方式堆叠起来，然后安装长凳面组件。使用镀锌甲板螺丝将角撑固定到每层侧板上。

❽ 安装短凳面。保持凳面两端与顶层框架的外表面齐平。沿短凳面的斜切末端钻取埋头引导孔，用 3 in（76.2 mm）的镀锌甲板螺丝将其固定到框架上。

收尾

❾ 使用砂纸打磨所有表面，彻底消除尖锐的转角和边缘，尤其是凳面部件及其周围。

❿ 涂抹户外乳胶底漆和两层户外油漆完成表面处理（见照片 E）。

⓫ 放置砂箱。将砂箱放在合适的位置，并用沙子填充。

照片 E　为砂箱的所有外露表面涂抹乳胶底漆，然后涂抹两层户外油漆完成表面处理。我们使用单一颜色覆盖整个箱体，你可以设计一种多种颜色的处理方案。

阿迪朗达克椅

经典的阿迪朗达克椅生动地诠释了曲线带来的美感和舒适。在阅读或休息时，座面和靠背都能够让你感觉舒适。构成高靠背的板条具有曲线柔和的弧形末端，宽大的扶手提供了充足的空间，无论是休息还是喝冷饮都会感觉很舒服。制作这件家具需要一些技巧和投入一点时间，但它值得你付出努力。

重要信息

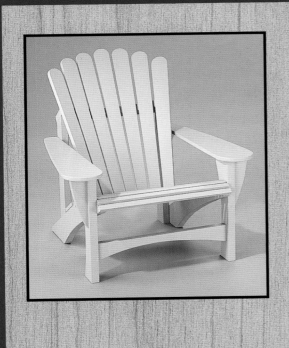

类型：阿迪朗达克椅
整体尺寸：长 39¼ in（997.0 mm），宽 37¼ in（946.2 mm），
高 37¾ in（958.9 mm）
材料：松木
接合方式：用镀锌甲板螺丝加固的对接接合
制作细节：
• 椅子部件应在组装之前涂抹底漆
• 座面和靠背组件需要进行塑形
• 螺丝孔是埋头孔，并要进行填充和打磨
表面处理：户外乳胶底漆和户外油漆

制作时长

准备木料
0 小时

绘图和标记
3~4 小时

切割部件
4~6 小时

组装
6~8 小时

表面处理
3~4 小时

总计：16~22 小时

使用的工具

• 电圆锯
• 台锯（可选）
• 电动斜切锯（可选）
• 竖锯
• 圆规（钉子和绳子）或针式椭圆规
• 手持式电钻 / 螺丝刀
• 夹具
• 组合角尺

购物清单

☐ (2)2 in × 6 in × 8 ft 松木板
☐ (1)2 in × 4 in × 6 ft 松木板
☐ (1)1 in × 8 in × 8 ft 松木板
☐ (1)1 in × 6 in × 6 ft 松木板
☐ (5)1 in × 4 in × 8 ft 松木板
☐ 镀锌甲板螺丝，1½ in、2 in 和
　　2½ in 规格
☐ 木材或汽车车身填料
☐ 户外乳胶底漆
☐ 户外油漆

注：1 in ≈ 25.4 mm，1ft ≈ 304.8 mm。

阿迪朗达克椅
解构图

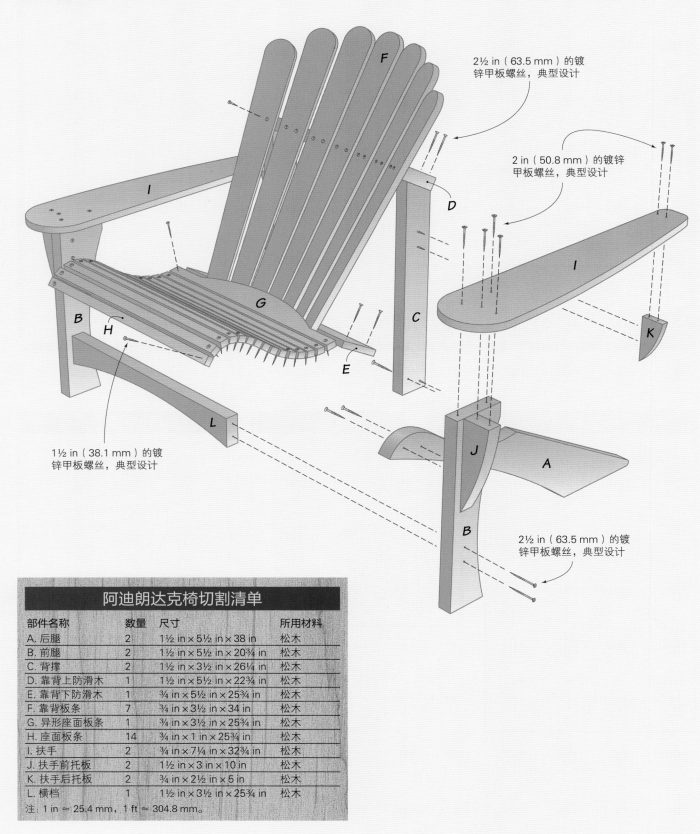

2½ in（63.5 mm）的镀
锌甲板螺丝，典型设计

2 in（50.8 mm）的镀锌
甲板螺丝，典型设计

F

D

I

I

C

B

H

G

E

K

L

J

A

B

1½ in（38.1 mm）的镀
锌甲板螺丝，典型设计

2½ in（63.5 mm）的镀
锌甲板螺丝，典型设计

阿迪朗达克椅切割清单			
部件名称	数量	尺寸	所用材料
A. 后腿	2	1½ in × 5½ in × 38 in	松木
B. 前腿	2	1½ in × 5½ in × 20¾ in	松木
C. 背撑	2	1½ in × 3½ in × 26¼ in	松木
D. 靠背上防滑木	1	1½ in × 5½ in × 22¾ in	松木
E. 靠背下防滑木	1	¾ in × 5½ in × 25¾ in	松木
F. 靠背板条	7	¾ in × 3½ in × 34 in	松木
G. 异形座面板条	1	¾ in × 3½ in × 25¾ in	松木
H. 座面板条	14	¾ in × 1 in × 25¾ in	松木
I. 扶手	2	¾ in × 7¼ in × 32¾ in	松木
J. 扶手前托板	2	1½ in × 3 in × 10 in	松木
K. 扶手后托板	2	¾ in × 2½ in × 5 in	松木
L. 横档	1	1½ in × 3½ in × 25¾ in	松木

注：1 in ≈ 25.4 mm，1 ft ≈ 304.8 mm。

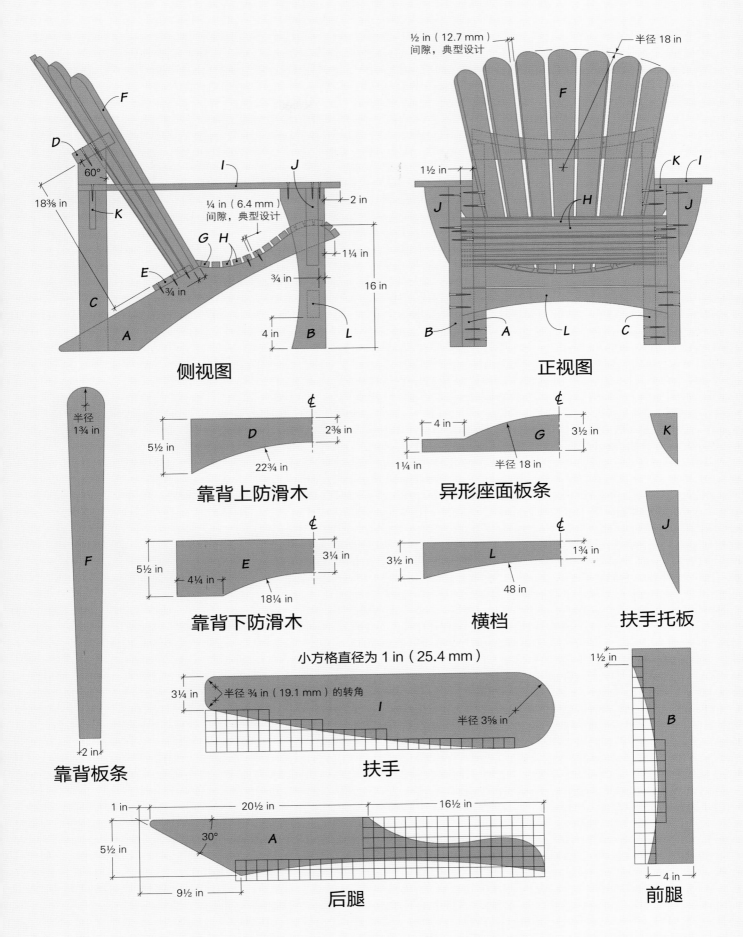

½ in（12.7 mm）
间隙，典型设计

半径 18 in

F

F

D

60°

18⅜ in

K

I

J

1½ in

K

I

J

J

2 in

¼ in（6.4 mm）
间隙，典型设计

G H

H

1¼ in

G H

¾ in

E

¾ in

C

A

4 in

B

L

B

A

L

C

16 in

侧视图

正视图

半径
1¾ in

F

5½ in

D

22¾ in

2⅜ in

¢

4 in

G

半径 18 in

1¼ in

3½ in

¢

K

靠背上防滑木

异形座面板条

5½ in

E

4¼ in

18¼ in

3¼ in

¢

3½ in

L

48 in

1¾ in

¢

J

靠背下防滑木

横档

扶手托板

小方格直径为 1 in（25.4 mm）

3¼ in

半径 ¾ in（19.1 mm）的转角

I

半径 3⅝ in

3¼ in

F

2 in

靠背板条

扶手

1½ in

B

1 in

20½ in

16½ in

30°

A

5½ in

9½ in

后腿

4 in

前腿

照片 A　为扶手和椅子腿部件制作模板，将部件轮廓线画到部件坯料上，并用竖锯切割部件。

切割扶手及椅腿

❶ 根据切割清单，按所需长度切取成对的扶手、前腿和后腿坯料。

❷ 参考设计图，为扶手、前腿和后腿制作全尺寸模板。如果只打算制作一把椅子，那么用硬纸板制作模板就可以了，不过厚 ¼ in（6.4 mm）的硬质纤维板效果更好，因为这种模板可以重复使用。当你在模板上绘制部件轮廓时，弯曲一块柔性的硬质纤维板有助于形成渐变的曲线轮廓。剪切模板，并根据需要将切口边缘处理光滑。

❸ 将模板放在扶手和椅子腿部件上，绘制部件轮廓线，并用竖锯切割扶手和椅子腿（见照片 A）。

制作靠背板条

　　靠背板条的锥度沿其长度方向的两侧边缘逐渐变化。可以先用厚 ¼ in（6.4 mm）的硬质纤维板制作模板，在板条坯料上画出轮廓，然后用竖锯切割板条。也可以制作一个简单的夹紧夹具（参阅右栏锥度夹具的内容），在台锯上切割锥度靠背板条。在夹具的帮助下，你可以快速切割锥度板条，并形成光滑、整齐的切口边缘。

❹ 从 1×4 的木板上切取 7 根所需长度的靠背板条。注意，在现阶段，所有板条的起始长度都相同，但是在椅子组装过程中，其中 6 根板条会被修整到实际长度。

❺ 根据靠背板条设计图，在板条坯料上画出末端圆弧和锥度边缘。

❻ 切割靠背板条的锥度边缘。如果使用台锯和锥度夹具进行切割，需要首先切割出每根板条的一侧锥度边缘。为此，需要调整台锯的纵切靠山，使夹具紧贴靠山，且夹具的基座外缘与锯片齐平。将靠背板条坯料放入夹具中牢牢夹紧。滑动夹具和部件通过锯片，进行第一次锥度切割。

❼ 切割靠背板条的第二个锥度边缘。将步骤 6 中形成的一根废木料放入夹具的 L 形弯曲处，并在夹具中翻转板

锥度夹具

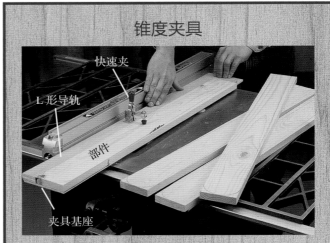

快速夹

L 形导轨

部件

夹具基座

　　该夹具方便你以纵切靠山作为引导，在台锯上进行锥度切割。将一块厚 ¾ in（19.1 mm）的 L 形废木料沿长度方向固定在一块厚 ¼ in（6.4 mm）的胶合板上，制作夹具。薄胶合板用作支撑部件的基座，L 形配件用来引导板条以一定角度通过锯片。基座胶合板要比靠背板条更长。将厚 ¾ in（19.1 mm）的木料切割成 L 形，使其内侧长边缘与靠背板条的待切割锥度匹配。固定夹具配件，将靠背板条安放在 L 形导轨中，使板条部件上的一条切割线与夹具的基座边缘对齐。将一个快速夹固定在夹具上，以便在切割时保持部件固定到位。将部件夹紧到位，沿纵切靠山滑动夹具进行切割。切割出一侧边缘的锥度后，保留废木料，将其作为垫片，为沿板条的另一侧长边缘进行锥度切割提供支撑。

条，把板条上刚刚切出的锥度边缘靠在 L 形配件上。此时应使部件上的第二条锥度切割线与夹具基座的边缘对齐，以进行第二次锥度切割。将板条坯料夹在夹具中，进行锥度切割（见照片 B）。

❽ 用竖锯切割板条末端的圆弧，并将切口打磨光滑。

切割剩余部件

❾ 将扶手的前后托板切割到所需的尺寸和形状。这些部件轮廓的曲率是否精确并不重要，但成对部件应该彼此匹配。

❿ 将靠背上下防滑木、异形座面板条和横档切割至所需尺寸和形状。这些部件的轮廓都是各种简单圆弧，圆弧半径在设计图中都有标注。要切割圆弧轮廓，首先要纵切和横切坯料。将部件夹在木工桌上，找到部件的中心线，并将画线延伸至台面。沿部件中心线测量半径长度，以确定绘制圆弧的中心点。将钉子钉入中心点，并在钉子上系上一根细绳，制成大型圆规。然后用细绳缠绕铅笔，使铅笔处于设定半径的末端。在部件上画出圆弧，并将部件切割成型。

制作背撑和座面板条

⓫ 将背撑横切到所需长度，并参考侧视图将其顶端斜切为 60° 的斜面。

⓬ 将 14 根座面板条切割到所需尺寸。用台锯或电圆锯先将 ¾ in（19.1 mm）厚的木板纵切至 1 in（25.4 mm）宽，然后将板条横切至所需长度。如果在靠山上夹上一块限位块，使用电动斜切锯可以快速切割板条。也可使用电圆锯切割板条。

为部件涂抹底漆

由于这款椅子需要放置在室外应对各种天气，因此需要封闭木料，所以在开始组装之前，最好在所有部件表面涂抹底漆。此外，由于座椅使用螺丝而非胶水装配，因此现在涂抹底漆不会影响组装。

⓭ 用砂纸将所有座椅部件打磨光滑。使用户外乳胶底漆涂抹部件（见照片 C）。

制作扶手组件

⓮ 将扶手前托板连接至前腿外侧，并保持两个部件的顶部边缘齐平。此外，托板应相对于前腿的前缘内收 ¾ in（19.1 mm）。

照片 B　为靠背板条切割锥度边缘。使用台锯和夹具完成这种角度切割。切割出第一个锥度边缘后，在夹具中翻转板条，切割第二个锥度边缘。

照片 C　将椅子部件打磨光滑，并用户外乳胶底漆涂抹所有表面。底漆可以封闭木料，并为油漆面漆提供均匀的黏合表面。

⓯ 将扶手后托板连接到背撑外侧面，使托板的顶部边缘距离背撑底端 20¾ in（527.1 mm）。

⓰ 使用 2 in（50.8 mm）的镀锌甲板螺丝将扶手连接至前腿和背撑上（见照片 D）。关于扶手的确切位置，请参考侧视图和正视图。

⓱ 将后腿连接到前腿的内侧面和背撑的外侧面。调整后腿的位置，使后腿前端超出前腿 1¼ in（31.8 mm）。调整部件，直至前腿前缘到背撑前缘的测量值为 27¼ in（692.2 mm）。钻取埋头引导孔，并用 2½ in（63.5 mm）的镀锌甲板螺丝固定部件（见照片 E）。

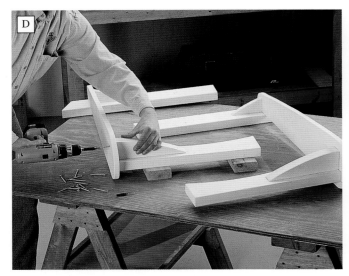

照片 D 将扶手连接到前腿和背撑的扶手托板上。穿过扶手拧入螺丝，一直拧入前腿中。在安装螺丝之前，应先钻取埋头引导孔。

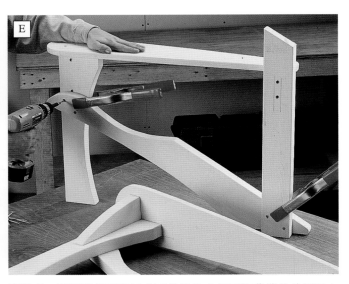

照片 E 用螺丝将后腿固定至前腿的内侧面和背撑的外侧面上。使用弹簧夹将部件固定到位，以防止部件移位。

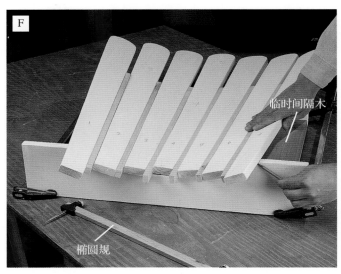

临时间隔木

椭圆规

照片 F 将靠背板条在上下防滑木上放置到位。靠背板条的顶部末端弧线应处在半径 18 in（457.2 mm）的圆周上。在中央板条上标记圆心，并使用椭圆规或简单的细绳圆规定位其余板条。在板条与下防滑木相交的位置做标记，用于修整板条。

制作靠背组件

⓲ 当固定靠背板条时，切取两根临时间隔木，将靠背上下防滑木保持在合适的位置。间隔木的长度为 18⅜ in（466.7 mm）。

⓳ 将靠背上下防滑木的背面平直边缘放在台面上，并将步骤 18 中的临时间隔木夹在防滑木之间。将靠背板条放在防滑木的曲面上。在靠背板条之间插入厚度为 ½ in（12.7 mm）的垫片，以保持板条间隔均匀。调整中央靠背板条，使其相对于靠背下防滑木的底面居中。调整其

临时间隔木

照片 G 钻取埋头引导孔，用于将靠背板条固定到上下防滑木上。可先在板条上画出参考线，以确定钉入螺丝的位置。连接部件并取下临时间隔木。

余板条在防滑木上的位置，使其顶部末端的圆弧处在半径 18 in（457.2 mm）的圆周上。画出该弧线最简单的方法是，在距离中央板条顶部 18 in（457.2 mm）处标记一个圆心，然后使用椭圆规或细绳圆规绘制弧线。调整靠背板条，使其弧形末端与圆规末端相交。在靠背板条上画一条线，使该线横向穿过靠背下防滑木（见照片 F）。

⓴ 取下靠背板条并修剪其底端。

㉑ 将板条重新定位在靠背防滑木上，钻取埋头引导孔，并用 2 in（50.8 mm）的镀锌甲板螺丝将板条固定在防滑木上（见照片 G）。

组装座椅

㉒ 将靠背组件在扶手组件之间夹紧到位，使靠背下防滑木的前端与后腿顶部边缘座面的弯曲轮廓起始处保持 ¾ in（19.1 mm）的距离。靠背上防滑木应靠在背撑上。

㉓ 在前腿之间安装横档；这样可以在安装靠背组件时保持整体结构的刚性。将横档固定在前腿底部向上 4 in（101.6 mm）的位置。

㉔ 固定靠背组件。用 2 in（50.8 mm）的镀锌甲板螺丝将下防滑木固定在后腿上，用 2½ in（63.5 mm）的镀锌甲板螺丝将上防滑木固定在背撑上（见照片 H）。

㉕ 安装座面板条。需要暂时取下扶手，以便于拧入螺丝。首先安装异形座面板条。将剩下的座面板条以均匀的间隔排列，使它们沿后腿上的曲面轮廓延伸并覆盖全部曲面。用 2 in（50.8 mm）的镀锌甲板螺丝固定座面板条（见照片 I）。装回扶手。

收尾

㉖ 用木料或车身填料填充所有螺丝孔。待填料干燥，用砂纸将木料表面打磨光滑。有针对性地打磨螺丝头的对应位置即可。

㉗ 刷涂两层户外油漆。

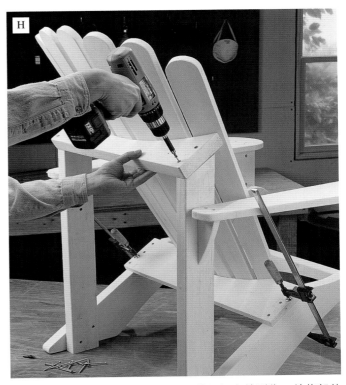

照片 H　将靠背组件在两个扶手组件之间安放到位，并将部件夹紧。穿过上下防滑木将螺丝拧入背撑和后腿中。

照片 I　取下扶手部件，以提供安装座面板条的空间。从异形座面板条开始，沿后腿的曲面区域逐个安装座面板条。保持板条沿后腿曲面均匀分布。在安装板条时，使用厚 ¼ in（6.4 mm）的废木料垫片有助于保持板条均匀间距。

沙滩躺椅

　　无论是躺在阳光下晒太阳，还是在一本好书的陪伴下享受阴凉的夏日微风，这款漂亮的沙滩躺椅都非常适合户外放松。靠背有 4 种可调节角度，你肯定能找到一个适合自己心情和活动的靠背位置。脚踏板也可调节，进一步展现了沙滩躺椅的多功能性和舒适性。

重要信息

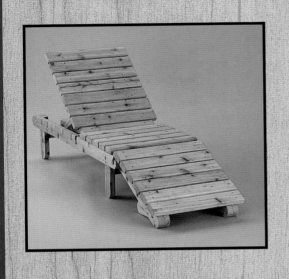

类型：沙滩躺椅

尺寸：长 80¾ in（2051.1 mm），宽 24 in（609.6 mm），高 14½ in（368.3 mm）；靠背升起后，椅子高度可以达到 38 in（965.2 mm）

材料：雪松木、硬木圆木榫

接合方式：用镀锌甲板螺丝、不锈钢螺栓、垫圈和螺母加固的对接接合

制作细节：

· 通过旋转背撑部件，靠背有 4 种可调节角度

· 脚踏板可调节或可拆卸

表面处理：防紫外线封闭剂和户外油漆，或者不做表面处理，任由雪松木天然风化为灰色

制作时长

准备木料
0 小时

绘图和标记
2~3 小时

切割部件
3~4 小时

组装
3~5 小时

表面处理
2~3 小时

总计：10~15 小时

使用的工具

· 电圆锯、电动斜切锯或者摇臂锯

· 电木铣，搭配 ½ in（12.7 mm）的圆角铣头和 ¾ in（19.1 mm）的圆底铣头

· 竖锯

· 手持式电钻 / 螺丝刀

· 夹具

· 套筒扳手

· 组合角尺

· 斜角规

购物清单

☐ (11)2 in × 4 in × 8 ft 雪松木板

☐ (2) 直径为 1 in、长 3 ft 的硬木圆木榫

☐ (1) 直径为 ¾ in、长 3 ft 的硬木圆木榫

☐ (4)⅜ in × 3½ in 不锈钢螺栓（12 个垫圈、8 个螺母）

☐ 镀锌甲板螺丝，2½ in 和 3 in 的规格

☐ 镀锌无头钉，4d、6d 规格

☐ 防紫外线封闭剂

注：1 in ≈ 25.4 mm，1ft ≈ 304.8 mm。

沙滩躺椅解构图

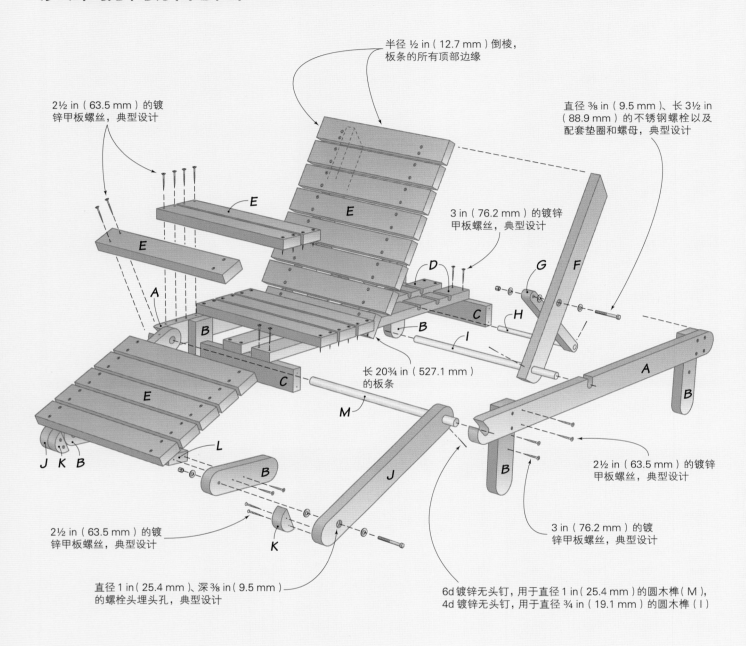

半径 ½ in（12.7 mm）倒棱，板条的所有顶部边缘

2½ in（63.5 mm）的镀锌甲板螺丝，典型设计

直径 ⅜ in（9.5 mm）、长 3½ in（88.9 mm）的不锈钢螺栓以及配套垫圈和螺母，典型设计

3 in（76.2 mm）的镀锌甲板螺丝，典型设计

长 20¾ in（527.1 mm）的板条

2½ in（63.5 mm）的镀锌甲板螺丝，典型设计

3 in（76.2 mm）的镀锌甲板螺丝，典型设计

2½ in（63.5 mm）的镀锌甲板螺丝，典型设计

直径 1 in（25.4 mm）、深 ⅜ in（9.5 mm）的螺栓头埋头孔，典型设计

6d 镀锌无头钉，用于直径 1 in（25.4 mm）的圆木榫（M），4d 镀锌无头钉，用于直径 ¾ in（19.1 mm）的圆木榫（I）

沙滩躺椅切割清单							
部件名称	数量	尺寸	所用材料	部件名称	数量	尺寸	所用材料
A. 框架托板	2	1½ in × 3½ in × 56¼ in	雪松木	H. 可调节圆木榫	1	直径 ¾ in，长 13¾ in	硬木
B. 椅子腿	6	1½ in × 3½ in × 13 in	雪松木	I. 靠背圆木榫	1	直径 1 in，长 24½ in	硬木
C. 框架前后横梁	2	1½ in × 3½ in × 18 in	雪松木	J. 脚踏板托板	2	1½ in × 3½ in × 27½ in	雪松木
D. 框架中央横梁	2	1½ in × 3½ in × 46 in	雪松木	K. 椅子腿止停块	2	1½ in × 3½ in × 1¾ in	雪松木
E. 板条	19	1½ in × 3½ in × 24 in	雪松木	L. 脚踏板横撑	1	1½ in × 3½ in × 14⅞ in	雪松木
F. 背撑	2	1½ in × 3½ in × 31 in	雪松木	M. 脚踏板圆木榫	1	直径 1 in，长 24½ in	硬木
G. 可调节支架	2	1½ in × 1½ in × 16½ in	雪松木				

注：1 in ≈ 25.4 mm，1 ft ≈ 304.8 mm。

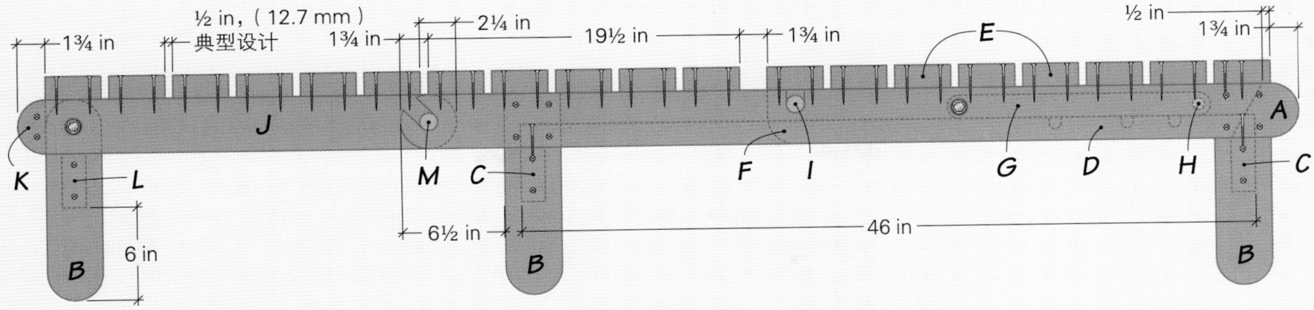
1¾ in
½ in，(12.7 mm)
典型设计
1¾ in
2¼ in
19½ in
1¾ in
E
½ in
1¾ in
J
K
L
M
C
F
I
G
D
H
A
C
6 in
6½ in
46 in
B
B
B

侧视图

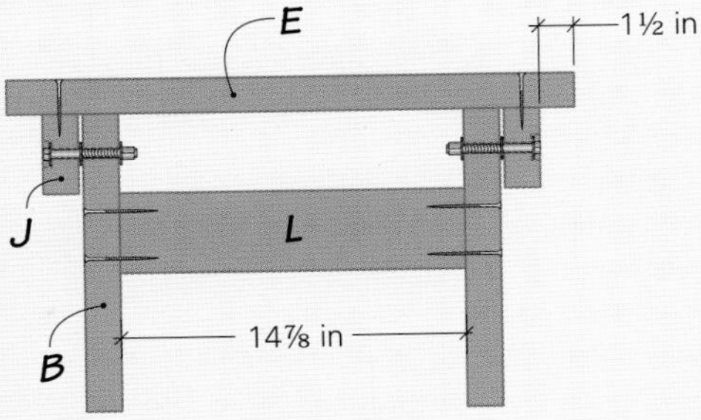
E
1½ in
J
L
B
14⅞ in

脚踏板正视图

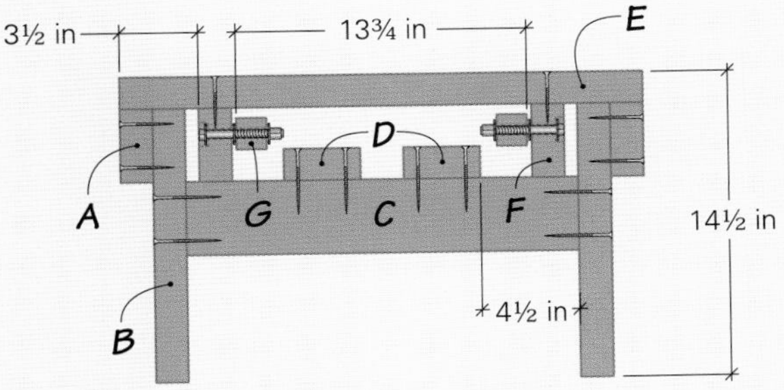
3½ in
13¾ in
E
D
A
G
C
F
14½ in
B
4½ in

框架正视图

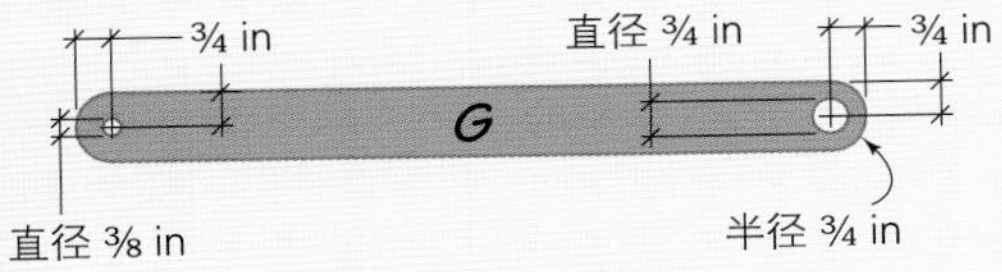
¾ in
直径 ¾ in
¾ in
G
直径 ⅜ in
半径 ¾ in

可调节支架

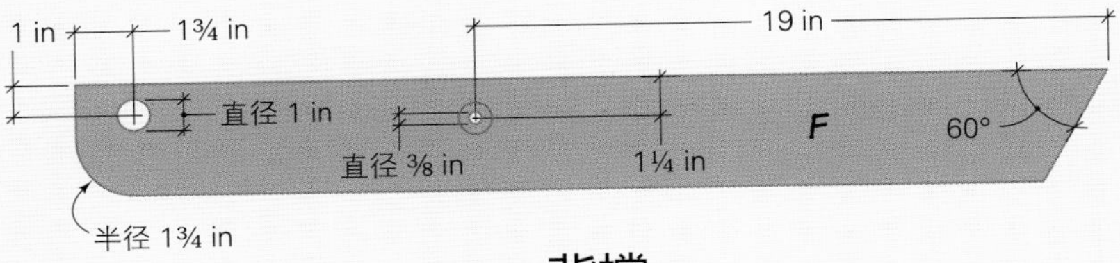
1 in
1¾ in
19 in
直径 1 in
F
60°
直径 ⅜ in
1¼ in
半径 1¾ in

背撑

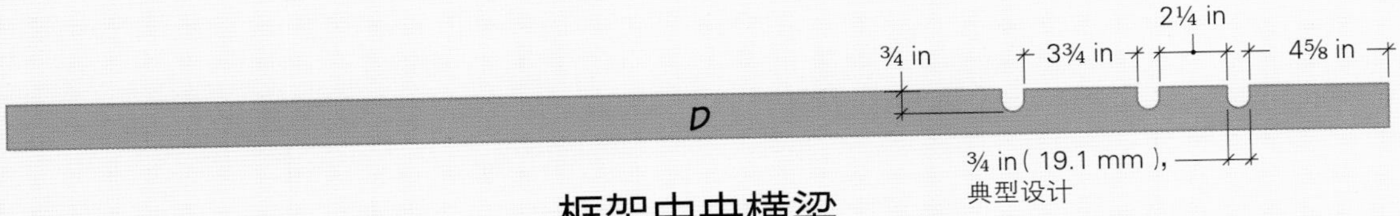
2¼ in
¾ in
3¾ in
4⅝ in
D
¾ in (19.1 mm)，
典型设计

框架中央横梁

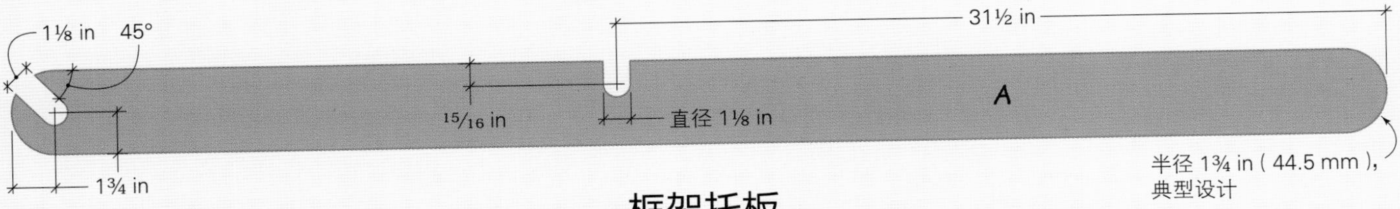
1⅛ in
45°
31½ in
A
15/16 in
直径 1⅛ in
1¾ in
半径 1¾ in (44.5 mm)，
典型设计

框架托板

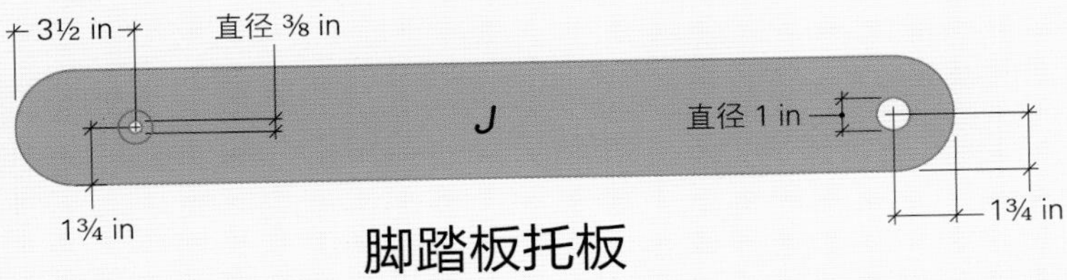
3½ in
直径 ⅜ in
J
直径 1 in
1¾ in
1¾ in

脚踏板托板

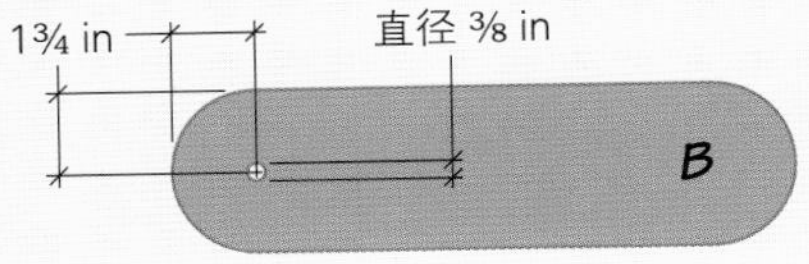
1¾ in
直径 ⅜ in
B

脚踏板椅子腿

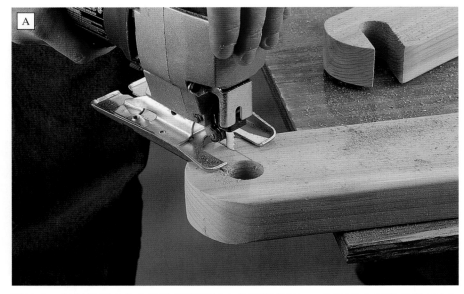

沙滩躺椅由三部分组成：固定座面、可调节靠背和可调节脚踏板。座面部分提供了椅子的基本结构，需要首先制作。除了圆木榫，所有部件均由 2×4 规格的雪松木板制作。

制作框架托板

❶ 将框架托板横切到所需长度。在每块托板的两端画出半径为 1¾ in（44.5 mm）的圆弧。使用组合角尺在每端的两个边角处标记 45° 线，两线的交点即为每个圆弧的圆心。将圆规放在圆心处绘制圆弧。用竖锯切割圆弧，并将切口边缘打磨光滑。

❷ 为脚踏板圆木榫和靠背圆木榫切割切口。先钻取一个直径 1⅛ in（28.6 mm）的孔，然后从这些孔出发，向着托板的顶部边缘切割凹槽。首先制作脚踏板圆木榫的切口。使用在步骤 1 中确定的圆心钻取直径 1⅛ in（28.6 mm）的孔。绘制两条 45° 线，将孔连接至托板顶角。沿画线切割，形成脚踏板圆木榫所需的切口（见照片 A）。从托板的另一端向内测量 31½ in（800.1 mm），确定靠背圆木榫切口的中线。直径 1⅛ in（28.6 mm）的孔的中心距离托板顶部边缘 ¹⁵⁄₁₆ in（23.8 mm）。钻孔，然后从孔的两侧出发，垂直于托板顶部边缘画出一组平行线，沿画线切割，形成切口。

照片 A　切割用于安放靠背和脚踏板圆木榫所需的切口，需要首先钻取直径 1⅛ in（28.6 mm）的孔，然后切开孔与托板顶部边缘的部分形成切口。用于脚踏板圆木榫的切口（如图所示）与托板顶部边缘成 45° 角，而靠背圆木榫的切口则垂直于托板顶部边缘。

制作椅子腿组件并将其连接到框架托板上

❸ 将 6 条椅子腿切割到所需长度。在两个脚踏板椅子腿的两端和 4 个座面椅子腿的一端以 1¾ in（44.5 mm）的半径绘制弧线并切割出圆弧。

❹ 将框架前后横梁切割到所需长度。在 4 个座面椅子腿的内侧面标记横梁的位置。将横梁相对于椅子腿的宽度居中放置。横梁的顶部边缘位于椅子腿的方正末端向下 3½ in（88.9 mm）的位置。将部件夹紧，用 3 in（76.2 mm）的镀锌甲板螺丝将椅子腿固定到框架前后横梁上。

❺ 将椅子腿组件连接到框架托板上。用 2½ in（63.5 mm）的镀锌甲板螺丝将一组椅子腿组件固定在距脚踏板圆木榫切口所在的托板末端 6½ in（165.1 mm）的位置。继续安装第二组椅子腿组件，使框架前后横梁外侧面之间的跨度为 46 in（1168.4 mm）（见照片 B）。

安装框架中央横梁

❻ 测量并将两个框架中央横梁切割到所需长度。

❼ 在每个中央横梁中切割 3 个靠背凹槽。请参阅中央横梁的设计图确定凹槽的位置。将两根中央横梁并排夹紧，这样就可以同时在两个部件上画线和切割凹槽。然后用 ¾ in（19.1 mm）的圆底铣头铣削凹槽。操作时注意分多次铣削凹槽，以防止铣头过载（见照片 C）。

❽ 将中央横梁连接到前后横梁的顶部。在中央横梁与椅子腿之间留出 4½ in（114.3 mm）的间隙（参阅框架正视图），以便为背撑和可调节支架留出充足的空间。将中央横梁的末

端对齐，并使其与前后横梁的外侧面齐平。钻取引导孔，用 3 in（76.2 mm）镀锌甲板螺丝固定部件（见照片 D）。

切割并连接至板条

❾ 将所有板条切割到所需长度。切割一根比其他板条短 3¼ in（82.6 mm）的板条，这样当靠背倾斜时，它正好位于框架托板之间。

❿ 在板条的正面边缘进行 ½ in（12.7 mm）的倒棱。制作一个胶合板夹具并将其夹在台面上，使每根板条在铣削过程中保持稳固（见照片 E）。

⓫ 将构成固定座面的 5 根板条固定到框架托板上。首先在托板上标记两根外侧板条的位置。在距离框架托板前端 1¾ in（44.5 mm）处画一条线，确定最靠近脚踏板圆木榫切口的板条边缘。然后从该线出发测量 19½ in（495.3 mm），确定最靠近靠背圆木榫切口的板条边缘。将剩余 3 根板条以均匀的间隔安放在两根外侧板条之间。注意，板条之间的间隔是可变的，具体数值取决于板条坯料的宽度。最重要的是，所有板条都要能够安放在框架托板上的画线之间。用 2½ in（63.5 mm）的镀锌甲板螺丝将板条固定到托板上（见照片 F）。

制作靠背

⓬ 将两个可调节支架纵切和横切到所需尺寸，并在每个部件的两端切割半径 ¾ in（19.1 mm）的圆弧。在支架一端为直径 ⅜ in（9.5 mm）的枢轴螺栓钻孔，在另一端为直径 ¾ in（19.1 mm）的圆木榫钻孔。以两端圆弧的圆心作为中心点钻孔。

⓭ 将背撑切割到所需长度，然后将一端斜切出 60° 斜面。使用竖锯在背撑另一端的一角以 1¾ in（44.5 mm）的半径切割圆弧，详情如

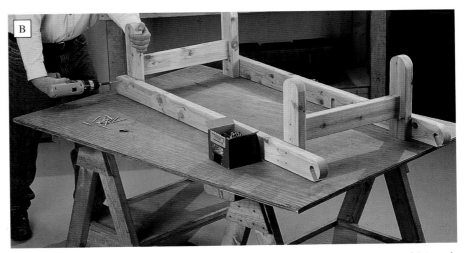

照片 B　用 2½ in（63.5 mm）的镀锌甲板螺丝将椅子腿组件固定到框架托板上。在将椅子腿组件固定到托板上时，要确保框架托板处于脚踏板圆木榫切口朝下放置的状态。在拧入螺丝之前，用直角尺检查椅子腿，确保它们垂直于托板。

直边夹具

照片 C　将框架中央横梁并排夹紧同时切割凹槽，可确保两个部件上的凹槽完美对齐。使用 ¾ in（19.1 mm）的圆底铣头，通过几次铣削逐渐增加凹槽深度。可以夹紧一个类似短的 T 形直角尺的直边夹具来引导铣削。

照片 D　将框架中央横梁固定到框架前后横梁上。在框架中央横梁与椅子腿之间留出 4½ in（114.3 mm）的空隙，为背撑和可调节支架留出空间。

照片 E　将 19 根座面板条切割到所需长度，并用 ½ in（12.7 mm）的圆角铣头为每根板条的顶部边缘和末端倒圆。我们使用一个夹在台面上的胶合板夹具"框定"每根板条的所有侧面，使其在铣削时可以保持稳固。这样，板条无须进一步夹紧。

照片 F　用螺丝将 5 根座面板条固定到框架托板上。首先确定并标记外侧板条的位置，然后在外侧板条之间均匀分布剩余的 3 根板条。为了保持板条的间距一致，在固定部件时使用废木料垫片可以简化操作。

背撑设计图所示。

⑭ 在背撑上钻取用于靠背圆木榫和可调节支架枢轴螺栓的孔。参阅背撑设计图确定这些孔的位置。将每个背撑部件夹在台面上。穿过背撑的弧形末端为靠背圆木榫钻取直径 1 in（25.4 mm）的孔。使用相同的钻头，为枢轴螺栓和垫圈钻取一个深 ⅜ in（9.5 mm）的埋头孔（见照片 G）。

⑮ 以步骤 14 中钻取的埋头孔圆心为中心，穿过背撑钻取直径 ⅜ in（9.5 mm）的孔，用于拧入可调节支架的枢轴螺栓（见照片 H）。

⑯ 将可调节圆木榫安装到可调节支架中。将直径 ¾ in（19.1 mm）的圆木榫切割到所需长度，并用 4d 镀锌无头钉将圆木榫固定到可调节支架的孔中。

⑰ 将靠背板条固定到背撑上。对于 7 根全长板条，在距离每端 4¼ in（108.0 mm）的位置分别钻取一排埋头引导孔。对于短板条，在距离每端 1⅛ in（28.6 mm）处钻取引导孔。首先安装外侧板条。将短板条与背撑的弧形末端对齐，将上板条安放到位，使其上边缘超出背撑的末端斜面 ½ in（12.7 mm）。确保这两根板条垂直于背撑，且背撑的内表面相距 14 in（355.6 mm）。用螺丝将这两根板条固定到位，然后处理剩余的 6 根中间板条，以均匀的间隔将它们固定在两根外侧板条之间。

⑱ 将直径 1 in（25.4 mm）的靠背圆木榫切割到所需长度。将其滑入后背撑的孔中，其两端均匀悬空，然后用 6d 镀锌无头钉将圆木榫固定到位（见照片 I）。要预先钻取引导孔，防止钉子撕裂圆木榫。

⑲ 用螺栓、垫圈和双螺母将可调节支架组件固定到背撑上（见照片 J）。在将螺母彼此拧紧时注意留出足够的

间隙，使支架组件可以在一定范围内自由摆动。

组装脚踏板

⑳ 将脚踏板托板切割到所需长度，然后以 1¾ in（44.5 mm）的半径对其两端进行倒角。

㉑ 穿过脚踏板托板为脚踏板圆木榫和椅子腿枢轴螺栓钻孔。根据脚踏板托板的设计图确定孔的中心。穿过托板的一端，为脚踏板圆木榫钻取直径 1 in（25.4 mm）的孔。使用相同的钻头，在托板另一端钻取深 ⅜ in（9.5 mm）的埋头孔，用于枢轴螺栓和垫圈。

㉒ 制作并安装两个脚踏板椅子腿止停块。在一块 2×4 的雪松废木料两端绘制半径 1¾ in（44.5 mm）的半圆，然后切下这两个半圆（见照片 K）。用螺丝将止停块固定到脚踏板托板的枢轴螺栓端。

㉓ 为枢轴螺栓钻取直径 ⅜ in（9.5 mm）的孔。将脚踏板椅子腿对齐固定在托板下方，然后夹紧在台面上。穿过托板的埋头孔中心钻取直径 ⅜ in（9.5 mm）的孔，要一直穿透椅子腿（见照片 L）。重复操作，完成另一对托板和脚踏板椅子腿的钻孔。

㉔ 将脚踏板横撑切割到所需长度，并固定在脚踏板椅子腿上。将横撑相对于脚踏板椅子腿的宽度居中放置，且横撑的底部边缘距离椅子腿的底部边缘 6 in（152.4 mm）。钻取埋头引导孔，用 2½ in（63.5 mm）的镀锌甲板螺丝固定部件。

㉕ 将 6 根板条固定在脚踏板托板上。在每根板条两端距离末端 2¼ in（57.2 mm）的位置钻取埋头引导孔。首先固定外侧板条。将一根板条固定在距离托板的椅子腿末端 1¾ in（44.5 mm）处，将另一根板条固定

照片 G　穿过每个背撑，为靠背圆木榫钻取一个直径 1 in（25.4 mm）的孔，为可调节支架枢轴螺栓和垫圈钻取一个相同直径的、深 ⅜ in（9.5 mm）的埋头孔。

照片 H　以 1 in（25.4 mm）直径的埋头孔圆心为中心，在背撑上钻取直径 ⅜ in（9.5 mm）的孔。这些孔用于容纳可调节支架（用来支撑靠背，并将其保持在 3 个位置中的任意一处）上的枢轴螺栓。

在距离托板的圆木榫孔末端 2¼ in（57.2 mm）处。确保框架整体方正，然后将中间板条以均匀的间隔固定在两块外侧板条之间。

㉖ 切割圆木榫，并用 6d 无头钉将其固定在托板上。圆木榫两端应在托板两侧均匀悬空。

㉗ 用直径 ⅜ in（9.5 mm）的螺栓、垫圈和双螺母将脚踏板椅子腿组件连接到脚踏板托板上（见照片 M）。

收尾

㉘ 用砂纸彻底打磨所有部件边缘（见照片 N）。根据需要染色和 / 或涂抹封闭剂。我们使用的是透明户外封闭剂，以突出雪松木板的自然之美。这款座椅同样可以染色、上漆或者不做任何表面处理。

照片 I　用 6d 镀锌无头钉将靠背圆木榫固定在背撑上。将钉子穿过背撑拧入圆木榫中。为了防止圆木榫撕裂，应预先为钉子钻取引导孔。

照片 J　用螺栓、垫圈和双螺母将可调节支架安装到背撑上。每个可调节支架部件的两侧各需要一个垫圈。在每个螺栓上拧上两个螺母，并将螺母彼此拧紧使其锁定在一起，同时允许可调节支架在一定范围内自由摆动。

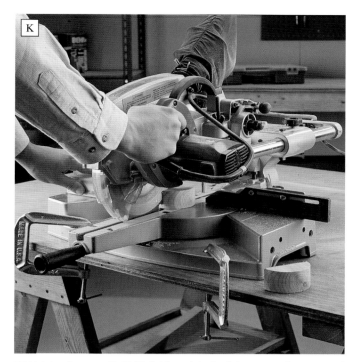

照片 K　在 2×4 的雪松木板两端切割半径 1¾ in（44.5 mm）的半圆。用电动斜切锯或摇臂锯进行切割。半圆木块会被用作脚踏板椅子腿上的止停块。从较长的坯料上切取短部件可使手与锯片保持安全距离。

照片 M　用 2½ in（63.5 mm）的镀锌甲板螺丝将脚踏板横撑安装到椅子腿上，然后用螺栓、垫圈和双螺母将脚踏板椅子腿组件连接至脚踏板。

照片 L　穿过脚踏板托板和脚踏板椅子腿钻孔。用螺栓将部件固定，这样椅子腿可以在托板上转动。

照片 N　将靠背和脚踏板安装到位，并测试各部分的性能。然后用中等目数的砂纸打磨椅子的所有外露表面。如果在封闭环境中打磨，请戴上防尘面罩，雪松木粉尘会刺激鼻子和肺部。

门廊秋千

如果你愿意投入一点时间和金钱制作这款门廊秋千，你会享受到凉爽的微风和安静的运动。这款秋千使用雪松木（或任何户外用木材）制作，可容纳两个成年人舒适就座，同时非常耐用。

重要信息

类型：二人门廊秋千

尺寸：长 58½ in（1485.9 mm），高 26 in（660.4 mm），深 30 in（762.0 mm）

材料：雪松

接合方式：用胶水和螺丝加固的半搭接接合，用螺丝加固的对接接合

制作细节：

· 所有部件均使用标准尺寸的雪松木板切割制作
· 舒适的座面和靠背坡度
· 4 个吊环螺栓
· 3 组板条托板均匀分散重量

表面处理：涂抹含有抗紫外线木料封闭剂的透明涂料、用户外用染色剂染色，或者涂抹白色或灰色涂料，外观更为正式

制作时长

准备木料
1 小时

绘图和标记
2~4 小时

切割部件
3~5 小时

组装
2~4 小时

表面处理
1~2 小时

总计：9~16 小时

使用的工具

· 台锯
· 带锯或竖锯
· 台钻
· C 形夹
· 电木铣倒装台，搭配 ¼ in（6.4 mm）的导向圆角铣头
· 卷尺
· 弹簧夹
· 手持式电钻 / 螺丝刀
· 便携式钻孔引导器
· 台锯，搭配开槽锯片

购物清单

☐ (5) 2 in × 6 in × 8 ft 标称雪松木板
☐ (4) 1 in × 6 in × 8 ft 标称雪松木板
☐ (4) ⅜ in × 4 in 吊环螺栓、⅜ in 螺母和垫圈
☐ 镀锌甲板螺丝，2 in、2½ in 和 3 in 规格
☐ 表面处理材料
☐ 30~40 ft 的粗绳（非棉材质）或链条
☐ 防水木工胶

注：1 in ≈ 25.4 mm，1 ft ≈ 304.8 mm。

门廊秋千解构图

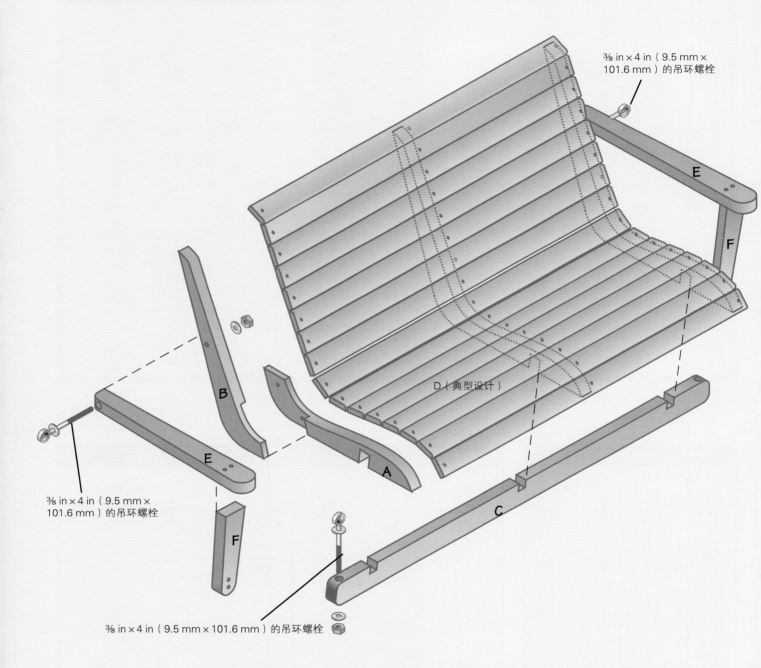

³⁄₈ in × 4 in（9.5 mm × 101.6 mm）的吊环螺栓

E

F

³⁄₈ in × 4 in（9.5 mm × 101.6 mm）的吊环螺栓

B

E

F

D（典型设计）

A

C

³⁄₈ in × 4 in（9.5 mm × 101.6 mm）的吊环螺栓

门廊秋千切割清单			
部件名称	数量	尺寸	所用材料
A. 座面托板	3	1½ in × 5¼ in* × 24 in	雪松木
B. 靠背托板	3	1½ in × 5¼ in* × 25½ in	雪松木
C. 横撑	1	1½ in × 3 in × 58½ in	雪松木
D. 板条	16	¾ in × 2½ in × 48 in	雪松木
E. 扶手	2	1½ in × 3 in × 25 in	雪松木
F. 扶手托板	2	1½ in × 3 in × 13 in	雪松木

* 最终切割前的坯料宽度

注：1 in ≈ 25.4 mm，1 ft ≈ 304.8 mm。

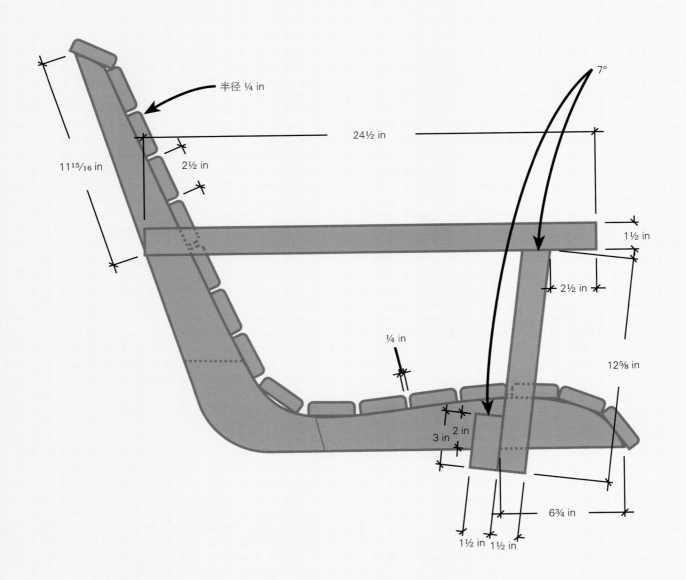

半径 ¼ in

24½ in

11¹⁵/₁₆ in

2½ in

7°

1½ in

2½ in

¼ in

12⅝ in

3 in

2 in

6¾ in

1½ in

1½ in

侧视图

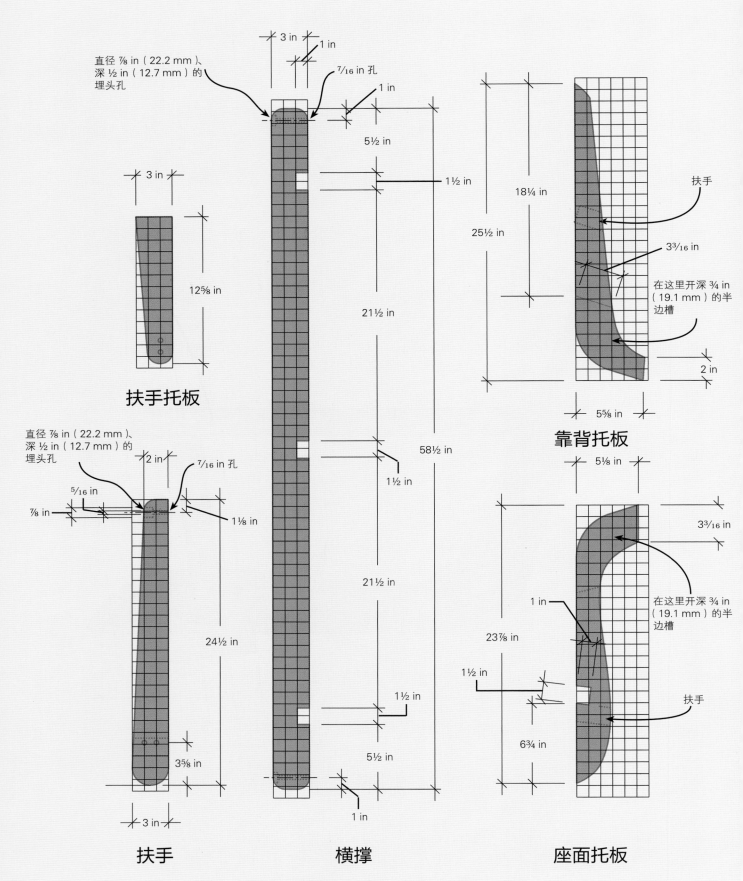

直径 ⅞ in（22.2 mm）、
深 ½ in（12.7 mm）的
埋头孔

3 in
1 in

⁷⁄₁₆ in 孔

1 in

5½ in

1½ in

3 in

12⅝ in

21½ in

58½ in

扶手托板

21½ in

直径 ⅞ in（22.2 mm）、
深 ½ in（12.7 mm）的
埋头孔

2 in

⁷⁄₁₆ in 孔

⁵⁄₁₆ in

⁷⁄₈ in

1⅛ in

1½ in

5½ in

24½ in

3⅝ in

1 in

3 in

扶手

横撑

18¼ in

25½ in

扶手

3³⁄₁₆ in

在这里开深 ¾ in
（19.1 mm）的半
边槽

2 in

5⅝ in

靠背托板

5⅛ in

3³⁄₁₆ in

在这里开深 ¾ in
（19.1 mm）的半
边槽

1 in

23⅞ in

1½ in

扶手

6¾ in

座面托板

每个小方格边长 1 in（25.4 mm）

制作支撑组件

该门廊秋千的结构组件由 3 组 L 形的两件式托板组成，用来安装在前面的厚水平横撑上。为了简化两件式托板的设计和结构，在切割任何轮廓之前，成对的部件通过半搭接接头连接在一起。

❶ 首先，参照网格设计图制作靠背托板和座面托板的全尺寸模板。可以通过复印机放大图案，或者在模板纸上绘制网格，然后绘制出部件轮廓。

❷ 根据切割清单，从 2×6 的雪松木板上将座面托板和靠背托板切割到所需长度。将坯料成对放在平坦的表面上，形成 L 形。将座面托板和靠背托板的模板交叠在一起，使它们在图纸上指示的半搭接接缝处连接在一起。将模板放在每对 2×6 的坯料上，并画出半搭接接头切割线的位置。

❸ 在 2×6 的坯料上切割半搭接接头。在台锯上安装开槽锯片，设置最大切割宽度。抬高开槽锯片，将切割深度设置为 ¾ in（19.1 mm）。将定角规设置为 65°（搭接面的角度）。将部件平放在台面上，并紧靠定角规的靠山，使部件的合适末端通过开槽锯片，去除半搭接区域的废木料（见照片 A）。分多次完成切割。最后一次

照片 A 在台锯上安装开槽锯片切割座面托板和靠背托板的半搭接接头，分多次完成切割。每个部件的最后一次切割应到达切割线处。将定角规设置为 65°。在切割部件轮廓之前制作半搭接接头可以简化部件的轮廓设计。

切割应刚好到达切割线处。重复操作，完成 3 对部件的切割。

❹ 使用相同的开槽锯片设置切割座面托板底部的凹槽。将锯片角度调整到 7°，并将定角规角度设置为 90°。升起锯片，将切割深度设置为 1 in（25.4 mm）（可以用废木料进行试切，以保证凹槽正确切割）。分两次完成每个凹槽的切割（见照片 B）。如有必要，可以用凿子修整凹槽中的粗糙之处。

❺ 将户外用防水胶均匀涂抹在一个座面托板和一个靠背托板的搭接面上。接合部件，将两个部件的榫肩紧密贴合并对齐。将组件夹紧到位，直到胶水凝固（见照片 C）。胶合所有 3 对组件。

❻ 使用拼接在一起的座面托板和靠

背托板模板在 3 个组件表面绘制部件轮廓线。

❼ 用带锯或竖锯切割托板轮廓。小心地沿切割线的废木料侧切割（见照片 D），将切口边缘锉平或打磨光滑。

❽ 在台锯上将一块 2×6 的雪松木板纵切到 3 in（76.2 mm）宽，再将其横切至 58½ in（1485.9 mm）的长度，制成横撑。

❾ 将横撑的图样放大到全尺寸，然后在部件上画线，以得到每个末端的形状以及凹槽和吊环螺栓孔的位置。

❿ 使用台锯和开槽锯片，在横撑顶部切割凹槽。端凹槽距离横撑的相应末端为 5½ in（139.7 mm），中央凹槽居中。所有凹槽均宽 1½ in（38.1 mm）、深 1 in（25.4 mm）。每个凹槽至少分两次切割，可以使用定

照片 B　将开槽锯片的切割角度设置为 7°，在座面托板的底部边缘切割深 1 in（25.4 mm）的切口。

照片 C　将座面托板和靠背托板的接头搭接并胶合在一起，制成 3 个 L 形的托板坯料组件。夹紧，等待胶水凝固。应使用防水胶。

角规辅助进料（见照片 E）。

⓫ 使用台钻或手持式电钻以及便携式钻孔引导器，在横撑的两端为长 4 in（101.6 mm）的吊环螺栓钻孔。从横撑底部钻孔，并将孔中心定位在距离横撑末端 1 in（25.4 mm）处。首先，使用 ⅞ in（22.2 mm）的平翼开孔钻头或布拉德尖端钻头为螺母和垫圈钻取 ½ in（12.7 mm）深的埋头孔。然后以孔的中心为中心，钻取一个直径 ⁷⁄₁₆ in（11.1 mm）的贯通引导孔。为了最大限度地减少撕裂，在为横撑钻取贯通引导孔时，应使用废木料来支撑出口侧（顶部）。

⓬ 用竖锯或钢丝锯切割横撑的末端圆角。使用打磨块将圆角打磨光滑。

⓭ 将 3 个 L 形托板组件座面侧朝下放置在平坦的表面上，此时靠背托板指向地板。将横撑放在组件顶部，对齐凹槽。在每个接头处钻取一个埋头引导孔（穿过横撑一直钻入每个座面托板中）。使用防水木工胶和 3 in（76.2 mm）的镀锌甲板螺丝固定部件（见照片 F）。

安装座面板条

⓮ 从雪松木板上纵切和横切 16 根 2½ in × 48 in（63.5 mm × 1219.2 mm）的板条。此处使用的是 1 in × 6 in × 8 ft（25.4 mm × 152.4 mm × 2438.4 mm）的木板，其实际厚度为 ¾ in（19.1 mm）。

⓯ 在每个板条上钻取 3 个埋头螺丝孔。可以将两块废木料板（一长一短）彼此垂直放置并夹紧，为快速一致地定位螺丝孔提供参考靠山（见照片 G）。从每个板条的末端转角处出发，测量并标记 3 个孔的距离。板条上的孔应相对于托板结构居中，因此可以通过测量托板组件来确定距离。将每个板条放入靠山组件中。将板条紧靠在靠山的侧面和端面，并居中钻取与

靠山上的标记对齐的孔。

⓰ 用电木铣和 ¼ in（6.4 mm）的导向圆角铣头为每个板条的顶部边缘进行倒圆。

⓱ 从座面托板的前端开始，用 2 in（50.8 mm）的镀锌甲板螺丝固定板条。将前面的 3 根板条严密对接起来（不留间隙），并从第 4 根板条开始，在板条间插入厚 ¼ in（6.4 mm）的垫片（见照片 H）。座面板条的末端应与座面托板的侧面齐平。

制作并连接扶手

⓲ 对 2×8 的雪松木板进行纵切和横切，得到两个 3 in×24½ in（76.2 mm×622.3 mm）的扶手坯料，并将两个扶手托板切割到 3 in×12⅝ in（76.2 mm×320.7 mm）。

⓳ 参考网格设计图，为扶手和扶手托板制作全尺寸模板。使用模板在相应的部件上绘制轮廓线。在扶手上标记螺丝孔的中心点和螺栓孔的位置。

⓴ 用带锯或竖锯切割部件，并将部件边缘和表面打磨光滑。

㉑ 在每个扶手的外侧后部靠近边缘处钻取直径 ⅞ in（22.2 mm）、深 ½ in（12.7 mm）的埋头孔，然后继续钻取直径 ⁷⁄₁₆ in（11.1 mm）的贯通引导孔。每个埋头孔的边缘应距离扶手末端 1 in（25.4 mm）（见照片 I）。

㉒ 将台锯锯片设置为 7°，然后使用定角规在每个扶手托板的顶端（较宽的一端）切割斜面。

㉓ 将扶手托板靠在横撑表面，与横撑的底部保持齐平，其 7° 的斜面从前向后延伸。将扶手托板在此位置夹紧。用 2½ in（63.5 mm）的镀锌甲板螺丝穿过扶手托板上的埋头引导孔，一直拧入横撑中，固定扶手托板。

㉔ 安装扶手。将每个扶手放在扶手托板上，使扶手顶部的螺丝孔中心与

照片 D 使用模板将靠背托板和座面托板的轮廓线转移到胶合的坯料上，并用带锯或竖锯切割出托板轮廓。

照片 E 在横撑的顶部边缘切割宽 1½ in（38.1 mm）的凹槽。横撑上的凹槽应与座面托板底部的凹槽匹配。

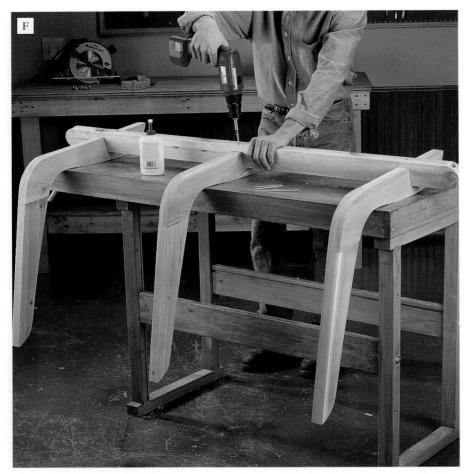

扶手托板的顶部中心对齐。保持每个扶手抵靠在靠背托板的外部，并延伸直径 7/16 in（11.1 mm）的引导孔，一直穿透靠背托板（见照片 J）。

㉕ 在靠背托板的内表面钻取直径 7/8 in（22.2 mm）、深 1/2 in（12.7 mm）的埋头引导孔。在每个扶手上插入一个直径 3/8 in（9.5 mm）、长 4 in（101.6 mm）的吊环螺栓，并将其穿过靠背托板。将螺母和垫圈拧到螺栓的另一端，然后用扳手拧紧。用两根 3 in（76.2 mm）的镀锌甲板螺丝从中心位置钉入，将扶手与扶手托板固定在一起。

收尾

㉖ 在横撑的埋头孔中插入 4 in（101.6 mm）的吊环螺栓。将螺母和垫圈拧到螺栓的另一端，然后用扳手拧紧。

㉗ 进行表面处理，然后把粗绳或链条连接到吊环螺栓上，以悬挂秋千。确保将带有吊环螺栓的绳子或链条固定在能够承受全部重量（包括人）的天花板托梁上。

照片 F　用防水木工胶和 3 in（76.2 mm）的镀锌甲板螺丝将托板组件固定到横撑上。通过凹槽的匹配以形成搭接接合。

照片 G　在座面板条上钻取埋头螺丝孔。使用带有测量指示标记的靠山组件可以快速获得一致的钻孔。

照片 H　用螺丝将板条固定到靠背和座面托板上。将前 3 根板条紧密对接在一起，然后在其余板条之间使用厚 ¼ in（6.4 mm）的垫片，以获得一致的间隙。保持座面板条的两端与座面托板侧面齐平。

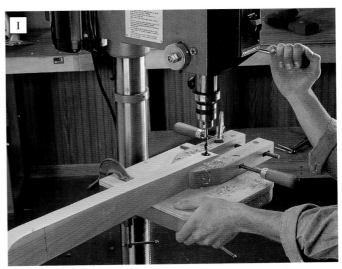

照片 I　在台钻上安装平翼开孔钻头或布拉德尖端钻头，在扶手边缘为吊环螺栓钻取埋头引导孔。

照片 J　穿过扶手上的直径 ⁷⁄₁₆ in（11.1 mm）的吊环螺栓引导孔，一直穿透靠背托板，然后安装吊环螺栓、垫圈和螺母。

野餐桌和长凳

　　这款不寻常的野餐桌和长凳套装结合了传统野餐桌的造型和圆桌的空间利用效率。直径 58 in（1473.2 mm）桌面和 4 把长凳，最多可容纳 8 个成年人使用这个可爱的套装在户外用餐。

重要信息

类型：圆形野餐桌和弧形长凳

整体尺寸：桌子直径 58 in（1473.2 mm），高 30 in（762.0 mm）

长凳长 41¾ in（1060.5 mm），宽 12¾ in（323.9 mm），高 17 in（431.8 mm）

材料：雪松木板

接合方式：用方颈螺栓和镀锌甲板螺丝加固的半搭接接合和对接接合

制作细节：

· 宽大的圆形桌面可容纳 8 位成年人用餐

· 传统的交叉桌腿看起来很别致

· 不同宽度的板条在桌面和凳面上交替排列

· 无须平刨或压刨处理部件

表面处理：透明的抗紫外线面漆（户外用木料染色剂可选），或者不做任何处理，任由雪松木自然风化为灰色

制作时长

准备木料
1 小时

绘图和标记
2~3 小时

切割部件
4~6 小时

组装
4~6 小时

表面处理
1~2 小时

总计：12~18 小时

使用的工具

· 平尺切割导轨
· C 形夹
· 电木铣，搭配 ⅜ in（9.5 mm）的圆角铣头
· 台锯，搭配开槽锯片
· 卷尺
· 64 in（1625.6 mm）或更长的杆夹或管夹（2）
· 弹簧夹
· 竖锯或带锯
· 组合角尺
· 木工角尺
· 手持式电钻/螺丝刀
· 砂光机

购物清单

（桌子和一把凳子的用料）

☐ (6)2 in×6 in×8 ft 标称雪松木板

☐ (6)2 in×8 in×8 ft 标称雪松木板

☐ (13)2 in×4 in×8 ft 标称雪松木板

☐ 带配套螺母和垫圈的方颈螺栓：(20)⅜ in×3½ in；(10)⅜ in×3 in

☐ #10 镀锌甲板螺丝，2 in、2½ in和 3 in 规格

☐ 表面处理材料

注：1 in ≈ 25.4 mm，1ft ≈ 304.8 mm。

野餐桌和长凳
解构图

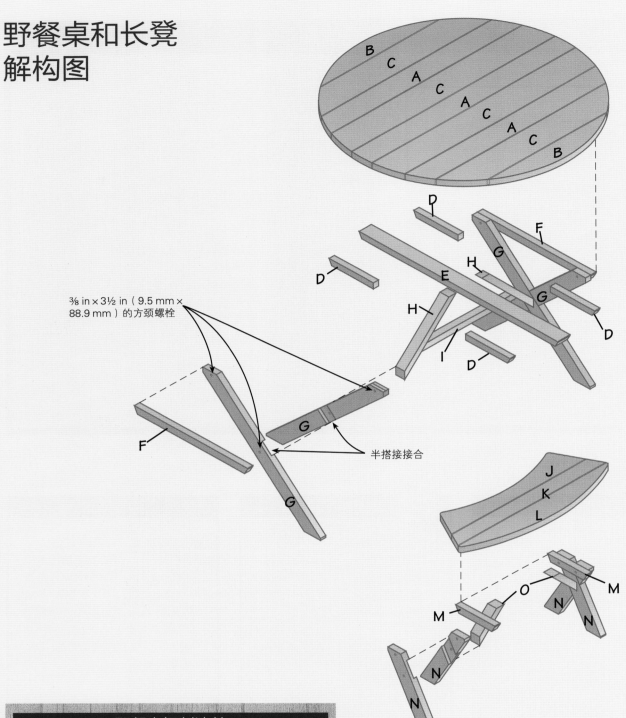

⅜ in × 3½ in（9.5 mm × 88.9 mm）的方颈螺栓

半搭接接合

野餐桌切割清单			
部件名称	数量	尺寸	所用材料
A. 桌面板条 1	3	1½ in × 5½ in × 60 in	雪松木
B. 桌面板条 2	2	1½ in × 5½ in × 48 in	雪松木
C. 桌面板条 3	4	1½ in × 7¼ in × 60 in	雪松木
D. 短托板	4	1½ in × 1½ in × 12½ in	雪松木
E. 中央托板	1	1½ in × 3½ in × 56 in	雪松木
F. 桌腿托板	2	1½ in × 1¾ in × 32 in	雪松木
G. 桌腿	4	1½ in × 3½ in × 43 in	雪松木
H. 斜撑	2	1½ in × 1¾ in × 20¾ in	雪松木
I. 横撑	1	1½ in × 1¾ in × 27 in	雪松木
注：1 in ≈ 25.4 mm，1 ft ≈ 304.8 mm。			

长凳切割清单（1 把）			
部件名称	数量	尺寸	所用材料
J. 凳面板条 1	1	1½ in × 7¼ in × 48 in	雪松木
K. 凳面板条 2	1	1½ in × 5½ in × 48 in	雪松木
L. 凳面板条 3	1	1½ in × 3½ in × 48 in	雪松木
M. 凳面托板	2	1½ in × 1¾ in × 11 in	雪松木
N. 凳腿	4	1½ in × 3½ in × 19⅝ in	雪松木
O. 斜撑	2	1½ in × 1¾ in × 9¾ in	雪松木
注：1 in ≈ 25.4 mm，1 ft ≈ 304.8 mm。			

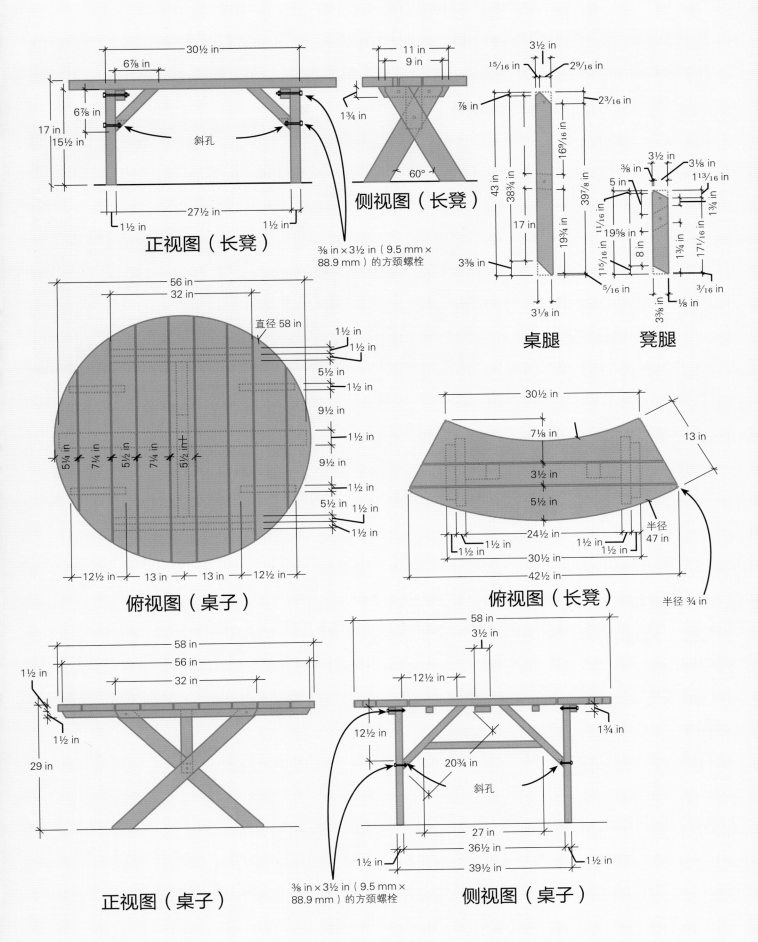

30½ in

6⅞ in

6⅞ in

17 in

15½ in

斜孔

27½ in

1½ in   1½ in

正视图（长凳）

⅜ in × 3½ in（9.5 mm × 88.9 mm）的方颈螺栓

11 in

9 in

1¾ in

60°

侧视图（长凳）

3½ in

¹⁵/₁₆ in   2⁹/₁₆ in

2³/₁₆ in

⅞ in

16⁹/₁₆ in

43 in   39⅞ in

38¾ in

17 in

19¾ in

3⅜ in

5/₁₆ in

3⅛ in

3½ in

⅜ in   3⅛ in

5 in   1¹³/₁₆ in

¹¹/₁₆ in   1¾ in

19⅝ in

1¹⁵/₁₆ in

8 in

1¾ in

3/₁₆ in

⅛ in

17¹/₁₆ in

3⅜ in

桌腿   凳腿

56 in

32 in

直径 58 in

1½ in

1½ in

5½ in

1½ in

9½ in

1½ in

9½ in

1½ in

5½ in

1½ in

1½ in

5¼ in

7¼ in

5½ in

7¼ in

5½ in

12½ in   13 in   13 in   12½ in

俯视图（桌子）

30½ in

7⅛ in

13 in

3½ in

5½ in

24½ in

半径 47 in

1½ in   1½ in   1½ in   1½ in

30½ in

42½ in

俯视图（长凳）

半径 ¾ in

58 in

56 in

32 in

1½ in

1½ in

29 in

正视图（桌子）

⅜ in × 3½ in（9.5 mm × 88.9 mm）的方颈螺栓

58 in

3½ in

12½ in

1¾ in

12½ in

20¾ in

斜孔

27 in

36½ in

39½ in

1½ in   1½ in

侧视图（桌子）

制作步骤

照片 A　将桌面板条正面朝下放置。用厚 ¼ in（6.4 mm）的废木料垫片将板条分隔开，然后夹紧桌面板条。绘制两条垂直的中心线，并使用椭圆规以两条线的交点为圆心绘制半径 29 in（736.6 mm）的圆周。

制作桌面

这张野餐桌的圆形桌面是用 9 块从 2× 规格的雪松木板上切取的板条边对边拼接成的。宽 5½ in（139.7 mm）的窄板条（标称 2×6）和宽 7¼ in（184.2 mm）的宽板条（标称 2×8）交替排列，形成了有趣的图案。在加入 ¼ in（6.4 mm）的板间间隙后，桌面的直径达到了 58 in（1473.2 mm）。

❶ 根据切割清单中的长度尺寸，切取桌面的 9 块板条。选择一块长 60 in（1524.0 mm）的 2×6 的木板，沿木板的长度方向绘制一条中心线，用来标记桌面中心。使用组合角尺和铅笔绘制中心线。按照桌面俯视图中的顺序排列木板，把画有中心线的木板放在桌面中央。在板条之间插入厚 ¼ in（6.4 mm）的废木料垫片，然后在靠近桌面两端的位置用管夹将板条夹紧在一起。

❷ 绘制垂直于第一条中心线的中心线。测量并找到两块端板的中点，用来标记第二条中心线的端点。横跨板条放置一把直尺以完成画线，但要首先用木工角尺确认两条中心线是否互相垂直。

❸ 以两条垂直线的交点为中心，在桌面上绘制半径 29 in（736.6 mm）的圆周（见照片 A）。我们使用由硬质纤维板制作的椭圆规来绘制圆周。

❹ 将 7 根托板板条切割到所需尺寸。

从 2×4 的木板上横切出长度为 56 in（1422.4 mm）的中央托板，从 2×2 的木板上切取 4 根长度为 12½ in（317.5 mm）的短托板。从 2×3 或 2×4 的木板上纵切出宽度为 1¾ in（44.5 mm）的坯料，然后将其横切至 32 in（812.8 mm），得到两根桌腿托板的坯料。

❺ 对每根托板的末端斜切 60° 斜面，从与桌面底部接触的托板表面向下 ¼ in（6.4 mm）的位置起始斜切，用于消除板条尖锐的末端。使用电动斜切锯进行切割。注意，对于安装在桌腿上的托板，应使其 1½ in（38.1 mm）的边缘，即厚度边缘朝上贴靠在桌面底部，因此需要确保对正确的面进行切割。

❻ 标记中央托板长度的中点，并向四面画垂直线。现在在桌面第二中心线（横向于纹理方向）的两侧分别量取 1¾ in（44.5 mm），将中央托板放在这些标记之间，同时将托板中线与

桌面中央板条的中心线对齐。

❼ 首先钻取埋头引导孔，然后用 #10×2 in（50.8 mm）的镀锌甲板螺丝将中央托板固定到桌面底部。参考俯视图，将剩余托板放在桌面下面，并用对应螺丝固定（见照片 B）。

❽ 用竖锯沿圆周的废木料侧切割。使用电动砂光机消除切口边缘的任何不平整。

❾ 为电木铣安装 ⅜ in（9.5 mm）的导向圆角铣头（见第 419 页右栏内容），围绕桌面的顶部和底部边缘倒圆（见照片 C）。

制作并连接桌腿

❿ 在 2×4 的雪松木板上画线并切取 4 条桌腿。根据设计图中的测量值为画线提供参考。使用台锯或电动斜切锯切割平行的、成角度的末端和 90° 的尖端切口。

⓫ 根据设计图确定桌腿半搭接接头的切割位置。

⑫ 我们使用安装在台锯上的开槽锯片来移除半搭接区域的废木料。将锯片设置为最大切割宽度，然后升高锯片，设置 ¾ in（19.1 mm）的切割深度。将台锯上的定角规设置为85°，每条桌腿分几次切割，以去除接合区域的废木料（见照片 D）。

照片 B　用 #10×2 in（50.8 mm）的镀锌甲板螺丝将中央托板和短托板固定到桌面的底面，用 2½ in（63.5 mm）的镀锌甲板螺丝固定桌腿托板。

圆角铣头

导向圆角铣头，如上图所示的 ⅜ in（9.5 mm）圆角铣头，可以在木板边缘切割出光滑、均匀的曲面。圆润的边缘增加了安全性和视觉吸引力。常见的边缘造型铣头还包括倒角铣头和 S 形铣头。

照片 C　使用电木铣和 ⅜ in（9.5 mm）的圆角铣头为桌面的顶部和底部边缘倒圆。围绕桌面顺时针操作。

照片 D　使用开槽锯片切入桌腿制作半搭接凹槽。将定角规设置为85°，引导桌腿部件进行多次切割。

照片 E　将桌腿组件夹在一起，并穿过托板和桌腿顶部钻取排屑孔，用于插入方颈螺栓。水平钻孔。

照片 F　穿过每个斜撑的末端，为 ⅜ in × 3½ in（9.5 mm × 88.9 mm）方颈螺栓钻取排屑孔，一直穿过桌腿的半搭接接头。

照片 G　用螺丝将斜撑固定到桌面上。使用木工角尺检查并保持桌腿组件与桌面之间的垂直角度。

⓭ 通过半搭接接头组装桌腿。暂时夹紧部件，然后将桌腿组件紧靠桌腿托板放置到位。保持桌腿顶部末端与桌腿托板末端齐平。

⓮ 将桌腿组件与桌腿托板夹紧（连同废木料支撑板一起夹紧，以防止钻孔时撕裂木料），并参考设计图，穿过托板和桌腿顶部，为方颈螺栓钻取 ⅜ in × 3½ in（9.5 mm × 88.9 mm）的排屑孔（见照片 E）。

⓯ 从外面插入 3½ in（88.9 mm）的方颈螺栓，并加入垫圈和螺母，将桌腿固定到托板上。

安装桌腿支撑件

在桌腿之间安装一对斜撑和一个横撑，形成中心支撑组件。

⓰ 将 2×4 或 2×3 的雪松木板纵切至 1¾ in（44.5 mm）的宽度。将斜撑纵切到所需长度，并对末端斜切 45° 斜面。斜撑的最大长度应为 20¾ in（527.1 mm）。将横撑切割到所需尺寸，并对其两端进行斜切，使其最大长度为 27 in（685.8 mm）。

⓱ 在桌面底面，从每个桌腿组件的内部接合处起始，测量 12½ in（317.5 mm）并做标记。在每个斜撑的一端标记宽度中心。测量桌腿组件的接合处并标记中点，然后用木工角尺垂直于桌腿托板画线并延伸。将斜撑靠在一个桌腿组件上，将斜撑上斜面的下边缘与高度标记对齐，同时将斜撑和桌腿组件的中心线对齐。在斜撑上钻取一个斜孔，然后为方颈螺栓钻取一个水平的排屑孔（见照片 F）。用 ⅜ in × 3½ in（9.5 mm × 88.9 mm）的方颈螺栓将斜撑固定到桌腿上。重复上述操作，完成另一侧斜撑的安装。

⓲ 钻取埋头引导孔，用螺丝将斜撑的自由端拧入桌面底部（见照片 G）。为确保斜撑处于正确的位置，并且桌腿垂直于桌面，在安装时应将木工角尺靠在每条桌腿上进行检查。

⓳ 将中央横撑横跨斜撑放置到位。在横撑上放置一个水平仪以调整横撑位置，直到它处于水平状态。然后钻取成角度的引导孔，并用 #10×2 in（50.8 mm）的镀锌甲板螺丝将横撑末端固定到斜撑上（见照片 H）。

制作长凳

提醒一下，购物清单和切割清单所提供的信息都是制作一把长凳的。如果需要制作 4 把弧线长凳来保证户外用餐，请将长凳部件的数量乘以 4 来重新计算购物清单。长凳的大部分组装顺序与桌子制作的顺序是相同的。如果不确定长凳制作过程中的任何步骤，请参阅前面的内容以获取相关信息。

⓴ 铺设凳面板条，在它们之间放置厚 ¼ in（6.4 mm）的垫片，并用夹子夹紧凳面。根据设计图中的测量值和半径，在凳面板条上画出轮廓线（如果计划制作 4 把长凳，那么最好制作一个凳面模板。）

㉑ 纵切托板坯料的一侧边缘，并将板条横切到所需长度。按照与桌子托板相同的角度斜切部件末端。

㉒ 参考设计图，用螺丝将托板固定到凳面底部，彼此相距 24½ in（622.3 mm）。

㉓ 用竖锯将凳面切割成型（见照片 I），并以 ¾ in（19.1 mm）的半径为转角倒圆角。将部件边缘打磨光滑，并用 ⅜ in（9.5 mm）的圆角铣头倒圆。

㉔ 把凳腿和斜撑切割到所需尺寸。使用与制作桌腿相同的方法画线并切割凳腿半搭接接头，只是角度设置为60°，而非85°。

㉕ 组装凳腿结构。按照相同的方式和步骤，用螺栓将凳腿固定在托板上，并固定斜撑（见照片 J）。

㉖ 轻轻打磨木料，消除任何粗糙或破碎的表面。

㉗ 使用户外用染色剂封闭并保护木料。也可以上漆，或者自然风化，留下优雅的灰色外观（雪松木具有很强的耐候性）。

照片 H　在每个接头处，用两根 #10 × 2 in（50.8 mm）的镀锌甲板螺丝将横撑末端固定在斜撑上。确保横撑水平。

照片 I　在托板固定后，用竖锯将凳面切割到最终形状。

照片 J　像固定桌子斜撑那样固定凳腿斜撑。使用木工角尺检查并确保凳腿与凳面垂直。

第 432 页

第 428 页

第 424 页

第 10 章　工房用品

第 448 页

第 440 页

第 10 章　工房用品

锯木架

锯木架是木匠最值得信赖的伴侣。无论是在工房还是在户外，它都能提供耐用的工作台面。这款经过工房反复测试的坚固锯木架使用 2×4 的木板和胶合板制作，其底部的搁板方便放置必要的工具和用品。相比一只锯木架，一对锯木架功能更强大，而且制作起来也不费事。

锯木架解构图

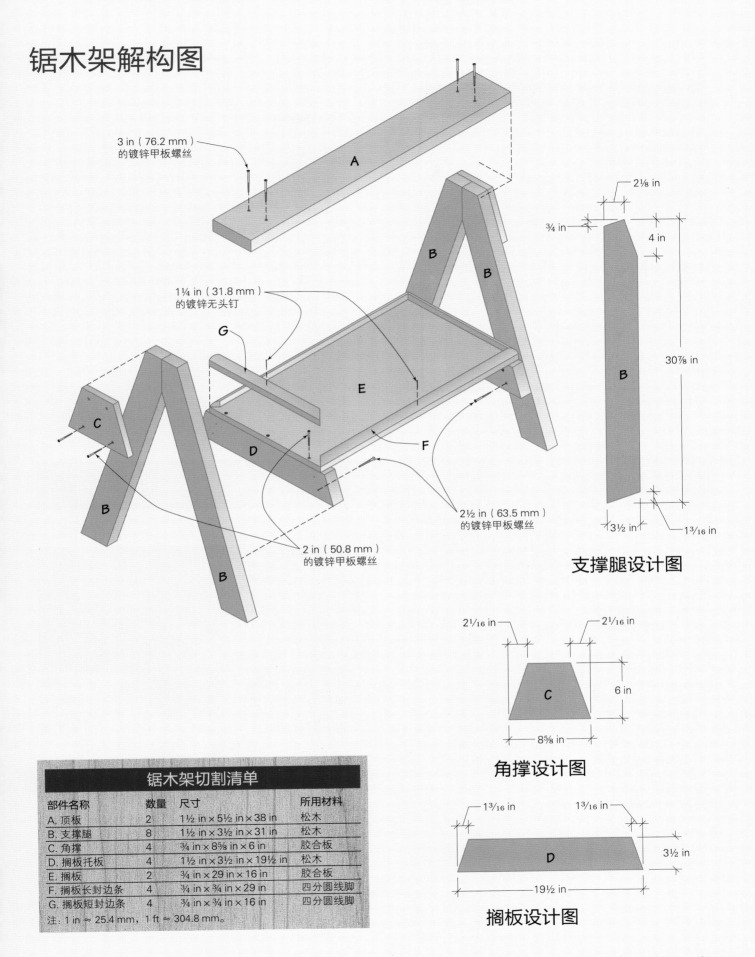

3 in（76.2 mm）的镀锌甲板螺丝

1¼ in（31.8 mm）的镀锌无头钉

2 in（50.8 mm）的镀锌甲板螺丝

2½ in（63.5 mm）的镀锌甲板螺丝

A

B

B

B

B

C

D

E

F

G

支撑腿设计图

2⅛ in

¾ in

4 in

30⅞ in

3½ in

1³⁄₁₆ in

B

角撑设计图

2¹⁄₁₆ in

2¹⁄₁₆ in

6 in

8⅝ in

C

搁板设计图

1³⁄₁₆ in

1³⁄₁₆ in

3½ in

19½ in

D

锯木架切割清单			
部件名称	数量	尺寸	所用材料
A. 顶板	2	1½ in × 5½ in × 38 in	松木
B. 支撑腿	8	1½ in × 3½ in × 31 in	松木
C. 角撑	4	¾ in × 8⅝ in × 6 in	胶合板
D. 搁板托板	4	1½ in × 3½ in × 19½ in	松木
E. 搁板	2	¾ in × 29 in × 16 in	胶合板
F. 搁板长封边条	4	¾ in × ¾ in × 29 in	四分圆线脚
G. 搁板短封边条	4	¾ in × ¾ in × 16 in	四分圆线脚
注：1 in ≈ 25.4 mm，1 ft ≈ 304.8 mm。			

重要信息

整体尺寸：长 38 in（965.2 mm）， 宽 24 in（609.6 mm），高 30 in（762.0 mm）

材料：松木板、胶合板

接合方式：用螺丝加固的对接接合

制作细节：

- 支撑腿在靠近顶端的位置被斜切，以形成 A 形支撑
- 胶合板角撑加固了支撑腿的接合

表面处理：不做处理或涂抹透明的保护性面漆

制作时长：6~8 小时（两把）。

购物清单

- ☐ (2)¾ in × ¾ in × 8 ft 四分圆线脚
- ☐ (4)2 in × 4 in × 8 ft 松木板
- ☐ (2)2 in × 6 in × 8 ft 松木板
- ☐ (1)¾ in × 2 ft × 4 ft 胶合板
- ☐ 镀锌甲板螺丝，2 in、2½ in 和 3 in 规格
- ☐ 1¼ in 镀锌无头钉

注：1 in ≈ 25.4 mm，1ft ≈ 304.8 mm。

制作步骤

切割部件

❶ 将顶板、支撑腿和搁板托板横切至所需长度。将胶合板角撑和搁板切割到大概尺寸。斜切四分圆搁板封边条到所需长度。

❷ 参照设计图，画出支撑腿、搁板托板和角撑的切割角度。用竖锯或电圆锯进行角度切割。

制作支撑腿组件

❸ 把两条支撑腿和一个角撑放在台面上，以便将支撑腿的顶部斜切口对齐，并使角撑的倾斜边缘与支撑腿的外侧边缘齐平。钻取埋头引导孔，用 2 in（50.8 mm）的镀锌甲板螺丝穿过角撑，将其固定到支撑腿上。

❹ 翻转支撑腿组件以安装搁板托板。将搁板托板的末端斜面与支撑腿的外边缘对齐。应将搁板托板安装在距离支撑腿底部约 10 in（254.0 mm）的位置。钻取埋头孔，用 2½ in（63.5 mm）的镀锌甲板螺丝将搁板托板固定到支撑腿上（见照片 A）。

照片 A　将一对支撑腿和一个胶合板角撑组装在一起，保持角撑与支撑腿的顶部和外侧边缘齐平。翻转组件，将搁板托板安装到支撑腿上，使其两端与支撑腿的外侧边缘齐平，托板距离支撑腿底部约 10 in（254.0 mm）。

⑤ 重复步骤 2~4，以制作其他 3 组支撑腿组件。

安装搁板和桌面

⑥ 安装搁板。将两组支撑腿组件直立在地板上，使搁板托板面向内侧。将搁板安放在搁板托板上。用夹子夹紧组件。钻取埋头孔，然后用 2 in（50.8 mm）的镀锌甲板螺丝将搁板固定在搁板托板上。对其他锯木架重复上述操作。

⑦ 安装顶板。将顶板居中放在支撑腿组件上。钻取埋头引导孔，将 3 in（76.2 mm）的镀锌甲板螺丝穿过顶板，一直向下拧入支持腿的顶端（见照片 B）。

表面处理

将搁板封边条连接到搁板边缘，以形成浅盘结构。首先将一条短封边条钉紧到位，然后环绕搁板操作，以斜接的方式接合相邻封边条。为了避免撕裂狭长的四分圆线脚，需要预先为无头钉钻取引导孔。使用冲钉器处理钉头（见照片 C）。

编者注：如果选择为锯木架涂抹面漆，应避免使用油漆或染色剂，因为在使用锯木架时，这些涂料可能会损坏其他部件。可以使用透明的保护性表面处理产品，比如清漆或桐油。

照片 B 保持锯木架直立，将顶板居中放在支撑腿上，使顶面四周均匀悬空。钻取埋头引导孔，用 3 in（76.2 mm）的镀锌甲板螺丝将顶板固定到支撑腿顶端。

照片 C 用 1¼ in（31.8 mm）无头钉将四分圆线脚固定在搁板四周。先安装一条短封边条，将无头钉钉入引导孔中加以固定。用冲钉器将钉头处理到木料表面之下。

2×4 工作台

　　一个优质工作台应比例合理，并且足够小，以适应狭窄的工作区域。它应该结构坚固，同时足够轻便，可以自由移动。最好的工作台要可以利用台面下方的空间放置物品。这款工作台就是综合考虑了上述所有要素形成的设计。经过加固的硬质纤维板台面提供了一个平滑、宽大的工作面，且易于更换。层压的 2×4 桌腿足以支撑最重的作品。制作完成后，可以将工作台靠在墙边，使用底部搁板存放物品。

2×4 工作台
解构图

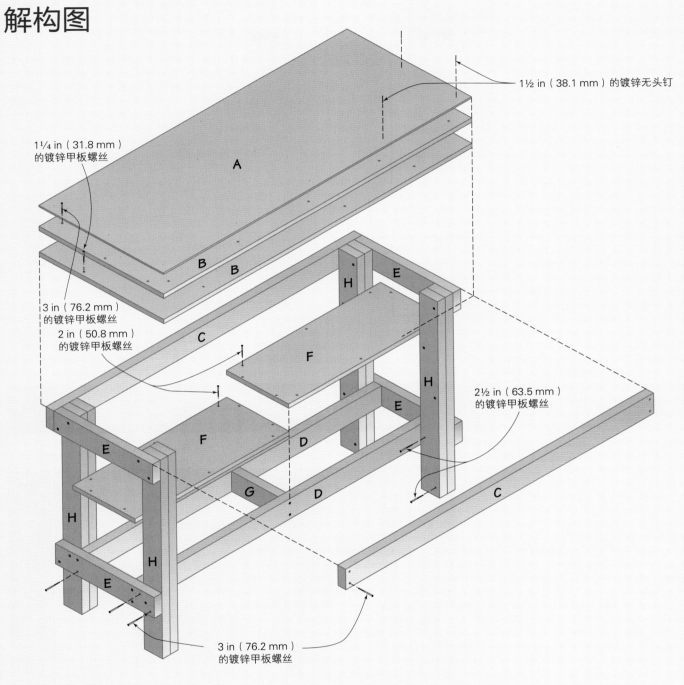

1½ in（38.1 mm）的镀锌无头钉

1¼ in（31.8 mm）的镀锌甲板螺丝

3 in（76.2 mm）的镀锌甲板螺丝

2 in（50.8 mm）的镀锌甲板螺丝

2½ in（63.5 mm）的镀锌甲板螺丝

3 in（76.2 mm）的镀锌甲板螺丝

A B B C D E F G H

2×4 工作台切割清单							
部件名称	数量	尺寸	所用材料	部件名称	数量	尺寸	所用材料
A. 台面	1	¼ in × 24 in × 60 in	硬质纤维板	E. 顶板／搁板侧横梁	4	1½ in × 3½ in × 19 in	松木
B. 顶板	2	¾ in × 24 in × 60 in	胶合板	F. 搁板	2	¾ in × 12 in × 30 in	胶合板
C. 框架前后横梁	2	1½ in × 3½ in × 60 in	松木	G. 横撑	1	1½ in × 3½ in × 9 in	松木
D. 搁板托板	2	1½ in × 3½ in × 57 in	松木	H. 桌腿	8	1½ in × 3½ in × 34½ in	松木

注：1 in ≈ 25.4 mm，1 ft ≈ 304.8 mm。

重要信息

类型：工作台

整体尺寸：长 60 in（1524.0 mm），宽 24 in（609.6 mm），高 36 in（914.4 mm）

材料：松木板、胶合板、硬质纤维板

接合方式：用螺丝加固的对接接合

制作细节：

· 桌腿由两对 2×4 的木板面对面胶合并用螺丝拧在一起制成

· 硬质纤维板台面通过无头钉固定在胶合板顶板上，因此当表面磨损时可以更换

表面处理：透明的保护性面漆或不做处理

制作时长：4~6 小时

购物清单

□ (1)¼ in×4 ft×8 ft 硬质纤维板

□ (7)2 in×4 in×8 ft 松木板

□ (1)¾ in×4 ft×8 ft 胶合板

□ 镀锌甲板螺丝，1¼ in、2 in、2½ in 和 3 in 规格

□ 1½ in 镀锌无头钉

□ 木工胶

□ 表面处理材料（可选）

注：1 in ≈ 25.4 mm，1 ft ≈ 304.8 mm。

制作步骤

切割部件

❶ 将桌腿、框架前后横梁、托板、侧横梁和横撑切割到所需长度。

❷ 将顶板、搁板和台面切割到所需尺寸。

制作桌腿组件

❸ 通过胶合并用螺丝将一对桌腿坯料拧在一起来制作桌腿。确保坯料的边缘和末端齐平，并交错拧入螺丝。

❹ 连接桌腿和框架侧横梁。将桌腿翻转过来，螺丝头面朝下放在台面上。放入一根顶部侧横梁，使其与一对桌腿的顶端齐平。定位搁板侧横梁，

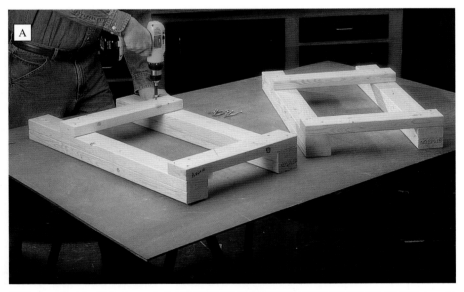

照片 A　用 3 in（76.2 mm）的镀锌甲板螺丝将顶板和搁板侧横梁固定到桌腿上，制成两个桌腿组件。顶板侧横梁应与桌腿顶端齐平。固定搁板侧横梁，使其顶部边缘距离桌腿底部 11¾ in（298.5 mm）。

使其顶部边缘距离桌腿底部 11¾ in（298.5 mm）。用 3 in（76.2 mm）的镀锌甲板螺丝将侧横梁固定在桌腿上，形成桌腿组件（见照片 A）。

照片 B　首先将搁板托板连接至横撑上，然后将搁板框架夹在桌腿和搁板侧横梁之间。将 3 in（76.2 mm）的镀锌甲板螺丝穿过搁板侧横梁的末端拧入横撑中。

照片 C　将顶板居中放在框架前后横梁上方，并使其前后边缘均匀悬空。顶板的两端与顶板侧横梁齐平。使用 3 in（76.2 mm）的镀锌甲板螺丝将顶板固定到顶板侧横梁和框架前后横梁上。

组装工作台和搁板框架

　　由于工作台尺寸较大，需要继续在地板上进行组装。

❺ 将桌腿组件边缘着地放置，以安装顶部框架的前后横梁。横梁应与桌腿组件的顶部齐平，并盖住顶部侧横梁的端面。钻取埋头引导孔，用 3 in（76.2 mm）的镀锌甲板螺丝穿过前后横梁，拧入侧横梁端面。

❻ 根据设计图组装搁板托板和横撑。将横撑居中放在搁板托板之间，然后用 3 in（76.2 mm）的镀锌甲板螺丝加以固定。

❼ 把工作台框架侧向放置，将搁板框架部件安装在桌腿和搁板侧横梁之间。将搁板托板的末端与搁板侧横梁对齐，并将部件夹在一起。用 3 in（76.2 mm）的镀锌甲板螺丝穿过侧横梁，将搁板框架部件固定到工作台上（见照片 B）。

安装搁板和桌面

❽ 钻取埋头孔，用 2 in（50.8 mm）的镀锌甲板螺丝将两块搁板固定在搁板托板、侧横梁和横撑上。

❾ 用胶水和 1¼ in（31.8 mm）的镀锌甲板螺丝将两块胶合板顶板层压在一起。

❿ 安装顶板。将顶板居中放在顶部框架的前后横梁上，将顶板末端与顶部框架侧横梁的外侧面对齐。钻取埋头引导孔，用 3 in（76.2 mm）的镀锌甲板螺丝穿过顶板拧入前后横梁和侧横梁中，以固定顶板（见照片 C）。

⓫ 安装工作台面，将其与顶板四边对齐。环绕台面边缘

照片 D　用 1½ in（38.1 mm）的镀锌无头钉将硬质纤维板台面钉到顶板上。用冲钉器处理钉头，以获得平整的工作台面。

以均匀的间隔钉入 1½ in（38.1 mm）的镀锌无头钉，以固定台面（见照片 D）。用冲钉器处理钉头。

收尾

⓬ 为工作台面和顶板的边角倒圆角。先用竖锯或电圆锯切掉尖角，然后用粗锉刀和砂纸打磨转角轮廓，直至其圆润光滑。

⓭ 如果愿意，可以涂抹几层合适的木工涂料，以保护工作台免受染色剂和擦伤的影响。我们只刷涂了两层丹麦油，不过清漆也是不错的选择。

薄板存储推车

　　每个工房都能从增加存储能力和减少混乱中获益。如果工房的墙面空间非常宝贵，这款薄板推车不失为永久性搁架的巧妙替代品。这款推车全部使用便宜的 CDX 胶合板制作，占地面积不大，但却可以为全尺寸板材提供充足的存储空间，为较长的板材提供中央搁板，并能为不同宽度的边角料和废木料提供 5 格存储箱。顶部搁板非常适合存放五金件或小型工具，并且推车的一端带有凹槽卡口，可用于放置管夹或杆夹。脚轮允许你将推车直接放在需要的位置，把通道完全让出来。

重要信息

类型：存储推车
整体尺寸：长 72 in（1828.8 mm），宽 24 in（609.6 mm），高 53 in（1346.2 mm）
材料：CDX 胶合板
接合方式：横向槽接合、螺丝加固的对接接合
制作细节：
· 用于存放整张板材的推车背板应倾斜 5°，以防止板材翻倒
· 两块高侧板之间的搁架使用横向槽和螺丝固定
· 存储箱由有角度的隔板分隔开
· 推车底部边缘使用额外的木板加固，为安装脚轮提供坚固的基底
· 内置夹具架使用 CDX 胶合板废木料制作
表面处理：无

制作时长

 准备木料
2 小时

 绘图和标记
2~3 小时

 切割部件
3~4 小时

 组装
2~3 小时

 表面处理
0 小时

总计：9~12 小时

使用的工具

· 台锯
· 电圆锯
· 手持式电钻 / 螺丝刀
· 可滑动电动斜切据（可选）
· 电木铣，搭配 ¾ in（19.1 mm）的直边铣头
· 竖锯
· 夹具
· 套筒扳手

购物清单

☐ (4)¾ in × 4 ft × 8 ft CDX 胶合板
☐ (16)⅜ in × 2 in 的方颈螺栓和配套螺母、垫圈
☐ (2)4 in 直脚轮
☐ (2)4 in 可制动旋转脚轮
☐ #8 平头木工螺丝，1¼ in、1½ in 和 2¼ in 规格
☐ 木工胶

注：1 in ≈ 25.4 mm，1ft ≈ 304.8 mm。

薄板存储推车
解构图

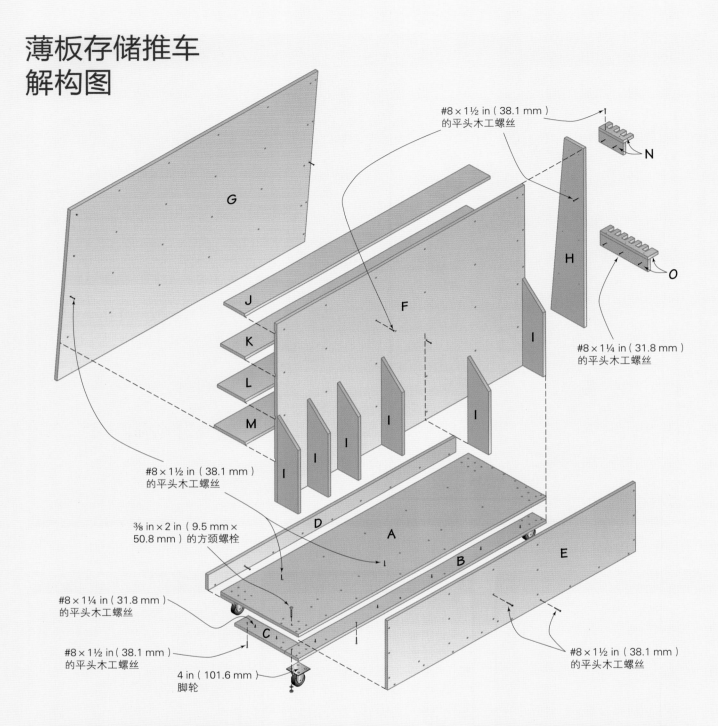

#8 × 1½ in（38.1 mm）
的平头木工螺丝

#8 × 1¼ in（31.8 mm）
的平头木工螺丝

#8 × 1½ in（38.1 mm）
的平头木工螺丝

⅜ in × 2 in（9.5 mm ×
50.8 mm）的方颈螺栓

#8 × 1¼ in（31.8 mm）
的平头木工螺丝

#8 × 1½ in（38.1 mm）
的平头木工螺丝

#8 × 1½ in（38.1 mm）
的平头木工螺丝

4 in（101.6 mm）
脚轮

薄板存储推车切割清单							
部件名称	数量	尺寸	所用材料	部件名称	数量	尺寸	所用材料
A. 底板	1	¾ in × 22½ in × 72 in	CDX 胶合板	I. 隔板	6	¾ in × 6 in × 22½ in	CDX 胶合板
B. 长加固板	2	¾ in × 4 in × 72 in	CDX 胶合板	J. 顶部搁板	1	¾ in × 6³/₁₆ in × 71¼ in	CDX 胶合板
C. 短加固板	2	¾ in × 4 in × 14½ in	CDX 胶合板	K. 中间搁板 1	1	¾ in × 7³/₁₆ in × 71¼ in	CDX 胶合板
D. 矮封口板	1	¾ in × 4 in × 72 in	CDX 胶合板	L. 中间搁板 2	1	¾ in × 8⅛ in × 71¼ in	CDX 胶合板
E. 高封口板	1	¾ in × 18 in × 72 in	CDX 胶合板	M. 底部搁板	1	¾ in × 9⅛ in × 71¼ in	CDX 胶合板
F. 垂直背板	1	¾ in × 46½ in × 72 in	CDX 胶合板	N. 夹具架 1	2	¾ in × 3 in × 7 in	CDX 胶合板
G. 角度背板	1	¾ in × 46¾ in × 72 in	CDX 胶合板	O. 夹具架 2	2	¾ in × 3 in × 13¾ in	CDX 胶合板
H. 侧板	1	¾ in × 9¾ in × 46½ in	CDX 胶合板				
注：1 in ≈ 25.4 mm，1 ft ≈ 304.8 mm。							

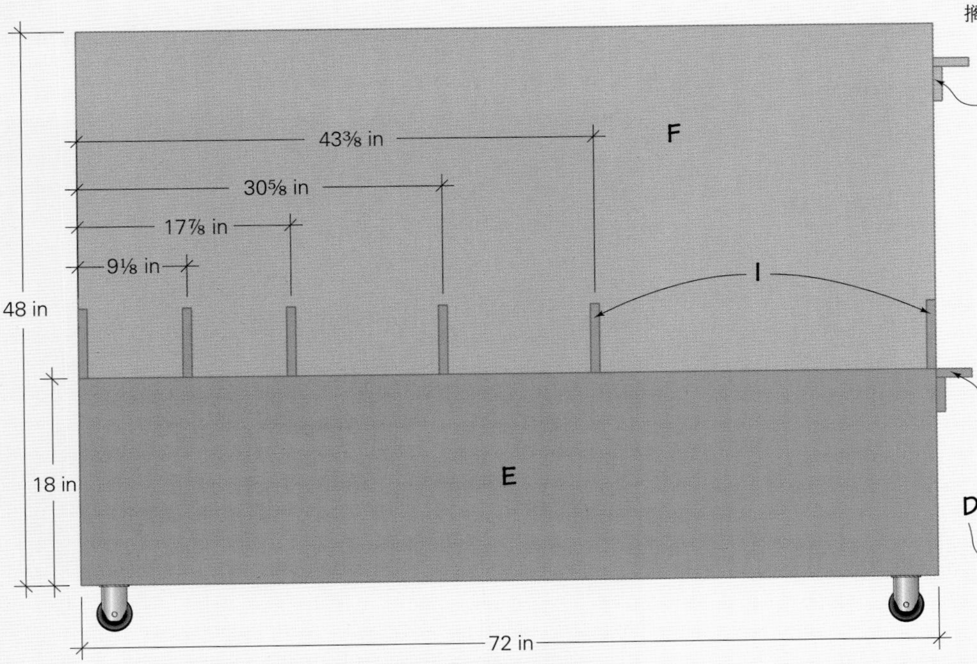
48 in
43⅜ in
30⅝ in
17⅞ in
9⅛ in
F
I
N
O
E
18 in
72 in

正视图（隔板侧）

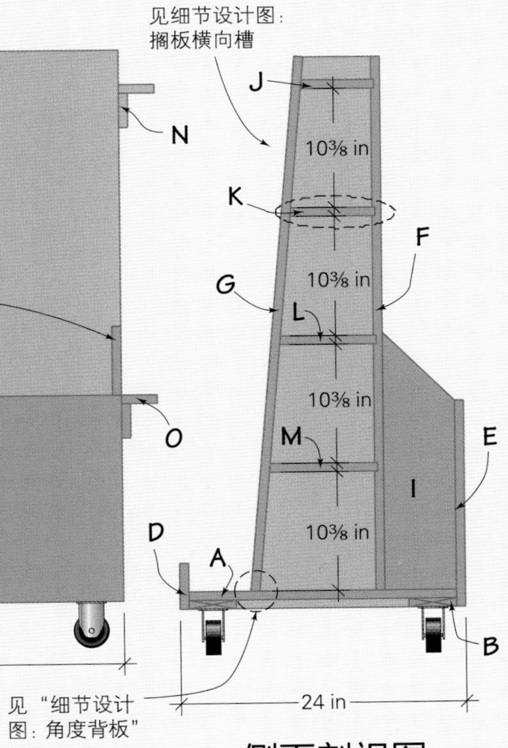
见细节设计图：
搁板横向槽
J
10⅜ in
K
F
G
L
10⅜ in
10⅜ in
M
E
I
D
A
10⅜ in
B
见“细节设计
图：角度背板”
24 in

侧面剖视图

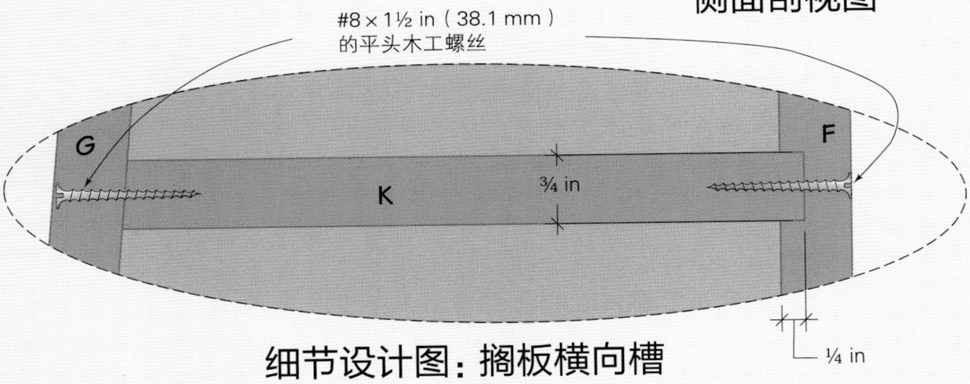
#8 × 1½ in（38.1 mm）
的平头木工螺丝
G
F
K
¾ in
¼ in

细节设计图：搁板横向槽

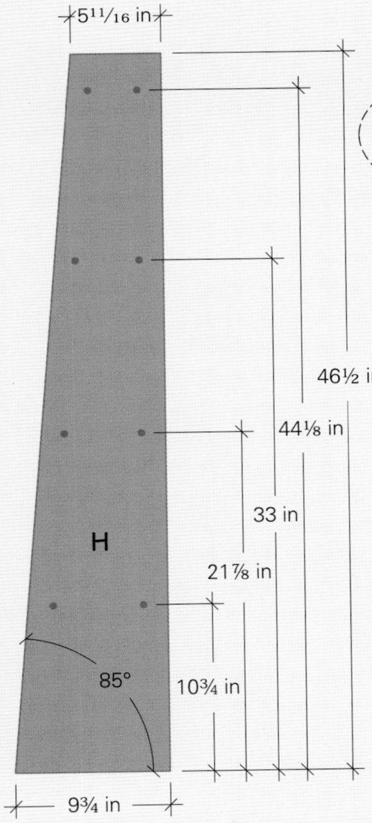
5¹¹⁄₁₆ in
46½ in
44⅛ in
33 in
21⅞ in
H
85°
10¾ in
9¾ in

钻孔模式：侧板

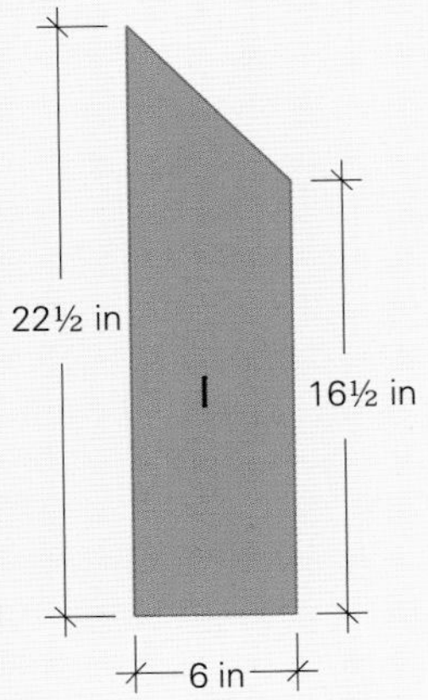
22½ in
I
16½ in
6 in

隔板

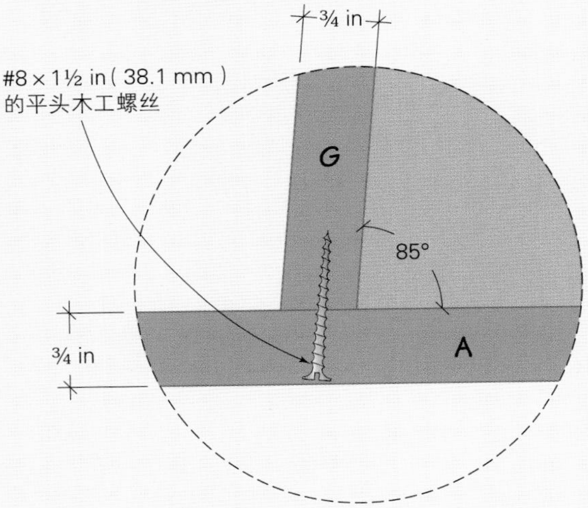
¾ in
#8 × 1½ in（38.1 mm）
的平头木工螺丝
G
85°
¾ in
A

细节设计图：角度背板

制作底座

❶ 根据设计尺寸，从厚 ¾ in（19.1 mm）的胶合板上切取底板、长短加固板和高矮挡板。使用电圆锯和平尺导轨进行初切，将整张胶合板切割到更易于操作的尺寸。注意在对齐平尺导轨进行切割时，考虑锯片和锯脚之间的偏移量。

❷ 将底板平放在平整的台面上，将长短加固板固定在上面。短加固板的端部应完全位于长加固板之间。使用胶水和 1¼ in（31.8 mm）的平头木工螺丝固定部件（见照片 A）。在靠近加固板的位置，沿底板长度方向标记两条参考线，用作稍后安装背板的中心线。在距离一侧边缘 5⅝ in（142.9 mm）的位置画一条线，用来安装角度背板，从距离另一侧边缘 6⅜ in（161.9 mm）处绘制另一条线，用于安装垂直背板。

❸ 用胶水和 1½ in（38.1 mm）平头木工螺丝将高矮封口板安装到底座组件上。在安装封口板之前翻转底座组件，使加固面朝下。对齐部件末端，确保封口板的底部与加固板的底部平齐。先钻取引导孔，以 8 in（203.2 mm）的间隔分布螺丝，然后将螺丝交替钉入底座和加固板中，以增加接合强度。在高封口板的外表面标记用于固定隔板的中心线。参阅正视图（隔板侧）定位隔板。将最外侧的隔板中线定位在距离高封口板末端 ⅜ in（9.5 mm）的位置。

安装隔板

❹ 将 6 块隔板切割到所需尺寸。根据设计图在成角度的末端画角度线。使用电动斜切锯切割隔板（见照片 B），也可以使用电圆锯、台锯或手锯进行切割。

照片 A　用胶水和 1¼ in（31.8 mm）的平头木工螺丝将长短加固板固定在底板上，注意保持部件边缘齐平。应首先为螺丝钻取引导孔。

❺ 将隔板安装到高封口板上。用胶水和 1½ in（38.1 mm）的平头木工螺丝将外侧隔板固定在高封口板边缘，注意保持外侧隔板的外表面与高封口板的末端边缘齐平。用胶合板废料切割两块临时间隔木，其宽度分别为 8 in（203.2 mm）和 12 in（304.8 mm），在用胶水和螺丝固定隔板时，在每对隔板之间插入一块临时间隔木（见照片 C）。根据在高封口板外表面绘制的中心线来定位螺丝。然后，将隔板中心线向下延伸到长加固板上，并分别用两根 2¼ in（57.2 mm）的平头木工螺丝向上穿过底座部件拧入每块隔板的底部。

组装中心部分

❻ 将角度背板和 4 块搁板纵切和横切到所需尺寸。对于这些部件，需要将锯片倾斜 5°，沿每个部件的一侧长边切割出斜面。标记需要斜切的边缘，以便之后可以保持

照片 B　切割隔板的成角度末端。在确定切割角度后，使用电动斜切锯可快速轻松地完成任务，也可以使用竖锯、台锯或电圆锯进行切割。

照片 C　用胶水和 1½ in（38.1 mm）平头木工螺丝将隔板固定在高封口板上。将临时间隔木插在隔板之间来确定隔板间距。

临时间隔木

清晰的定向。

❼ 将垂直背板切割到所需尺寸，并在一个大面上铣削搁板横向槽。横向槽宽 ¾ in（19.1 mm）、深 ¼ in（6.4 mm）。根据侧面剖视图为 4 个横向槽定位，为每个横向槽绘制一组长参考线。然后，将横向槽中心线延伸到垂直背板的另一个大面上，为安装螺丝提供参考线。用电木铣和 ¾ in（19.1 mm）的直边铣头铣削横向槽（见照片 D）。夹紧一把平尺为电木铣提供引导。为了对齐平尺，需要测量从铣头边缘到电木铣基座外边缘的距离。这是平尺相对于最近的横向槽切割线必须偏移的距离。切割每个横向槽时要重置平尺的位置。

❽ 安装垂直背板。将胶水均匀涂抹在隔板边缘，保持横向槽面远离隔板，将垂直背板放置到位并夹紧。钻取埋头引导孔，用 1½ in（38.1 mm）的平头木工螺丝穿过垂直背板，拧入两端的隔板中。然后，使用 8 in（203.2 mm）和 12 in（304.8 mm）的临时间隔木作为对齐辅助工具，用平头木工螺丝穿过垂直背板拧入内部隔板中。将推车组件向高封口板一侧倾斜，沿底板的垂直背板参考线拧入 1½ in（38.1 mm）的螺丝，将垂直背板固定在底座上。

❾ 将搁板固定在垂直背板上（见照片 E）。预先切割 8 块

照片 D　使用电木铣和平尺导轨在垂直背板的一面铣削搁板横向槽。每次铣削时都要将电木铣拉向身体，同时注意将电木铣底座紧靠在平尺边缘。

照片 E　用胶水和平头木工螺丝将搁板固定在垂直背板上。用临时间隔木支撑搁板。将搁板的直边插入横向槽，同时保持斜面边缘朝上。

照片 F　将搁板中线延伸到角度背板上，然后用胶水和平头木工螺丝将角度背板固定到搁板上。穿过底板向上拧入螺丝，从下方固定角度背板。

10⅜ in（263.5 mm）的临时间隔木，在装配过程中支撑搁板两端。在横向槽底部涂抹胶水，将底部搁板的直边插入槽中。保持有隔板的一面朝向你，使搁板的末端与垂直背板的左端齐平。底部搁板的横向槽接合只用胶水即可固定。安装此搁板时，应使其斜面边缘朝上（参阅细节设计图：搁板横向槽）并夹紧搁板。然后，用胶水和1½ in（38.1 mm）的平头木工螺丝将其余搁板安装到横向槽中。安装每个搁板时，都应保持其斜面边缘朝上，并通过临时间隔木支撑搁板。确保搁板左侧末端与垂直背板的末端齐平。

⓾ 将角度背板靠在搁板上并暂时夹紧到位。将搁板中心线延伸到角度背板上。然后取下临时间隔木，用胶水和1½ in（38.1 mm）的平头木工螺丝将角度背板固定到搁板上（见照片 F）。根据步骤2中绘制的角度背板参考线，用螺丝将推车底座固定到角度背板上。

⓫ 根据"钻孔模式：侧板"设计图为侧板部件画线并将其切割到所需尺寸。在侧板上标记螺丝的位置。将侧板放在推车末端，搁板相对于背板末端内收的位置。用胶水和1½ in（38.1 mm）的平头木工螺丝将侧板固定到搁

板末端，用 2¼ in（57.2 mm）的平头木工螺丝穿过底板和加固板，向上拧入侧板中将其固定。

安装脚轮

⓬ 将推车侧翻放置，安装 4 个脚轮。将每个脚轮的底座放在加固板上，利用脚轮基座上的孔标记方颈螺栓的位置。放置脚轮，把每个脚轮的 4 个角牢牢固定在底部加固板上。同时确保脚轮固定孔不会妨碍连接底部加固板或隔板的螺丝。为每个脚轮钻取 ⅜ in（9.5 mm）的引导孔。在一端安装两个直脚轮，在另一端安装旋转脚轮，垫圈和螺母均应朝向脚轮（见照片 G）。

收尾

　　通过在一端添加夹具架来扩展推车的存储能力。我们用剩余的 CDX 胶合板废料来制作夹具架。夹具架的设计取决于你拥有的夹具的数量、类型和长度。这款存储推车设计得足够高，可以悬挂几件 4 ft（1.2 m）长的管夹或杆夹，而不会碰到地板。底部夹具架具有额外的切口，可以悬挂较短的夹具。

照片 G 安装脚轮。在推车底部转角处标记螺栓孔的位置以定位脚轮，使它们在底部加固板上位置方正。钻孔，将脚轮固定到位，保持垫圈和螺母朝向脚轮。

⑬ 制作夹具架。每个夹具架包含两个部件，且两个部件形成 L 形。在每个夹具架的顶部组件上标记切口，并用竖锯将其切出（见照片 H）。对于标准管夹，宽 1 in（25.4 mm）、深 2 in（50.8 mm）的切口足以牢牢固定夹具。用胶水和 1½ in（38.1 mm）的平头木工螺丝组装夹具架。然后用胶水和 1½ in（38.1 mm）的平头木工螺丝将夹具架固定在推车的封闭端（见照片 I）。在将其固定到推车上时，确保顶部和底部夹具架保持对齐，这样长夹具可笔直悬挂。

⑭ 用砂纸打磨所有外露的锋利边缘，尽量减少撕裂。我们没有对推车进行任何表面处理，但你可能更喜欢涂抹几层搪瓷漆对其进行装饰。如果计划在推车上存储贴面胶合板，你可能需要在角度背板表面添加地毯条，以保护饰面免遭划伤。

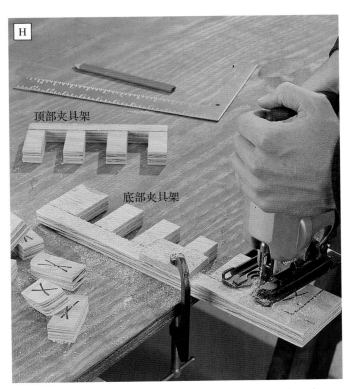

照片 H 设计夹具架并将其切割到所需尺寸。宽 1 in（25.4 mm）、深 2 in（50.8 mm）的切口非常适合固定标准管夹。底部夹具架可以比顶板更长，横跨侧板和端隔板。

照片 I 组装夹具架，然后用 1½ in（38.1 mm）的平头木工螺丝将夹具架固定到推车封闭端。保持上下夹具架的切口对齐，以保证夹具垂直挂。

壁挂式多功能橱柜

把车库地板整理整齐，将工具、油漆和杂物收起来，应该会使空间看起来很舒服吧？这款坚固的壁挂柜提供了很多安全、方便的存储空间。两扇带有挡板搁架的门和柜子里较深的搁板是这款橱柜的特点。这个柜子适合存放任何物品，并且两扇门可以完全打开。在不使用时，工具和危险材料可以锁在柜子里以保证安全。

重要信息

类型：壁挂式橱柜
整体尺寸：高 48¾ in（1238.3 mm），宽 48 in（1219.2 mm），深 30 in（762.0 mm）
材料：户外胶合板
接合方式：用胶水和螺丝加固的对接接合
制作细节：
· 只需要使用 3 张胶合板
· 制作简单，没有复杂的接合方式
· 内外均进行了表面处理，可以承受车库或地下室的潮湿环境
· 用拉力螺丝将柜子固定在墙柱上
表面处理：户外底漆和油漆

制作时长

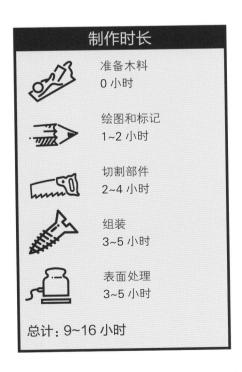

准备木料
0 小时

绘图和标记
1~2 小时

切割部件
2~4 小时

组装
3~5 小时

表面处理
3~5 小时

总计：9~16 小时

购物清单

☐ (3)¾ in×4 ft×8 ft 户外胶合板

☐ 镀锌甲板螺丝，2 in 规格

☐ (4)4 in 齐平式安装的对接铰链

☐ 搭扣

☐ (6) ¼ in×3½ in 的拉力螺丝和配套垫圈

☐ #10 平头机械螺丝和配套垫圈、尼龙锁紧螺母（用于安装铰链）

☐ 防潮木工胶

☐ 表面处理材料

注：1 in ≈ 25.4 mm，1 ft ≈ 304.8 mm。

壁挂式多功能柜解构图

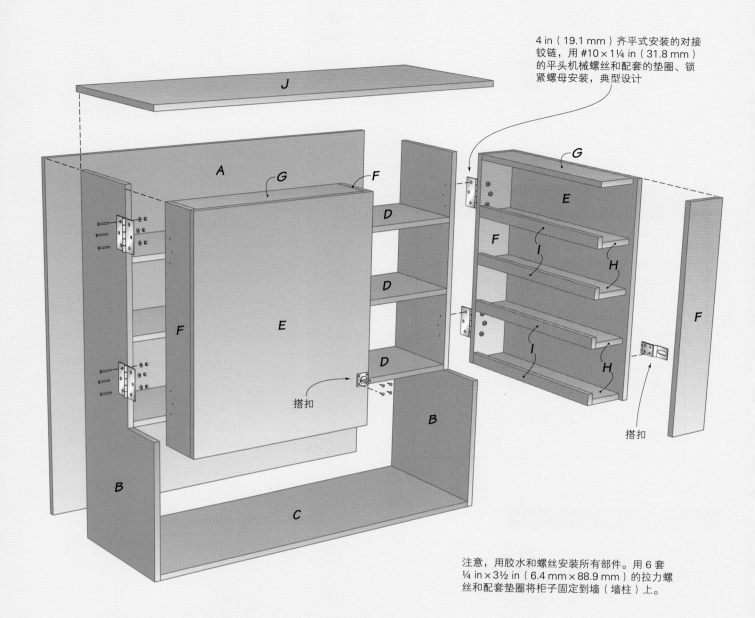

4 in（19.1 mm）齐平式安装的对接铰链，用 #10×1¼ in（31.8 mm）的平头机械螺丝和配套的垫圈、锁紧螺母安装，典型设计

搭扣

搭扣

注意，用胶水和螺丝安装所有部件。用 6 套 ¼ in×3½ in（6.4 mm×88.9 mm）的拉力螺丝和配套垫圈将柜子固定到墙（墙柱）上。

壁挂式多功能柜切割清单			
部件名称	数量	尺寸	所用材料
A. 箱体背板	1	¾ in × 48 in × 48 in	户外胶合板
B. 箱体侧板	2	¾ in × 16¾ in × 48 in	户外胶合板
C. 箱体底板	1	¾ in × 16¾ in × 46½ in	户外胶合板
D. 箱体搁板	3	¾ in × 10⅝ in × 46½ in	户外胶合板
E. 门背板	2	¾ in × 23¾ in × 29 in	户外胶合板
F. 门侧板	4	¾ in × 5¼ in × 29 in	户外胶合板
G. 门顶板	2	¾ in × 5¼ in × 22¼ in	户外胶合板
H. 门搁板	8	¾ in × 4½ in × 22¼ in	户外胶合板
I. 搁板挡板	8	¾ in × 1½ in × 22¼ in	户外胶合板
J. 箱体顶板	1	¾ in × 18 in × 48 in	户外胶合板
注：1 in ≈ 25.4 mm，1 ft ≈ 304.8 mm。			

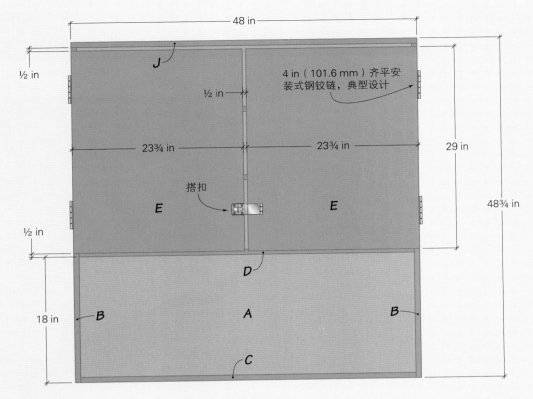

48 in

½ in

J

4 in（101.6 mm）齐平安装式钢铰链，典型设计

½ in

23¾ in   23¾ in

29 in

搭扣

E   E

48¾ in

½ in

D

18 in

B   A   B

C

正视图

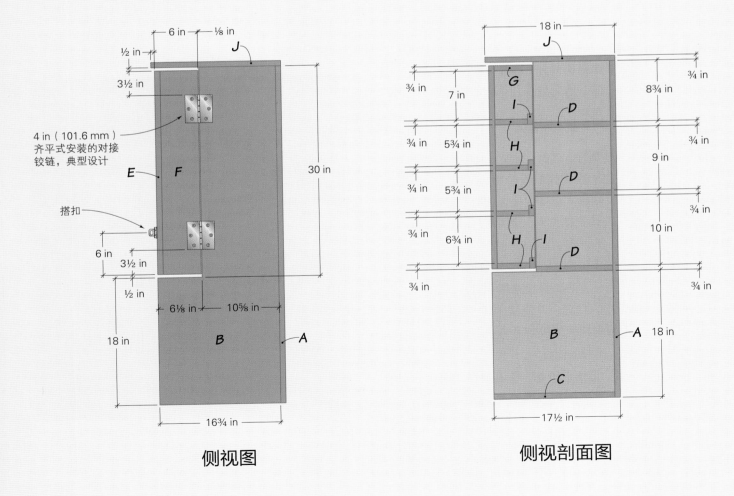

6 in   ⅛ in

½ in

J

3½ in

4 in（101.6 mm）齐平式安装的对接铰链，典型设计

E   F

30 in

搭扣

6 in

3½ in

½ in

6⅛ in   10⅝ in

18 in

B   A

16¾ in

侧视图

18 in

J

¾ in

¾ in   G   8¾ in

7 in   I   D

¾ in

¾ in   5¾ in   H   9 in

¾ in

¾ in   5¾ in   I   D

¾ in

¾ in   6¾ in   H   I   10 in

D

¾ in

¾ in

B   A   18 in

C

17½ in

侧视剖面图

制作步骤

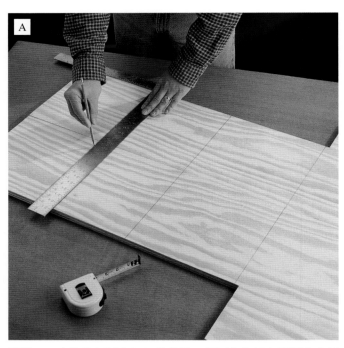

照片 A　在箱体侧板上标记参考线，用于定位固定搁板和底板的螺丝。将两块侧板背靠背对齐放置，使用木工角尺一次完成两块侧板的画线。

　　这款重型多功能储物柜只用 3 块 ¾ in（19.1 mm）厚的户外胶合板制作。在实际切割任何部件之前，建议首先制定一个切割方案，以确保能够从 3 张胶合板上切取所有部件。同样，在开始制作之前，也要考虑橱柜中的储物方案。我们优化了搁板的位置，以有效利用内部空间，便于存放多种工具和用品，你可能需要根据自己的具体需求对搁板位置做一些调整。

　　该作品包含 3 个结构部分：基本箱体和两扇门。这些结构都是单独制作的，然后组装在一起形成完整的柜子。

制作箱体

❶ 设计和切割箱体部件：背板、侧板、底板、搁板和顶板。在全尺寸胶合板上切取部件最安全的方法是，使用电圆锯搭配夹紧的平尺导轨。在将侧板切割成最终的 L 形时，可以先用电圆锯完成主体切割，然后用手锯或竖锯切割内角。

❷ 在箱体侧板上标记中心线，用于钻取固定底板和搁板所需的螺丝引导孔。将两块侧板背靠背对齐放在台面上，测量并标记螺丝孔的位置，并使用木工角尺提供引导延伸画线，一次性画出两块侧板的参考线（见照片 A）。参考侧面剖视图确定搁板的位置。

❸ 开始组装箱体。将侧板竖起，使其后缘平贴台面，画线的一面朝外。在搁板和底板的端面均匀涂抹胶水。将搁板和底板在侧板之间夹紧到位。沿参考线钻取埋头引导孔，用 2 in（50.8 mm）的镀锌甲板螺丝将部件固定在一起（见照片 B），然后取下夹子。

照片 B　在箱体搁板和底板两端均匀涂抹胶水，将部件放在两块侧板之间，然后夹紧组件。钻取埋头引导孔，用镀锌甲板螺丝穿过侧板加固胶合面。

照片 C 将箱体正面朝下放在一对锯木架或其他合适的台面上。沿搁板和底板的后缘均匀涂抹胶水。将背板夹紧到位，并穿过背板钻取埋头引导孔，将螺丝拧入搁板和底板中。

照片 D 为每块搁板的一侧长边缘粘上一条搁板挡板，制成搁板组件。将挡板夹紧到位，使其一侧边缘与搁板的一个大面保持齐平。

❹ 安装箱体背板。翻转箱体，在底板、搁板和侧板的后缘涂抹胶水。将背板夹紧到位，并用它保持箱体方正。横跨背板绘制参考线，以标记搁板的位置并定位螺丝。钻取埋头引导孔，拧入螺丝将背板固定在箱体上（见照片 C）。在将背板固定在侧板、搁板和底板上时，需要使用足够多的螺丝，因为当箱体悬挂在墙壁上时，橱柜的重量及其内容物的重量都要通过背板提供支撑。

❺ 安装箱体顶板。将箱体正面朝上放在地板上，在侧板和背板的顶部边缘涂抹胶水，然后将顶板放置到位，使其后边缘和两端与箱体齐平。钻取埋头引导孔，用螺丝将顶板固定在箱体上。

制作柜门

柜门实际上是两个小的储物单元。柜门搁板的前缘安装了挡板，以防止物品在开关柜门时滑落。

❻ 制作柜门搁板。纵切两块宽 4½ in（114.3 mm）、长 96 in（2438.4 mm）的胶合板搁板。纵切另外两块宽 1½ in（38.1 mm）、长 96 in（2438.4 mm）的胶合板，用作搁板挡板。在每块搁板边缘粘上一条挡板，用夹子将这些部件固定到位，直至胶水凝固（见照片 D）。

❼ 将柜门搁板切割到所需长度。将一块限位块夹在电动斜切锯的靠山上，以确保所有搁板的长度完全相同（见

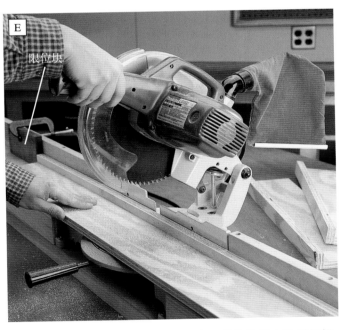

照片 E 将柜门搁板切割到所需长度。我们使用电动斜切锯，并在靠山上固定了限位块以保证搁架长度一致。顺便提一下，也可以使用相同的限位块设置，将柜门顶板切割到所需长度。

照片 E）。也可以使用电圆锯或台锯切割搁板。无论如何切割，都要确保搁板长度相等。

❽ 将剩余的柜门部件（背板、侧板和顶板）切割到所需尺寸。

照片 F　将柜门侧板、顶部和搁板胶合并夹紧，然后钻取埋头引导孔，用 2 in（50.8 mm）的镀锌甲板螺丝穿过柜门侧板，以加固所有接合面。在柜门框架组件装配完成后，用胶水和镀锌甲板螺丝将柜门背板安装到框架上。

照片 G　用木粉腻子隐藏所有螺丝头，打磨整个橱柜，然后涂抹一层底漆和两层油漆。如果你不在乎防潮效果或外观，也可以不做表面处理。

❾ 在柜门的侧板上，标记螺丝孔的中心线，用于固定搁板和顶板。如果两扇柜门的搁板位置相同，可以将两块侧板末端对齐并排放在一起，快速准确地同时完成画线。

❿ 组装柜门组件。在搁板和顶板两端均匀涂抹胶水，并将部件夹在两块侧板之间。沿中心线钻取埋头引导孔，用镀锌甲板螺丝将部件固定在一起（见照片 F）。

⓫ 安装柜门背板。在柜门背板上测量并标记螺丝孔的中心线。在侧板、搁板和顶板后缘涂抹胶水。将柜门背板放置到位，并用其保持柜门框架的方正。钻取埋头引导孔，用螺丝将背板固定在柜门框架上。

表面处理

⓬ 用木粉腻子填充胶合板边缘的螺丝孔和任何孔隙。待填料干燥后，打磨所有表面和边缘。涂抹底漆和两层户外油漆（见照片 G）。

安装柜门

由于柜门很重，需要用 #10 机械螺丝和配套的垫圈、尼龙锁紧螺母将铰链固定在柜门和箱体上。

⓭ 安装柜门。将箱体正面朝上放置，用 ⅛ in（3.2 mm）厚的垫片将柜门与箱体隔开。按照从上到下、从左到右的顺序定位柜门。参照侧视图来定位箱体上每个铰链的 4 个角孔。用木工螺丝暂时固定铰链。钻取剩余的铰链孔以容纳机械螺丝，准备安装带垫圈和锁紧螺母的螺丝（见照片 H）。取下木工螺丝，换成机械螺丝、垫圈和尼龙锁紧螺母。

⓮ 使用搭扣自带的螺丝，将搭扣定位并固定在柜门背板上。

组装橱柜

在将橱柜安放在车库墙壁上时，需要考虑三个因素。第一，橱柜距离地面的高度，其下方是否有足够的空间存放其他物品；第二，柜门打开时柜子的整体宽度，柜子两侧是否有足够的空间允许柜门完全打开；第三，足够的支撑，如果可能，应将橱柜固定在 3 根墙柱上，最低限度，墙柱不能少于两根。

⓯ 将橱柜紧靠在墙上并调平。穿过橱柜背板钻取 ¼ in（6.4 mm）的引导孔，一直钻入墙柱中，然后用 3½ in（88.9 mm）的拉力螺丝和垫圈将橱柜固定在墙壁上（见照片 I）。

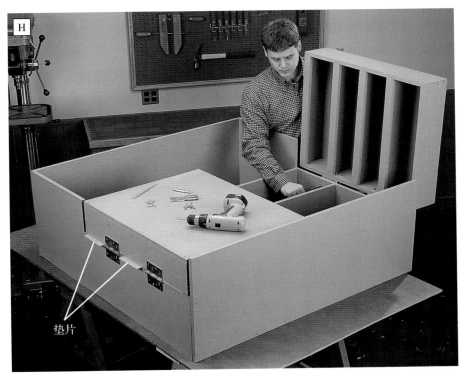

垫片

照片 H　将柜门安装到箱体上。首先在柜门和箱体之间放置厚 ⅛ in（3.2 mm）的垫片，确定铰链位置并用几根木工螺丝临时固定铰链。为机械螺丝钻取引导孔，将铰链安装到箱体上。然后取下木工螺丝，安装带垫圈和尼龙锁紧螺母的机械螺丝，以确保连接牢固。

照片 I　选择可以完全打开柜门的安装位置，同时墙壁中至少有两根墙柱。将橱柜贴靠在墙壁上并调平。然后用 ¼×3½ in（6.4 mm×88.9 mm）拉力螺丝穿过橱柜背板拧入墙柱中，完成固定。

木工桌

　　木工桌为工房定下基调。从废弃的厨房桌子、铺在锯木架上的旧门板，到一个花哨到让你失去用餐胃口和工作热情的橡木作品，木工桌的样式几乎与木匠的数量一样多。这款枫木木工桌外观非常时尚，而且很实用，用起来很顺手，其设计非常简单，你可以轻松做出修改以满足特殊需求或品味。

重要信息

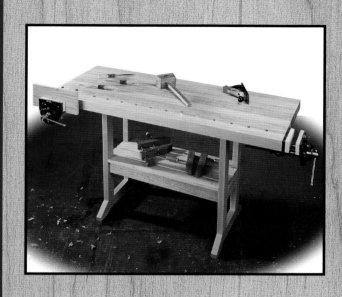

类型：木工桌
整体尺寸：长 60 in（1524.0 mm），宽 24 in（609.6 mm），高 36 in（914.4 mm）
材料：硬枫木
接合方式：用拉力螺丝和圆木榫加固的对接接合
制作细节：
· 用枫木制作，具有砧板式的宽大操作台面
· 台面下方带有储物搁板
· 限位块可调节
· 舒适的 36 in（914.4 mm）操作高度
· 永久式木工台钳
表面处理：丹麦油（只需一层）或其他易于更新的透明涂料，比如亚麻籽油

制作时长

准备木料
4~6

设计
2~4 小时

切割部件
4~6 小时

组装
4~6 小时

涂漆
1~2 小时

总计：15~24 小时

使用的工具

· 压刨
· 平刨
· 台锯
· 带锯或竖锯
· 电圆锯
· 平尺切割导轨
· 杆夹或管夹
· 手持式电钻
· 带式砂光机或手工刨
· 组合角尺
· 圆木榫定位夹具
· 钻孔引导器
· 套筒扳手和套筒

购物清单

☐ (4) 6/4 in × 6 in × 12 ft 硬枫木板
☐ (3) 6/4 in × 4 in × 8 ft 硬枫木板
☐ (2) 4/4 in × 4 in × 6 ft 硬枫木板
☐ (1~2) 木工桌台钳
☐ (4~6) 直径 3/4 in 方形顶部的黄铜木工桌限位块
☐ 木工胶
☐ #10 × 1 1/2 in 平头木工螺丝
☐ 3/8 in 带有配套垫圈的拉力螺丝，2 in 和 3 in 规格
☐ 1/2 in × 2 in 带槽圆木榫

注：1 in ≈ 25.4 mm，1ft ≈ 304.8 mm。

木工桌解构图

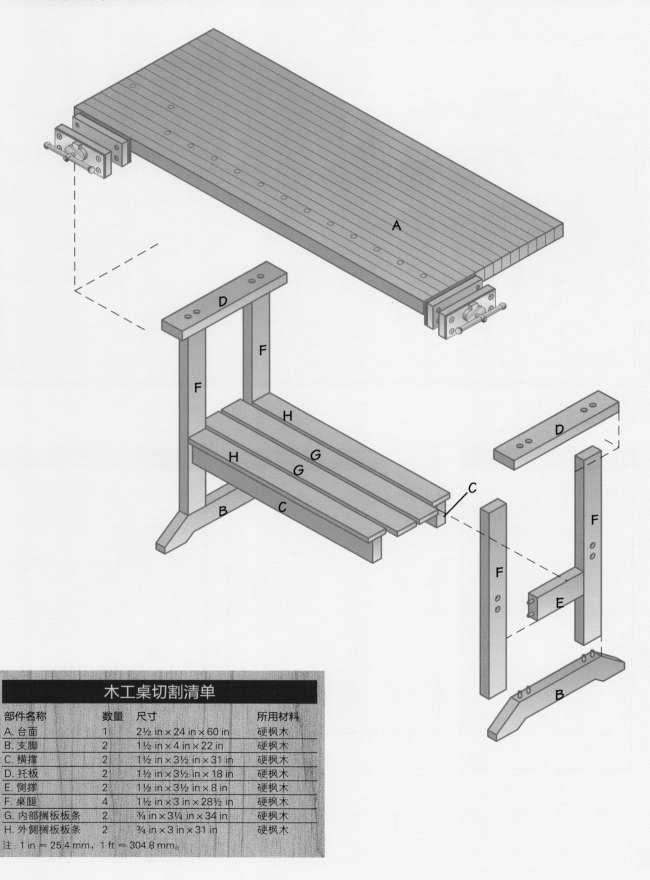

木工桌切割清单			
部件名称	数量	尺寸	所用材料
A. 台面	1	2½ in × 24 in × 60 in	硬枫木
B. 支脚	2	1½ in × 4 in × 22 in	硬枫木
C. 横撑	2	1½ in × 3½ in × 31 in	硬枫木
D. 托板	2	1½ in × 3½ in × 18 in	硬枫木
E. 侧撑	2	1½ in × 3½ in × 8 in	硬枫木
F. 桌腿	4	1½ in × 3 in × 28½ in	硬枫木
G. 内部搁板板条	2	¾ in × 3¼ in × 34 in	硬枫木
H. 外侧搁板板条	2	¾ in × 3 in × 31 in	硬枫木

注：1 in ≈ 25.4 mm，1 ft ≈ 304.8 mm。

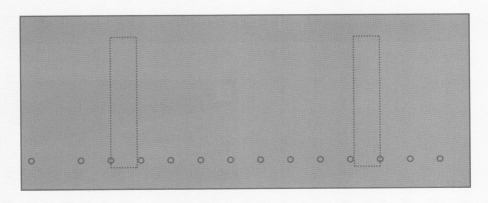

俯视图

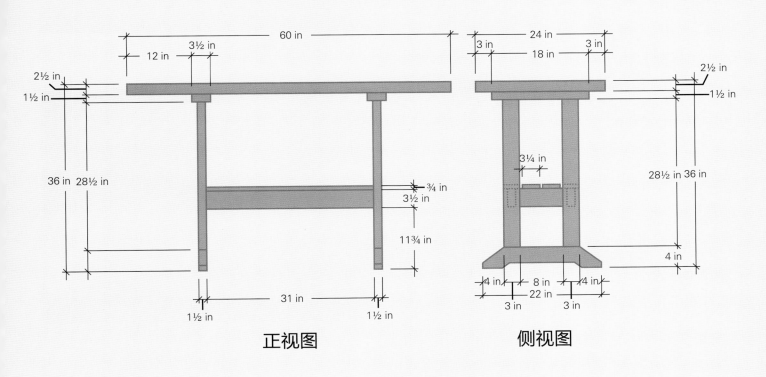

正视图

侧视图

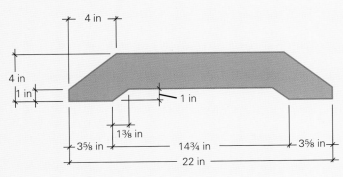

支脚设计

制作步骤

制作层压台面

用硬木制作的砧板式层压台面具有很多优点：它们从前到后、从一端到另一端都非常稳定；台面本身由边缘纹理（或者，在某些情况下为端面纹理）面组成，具有很强的抗凹能力，并且在经历长时间磨损后很容易重新整平；而且，由于大多数硬木非常致密，坚固的硬木台面提供了足够的重量，工作台面非常稳固。注意，这里显示的木工桌台面厚度为 2½ in（63.5 mm），是为了容纳钳口高度为 2½ in（63.5 mm）的台钳而设计的。因为台钳的钳口尺寸变化很大，所以最好在制作台面之前购买台钳，然后根据需要设计或调整台面厚度。

❶ 面对面拼接的 ⁶⁄₄ in（38.1 mm）厚度的硬枫木可以在两个面上形成光滑的表面，不足之处在于木板的实际厚度不足 1½ in（38.1 mm），但相比将 ⁸⁄₄ in（50.8 mm）厚度的木板刨削至 1½ in（38.1 mm）的厚度明显更为经济（且耗时更少）。可以使用压刨刨平木料表面，但用平刨预先将木板边缘刨削平直同样重要，因为压刨不能将木料处理方正。准备足够的木料，切割 16 条长 62 in（1574.8 mm）、宽 2½ in（63.5 mm）的板条。

❷ 用平刨将每块板条的一侧边缘刨削平直，然后纵切到 2½ in（63.5 mm）宽。将板条横切至 62 in（1574.8 mm）长（在完成胶合后，切去多余部分）。将板条的侧面相对，以 2½ in（63.5 mm）为高度并排放置在台面上。用杆夹或管夹将板条夹在一起，确保构成台面的所有板条顶部边缘保持齐平。在台面上垂直于接合面画参考线，横向于台面每隔 8~10 in（203.2~254.0 mm）画一条，并按顺序对板条进行编号。

❸ 松开夹子，分组胶合板条，每次胶合 4~5 块（对于超过 4 块坯料的胶合，将大部件分解成较小的子组件分别胶合，再胶合子组件会更容易）。在板条的配对表面涂抹胶水进行胶合。使用杆夹或管夹将每组板条夹紧，并保持板条边缘齐平（两端可以略有出入，因为稍后会将其

照片 A　面对面胶合 4~5 块板条，然后再将这些子组件胶合在一起。

照片 B　使用带式砂光机或手工刨将台面的顶部和底部表面处理平整。

修整方正）。

❹ 待子组件的胶水凝固，将这些子组件胶合在一起制成台面（见照片 A）。注意保持台面顶部和底部的板条边缘齐平，在台面上下夹上一些垫片有助于达到这个目的。在子组件上下交替分布杆夹或管夹，以平衡压力。只有在胶合牢固后才能拧紧夹子；不要过度拧紧，否则会把凝固的胶水挤出来。保持夹紧，直到胶水完全凝固。

❺ 刮掉台面上下干燥的胶水，然后用带式砂光机或手工刨整平顶部和底部表面。如果使用带式砂光机，请避免使用 100 目以下的砂带，并沿对角线方向横向于胶合面进行初始打磨（见照片 B）。如果使用手工刨，先要沿对

照片 C 以大约 6 in（152.4 mm）的间隔为木工桌限位块钻孔，使用便携式钻孔引导器来保持垂直钻孔。

照片 D 使用 ½ in × 2 in（12.7 mm × 50.8 mm）的带槽圆木榫加固桌腿和侧撑之间的接合。

角线方向与纹理成一定角度刨削，待表面平整后，再顺纹理刨削。用木工刮刀或砂纸完成最后的整平处理。在台面上滑动长平尺以测试平整度。平整的工作台面对于成功进行木工操作非常重要，因此值得投入一些时间和精力来获得完美的台面。

❻ 使用电圆锯搭配平尺导轨修剪台面末端，得到 60 in（1524.0 mm）的最终长度，同时确保台面的端面与顶面垂直。

❼ 画线，定位木工桌限位块的引导孔。使用直径 ¾ in（19.1 mm）的布拉德尖端钻头为直径 ¾ in（19.1 mm）的木工桌限位块钻取引导孔。如果在木工桌端面安装的台钳自带弹出式限位块，需要绘制一条参考线，使其在台钳完成安装后与限位块的中线对齐。在完成安装前，需要将中心线与台钳下颚的中点对齐。每间隔 6 in（152.4 mm）钻取一个引导孔，使用便携式钻孔引导器确保垂直钻孔（见照片 C）。

制作基座

❽ 将厚 1½ in（38.1 mm）的木板纵切到 3 in（76.2 mm）宽，然后横切木板，得到 4 个长 28½ in（723.9 mm）的桌腿。继续使用厚 1½ in（38.1 mm）的木板纵切出 3½ in（88.9 mm）宽的坯料，然后横切得到两个长 8 in（203.2 mm）的侧撑部件。

❾ 横向于桌腿的内侧边缘画一组垂线，以确定侧撑的位置。下垂线应距桌腿底部 7¾ in（196.9 mm），上垂线应在下垂线上方 3½ in（88.9 mm）处。在每个接合区域定位两个 ½ in × 2 in（12.7 mm × 50.8 mm）的圆木榫孔，使用圆木榫定位夹具辅助钻孔。在带槽圆木榫和接合面上涂抹胶水，将两条桌腿连接到侧撑上并夹紧，在夹具钳口处垫上垫片以保护部件（见照片 D）。通过测量桌腿顶部与底部之间的距离来检查组件是否方正。重复操作，完成另一个侧面组件的制作。

❿ 切取 4 in × 22 in（101.6 mm × 558.8 mm）的支脚坯料。根据支脚设计图在坯料上画出角度切割线，然后用直尺连接这些线条，得到部件的轮廓线。用带锯或竖锯将部件切割成型。将锯切边缘打磨光滑。

⓫ 为了将桌腿底部固定到支脚顶部，需要在接合面画线并钻取圆木榫孔。在圆木榫表面和接合面涂抹胶水，将支脚接合到桌腿上并夹紧（见照片 E）。

⓬ 从厚 1½ in（38.1 mm）的木板上纵切 3½ in（88.9 mm）宽的坯料，然后横切得到两个长 31 in（787.4 mm）的横撑和两个长 18 in（457.2 mm）的托板。

⓭ 将步骤 9 中桌腿内侧的画线横向延伸，来确定横撑的位置。在桌腿侧面，居中标记横撑的厚度线。在每个接合区域标记两个拉力螺丝引导孔的中心点。为每根螺丝钻取直径 ¾ in（19.1 mm）、深 ⅜ in（9.5 mm）的埋头孔，然后穿过桌腿，继续为螺丝柄钻取直径 ¼ in（6.4 mm）的排屑孔和引导孔（见照片 F）。

⓮ 将横撑放在两组侧面组件之间，并通过夹紧部件临时组装出基座。将横撑与其标记对齐，穿过引导孔钻孔，

照片 E　使用管夹将支脚紧紧夹在桌腿底部。

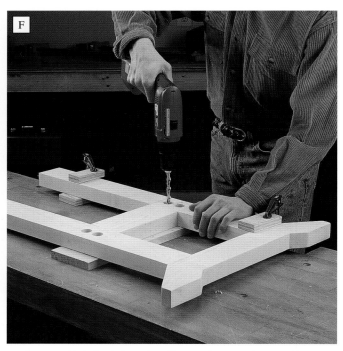

照片 F　为拉力螺丝头和垫圈钻取埋头孔，为螺丝柄钻取排屑孔和引导孔。

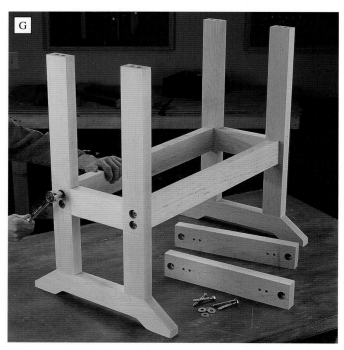

照片 G　钻好引导孔后，用套筒扳手安装拉力螺丝和垫圈，完成基座组装。

一直钻入横撑末端。同样，在托板上钻取埋头孔，然后将其居中放在桌腿组件上，继续钻取引导孔，一直钻入桌腿顶部。继续在托板上钻取拉力螺丝引导孔，用于将托板固定到台面底部。

⓯ 使用 ⅜ in × 3 in（9.5 mm × 76.2 mm）规格的、配有 ⅜ in（9.5 mm）垫圈的拉力螺丝将桌腿连接到横撑末端（见照片 G）。然后使用相同尺寸的拉力螺丝将托板固定到桌腿顶部。

安装搁板

⓰ 将 ⁴⁄₄ in（25.4 mm）厚的枫木板刨削到 ¾ in（19.1 mm）厚，用来制作搁架板条。将内部和外侧板条分别纵切和横切到所需尺寸。

⓱ 将外侧板条放在横撑上，使其外边缘与桌腿侧面齐平。在每个外侧板条靠近两端的位置为 #10 × 1½ in（38.1 mm）的平头木工螺丝分别钻取一个埋头引导孔，使孔相对于下方的横撑边缘居中。

⓲ 将内部板条放在侧撑上，使板条末端与侧撑外表面齐平。在板条之间放上厚 ½ in（12.7 mm）的垫片，以确保间隙均匀。在每根内部板条的末端分别钻取一对埋头引导孔，使孔相对于下方横撑居中。在板条两端分别拧入两个 #10 × 1½ in（38.1 mm）的平头木工螺丝以固定板条（见照片 H）。

安装台面

⓳ 打磨所有部件，直至砂纸目数达到 150 目，并将所有锋利边缘打磨圆润。

⓴ 将台面倒置，把基座组件居中放在台面底部。在台面底部钻取埋头引导孔，然后用垫圈和 ⅜ in × 3 in（9.5 mm × 76.2 mm）的拉力螺丝将托板固定到台面底部（见照片 I）。

照片 H 将外侧和内部搁板板条分别固定在横撑和侧撑上，制成搁板。

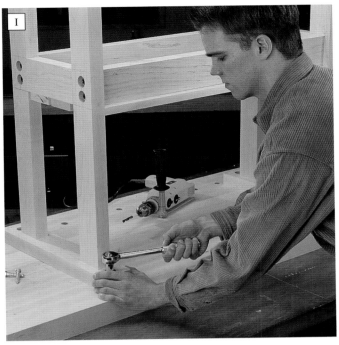

照片 I 将基座组件居中放在台面底部，然后用拉力螺丝穿过托板将基座固定在台面上。

收尾

㉑ 按照制造商的说明安装木工桌台钳。切割硬木颚板，并将其穿过台钳上的颚孔拧至金属钳口上。用合适的填充块填充每个台钳，使钳口的顶部边缘与台面齐平。我们为木工桌选择的台钳，通过将 ⅜ in × 2 in（9.5 mm × 50.8 mm）的拉力螺丝穿过台钳底部拧入台面进行固定（见照片 J）。

㉒ 在木工桌表面涂抹保护性涂层。我们只涂抹了一层丹麦油。只需涂抹一层涂料，因为多个涂层会使木工桌表面过于光滑。每隔一年左右，根据磨损情况，用油漆溶剂油去除丹麦油，重新打磨木工桌表面，然后涂抹新的涂层。

照片 J 根据制造商的安装说明安装台钳（不同型号之间可能会有不同）。

木工家具制作
全面掌握精细木工技术的精髓

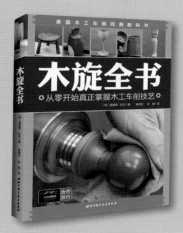

木旋全书
从零开始真正掌握木工车削技艺

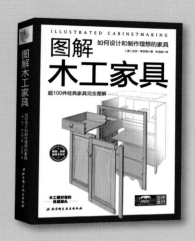

图解木工家具
如何设计和制作理想的家具

木工雕刻全书
从零开始真正掌握木雕技艺

彼得·科恩 木工基础
掌握木工技艺的精髓

DK WOOD WORK 木工全书
英国木工字典级教科书

柯林斯木工全书
一本从设计讲起的木工技艺指南

手工小木作
15件精巧易做的日式玩具

木工雕刻基础
THE WOOD CARVING BIBLE

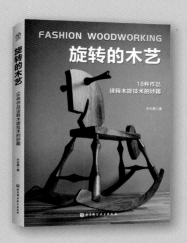

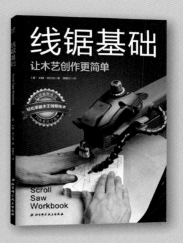

北科出品，必属精品；北科格木，传承匠心。

格木文化

格木文化——北京科学技术出版社倾力打造的木艺知识传播平台。我们拥有专业编辑、翻译团队，旨在为您精选国内外经典木艺知识、汇聚精品原创内容、分享行业资讯、传递审美潮流及经典创意元素。